岩土工程施工技术

主　编　齐永正
副主编　马文刚　刘　宁　徐　来

中国建材工业出版社

图书在版编目（CIP）数据

岩土工程施工技术/齐永正主编．--北京：中国
建材工业出版社，2018.2（2023.2重印）
ISBN 978-7-5160-2055-5

Ⅰ.①岩… Ⅱ.①齐… Ⅲ.①岩土工程—工程施工
Ⅳ.①TU4

中国版本图书馆 CIP 数据核字（2017）第 267135 号

内 容 简 介

本书内容共分为九个专题，分别介绍了岩土工程施工技术的相关内容，包括桩基础施工技术、地下连续墙施工技术、基坑工程施工技术、逆作法施工技术、沉井与沉箱施工技术、地铁和隧道施工技术、地基处理施工技术、岩土工程施工监测技术及岩土工程施工检测技术。本书内容均根据最新颁布的国家标准和规范编写。

本书为适应土木工程专业岩土工程施工课程教学需要而编写，也可供岩土工程设计、施工、监理等工程技术人员参考。

岩土工程施工技术

齐永正　主　编

出版发行：中国建材工业出版社
地　　址：北京市海淀区三里河路 11 号
邮　　编：100831
经　　销：全国各地新华书店
印　　刷：北京雁林吉兆印刷有限公司
开　　本：787mm×1092mm　1/16
印　　张：21
字　　数：510 千字
版　　次：2018 年 2 月第 1 版
印　　次：2023 年 2 月第 3 次
定　　价：**75.00 元**

本社网址：www.jccbs.com　微信公众号：zgjcgycbs
本书如出现印装质量问题，由我社市场营销部负责调换。联系电话：(010) 57811387

前　言

随着我国经济持续高速发展，土木工程建设得到了长足发展，已成为国家的支柱行业。地下空间的开发利用，逐步形成了地面、地上和地下协调发展的概念。地下空间的开发利用，是实现我国可持续发展的重要途径。二十一世纪以来，随着大量地下空间工程（地下商业街、地下人防设施、地下停车场、城市地下交通等）不断涌现以及大型和超大型交通、水利、航空等基建项目的陆续建设，工程单位对岩土方面人才培养提出了更高、更新的要求。目前，多数高校都开设了岩土工程施工技术这门课程。

为满足我校土木工程专业研究生教学需要，特编写此教材。本书为适应土木工程专业岩土工程施工课程教学需要而编写，同时也可供工程技术人员参考。

本书内容共分为九个专题，每个专题系统介绍一种或几种岩土工程施工技术或与岩土工程施工技术相关的内容。所有内容均根据最新颁布的国家标准和规范编写。

本书专题一由张雪编写，专题三由周爱兆编写，专题五、六由马文刚编写，专题八由王玉英编写，专题二、四、七、九由齐永正编写。齐永正负责全书的统稿和核校，马文刚参与了全书的校对和整理，刘宁、徐来参与了全书的编写与整理。

本书在编写过程中参阅了大量的专业论文论著及相关教案教材等资料，同时得到了中国建材工业出版社的大力支持，谨此表示感谢。

本书编写虽经数次勘校，但难免有欠缺之处，敬请批评指正。

编者

江苏科技大学南校区

2017 年 10 月

目　　录

专题一　桩基础施工技术 ……………………………………………………………… 1

1.1　概述 ……………………………………………………………………………… 1
　　1.1.1　桩基础概念和特点 ………………………………………………………… 1
　　1.1.2　桩基础类别 ………………………………………………………………… 1
1.2　预制桩施工技术 ………………………………………………………………… 2
　　1.2.1　预制桩的制作、起吊、运输和堆放 ……………………………………… 2
　　1.2.2　预制桩的沉桩 ……………………………………………………………… 4
1.3　灌注桩施工技术 ………………………………………………………………… 13
　　1.3.1　概述 ………………………………………………………………………… 13
　　1.3.2　钻孔灌注桩施工工艺 ……………………………………………………… 13
　　1.3.3　振动沉管灌注桩（套管成孔灌注桩）施工工艺 ………………………… 21
　　1.3.4　人工挖孔灌注桩施工工艺 ………………………………………………… 24
　　1.3.5　爆破成孔灌注桩施工工艺 ………………………………………………… 25
1.4　工程实例 ………………………………………………………………………… 26
　　1.4.1　工程概况 …………………………………………………………………… 26
　　1.4.2　超长钻孔灌注桩施工技术 ………………………………………………… 26
　　1.4.3　超长桩侧壁注浆技术 ……………………………………………………… 27
思考与习题 …………………………………………………………………………… 28
参考文献 ……………………………………………………………………………… 28

专题二　地下连续墙施工技术 ………………………………………………………… 29

2.1　概述 ……………………………………………………………………………… 29
　　2.1.1　地下连续墙定义 …………………………………………………………… 29
　　2.1.2　地下连续墙起源、发展与应用 …………………………………………… 29
　　2.1.3　地下连续墙种类 …………………………………………………………… 30
　　2.1.4　地下连续墙优缺点 ………………………………………………………… 30
2.2　地下连续墙的施工技术 ………………………………………………………… 31
　　2.2.1　地下连续墙施工工艺原理 ………………………………………………… 31
　　2.2.2　地下连续墙施工技术要点 ………………………………………………… 31
　　2.2.3　施工前的准备工作 ………………………………………………………… 31
　　2.2.4　制定地下连续墙施工方案 ………………………………………………… 31

2.2.5 地下连续墙施工工艺过程 ……………………………………… 32

2.2.6 测量放样 ……………………………………………………… 33

2.2.7 导墙施工 ……………………………………………………… 33

2.2.8 泥浆系统 ……………………………………………………… 35

2.2.9 成槽开挖 ……………………………………………………… 37

2.2.10 钢筋笼加工和吊放 …………………………………………… 42

2.2.11 混凝土浇筑 …………………………………………………… 44

2.2.12 成墙质量检查 ………………………………………………… 46

2.3 地下连续墙接头技术 ……………………………………………… 46

2.3.1 施工接头 ……………………………………………………… 46

2.3.2 结构接头 ……………………………………………………… 49

2.4 工程实例 …………………………………………………………… 50

2.4.1 工程概况 ……………………………………………………… 50

2.4.2 超深地下连续墙施工技术 ……………………………………… 51

思考与习题 ……………………………………………………………… 52

参考文献 ………………………………………………………………… 52

专题三 基坑工程施工技术 …………………………………………… 53

3.1 基坑工程概述 ……………………………………………………… 53

3.1.1 引言 …………………………………………………………… 53

3.1.2 基坑工程支护体系的效用和要求 ……………………………… 53

3.1.3 基坑工程的主要特点 …………………………………………… 54

3.2 基坑工程方案选择 ………………………………………………… 55

3.2.1 设计原则 ……………………………………………………… 55

3.2.2 基坑支护的形式分类及适用范围 ……………………………… 57

3.3 基坑工程施工要点 ………………………………………………… 58

3.3.1 施工组织设计要点 ……………………………………………… 58

3.3.2 施工全过程控制 ………………………………………………… 59

3.3.3 支护体系施工要点 ……………………………………………… 59

3.3.4 基坑开挖控制原则 ……………………………………………… 60

3.4 常见基坑支护施工工艺 …………………………………………… 61

3.4.1 土钉墙施工工艺 ………………………………………………… 61

3.4.2 排桩施工工艺 …………………………………………………… 63

3.4.3 双轴搅拌重力式水泥土墙施工工艺 …………………………… 65

3.4.4 锚杆施工工艺 …………………………………………………… 67

3.4.5 加筋旋喷锚桩施工工艺 ………………………………………… 69

3.4.6 降水 …………………………………………………………… 70

思考与习题 ……………………………………………………………… 73

参考文献 ………………………………………………………………… 73

专题四 逆作法施工技术 ··· 74

  4.1 概述 ··· 74

    4.1.1 逆作法定义 ··· 74

    4.1.2 逆作法与顺作法的不同点 ························· 74

    4.1.3 逆作法优缺点 ··· 75

    4.1.4 逆作法发展过程 ·· 75

    4.1.5 逆作法应用 ··· 76

    4.1.6 逆作法发展前景 ·· 78

  4.2 逆作法施工工艺 ·· 78

    4.2.1 逆作法施工工艺原理 ································· 78

    4.2.2 逆作法施工工艺要点 ································· 78

    4.2.3 逆作法施工工艺流程 ································· 78

    4.2.4 逆作法施工工艺特点 ································· 79

    4.2.5 逆作法施工计划 ·· 80

    4.2.6 逆作法施工关键部位技术措施 ············· 82

    4.2.7 逆作法新工艺及尚存在的问题 ············· 83

  4.3 立柱结构施工 ··· 83

    4.3.1 立柱桩 ··· 83

    4.3.2 立柱 ··· 84

    4.3.3 逆作法接头施工 ·· 86

  4.4 逆作法工程实例 ·· 90

    4.4.1 工程概况 ··· 90

    4.4.2 一柱一桩施工技术 ····································· 91

    4.4.3 超深地下空间逆作法取土技术 ············· 93

  思考与习题 ··· 94

  参考文献 ··· 94

专题五 沉井与沉箱施工技术 ··· 95

  5.1 概述 ··· 95

    5.1.1 沉井（箱）定义 ·· 95

    5.1.2 沉井（箱）施工的历史、发展及应用 ········· 95

    5.1.3 沉井（箱）施工方法分类 ····················· 99

    5.1.4 沉井（箱）施工特点 ································· 100

  5.2 沉井施工技术 ··· 100

    5.2.1 沉井施工准备工作 ····································· 100

    5.2.2 沉井制作 ··· 103

    5.2.3 沉井下沉 ··· 107

    5.2.4 沉井封底 ··· 114

　　　　5.2.5　沉井施工中常见问题与对策 ·············· 115
　　　　5.2.6　工程实例 ························· 123
　　5.3　沉箱施工技术 ·························· 134
　　　　5.3.1　沉箱定义 ························· 134
　　　　5.3.2　沉箱特点 ························· 135
　　　　5.3.3　沉箱施工 ························· 136
　　5.4　工程实例 ·························· 140
　　　　5.4.1　工程概况 ························· 140
　　　　5.4.2　沉箱工程结构施工 ···················· 141
　　　　5.4.3　沉箱下沉施工 ······················ 144
　　思考与习题 ····························· 148
　　参考文献 ····························· 148

专题六　地铁和隧道施工技术 ······················ 149

　　6.1　概述 ····························· 149
　　6.2　盾构法施工技术 ························· 150
　　　　6.2.1　盾构法定义 ······················· 150
　　　　6.2.2　盾构法起源与发展 ···················· 151
　　　　6.2.3　盾构法优缺点 ······················ 152
　　　　6.2.4　盾构的分类及适用条件 ·················· 152
　　　　6.2.5　盾构法施工过程 ····················· 160
　　6.3　矿山法施工技术 ························· 167
　　　　6.3.1　矿山法定义 ······················· 167
　　　　6.3.2　矿山法起源与发展 ···················· 167
　　　　6.3.3　矿山法种类 ······················· 167
　　　　6.3.4　矿山法原则 ······················· 168
　　　　6.3.5　矿山法施工工艺及应用 ·················· 168
　　6.4　新型盖挖法施工技术 ······················ 174
　　　　6.4.1　新型盖挖法施工工法定义 ················· 175
　　　　6.4.2　新型盖挖法构成 ····················· 176
　　　　6.4.3　新型盖挖法工艺技术特点 ················· 178
　　　　6.4.4　新型盖挖法施工总体流程 ················· 178
　　　　6.4.5　新型盖挖法几个关键问题 ················· 179
　　　　6.4.6　工程案例 ························· 181
　　思考与习题 ····························· 184
　　参考文献 ····························· 184

专题七　地基处理施工技术 ······················· 185

　　7.1　概述 ····························· 185

7.1.1　基本概念 ……………………………………………………… 185

7.1.2　我国地基处理技术的发展 ……………………………………… 190

7.2　换填垫层法 …………………………………………………………… 190

7.2.1　基本概念 ……………………………………………………… 190

7.2.2　基本原理 ……………………………………………………… 191

7.2.3　作用 …………………………………………………………… 191

7.2.4　适用范围 ……………………………………………………… 191

7.2.5　施工技术 ……………………………………………………… 192

7.3　振冲法 ………………………………………………………………… 193

7.3.1　基本概念 ……………………………………………………… 193

7.3.2　振冲置换法 …………………………………………………… 194

7.3.3　振冲密实法 …………………………………………………… 194

7.3.4　振冲法的施工规定 …………………………………………… 196

7.4　强夯法与强夯置换法 ………………………………………………… 196

7.4.1　基本概念 ……………………………………………………… 196

7.4.2　加固机理 ……………………………………………………… 198

7.4.3　强夯法 ………………………………………………………… 198

7.4.4　强夯置换法 …………………………………………………… 200

7.4.5　工程实例 ……………………………………………………… 201

7.5　预压法 ………………………………………………………………… 202

7.5.1　基本概念 ……………………………………………………… 202

7.5.2　加固机理 ……………………………………………………… 203

7.5.3　预压法的施工要点 …………………………………………… 205

7.5.4　预压法的质量检验 …………………………………………… 207

7.6　浆液固化法 …………………………………………………………… 208

7.6.1　基本概念 ……………………………………………………… 208

7.6.2　灌浆法 ………………………………………………………… 209

7.6.3　水泥土搅拌法 ………………………………………………… 210

7.6.4　高压喷射注浆法 ……………………………………………… 213

7.7　挤密桩法 ……………………………………………………………… 214

7.7.1　基本概念 ……………………………………………………… 214

7.7.2　石灰桩法 ……………………………………………………… 215

7.7.3　土挤密桩法和灰土挤密桩法 ………………………………… 216

7.7.4　夯实水泥土桩法 ……………………………………………… 216

7.7.5　水泥粉煤灰碎石桩法 ………………………………………… 216

7.8　加筋法简介 …………………………………………………………… 218

7.8.1　基本概念 ……………………………………………………… 218

7.8.2　土工合成材料的主要功能 …………………………………… 220

7.8.3　加筋法处理技术 ……………………………………………… 221

7.9 复合地基法简介 ………………………………………………………… 221

　　7.9.1 基本概念 …………………………………………………………… 221

　　7.9.2 作用机理 …………………………………………………………… 222

　　7.9.3 复合地基法处理技术 ……………………………………………… 222

思考与习题 ……………………………………………………………………… 224

参考文献 ………………………………………………………………………… 225

专题八 岩土工程施工监测技术 ……………………………………………… 226

8.1 概述 ………………………………………………………………………… 226

　　8.1.1 基本概念 …………………………………………………………… 226

　　8.1.2 岩土工程施工监测的作用 ………………………………………… 226

　　8.1.3 岩土工程施工监测的内容 ………………………………………… 227

　　8.1.4 施工监测技术的发展现状 ………………………………………… 227

8.2 测试技术基础知识 ………………………………………………………… 228

　　8.2.1 测试的一般知识 …………………………………………………… 228

　　8.2.2 测试 ………………………………………………………………… 228

　　8.2.3 测试系统的组成和特性 …………………………………………… 228

　　8.2.4 传感器的基本特性 ………………………………………………… 230

　　8.2.5 常用传感器的类型和工作原理 …………………………………… 231

　　8.2.6 监测仪器的选择 …………………………………………………… 238

　　8.2.7 监测仪器的适用范围及使用条件 ………………………………… 239

8.3 沉降位移监测方法 ………………………………………………………… 240

　　8.3.1 沉降监测的基本原理 ……………………………………………… 241

　　8.3.2 沉降监测控制网的布设以及沉降监测 …………………………… 241

　　8.3.3 水平位移监测 ……………………………………………………… 246

8.4 应力应变监测 ……………………………………………………………… 250

　　8.4.1 应力监测 …………………………………………………………… 250

　　8.4.2 应变监测 …………………………………………………………… 256

8.5 孔隙水压监测方法 ………………………………………………………… 258

8.6 地下水位监测方法 ………………………………………………………… 260

思考与习题 ……………………………………………………………………… 262

参考文献 ………………………………………………………………………… 263

专题九 岩土工程施工检测技术 ……………………………………………… 264

9.1 概述 ………………………………………………………………………… 264

　　9.1.1 基本概念 …………………………………………………………… 264

　　9.1.2 桩基检测 …………………………………………………………… 266

　　9.1.3 地基检测 …………………………………………………………… 267

9.2 静载试验检测技术 ………………………………………………………… 268

　　9.2.1　概述 ………………………………………………………………… 268

　　9.2.2　桩基静载试验 ……………………………………………………… 269

　　9.2.3　土（岩）地基载荷试验 …………………………………………… 288

　　9.2.4　处理地基及复合地基载荷试验 …………………………………… 291

9.3　岩土工程原位测试技术 …………………………………………………… 296

　　9.3.1　概述 ………………………………………………………………… 296

　　9.3.2　圆锥动力触探试验 …………………………………………………… 296

　　9.3.3　标准贯入试验 ………………………………………………………… 300

　　9.3.4　静力触探试验 ………………………………………………………… 303

　　9.3.5　十字板剪切试验 ……………………………………………………… 305

9.4　基桩完整性检测技术 ……………………………………………………… 308

　　9.4.1　概述 ………………………………………………………………… 308

　　9.4.2　低应变（反射波）法 ………………………………………………… 308

　　9.4.3　声波透射法 …………………………………………………………… 312

　　9.4.4　钻芯法 ………………………………………………………………… 319

　　9.4.5　高应变动测法 ………………………………………………………… 321

思考与习题 ……………………………………………………………………… 322

参考文献 ………………………………………………………………………… 322

专题一 桩基础施工技术

1.1 概 述

1.1.1 桩基础概念和特点

基础分为浅基础和深基础。基础埋置深度（图 1-1）＜5m，或者基础埋深小于基础宽度的基础称为浅基础，比如：独立基础、条形基础、筏板基础、箱形基础等；基础埋置深度≥5m，或者基础埋深大于基础宽度的基础称为深基础，比如桩基础、沉井及地下连续墙等。

桩基础是深基础中的一种，由设置于岩土中的桩和与桩顶联结的承台共同组成的基础或由柱与桩直接联结的单桩基础。桩基础由上方的承台（承台梁）和下方的桩组成，利用承台和基础梁将深入土中的桩联系起来，以便承受整个上部结构重量。

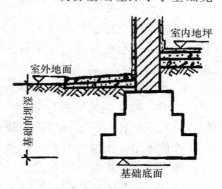

图 1-1 基础埋深示意图

桩基础具有承载力高、稳定性好、沉降及差异变形小、沉降稳定快、抗震性能强以及能适应各种复杂地质条件等特点而得到广泛使用。

1.1.2 桩基础类别

桩的种类繁多，按承载性状可分为端承型桩和摩擦型桩两种。端承型桩又分为端承桩和摩擦端承桩，端承桩是指在承载能力极限状态下，桩顶竖向荷载由桩端阻力承受，桩侧阻力小到可忽略不计的桩；摩擦端承桩是指在承载能力极限状态下，桩顶竖向荷载主要由桩端阻力承受的桩。摩擦型桩又分为摩擦桩和端承摩擦桩，摩擦型桩是指在承载能力极限状态下，桩顶竖向荷载由桩侧阻力承受，桩端阻力小到可忽略不计的桩；端承摩擦桩是指在承载能力极限状态下，桩顶竖向荷载主要由桩侧阻力承受的桩。

按桩身的材料可分为钢桩、混凝土或钢筋混凝土桩、钢管混凝土桩等。

按形状可以分为方桩、圆桩、多边形桩等。

按成桩方法可以分为挤土桩（沉管灌注桩、沉管夯（挤）扩灌注桩、打入（静压）预制桩、闭口预应力混凝土空心桩和闭口钢管桩）、部分挤土桩（长螺旋压灌灌注桩、冲孔灌注桩、钻孔挤扩灌注桩、搅拌劲芯桩、预钻孔打入（静压）预制桩、打入（静压）式敞口钢管桩、敞口预应力混凝土空心桩和 H 型钢桩）、非挤土桩（干作业法钻（挖）孔灌注桩、泥浆护壁法钻（挖）孔灌注桩、套管护壁法钻（挖）孔灌注桩）等。

按桩径大小分类可以分为小直径桩（$d \leqslant 250mm$）、中等直径桩（$250mm < d < 800mm$）、大直径桩（$d \geqslant 800mm$）等。

按施工方法可以分为预制桩和灌注桩两种。

1.2 预制桩施工技术

预制桩主要包括钢筋混凝土预制桩和钢桩两类。它是一种将预制好的桩构件运至桩位处，用沉桩设备将它沉入或埋入土中而成的一种桩基础。以钢筋混凝土预制桩为例，在施工前，首先要制定详细的施工方案，主要内容包括：桩的预制、运输、施工方法、选择沉桩机械、确定打桩顺序，以及沉桩过程中的技术和安全措施等，一般的施工流程如下：

制作→起吊→运输→堆放→沉桩

1.2.1 预制桩的制作、起吊、运输和堆放

钢筋混凝土预制桩分为实心桩和管桩（空心桩），又分为钢筋混凝土桩和预应力钢筋混凝土桩。实心桩截面有三角形、圆形、六边形、八边形、矩形等。为了便于预制一般做成方形断面。

实心方桩的截面尺寸一般在 $250 \sim 550mm$ 之间，预制短桩（10m以内）多由工厂生产；长桩一般在现场预制（单节一般在27m以内，如桩长超过单节桩允许长度，则将桩预制成几节，在打桩过程中逐节接长）。

管桩为空心圆桩，直径一般在 $400 \sim 500mm$。

预应力空心管桩具有强度高、质量稳定、经济、施工方便、对周围建筑物影响小的特点，混凝土强度可达 C60～C80，外径 $400 \sim 800m$，壁厚 $50 \sim 70mm$，单根桩长不超过20m。

1. 桩的制作

预制桩的制作有并列法、间隔法、重叠法、翻模法等方法。底模和场地应平整坚实，防止浸水沉陷；对于重叠法重叠层数不宜超过四层，层与层之间及桩与底模间应涂刷隔离剂，使接触面不黏结，拆模时不得损坏桩棱角；上层桩或邻桩的灌注，必须待下层桩或邻桩的混凝土达到设计强度的 30% 后才能浇筑；强度等级 $\geqslant$ C30，应采用机械搅拌、振捣，混凝土应由桩顶向桩尖进行连续浇筑，不得中断，以保证桩身混凝土有良好的匀质性和密实性；制作完成后应及时浇水养护且不得少于7天。

钢筋混凝土预制桩的钢筋骨架主筋的连接宜采用对焊，接头应错开，桩尖用钢制。钢骨架的偏差应符合有关规定，混凝土宜采用机械搅拌，机械振捣，由桩顶向桩尖连续浇筑捣实，一次完成，严禁中断。

预应力钢筋混凝土管桩一般由工厂用离心旋转法制作。管桩按混凝土强度等级分为预应力混凝土管桩（混凝土等级不低于C50）和预应力高强混凝土管桩（混凝土等级不低于C80）。管桩接头宜采用端板焊接，端板的宽度不得小于管桩的壁厚，接头的端面必须与桩身的轴线垂直（图1-2～图1-4）。

图 1-2 钢筋混凝土预制桩制作——钢筋、模板施工

图 1-3 钢筋混凝土预制桩制作—混凝土浇筑

图 1-4 预制管桩外形

2. 桩的起吊、运输

预制桩应在混凝土强度达到设计强度的 70% 后方可起吊，达到设计强度的 100% 后方可进行运输和沉桩。如需提前吊运或沉桩，则需采取措施，经承载力和抗裂度验算合格后方可进行。预制桩在起吊和运输时，应做到平稳、安全，不得损坏预制桩棱角，且吊点应符合设计要求。预制桩吊点位置的确定原则为：弯矩最小，常见的几种吊点位置如图 1-5 所示。

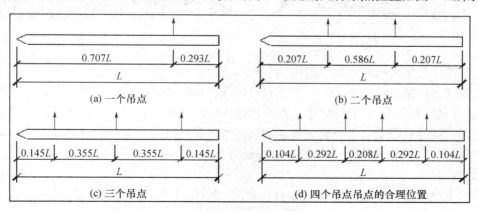

图 1-5 常见吊点位置

当预制桩的混凝土达到设计强度100％方可运输，打桩前，桩从制作处运到现场前以备打桩，并应根据打桩顺序随打随运以避免二次搬运。预制桩在运输过程中，应注意远距离运输时，采用汽车；近距离运输时，采用卷扬机拖运，预制桩下垫滚筒进行。

3. 桩的堆放

桩堆放时，地面必须平整、坚实，垫木间距应根据吊点确定，各层垫木应位于同一垂直线上，最下层垫木应适当加宽，堆放层数不宜超过4层。不同规格的桩，应分别堆放。

1.2.2　预制桩的沉桩

预制桩按沉桩设备和沉桩方法，可以分为锤击法沉桩、静力压桩、振动法沉桩、水冲法等。

1. 锤击法沉桩

锤击沉桩也称打入桩，是利用桩锤下落产生的冲击能量将桩沉入土中，锤击沉桩是混凝土预制桩最常用的沉桩方法。该方法具有施工速度快，机械化程度高，适应范围广，现场文明程度高等优点；但也存在施工时有噪声污染和振动，对于城市中心和夜间施工有所限制等缺点。

图1-6　钢筋混凝土预制桩施工　　　　　　　图1-7　钢管桩施工

（1）锤击法施工机械设备及选用

打桩设备包括桩锤、桩架和动力装置三部分。桩锤是对桩施加冲击，把桩打入土中的主要机具。桩架是支持桩身和桩锤，在打桩过程中引导桩的方向，并保证桩锤能沿着所要求方向冲击的打桩设备。动力装置包括驱动桩锤及卷扬机用的动力设备（发电机、蒸汽锅炉、空气压缩机等）、管道、滑轮组和卷扬机等。

1）桩锤

桩锤主要有落锤、蒸汽锤（单动和双动）、柴油锤和液压锤，目前应用最多的是柴油锤。用锤击沉桩时，力求采用"重锤低击"。

① 桩锤的选择

桩锤可选用落锤、汽锤、柴油锤。

② 落锤

落锤一般由铸铁制成，重 5～15kN，每分钟打 6～20 次，具有构造简单、使用方便、效率低等特点，适用于普通黏土、砾石较多的土中打桩。它利用卷扬机将锤提升到一定高度，然后自由落下击打桩顶（图1-8）。

③ 汽锤

汽锤是以高压蒸汽或压缩空气为动力的打桩机械，其效率与土质软、硬的关系不大，常用在较软弱的土层中打桩。气锤有单动汽锤和双动汽锤两种，两者的区别见表1-1。

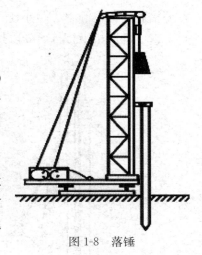

图1-8 落锤

表 1-1 单动、双动气锤比较

名称	单动气锤	双动气锤
锤重	15～150kN	6～60kN
锤击（min）	60～80	100～200
特点	效率较高	效率高
适用范围	各类桩在各类土中施工	各类桩在各类土中施工；水下打桩；打斜桩拔桩

④ 柴油锤

柴油锤是以柴油为燃料，利用燃油爆炸来推动活塞往返运动进行锤击打桩。其锤击次数为 40～80 次/分钟，适用于在非过软或过硬土质中打桩。

⑤ 锤重的选择

锤重选择应根据地质条件、工程结构、桩的类型、密集程度及施工条件等参考规范选用。

2）桩架

桩架起到将桩提升就位，并在打桩过程中引导桩的方向，保证桩锤能沿着设定方向冲击的作用。常用的桩架有滚管式、轨道式、步履式和履带式桩架（图1-9）。

3）动力装置

动力装置的配置取决于所选的桩锤，包括起动桩锤用的动力设施。当选用蒸汽锤时，则需配备蒸汽锅炉和卷扬机。

（2）打桩前的准备工作

1）清除妨碍施工的地上和地下的障碍物，平整施工场地，定位放线，料具进场，设置供电、供水系统，安装打桩机等。

2）桩基轴线的定位点及水准点的设置

桩基轴线的定位点及水准点，应设置在不受打桩影响的地点，水准点设置不少于 2 个。在施工过程中可据此检查桩位的偏差以及桩的入土深度。

3）确定打桩顺序

确定打桩顺序是合理组织打桩的重要前提，也是避免土体挤密、偏移、变位、浮桩的重要措施。当桩的中心距小于 4 倍桩径时，打桩顺序尤为重要。打桩顺序一般有逐排打桩、自中部向边沿打桩、分段打桩三种情况，见图 1-10。

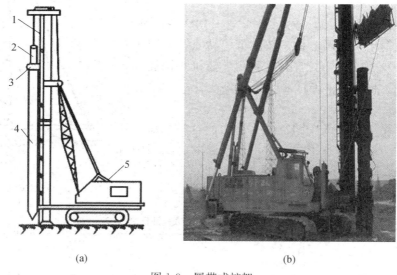

(a)　　　　　　　　　　　　　(b)

图 1-9　履带式桩架

1—导架；2—桩锤；3—桩帽；4—桩；5—吊车

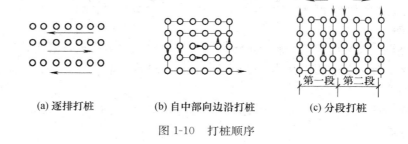

(a) 逐排打桩　　　　(b) 自中部向边沿打桩　　　　(c) 分段打桩

图 1-10　打桩顺序

（3）打桩

1）打桩工艺流程

准备→桩架就位→吊桩就位→放衬垫层→扣桩帽、落锤、脱吊钩→校正→低锤轻打（0.5～0.8m）→正式打桩→接桩→送桩→截桩。

2）要点

① 低锤轻打：定位（1～2m）。

② 正式打桩：重锤低击（冲量小，动量大，不易损坏桩顶和桩身，效率高）。

③ 注意贯入度变化，做好打桩记录。

如遇异常情况（贯入度剧变；桩身突然倾斜、位移、回弹；桩身严重裂缝或桩顶破碎），暂停施打，与有关单位研究处理。

④ 接桩。

混凝土预制桩接头不宜超过 2 个。接头的连接方法有：焊接法、法兰、浆锚法。

⑤ 送桩：须借助送桩器，见图 1-11。

⑥ 截桩。

当桩顶露出地面并影响后续桩施工时，应立即进行截桩头，而桩顶在地面以下不影响后续桩施工时，可结合凿桩头进行。预制混凝土桩可用人工或风动工具（如风镐等）来截除。不得把桩身混凝土打裂，并保留桩身主筋深入承台内的锚固长度（图1-12）。

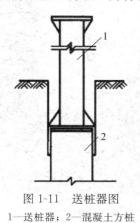

图 1-11　送桩器图

1—送桩器；2—混凝土方桩

图 1-12　截桩

3）打桩的质量控制

打桩质量包括两个方面的内容：一是能否满足贯入度或标高的设计要求；二是打入后的偏差是否在施工及验收规范允许范围以内（图1-13～图1-16）。

摩擦桩的入土深度控制：以标高为主，最后贯入度作为参考。

端承桩的入土深度控制：以最后贯入度为主，标高作为参考。

图 1-13　打入预制桩——第一节桩体

图 1-14　打入预制桩——电焊接桩

图 1-15　浆锚法接桩　　　　　　　图 1-16　打入预制桩——末节桩体

2. 静力压桩

静力压桩是利用静压力将预制桩压入土中的一种沉桩工艺。静力压桩机工作原理是在预制桩压入过程中，以桩机重力（自重和配重）作为作用力，克服压桩过程中桩身周围的摩擦力和桩尖阻力，将桩压入土中。静力压桩适用于软土地区的桩基施工。

静力压桩是利用静压力将桩压入土中，施工中虽然仍然存在挤土效应，但没有振动和噪声，钢筋水泥用量少，造价低，是近年来广泛应用的沉桩方法。适用于软弱土层和邻近有怕振动的建（构）筑物的情况。

静力压桩机有机械式和液压式之分，目前使用的多为液压式静力压桩机，压力可达5000kN（图 1-17）。

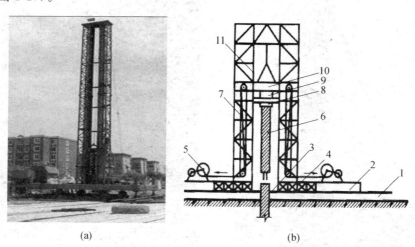

(a)　　　　　　　　　　　　　(b)

图 1-17　静力压桩机

1—垫板；2—底盘；3—操作平台；4—加重物仓；5—卷扬机；6—上段桩；
7—加压钢丝绳；8—桩帽；9—油压表；10—活动压梁；11—桩架

静力压桩工艺流程：测量定位→压桩机就位→吊桩、插桩→桩身对中调直→静压沉桩→接桩→再静压沉桩→送桩→终止压桩→切割桩头。为保证桩基施工正常进行，沉桩前的施工准备工作必不可少。

（1）施工准备工作

1）整平场地，清除桩基范围内的高空、地面、地下障碍物；架空高压线距打桩架不得小于10m；修设桩机进出、行走道路，做好排水措施。

2）按图纸布置进行测量放线，定出桩基轴线，先定出中心，再引出两侧，并将桩的准确位置测设到地面，每一个桩位打一个小木桩；并测出每个桩位的实际标高，场地外设2～3个水准点，以便随时检查之用。

3）检查桩的质量，将需用的桩按平面布置图堆放在打桩机附近，不合格的桩不能运至打桩现场。

4）检查打桩机设备及起重工具；铺设水电管网，进行设备架立组装和试打桩。在桩架上设置标尺或在桩的侧面画上标尺，以便能观测桩身入土深度。

5）打桩场地建（构）筑物有防震要求时，应采取必要的防护措施。

6）学习、熟悉桩基施工图纸，并进行会审；做好技术交底，特别是地质情况、设计要求、操作规程和安全措施的交底。

7）准备好桩基工程沉桩记录和隐蔽工程验收记录表格，并安排好记录和监理人员等。

（2）吊桩定位

打桩前，按设计要求进行桩定位放线，确定桩位，每根桩中心钉一小桩，并设置油漆标志；桩的吊立定位，一般利用桩架附设的起重钩借桩机上卷扬机吊桩就位，或配一台履带式起重机送桩就位，并用桩架上夹具或落下桩锤借桩帽固定位置。

（3）静压沉桩

1）压桩时，桩机就位系利用行走装置完成，它是由横向行走（短船行走）和回转机构组成。把船体当作铺设的轨道，通过横向和纵向油缸的伸程和回程使桩机实现步履式的横向和纵向行走。当横向两油缸一只伸程，另一只回程，可使桩机实现小角度回转，这样可使桩机达到要求的位置。

2）静压预制桩每节长度一般在12m以内，插桩时先用起重机吊运或用汽车运至桩机附近，再利用桩机上自身设置的工作吊机将预制混凝土桩吊入夹持器中，夹持油缸将桩从侧面夹紧，即可开动压桩油缸，先将桩压入土中1m左右后停止，调正桩在两个方向的垂直度后，压桩油缸继续伸程把桩压入土中，伸长完后，夹持油缸回程松夹，压桩油缸回程，重复上述动作可实现连续压桩操作，直至把桩压入预定深度土层中。在压桩过程中要认真记录桩入土深度和压力表读数的关系，以判断桩的质量及承载力。当压力表读数突然上升或下降时，要停机对照地质资料进行分析，判断是否遇到障碍物或产生断桩现象等。

3）压桩应连续进行，如需接桩，可压至桩顶离地面0.8～1.0m用硫黄砂浆锚接，一般在下部桩留$\phi 50mm$锚孔，上部桩顶伸出锚筋，长15～20d，硫黄砂浆接桩材料和锚接方法同锤击法，但接桩时避免桩端停在砂土层上，以免再压桩时阻力增大压入困难。再用硫黄胶泥接桩间歇不宜过长（正常气温下为10～18min）；接桩面应保持干净，浇筑时间不超过2min；上下桩中心线应对齐，节点矢高不得大于1‰桩长。

4）当压力表读数达到预先规定值，便可停止压桩。如果桩顶接近地面，而压桩力尚未达到规定值，可以送桩。静力压桩情况下，只需用一节长度超过要求送桩深度的桩，放在被送的桩顶上便可以送桩，不必采用专用的钢送桩。如果桩顶高出地面一段距离，而压桩力已达到规定值时则要截桩，以便压桩机移位。

5）压桩应控制好终止条件，一般可按以下进行控制

① 对于摩擦桩，按照设计桩长进行控制，但在施工前应先按设计桩长试压几根桩，待停置 24h 后，用与桩的设计极限承载力相等的终压力进行复压，如果桩在复压时几乎不动，即可以此进行控制。

② 对于端承摩擦桩或摩擦端承桩，按终压力值进行控制：

对于桩长大于 21m 的端承摩擦桩，终压力值一般取桩的设计极限承载力。当桩周土为黏性土且灵敏度较高时，终压力可按设计极限承载力的 0.8～0.9 倍取值；

当桩长小于 21m，而大于 14m 时，终压力按设计极限承载力的 1.1～1.4 倍取值；或桩的设计极限承载力取终压力值的 0.7～0.9 倍；

当桩长小于 14m 时，终压力按设计极限承载力的 1.4～1.6 倍取值；或设计极限承载力取终压力值 0.6～0.7 倍，其中对于小于 8m 的超短桩，按 0.6 倍取值。

③ 超载压桩时，一般不宜采用满载连续复压法，但在必要时可以进行复压，复压的次数不宜超过 2 次，且每次稳压时间不宜超过 10s。

3. 振动法沉桩（图 1-18）

振动法是利用振动锤沉桩，将桩与振动锤连接在一起，振动锤产生的振动力通过桩身带动土体振动，使土体的内摩擦角减小、强度降低而将桩沉入土中。该方法在砂土中施工效率较高。

振动沉桩法主要适用于砂石、黄土、软土和亚黏土地基，在饱和砂土中的效果更为显著，但在砂砾层中采用时，需配以水冲法。沉桩工作应连续进行，以防间歇过久难以沉桩。

图 1-18　振动法沉桩

4. 预制桩沉桩常见的质量问题及安全技术措施

（1）桩身断裂：桩在沉入过程中，桩身突然倾斜错位，当桩尖处土质条件没有特殊变化，而贯入度突然增大，施压油缸的油压显示突然下降引起机台抖动，这时可能是桩身断裂。

1）原因

① 桩制作时，桩身弯曲超过规定，桩尖偏离桩的纵轴线较大，沉入过程中桩身发生倾斜或弯曲。

② 桩入土后，遇到大块坚硬的障碍物，把桩尖挤向一侧。

③ 稳桩不垂直，压入地下一定深度后，再用走架方法校正，使桩身产生弯曲。

④ 两节桩或多节桩施工时，相接的两节桩不在同一轴线上，产生了曲折。

⑤ 制作桩的混凝土强度不够，桩在堆放、吊运过程中产生裂纹或断裂未被发现。

2）预防措施

① 施工前应对桩位下的障碍物清理干净，必要时对每个桩位用钎探了解。对桩构件要进行检查，发现桩身弯曲超过规定（$L/1000$ 且≤20mm）或桩尖不在桩纵轴线上的不宜使用。

② 在稳桩过程中如发现桩不垂直应及时纠正，桩压入一定深度发生严重倾斜时，不宜采用移架方法来校正。接桩时要保证上下两节桩在同一轴线上，接头处应严格按照操作要求执行。

③ 桩在堆放、吊运过程中，应严格按照有关规定执行，发现桩开裂超过有关验收规定时不得使用。

（2）桩顶掉角：在沉桩过程中，桩顶出现掉角。

1）原因

① 预制的混凝土配比不良，施工控制不严，振捣不密实等或养护时间短，养护措施不足。

② 桩顶面不平，桩顶平面与桩轴线不垂直，桩顶保护层过厚。

③ 桩顶与桩帽的接触面不平，桩沉入时不垂直，使桩顶面倾斜，造成桩顶面局部受集中应力而掉角。

④ 沉桩时，桩顶衬垫已损坏未及时更换。

2）预防措施

① 桩制作时，要振捣密实，桩顶的加密箍筋要保证位置准确，桩成型后要严格加强养护。

② 沉桩前应对桩构件进行检查，检查桩顶有无凹凸现象，桩顶面是否垂直于轴线，桩尖有否偏斜，对不符合规范要求的桩不宜使用，或经过修补等处理后才能使用。

③ 检查桩帽与桩的接触面处是否平整，如不平整应进行处理才能施工。

④ 沉桩时稳桩要垂直，桩顶要有衬垫，如衬垫失效或不符合要求时要更换。

（3）沉桩达不到要求：桩设计是以最终贯入度和最终桩长作为施工的最终控制。一般情况下，以最终贯入度控制为主，结合以最终桩长控制参数，有时沉桩达不到设计的最终控制要求。

1）原因分析

① 勘探点不够或勘探资料粗，对工程地质情况不明，尤其是对持力层起伏标高不明，

至使设计考虑持力层或选择桩长有误。

② 勘探工作是以点带面，对局部硬夹层、软夹层不可能全部了解清楚，尤其在复杂的工程地质条件下，还有地下障碍物，如大块石头、混凝土等。压桩施工遇到这种情况，就会达不到设计要求的施工控制标准。

③ 以新近砂层为持力层时或穿越较厚的砂夹层，由于其结构的不稳定，同一层土的强度差异很大，桩沉入到该层时，进入持力层较深才能达到贯入度或容易穿越砂夹层，但群桩施工时，砂层越挤越密，最后会有沉不下去的现象。

2）预防措施

① 详细探明工程地质情况，必要时应作补勘，正确选择持力层或标高。

② 根据工程地质条件，合理地选择施工方法及压桩顺序。

（4）桩顶位移：在沉桩过程中，相邻的桩产生横向位移或桩身上浮。

1）原因

① 桩入土后，遇到大块坚硬障碍物，把桩尖挤向一侧。

② 两节桩或多节桩施工时，相接的两桩不在同一轴线上，产生了曲折。

③ 桩数较多，土饱和密实，桩间距较小，在沉桩时土被挤到极限密实度而向上隆起，相邻的桩被浮起。

④ 在软土地基施工较密集的群桩时，由于沉桩引起的孔隙水压力把相邻的桩推向一侧或浮起。

2）预防措施

① 施工前应对桩位下的障碍物清理干净，必要时对每个桩位用钎探了解。对桩构件要进行检查，发现桩身弯曲超过规定（$L/1000$ 且 $\leqslant 20mm$）或桩尖不在桩纵轴线上的不宜使用。

② 在稳桩过程中，如发现桩不垂直应及时纠正，接桩时要保证上下两节桩在同一轴线上，接头处应严格按照操作要求执行。

③ 采用井点降水、砂井或盲沟等降水或排水措施。

④ 沉桩期间不得开挖基坑，需要沉桩完毕后相隔适当时间方可开挖，相隔时间应视具体地质情况、基坑开挖深度、面积、桩的密集程度及孔隙水压力消散情况来确实，一般宜两周左右。

（5）接桩处开裂：接桩处经施工后，出现松脱开裂。

1）原因

① 采用焊接连接时，连接件不平，有较大的间隙，造成焊接不牢。

② 焊接质量不好，焊接不连续、不饱满，焊缝中有夹渣等。

③ 两节桩不在同一直线上，在接桩处产生曲折，压入时接桩处局部产生集中应力而破坏连接。

2）预防措施

① 检查连接部件是否牢固、平整和符合设计要求，如有问题，必须进行修正才能使用。

② 接桩时，两节桩应在同一轴线上，焊接预埋件应平整服帖，焊缝应饱满连续，当采用硫黄胶泥接桩时，应严格按操作规程操作，特别是配合比应经过试验，熬制及施工时温度应控制好，保证硫黄胶泥达到设计强度。

（6）安全技术措施

① 压桩施工前应对邻近的建筑物采取有效的防护措施，施工时应随时进行观测。

② 机械司机在施工操作时，必须听从指挥信号，不得随意离开岗位，应经常注意机械的运转情况，发现异常应立即检查处理。

③ 桩应达到设计强度 75% 方可起吊，100% 方可运输和压桩。

④ 桩在起吊和搬运时，必须做到吊点符合设计要求，如设计没有提出吊点要求时，当桩长在 16m 内，可用一个吊点起吊，吊点位置在桩端至入 0.29 桩长处，但一般宜用两个吊点，吊点在桩距离两端头 0.21 桩长处。

（7）桩的堆放应符合下列要求

① 场地应平整、坚实，不得产生不均匀下沉。

② 垫木与吊点位置应相同，并应保持在同一平面内。

③ 同桩号（规格）的桩应堆放在一起，桩尖应向一端，便于施压。

④ 多层的垫木应上下对齐，最下层的垫木应适当加宽。堆放的层数一般不宜超过四层。预应力管桩堆放时，层与层之间可设置垫木，也可以不设置垫木，层间不设垫木时，最下层的贴地垫木不得省去，垫木边缘处的管桩应用木楔塞紧，防止滚动。

1.3　灌注桩施工技术

1.3.1　概述

1. 混凝土灌注桩的特点

噪声低、振动小、桩长和直径可按设计要求变化自如、桩端能可靠地进入持力层或嵌入岩层、挤土影响小、含钢量低等特点。但成桩工艺较复杂、成桩速度较预制打入桩慢、成桩质量与施工水平有密切关系。

2. 灌注桩种类

按照成孔方法，灌注桩可分为钻孔灌注桩、振动沉管灌注桩（套管成孔灌注桩）、人工挖孔大直径灌注桩、爆破成孔灌注桩等。

1.3.2　钻孔灌注桩施工工艺

钻孔灌注桩又分为干作业成孔灌注桩（图 1-19）和湿作业成孔灌注桩。

1. 干作业成孔灌注桩

干作业成孔灌注桩适用于成孔深度内无地下水且土质较好的情况，一般采用螺旋钻机钻孔，吊放钢筋笼，浇筑混凝土。

螺旋钻头外径分别为 $\phi 400mm$、$\phi 500mm$、$\phi 600mm$，钻孔深度相应为 12m、10m、8m。长螺旋钻杆见图 1-20。

适用于成孔深度内没有地下水的一般黏土层、砂土及人工填土地基，不适于有地下水的土层和淤泥质土。

（1）工艺流程（图 1-21）

干作业成孔灌注桩的施工工艺流程为：平整场地→定桩位→钻机对位、校垂直→开钻出土→清孔→放钢筋骨架→浇混凝土。干作业现场见图1-22。

（2）施工要点

钻进时要求钻杆垂直，如发现钻杆摇晃、移动、偏斜或难以钻进时，可能遇到坚硬夹杂物，应立即停车检查，妥善处理。否则，会导致桩孔严重偏斜，甚至钻具被扭断或损坏。

钻孔偏移时，应提起钻头上下反复打钻几次，以便削去硬土。如纠正无效，可在孔中局部回填黏土至偏孔处以上0.5m，再重新钻进。

① 混凝土及时浇筑，土质好、没雨水冲刷成孔时间到混凝土浇筑，也不得多于24h。

② 强度等级不低于C15、坍落度黏土50~70mm、砂土70~90mm。

③ 浇混凝土时放护筒。

④ 深度大于6m时靠混凝土下冲力自身砸实，小于6m时用加长的振捣器或长竹杆捣实。浇筑振捣应分层进行，每层高度不大于1.5m。

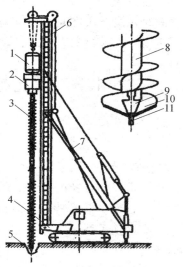

1—电动机；2—变速器；3—钻杆；4—托架；
5—钻头；6—立柱；7—斜撑；8—钢管；
9—钻头接头；10—刀板；11—定心尖

图1-19　干作业成孔灌注桩

图1-20　长螺旋钻杆

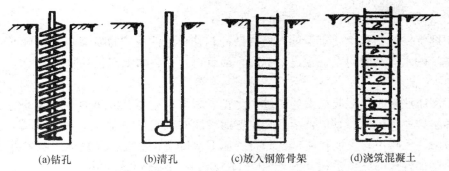

(a)钻孔　　　　　(b)清孔　　　　　(c)放入钢筋骨架　　　(d)浇筑混凝土

图 1-21　干作业成孔灌注桩工艺顺序

图 1-22　干作业

（3）干作业钻孔灌注桩其他作业方式

1）扩底干作业钻孔灌注桩：扩底干作业钻孔灌注桩的扩孔最大直径为 1000～1200mm，最大钻孔深度为 4～5m。钻扩机钻孔，见图 1-23。

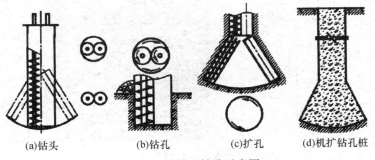

(a)钻头　　　　　(b)钻孔　　　　　(c)扩孔　　　　(d)机扩钻孔桩

图 1-23　钻扩机钻孔示意图

2）钻孔压浆成桩法

① 工艺原理

先用螺旋钻机钻孔至要求深度，通过钻杆芯管利用钻头处的喷嘴向孔内自下而上高压喷注制备好的水泥和骨料至桩顶设计标高，最后再由孔底向上高压补浆。

② 特点

由于高压注浆时水泥浆的渗透扩散，防止了断桩、缩颈、桩间虚土等现象的发生，还有局部膨胀扩径，因此，其单桩承载力比普通灌注桩有明显提高。

无振动、无噪声，又能在流砂、卵石、地下水位高、易塌孔等复杂地质条件下顺利成孔成桩。这种方法的成桩桩径一般为 300～1000mm，深度可达 50m。

2. 湿作业成孔灌注桩（又称泥浆护壁成孔灌注桩）

泥浆护壁成孔是指机械钻孔时利用泥浆保护稳定孔壁。它通过循环泥浆将切削的泥石渣屑悬浮后排出孔外。适用于成孔深度内有地下水或土质较差的土层。

（1）施工工艺流程（图 1-24）

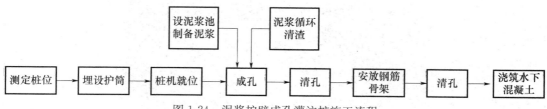

图 1-24　泥浆护壁成孔灌注桩施工流程

1）埋设护筒（图 1-25）

护筒应为 3～5mm 钢板制成的圆筒，其内径应大于钻头直径 100～200mm，侧面有溢浆孔。起到保护孔口、定位、防止地面水流入、增高桩孔内水压力，防止塌孔的作用。另外，护筒埋入黏土中的深度不宜小于 1.0m，埋入砂土中深度不宜小于 1.5m；顶面高出地面 0.4～0.6m，并应保持孔内泥浆面高出地下水位 1～2m。

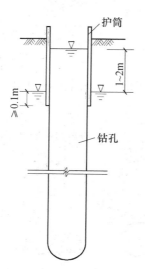

图 1-25　护筒埋设

2）制备泥浆

① 泥浆的作用

在湿作业成孔灌注桩施工中，泥浆具有非常重要的作用，其能渗填到孔壁土层孔隙中，避免孔内漏水，保持护筒内水压稳定。另外，泥浆相对密度较大，加大了孔内的水压力，可以稳固孔壁，防止塌孔；通过循环泥浆可将切削的泥石渣悬浮后排出，起到携砂、排土的作用。除此之外，泥浆还可冷却钻头，避免钻孔过程中，钻头过热。

② 泥浆制备方法

在黏性土中成孔时，制备泥浆可在孔中注入清水，钻头切削土屑并与水搅拌，利用原土自成泥浆，泥浆的比重应控制在 1.1～1.2。

在其他土中成孔时，可用高塑性黏性土适当加入外加剂制备泥浆，泥浆比重应控制在 1.1～1.5。

为了保证所制备泥浆的性能符合要求，在施工中经常通过测定泥浆的黏度、含砂率及胶体率来进行。

注：泥浆含砂率——它以泥浆经筛网过滤后体积的变化来确定，用百分比来表示。黏度——它是由黏度计中流出 500mL 的泥浆所需的时间来计算，单位 s。胶体率——是泥浆中土粒保持悬浮状态的性能。测定方法可将 100mL 泥浆倒入 100mL 的量杯中，用玻璃片盖上，静置 24h 后，测量量杯上部水体积。其体积如为 5mL，则胶体率为 100－5＝95，即 95%。

3）成孔

成孔方法根据所采用机械不同，可分为回转钻机成孔、潜水钻机成孔、冲击钻机成孔以及冲抓锥成孔，其中，回转钻机成孔为国内灌注桩施工中最常用的方法之一。

① 回转钻机成孔（图 1-28）

回转钻机成孔通过钻机回转装置带动钻杆和钻头回转切削破碎岩土来成孔。回转钻机成孔按其排渣方式分为正循环回转钻成孔（图 1-26）和反循环回转钻成孔（图 1-27）两种。

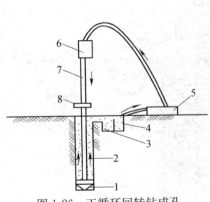

图 1-26　正循环回转钻成孔

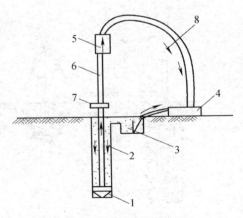

图 1-27　反循环回转钻成孔

1—钻头；2—泥浆循环方向；3—沉淀池；
4—泥浆池；5—泥浆泵；6—水龙头；
7—钻杆；8—钻机回转装置

在正循环回转钻成孔和反循环回转钻成孔中，就使用效果而言，反循环钻优于正循环钻，排渣速度是正循环钻的 40 倍，如图 1-29 所示。除此之外，两者成孔桩径均可达 1m，但正循环深度不宜超过 40m，因此，若桩长大于 40m，用反循环钻比较合适。

② 潜水钻机成孔

潜水钻机是将动力装置沉入孔内泥浆中，电动机通过变速箱带动钻头旋转切土成孔。潜水钻体积小、质量轻、灵活、成孔速度快、适用于地下水位高的淤泥质土、黏性土、砂质土。成孔孔径可达 600～800mm，深度可达 50m。同回转钻机成孔类似，潜水钻机也可根据排渣方式分为正循环潜水钻机成孔和反循环潜水钻机成孔。

③ 冲击钻成孔

冲击钻成孔适用于各种软土及风化岩层，成孔孔径可达 600～1200mm，深度可达 30m。

图 1-28　回旋式钻机

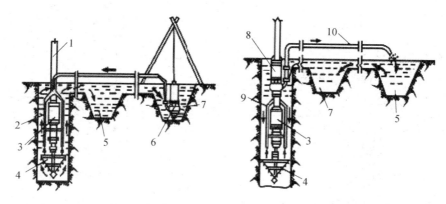

(a) 正循环排渣　　　　　　　　(b) 反循环排渣

图 1-29　循环排渣方法

1—钻杆；2—送水管；3—主机；4—钻头；5—沉淀池；6—潜水泥浆泵；
7—泥浆泵；8—砂石泵；9—抽渣管；10—排渣胶管

③ 冲击钻成孔（图 1-30）

冲击钻成孔适用于各种软土及风化岩层，成孔孔径可达 600～1200mm，深度可达 30m。

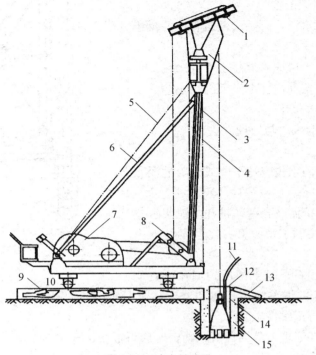

图 1-30 冲击钻成孔

1—副滑轮；2—主滑轮；3—主杆；4—前拉索；5—后拉索；6—斜撑；7—双滚筒卷扬机；

8—导向轮；9—垫木；10—钢管；11—供浆泵；12—溢流口；

13—泥浆流槽；14—护筒回填土；15—钻头

④ 冲抓锥成孔（图 1-31）

冲抓锥成孔适用于有坚硬夹杂物的黏土、砂卵石土、碎石类土，成孔孔径可达 450～600mm，深度可达 10m。

在上述四种成孔方法中，回转钻机成孔、潜水钻机成孔适用于黏性土、淤泥、砂土成孔；冲击钻机成孔、冲抓锥成孔适用于碎石土、砂土、黏性土、风化岩土成孔。

4）清孔

清孔的目的在于清除孔底沉渣、淤泥，以减少桩基的沉降量，提高承载能力。清孔的方法根据土质不同而有差异，对于土质较好不易坍塌的土质，可用空气吸泥机清孔，同时不断补充清水或泥浆来进行。

对于稳定性较差的土质，可采用泥浆循环法清孔或抽筒排渣来进行。

5）水下浇筑混凝土（导管法）（图 1-32）。

水下浇筑混凝土施工技术要点如下：

① 材料性能要求。

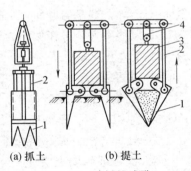

(a) 抓土　　　　(b) 提土

图 1-31 冲抓锥成孔

1—抓片；2—连杆；

3—压重；4—滑轮组

② 钢筋笼下放后应在 4h 内浇筑。

③ 导管顶部高于泥浆面 3～4m，导管底部距离桩孔底部 0.3～0.5m。

④ 导管内设隔水栓，第一次浇筑管内混凝土 0.8～1.3m。

⑤ 边浇边拔、管口埋入混凝土不少 1m。

⑥ 混凝土浇筑面超过设计标高 300～500mm，硬化后凿去该层。

（2）常见的质量事故与处理方法

1）孔壁坍塌

① 现象：护筒内水位突然下降或排出的泥浆中不断出现气泡。

② 原因：碰撞护筒及孔壁；桩孔内泥浆水位下降；护筒周围未用黏土紧密填实。

③ 处理方法：

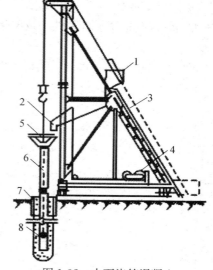

图 1-32 水下浇筑混凝土
1—上料斗；2—贮料斗；3—滑道；4—卷扬机；
5—漏斗；6—导管；7—护筒；8—隔水栓

塌孔不严重：用石子黏土回填到塌孔位置上 1～2m，重新开钻，并调整泥浆比重和液面高度；使用冲孔机时，填入混合料后低锤击，形成坚固孔壁后，再正常冲击。

塌孔严重：全部回填、等回填沉积物密实后再重新钻孔。

2）偏孔（孔位或孔身）

① 现象：测量仪器观测。

② 原因：护筒倾斜或位移、桩架不稳固、导杆不垂直、土层软硬不均、遇到探头石或基岩倾斜。

③ 处理方法：如土层软硬不均可低速钻进；如有探头石，可用取岩钻除去或低锤密击将石击碎；遇基岩倾斜，可投入毛石于低处，再开钻或密打。

若偏移不大，可在偏斜处用钻头上下反复扫孔直至孔位校正；若偏移过大，应填入石子或黏土，重新成孔。

3）孔底隔层

① 现象：桩底泥渣过厚。

② 原因：清孔不彻底；混凝土浇筑时碰撞孔壁。

③ 处理方法：做好清孔工作；保护好孔壁。

4）夹泥或软弱夹层

① 现象：桩身混凝土混进泥浆或形成浮浆泡沫软弱夹层。

② 原因：浇筑混凝土时孔壁坍塌或导管下口埋入混凝土高度太小，泥浆被喷翻，混入混凝土中。

③ 防止措施：在钢筋笼放孔内 4h 内浇混凝土、保持导管下口埋入混凝土下的高度。

5）流砂

① 现象：指成孔时发现大量流砂涌塞孔底。

② 原因：孔外水压力比孔内水压力大，孔壁土松散。

③ 处理方法：流砂严重时可抛入碎砖石或黏土，用锤冲入流砂层，防止流砂涌入。

1.3.3　振动沉管灌注桩（套管成孔灌注桩）施工工艺

套管成孔灌注桩具有能在土质很差、地下水位很高的情况下施工的特点。其原理为，利用锤击方法或振动式方法将一定直径的钢套管沉入土中，形成桩孔，然后放入钢筋笼（也有的是后插入钢筋笼），浇筑混凝土，最后拔出钢管，形成灌注桩。套管成孔灌注桩的施工方法有锤击沉管法和振动沉管法两种。

1. 锤击沉管灌注桩施工

锤击沉管灌注桩施工适用于一般黏性土、淤泥质土、砂土与人工填土等土质。

（1）施工设备（图 1-33～图 1-35）

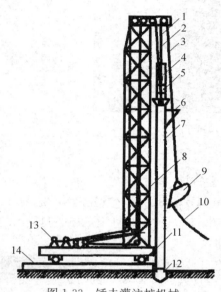

图 1-33　锤击灌注桩机械

1—柱帽钢丝绳；2—桩管钢丝绳；3—吊斗钢丝绳；
4—桩锤；5—桩帽；6—混凝土漏斗；7—桩管；
8—桩架；9—漏斗；10—回绳；11—行驶用钢管；
12—桩靴；13—卷扬机；14—枕木

图 1-34　沉管灌注桩机

图 1-35　沉管灌注桩桩靴

21

（2）施工工艺流程

桩机就位→安放桩靴→钢套管就位→扣桩帽→捶击沉套管→吊放钢筋骨架→浇灌混凝土→拔管成桩。

1）安放桩靴（图1-36）施工要点

① 桩靴混凝土强度等级不低于C30。

② 桩靴与桩管接口处应垫麻垫圈（或草绳），以防地下水渗入管内。

图1-36　安放桩靴

2）锤击沉管套

① 沉管时先低锤轻击，观察无偏移后，再正常施打。

② 正常施打时已采用低垂密击（小落距、高频率），每分钟尽量控制70次以上。

③ 桩的中心距在3.5倍桩管外径以内或小于2m时，均应跳打施工；中间空出的桩须待邻桩混凝土达到设计强度的50％以后，方可施打。

④ 对于土质较差的饱和淤泥质土，可采用控制时间的连打方法，即必须在临桩混凝土终凝前，将影响范围内（3.5倍桩管外径或2m）桩全部打完。

3）浇灌混凝土

① 混凝土强度等级应不低于C20。

② 套管内混凝土尽量填满。

4）拔管成桩

① 拔管前，应先锤击或振动套管，在确定混凝土已流出套管后方可拔管。

② 拔管要均匀，控制拔管速度，一般土层以不大于1m/min为宜，软弱土层与软硬交界处，应控制在0.8m/min以内为宜。

③ 从混凝土拌制到拔管结束不得超过混凝土初凝时间。

④ 拔管过程中始终对套管进行连续低锤密击，见如1-37；并始终观测混凝土下落时扩散情况，注意使管内的混凝土保持略高于地面，并保持到全管拔出为止。

⑤ 用浮标测定混凝土浇筑时扩散情况

施工时桩管内设浮标，浮在混凝土面上，浮标带刻有标记拉绳，可测得管内混凝土下落的高度为h。当拔管高度为H时，则应$h>H$。

$\dfrac{h}{H}$ 称为充盈系数，

即

$$\dfrac{h}{H}=\dfrac{D^2}{d^2}$$

式中　D——套管外径；

　　　d——套管内径。

若实测值高于这个 $\dfrac{D^2}{d^2}$ 常数，即表示混凝土扩散，实际桩径大于设计桩径；若实测值低于该常数，即表示有缩径、吊脚或夹泥等问题；若实测值较常数相差很多，则采用复打法处理。

2. 振动沉管灌注桩施工

振动沉管灌注桩施工常采用振动冲击锤或击振器沉管。

（1）施工机械（图 1-38）

图 1-37　锤击沉管灌注桩灌注施工

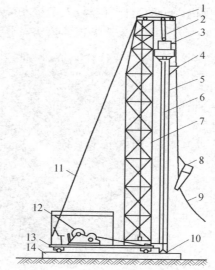

图 1-38　振动沉管灌注桩桩机

1—导向滑轮；2—滑轮组；3—击振器；4—漏斗；
5—桩管；6—加压钢丝绳；7—桩架；8—混凝土吊斗；
9—回绳；10—桩靴；11—缆风绳；12—卷扬机；
13—行驶用钢管；14—枕木

（2）施工工艺流程

桩机就位→钢套管就位→活瓣桩尖合拢→沉管→安放钢筋笼→灌入混凝土→边振边拔。

在施工过程中，根据承载力要求不同可用不同拔管方法。

1）单振法

灌满混凝土后，振动 5~10s，再上拔，然后边振边拔，每拔 0.6~1m，停拔振动 5~10s，如此反复。拔速控制：一般土为 1.2~1.5m/min；软土为 0.8~1.0m/min。适用于含水量较少土层。

2）复振法（同复打法）

3）反插法

灌满混凝土后，先振动后拔管，每上拔 0.5～1m，向下反插 0.3～0.5m，如此反复进行。适用饱和软土层。

1.3.4　人工挖孔灌注桩施工工艺

1.优点

（1）成孔机具简单，作业时无振动、无噪声，当施工场地狭窄，邻近建筑物密集或桩数较少时尤为适用。

（2）施工工期短，若干根桩齐头并进。

（3）便于清底，施工质量可靠。

（4）桩径和桩深可随承载力的情况而变化。

（5）桩端可以人工扩大，以获得较大的承载力。

（6）国内因劳动力便宜，故人工挖孔桩造价低。

（7）可下人入孔，采用振捣棒捣实，混凝土质量好（图1-39）。

图 1-39　人工挖孔桩灌注桩施工

2.缺点

（1）劳动强度大。

（2）易发生伤亡事故。

3.适用范围

适用于土质较好，地下水位较低的黏土、粉质黏土与含少量砂卵石的黏土层等地质条件。对软土、流砂、地下水位较高或涌水量大的土层不宜采用。

人工挖孔灌注桩的孔深一般不宜超过25m。

当桩长 $L<8$m 时，桩身直径（不含护壁，护壁见图1-40）不宜小于0.8m；

当 8m$<L<15$m 时，桩身直径不宜小于1.0m；

当 15m$<L<20$m 时，桩身直径不宜小于1.2m；

当桩长 $L>20$m 时，桩身直径应适当加大。

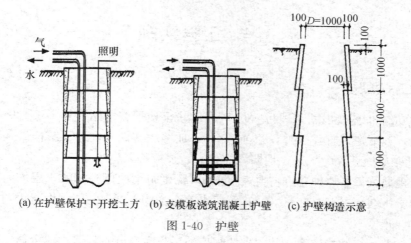

(a) 在护壁保护下开挖土方　(b) 支模板浇筑混凝土护壁　(c) 护壁构造示意

图 1-40　护壁

4. 安全措施

在施工过程中，可采取护壁、活动安全盖板、通风、照明、戴安全帽以及安全带等安全措施。

1.3.5　爆破成孔灌注桩施工工艺

爆扩桩在黏性土层中使用效果较好，但在软土及砂土中不易成型，桩长（H）一般为 3～6m，最大不超过 10m。扩大头直径为 2.5～3.5d。

这种桩具有成孔简单、节省劳力和成本低等优点，但质量不便检查，施工要求较严格，爆破成孔灌注桩施工工艺见图 1-41。

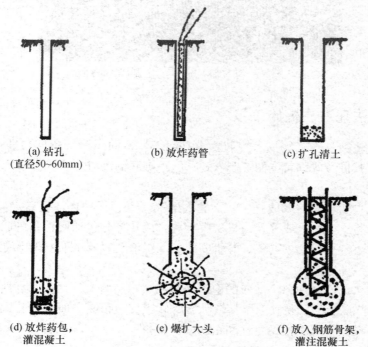

(a) 钻孔
(直径50~60mm)
(b) 放炸药管
(c) 扩孔清土
(d) 放炸药包，灌混凝土
(e) 爆扩大头
(f) 放入钢筋骨架，灌注混凝土

图 1-41　爆破成孔灌注桩施工工艺

1.4 工程实例

1.4.1 工程概况

上海 900kV 世博变电站工程为 900kV 大容量全地下变电站,见图 1-42。为全地下四层筒型结构,地下建筑直径(外径)为 130m,地墙深 97.9m,地下结构最大开挖深度约 39.29m,基础底板埋深为 34m,地墙深 97.9m,顶板落深为 2m。

拟建场地属滨海平原地貌,自地表至 100m 深度范围内所揭露的土层均为第四纪松散沉积物;地下水埋深一般 0.9~1.0m;承压水分布于⑦土层和⑨层砂性土中;地下结构底板位于第⑦层承压水层中。

采用框架剪力墙结构体系,其中主体结构外墙与内部风井隔墙构成主体结构的剪力墙体系,其余部分的内部结构为框架结构。地下四层,底板下设置抗拔桩。抗拔工程桩采用钻孔灌注桩。

图 1-42　上海 900kV 世博变电站工程示意图

1.4.2 超长钻孔灌注桩施工技术

细长钻孔灌注桩及扩底桩技术控制要求高:细长型的超深钻孔桩均进入⑨1、⑨2 中粗砂性层土中,其桩身的垂直度的控制(1/300),桩底的沉渣厚度(小于 5cm)控制难。

1. 成孔工艺

正循环成孔自然造浆护壁成孔,一、二次清孔(泵吸反循环清孔),导管水下混凝土灌注成桩工艺。整个工艺分成孔及成桩二大部分,成孔部分包括回转钻进成孔,泥浆护壁及一次清孔,成桩部分包括钢筋笼、导管安放、二次清孔以及水下混凝土灌注。

2. 成孔控制

防斜梳齿钻头,既增加钻头工作的稳定性和刚度,又增加其钻头耐磨性能。该钻头可用于钻进 N 值 50 以上的较硬硬土层与带砾石的砂土层。钻头上面直接装置配重块,既保证钻头压力,又提高钻头工作稳定性和钻孔的垂直精度。

3. 清孔控制

泵吸反循环清孔工艺,见图 1-43。采用 6BS 泵吸反循环二次清孔,并在成孔过程中采用除砂器。清孔时入孔口的泥浆比重宜控制在 1.20，黏度 18°～22°，钻进过程中采用除砂器保证浆内含砂率在 4% 的范围内。泵吸反循环清孔应注意保证补浆充足与孔内泥浆液面稳定，使用时还应注意清孔强度，以免造成孔底坍塌。

图 1-43 泵吸反循环清孔

1.4.3 超长桩侧壁注浆技术

1. 工艺原理

桩侧后注浆是目前即桩底注浆后新起的一种新的施工技术，它是在灌注桩成桩后，通过预埋在桩体不同部位处的特殊注浆器向桩侧注入的水泥浆液。水泥浆液渗扩、挤密和劈裂进入土体，形成包围桩身横向及纵向一定范围强度较大的水泥土加固体，它不仅消除了附着在桩表面泥皮的固有缺陷，改善了桩土界面，而且使桩侧一定范围的土体得到加固，土体强度增强，增大桩侧摩擦力及阻力，同时桩侧阻力因桩径扩大效应而增大，从而大幅度提高单桩抗压承载力和单桩竖向抗拔承载力。

2. 注浆设计

沿桩长设置五道注浆断面，每道注浆断面注浆孔数量不少于四个，且应沿桩周均匀分布，每道断面水泥用量为 P42.5 普通硅酸盐水泥 500kg，单桩水泥用量为 2.5t。五道压浆断面，压浆阀设置位置分别为 -40.0m、-45.9m、-67.2m、-72.4m、-77.6m。见图 1-44。

图 1-44 桩侧壁注浆

3. 技术措施

（1）后压浆质量控制采用注浆量和注浆压力双控方法，以水泥注入量控制为主，泵送终止压力控制为辅。

（2）水泥采用 P42.5 水泥，注浆水灰比为 0.6～0.7。桩侧压浆水泥用量为每道 500kg，实施五道压浆，每道注浆孔数量不少于 4 个。

（3）后压浆起始作业时间一般于成桩 7d 以后即可进行（清水劈裂时间一般在成桩后 6～8h），具体时间可视桩施工态势进行调整。

（4）桩侧压浆压力不宜小于 1.0MPa。当水泥压入量达到预定值的 70%，而泵送压力已超过 5.0MPa 时可停止压浆。

思考与习题

1. 桩按承载性状分类，可分为哪几种？

2. 预制桩达到设计强度多少后才可起吊，达到设计强度的多少时才可运输？

3. 根据桩密集程度，打桩顺序一般有哪些？

4. 钢筋混凝土预制桩在制作、起吊、运输和堆放过程中各有什么要求？

5. 钢筋混凝土灌注桩按其成孔方法不同，可分为哪几类？

6. 钻孔灌注桩钻孔时的泥浆循环工艺有哪几种？

7. 在泥浆护壁成孔灌注桩施工中，泥浆的作用有哪些？

8. 为了确保人工挖孔桩施工过程中的安全，施工时必须考虑预防什么现象发生，并如何制订合理的护壁措施？

参考文献

[1] 郭正兴，李金根.建筑施工［M］.南京：东南大学出版社，1996.

[2] 郭正兴等.土木工程施工［M］.南京：东南大学出版社，2012.

[3] 高大钊，赵春风，徐斌.桩基础的设计方法与施工技术［M］.北京：机械工业出版社，2002.

[4] 林天键等.桩基础设计指南［M］.北京：中国建筑工业出版社，1999.

[5] 中华人民共和国住房和城乡建设部.建筑桩基技术规范（JGJ 94—2008）［S］.北京：中国建筑工业出版社，2008.

专题二　地下连续墙施工技术

2.1　概　　述

2.1.1　地下连续墙定义

地下连续墙就是用专用设备沿着深基础或地下构筑物周边，采用泥浆护壁开挖出一条具有一定宽度与深度的沟槽，在槽内设置钢筋笼，采用导管法在泥浆中浇筑混凝土，筑成一单元墙段，依次顺序施工，以某种接头方法连接成的一道连续的地下钢筋混凝土墙，以便基坑开挖时防渗与挡土，作为邻近建筑物基础的支护以及直接成为承受直接荷载的基础结构的一部分。

2.1.2　地下连续墙起源、发展与应用

1950 年首先在意大利米兰采用泥浆护壁进行地下连续墙施工，20 世纪 50 年代后传到法、日等国，20 世纪 60 年代推广到英、美、前苏联等国。我国在 20 世纪 50 年代至 60 年代，首先在水利部门采用地下连续墙（地下止水帷幕），20 世纪 70 年代开始，在建筑、交通、地下工程等领域推广应用。目前，地下连续墙已在建筑物地下室、地下停车场、地下铁道以及各种基础结构等地下工程和基础工程中广泛应用。

1958 年，我国水电部门首先在青岛丹子口水库用此技术修建了水坝防渗墙，到目前为止，全国绝大多数省份都先后应用了此项技术，估计已建成地下连续墙 120～140 万平方米。地下连续墙已经并且正在代替很多传统的施工方法，而被用于基础工程的很多方面。在地下连续墙发展及使用的初期阶段，基本上都是用作防渗墙或临时挡土墙。通过开发使用许多新技术、新设备和新材料，现在已经越来越多地被用作结构物的一部分或主体结构，最近十年更被用于大型的深基坑工程中。

连续墙主要作用于以下几个方面：

（1）水利水电、露天矿山和尾矿坝（池）和环保工程的防渗墙。

（2）建筑物地下室（基坑）。

（3）地下构筑物（如地下铁道、地下道路、地下停车场和地下街道、商店以及地下变电站等）。

（4）市政管沟和涵洞。

（5）盾构等工程的竖井。

（6）泵站、水池。

（7）码头、护案和干船坞。

（8）地下油库和仓库。

（9）各种深基础和桩基。

2.1.3　地下连续墙种类

1. 按成墙方式分类

（1）桩排式。

（2）槽板式。

（3）组合式。

2. 按墙的用途分类

（1）防渗墙。

（2）临时挡土墙。

（3）永久挡土（承重）墙。

（4）作为基础用的地下连续墙。

3. 按强体材料分类

（1）钢筋混凝土墙。

（2）塑性混凝土墙。

（3）固化灰浆墙。

（4）自硬泥浆墙。

（5）预制墙。

（6）泥浆槽墙（回填砾石、黏土和水泥构成的三合土）。

（7）后张预应力地下连续墙。

（8）钢制地下连续墙。

4. 按开挖情况分类（实际施工基本按照这个分类）

（1）地下连续墙（开挖）。

（2）地下防渗墙（不开挖）。

2.1.4　地下连续墙优缺点

1. 连续墙的优点

（1）施工时振动小，噪声低，非常适于在城市施工。

（2）墙体刚度大，用于基坑开挖时，可承受很大的土压力，极少发生地基沉降或塌方事故，已经成为深基坑支护工程中必不可少的挡土结构。

（3）防渗性能好，由于墙体接头形式和施工方法的改进，使地下连续墙几乎不透水。

（4）可以贴近施工。由于具有上述优点，使我们可以紧贴原有建筑物建造地下连续墙。

（5）可用于逆做法施工。地下连续墙刚度大，易于设置埋设件，很适合于逆做法施工。

（6）适用于多种地基条件。地下连续墙对地基的适用范围很广，从软弱的冲积地层到中硬的地层、密实的砂砾层，各种软岩和硬岩等所有的地基都可以建造地下连续墙。

（7）可用作刚性基础。目前地下连续墙不再单纯作为防渗防水或深基坑维护墙，而且越来越多地采用地下连续墙代替桩基础、沉井或沉箱基础，从而承受更大荷载。

（8）用地下连续墙作为土坝、尾矿坝和水闸等水工建筑物的垂直防渗结构，是非常安全和经济的。

（9）占地少，可以充分利用建筑红线以内有限的地面和空间，充分发挥投资效益。

（10）工效高、工期短、质量可靠并且经济效益高。

2. 地下连续墙的缺点

（1）在一些特殊的地质条件下（如很软的淤泥质土、含漂石的冲积层和超硬岩石等），施工难度很大。

（2）如果施工方法不当或施工地质条件特殊，可能出现相邻墙段不能对齐或漏水的问题。

（3）地下连续墙如果用作临时的挡土结构，相对于传统施工工艺方法所用的造价费用要高些。

（4）在城市施工时，废泥浆的处理比较麻烦。

2.2 地下连续墙的施工技术

2.2.1 地下连续墙施工工艺原理

用特制的挖槽机械在泥浆护壁的情况下分段开挖沟槽，待挖至设计深度并清除沉淀泥渣后，将地面上加工好的钢筋骨架用起重设备吊放入沟槽内，用导管向沟槽内浇筑水下混凝土，随混凝土浇筑泥浆被置换出来，待混凝土浇至设计标高后，一个单元槽段施工完毕。各个单元槽段之间用特制的接头连接，形成连续的地下钢筋混凝土墙。

2.2.2 地下连续墙施工技术要点

1. 应解决的问题

（1）挖槽需适应复杂地基，符合设计要求。

（2）槽孔在开挖和回填中的稳定。

（3）用适宜的材料回填槽孔形成墙体。

（4）各墙段之间的接缝连接。

2. 加强各环节的联系

加强设计、科研和施工系统之间的联系，并促进施工方法的不断成熟和发展。

2.2.3 施工前的准备工作

1. 施工现场调查的目的与内容

调查目的：解决施工机械进入现场和进行组装的可能性；挖槽时弃土的处理与外运；给排水和供电条件；地下障碍物和相邻建筑物情况；噪声、振动和污染等公害引起的有关问题。

调查内容：机械进场条件调查、给排水和供电条件调查、现有建筑物的调查、地下障碍物对连续墙施工影响的调查、噪声、振动和环境污染等的调查。

2. 认真进行地质调查

地质调查包括确定开挖方法、单元槽段长度、各土层重力密度 γ、内摩擦角 φ、内聚力 C 等物理力学指标，研究用泥浆向地层渗透是否污染临近水井等水源时需利用土的渗透系数 K，全面准确掌握施工地区的水文地质情况。

2.2.4 制定地下连续墙施工方案

（1）工程概况。

（2）挖掘机械的选择。

（3）导墙设计。

（4）单元槽段划分及顺序。

（5）预埋件及设计、施工详图。

（6）护壁泥浆的配比、泥浆循环管路布置。

（7）废泥浆和土渣处理。

（8）钢筋笼加工、运输和运输吊放。

（9）混凝土配合比设计、混凝土供应和浇筑。

（10）动力供应、供水、排水设施。

（11）施工平面图布置。

（12）工程进度计划、材料劳力供应计划。

（13）安全、质量措施和技术组织措施。

2.2.5 地下连续墙施工工艺过程

对于现浇钢筋混凝土地下连续墙，其工艺包括修筑导墙、泥浆制备与处理、挖深槽、钢筋笼制备与吊装及混凝土浇筑等主要内容。

地下连续墙的施工工艺流程图见图 2-1。

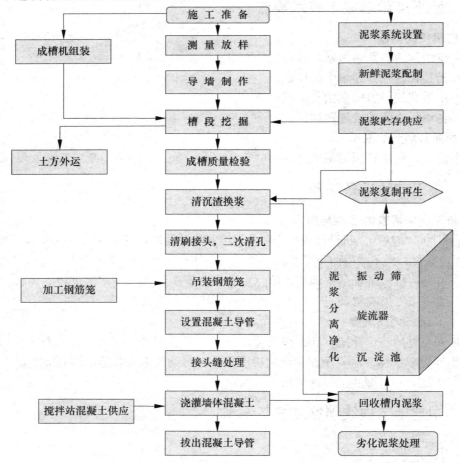

图 2-1 连续墙施工工艺流程图

2.2.6　测量放样

1. 定位、定标控制点

（1）在施工场地利于保护和放样的地方设置地面导线点，根据平面交接桩记录，采用全站仪将控制点引入场地内，放样出地面导线点的平面坐标。

（2）根据高程交接桩记录，采用水准仪将高程引入施工场地内。

（3）所设控制点均应距基坑 10m 以上，减小施工时对控制点的影响。

（4）由于施工时会对控制点桩位产生影响，对正在使用的点应每半月复核一次，当点变化超过允许误差后，应对原坐标或高程值进行调整。

2. 导墙测量放线方法

（1）根据设计图纸提供的坐标计算出地下连续墙中心线角点坐标，计算成果经内部复核无误后，采用地面导线控制点，用 J2 经纬仪实地放样出地下连续墙角点，并立即作好护桩。报甲方与监理进行复核。

（2）由于基坑开挖时地下连续墙在外侧土压力作用下会向内位移和变形，为确保后期基坑结构的净空符合要求，导墙中心轴线按设计要求外放 50mm。

（3）钢筋笼标高控制。在钢筋笼下放到位后，由于吊点位置与测点不完全一致，吊筋会拉长等因素，会影响钢筋笼的标高，为确保接驳器的标高，应立即用水准仪测量钢筋笼笼顶的标高，根据实际情况进行调整，将笼顶标高调整至设计标高。

2.2.7　导墙施工

1. 导墙的作用

（1）挡土墙（挖槽前的临时结构）。

（2）作为测量的基准。

（3）作为重物的支撑。

（4）存蓄泥浆。

还可防止泥浆漏失，防止雨水等流入，施工补强（对临近建筑物），支撑横撑的水平导梁的作用。

2. 导墙的形式

（1）一字形或上加肋：断面简单，适用于表层土好、导墙荷载小。

（2）倒 L 形或工字型：适用于为杂填土、软黏土等承载力弱的土层。

（3）大倒 L 形：适用于导墙上荷载大的情况。

（4）一肢加强：当离已建建筑物很近需加以保护时采用的情况。

（5）高于地面：当地下水位而又不宜采用井点降水时为确保泥浆高于地下水位而采用。

（6）需作支撑：当施工作业面在地下，导墙需作支撑支撑已施工的结构时用。

（7）金属导墙：属于可装拆导墙的形式，该种导墙可重复使用。

具体见图 2-2。

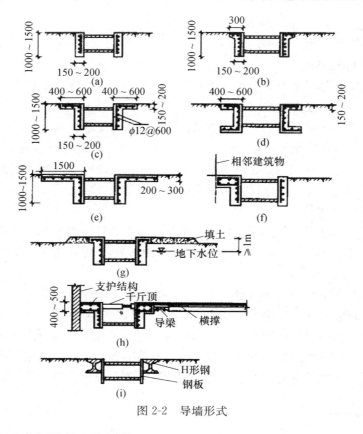

图 2-2　导墙形式

选择导墙的形式主要考虑的因素：

（1）土质条件及土层分布、地下水。

（2）荷载条件。

（3）对邻近建筑物的影响。

导墙常用现浇钢筋混凝土制作，考虑重复使用时也可用钢制或预制钢筋混凝土装配式导墙。

3. 导墙构造要求

（1）导墙的厚度一般为 150～200mm，深度为 1.0～2.0m。导墙的配筋为 $\phi 12@200$。

（2）导墙面应高于地面约 100mm。

（3）导墙拆模后，沿纵向每隔 1m 左右加设上下两道木支撑。

（4）导墙混凝土强度等级多为 C20，注意捣实质量。

4. 导墙的施工顺序

平整场地→测量定位→挖槽→绑筋→支模板（按设计图，外侧可利用土模，内侧用模板）→浇混凝土→拆模并设置横撑→回填外侧空隙并碾压。

5. 导墙的施工工艺

（1）导墙放线、开挖（图 2-3）。

（2）导墙钢筋绑扎、混凝土浇筑（图 2-4）。

（3）导墙支撑（图 2-5）。

（4）导墙回填土（图 2-6）。

(a) 导墙放线

(b) 导墙开挖

图 2-3 导墙放线、开挖现场施工图

(a) 导墙钢筋绑扎

(b) 导墙混凝土浇筑

图 2-4 导墙钢筋绑扎、混凝土浇筑现场施工图

图 2-5 导墙支撑现场施工图

图 2-6 导墙回填土现场施工图

2.2.8 泥浆系统

1. 泥浆成分

泥浆通常使用膨润土（图 2-7），添加掺合物和水。

（1）膨润土是一种颗粒极细、遇水显著膨胀、黏性和可塑性都很大的特殊黏土，主要成分是 SiO_2，Al_2O_3 和 Fe_2O_3 等。

（2）掺合物按其用途分：有加重剂、增黏剂、分散剂（图 2-8）及防漏剂四类。

图 2-7 膨润土

图 2-8 分散剂

地下连续墙挖槽用护壁泥浆（膨润土泥浆）的制备方法：

（1）制备泥浆。

（2）自成泥浆。

（3）半自成泥浆。

2. 泥浆的功能

（1）防止槽壁坍塌：在槽壁上形成不透水的泥皮，使泥浆的静压力有效地作用在槽壁上，防止槽壁坍塌。

（2）携渣：能将钻头式挖槽机挖下来的土渣悬浮起来，即便于土渣随同泥浆一同排出槽外。

（3）冷却和滑润：泥浆可降低钻具的温度，又可起润滑作用而减轻钻具的磨损。

3. 泥浆制作程序（图 2-9）

护壁泥浆实验室配合比时按规范指标计算，施工现场配备泥浆试验时，应对表 2-1 中的有关指标进行测试，检查制备的泥浆质量。

不同土层护壁泥浆主要性能指标见表 2-1。

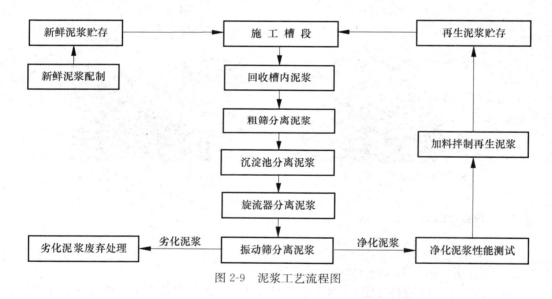

图 2-9　泥浆工艺流程图

表 2-1　不同土层护壁泥浆性质的控制指标

性质 指标 土层	黏度 （s）	相对密度	含砂量 （%）	失水量 （%）	胶体率 （%）	稳定性	泥皮厚度 （mm）	静切力 （kPa）	pH 值
黏土层	18～20	1.15～1.25	＜4	＜30	＞96	＜0.003	＜4	3～10	＞7
砂砾石层	20～25	1.20～1.25	＜4	＜30	＞96	＜0.003	＜3	4～12	7～9
漂卵石层	25～30	1.10～1.20	＜4	＜30	＞96	＜0.004	＜4	6～12	7～9
碾压土层	20～22	1.15～1.20	＜6	＜30	＞96	＜0.003	＜4	—	7～8
漏失土层	25～40	1.10～1.25	＜15	＜30	＞97	—	—	—	—

4. 泥浆的测试方法

（1）比重：每 2～3h 测定一次，并做好记录。比重检测现场采用比重计或比重秤测量。用比重计测量时，只需将比重计轻轻放入取样泥浆中，用肉眼观察读数即可测出。采用比重秤时，将泥浆样装满泥浆杯，抹去多余泥浆，移游码，使秤杆呈水平状态，然后读取刻度数，即为泥浆的比重。泥浆比重秤应经常用清水校核。

（2）黏度：采用漏斗黏度计测量，将 700mL 泥浆通过 0.25mm 金属滤网，装入漏斗中，之后打开出口，用秒表测定 500mL 泥浆流出所需时间，即为泥浆指标。

（3）pH 值：泥浆 pH 值现场测定常采用石蕊试纸放入泥浆中稍稍浸湿，将其颜色变化与标准比色卡对比即可判断出 pH 值大小。

（4）含砂率：泥浆含砂率测定采用含砂率测定杯，测定方法是将 100mL 泥浆稀释后装入测定杯中，沉淀后读取刻度数即可。刷壁器清刷后状况，应该基本无泥沙夹杂，一般次数在 15～20 次。

2.2.9 成槽开挖

1. 槽段划分

槽段划分就是确定单元槽段的长度。槽段划分时采用设计图纸的划分方式。但在各转角处需向外延伸，以满足槽段断面尺寸及钻孔入岩需要（图 2-10）。地下连续墙施工时，预先沿墙体长度方向把地下墙划分为许多某种长度的施工单元，这种施工单元称"单元槽段"。单元槽段的长度多取 4～8m。单元槽段的长度确定应主要考虑槽壁的稳定以及钢筋笼起吊能力。单元槽段之间的接头一般避免设在转角及地下连续墙与内部结构的连接处。

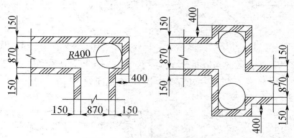

图 2-10 导墙拐角示意图

2. 开挖顺序

地下连续墙应遵循"先转角槽段、后标准槽段"的顺序安排槽段开挖施工，见图 2-11。

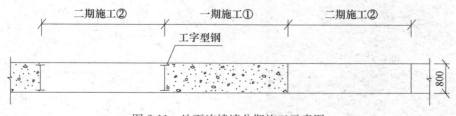

图 2-11 地下连续墙分期施工示意图

连续墙分期施工时，底部硬岩应冲击成孔，见图 2-12。

3. 挖槽机械

我国在地下连续墙施工中，目前应用最多的是吊索式蚌式抓斗、导杆式蚌式抓斗、多头钻和冲击式挖槽机（图 2-13）。蚌式抓斗用于一般土层，冲击式挖槽机用于岩石。

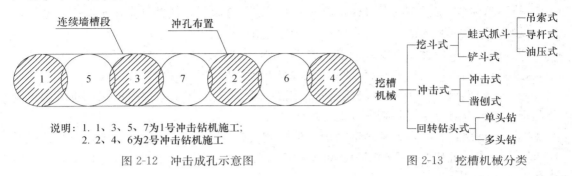

说明：1. 1、3、5、7为1号冲击钻机施工；
2. 2、4、6为2号冲击钻机施工

图 2-12　冲击成孔示意图　　　　　　　　图 2-13　挖槽机械分类

（1）抓斗式挖槽机：适用于较松散的土质条件。由钢索操纵，开斗、抓土、闭斗和提升的，用导板导向，可提高挖槽精度，又增大抓斗重量，如图 2-14～图 2-16 所示。

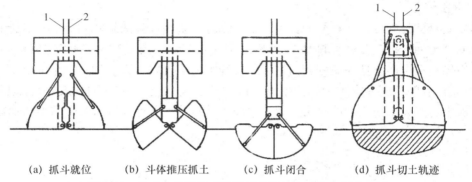

（a）抓斗就位　　（b）斗体推压抓土　　（c）抓斗闭合　　（d）抓斗切土轨迹

图 2-14　索式斗体推压式导板抓斗的挖土动作和切土轨迹

1—悬吊索；2—斗体启闭索

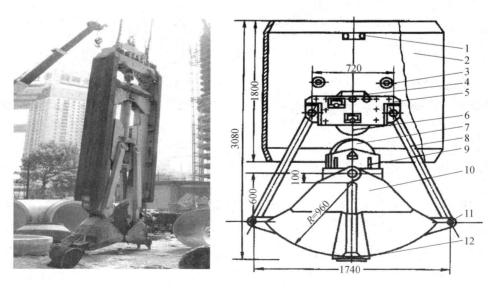

图 2-15　索式中心提拉式导板抓斗

1—导向块；2—导板；3—撑管；4—导向辊；5—斗脑；6—上滑轮组；7—下滑轮组；
8—提杆；9—滑轮架；10—斗体；11—斗耳；12—斗齿

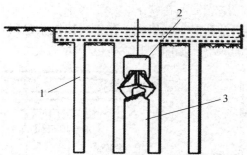

图 2-16　钻抓式成槽机与钻机合用挖槽顺序

1—导孔；2—钻抓式成槽机；3—导孔间土

（2）冲击式挖槽机：适用于一般土层、卵砾石层和岩石，如图 2-17～图 2-18 所示。

图 2-17　冲击钻钻头示意图

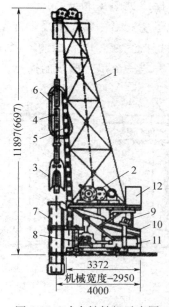

图 2-18　冲击钻钻机示意图

1—机架；2—卷扬机；3—钻头；4—钻杆；5—中间输浆管；6—输浆软管；7—导向套管；

8—泥浆循环泵；9—振动筛电动机；10—振动筛；11—泥浆槽；12—泥浆搅拌机

（3）回转式挖槽机：槽壁光滑，在软土、砂土与小粒径卵砾石层中均能顺利成槽，噪声小，无振动。主体由多头钻和潜水机组成，挖槽时用钢索悬吊，采用全面钻进方式，可一次完成一定长度和宽度的深槽，见图 2-19。

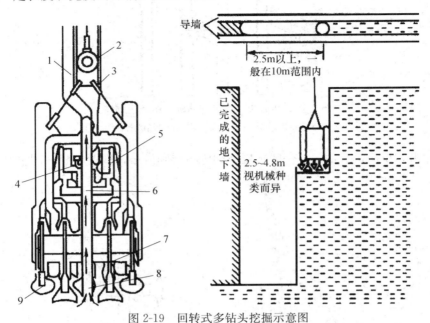

图 2-19　回转式多钻头挖掘示意图

1—吸浆排渣软管；2—活动吊轮；3—橡胶绝缘电缆；4—空气喷嘴；5—潜水电机；

6—吸浆排渣主轴；7—侧刀；8—吸浆排渣钻头；9—钻头

4. 挖槽

索式中心提拉抓斗的施工顺序，见图 2-20：

施工时以导墙为基准。挖地下墙的第一单元槽段，首先挖掉①和②两个部分，然后挖去中间③部分，一个单元槽段的挖掘完成，以后挖槽段工作如图 2-20（b）所示，先挖掉④部分，在挖第⑤部分，从而又完成一个单元槽段的挖槽。

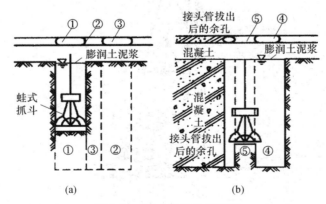

图 2-20　索式抓斗施工工序

槽壁维护：

（1）地下水位较高的情况下，可降低地下水位配合施工。

（2）控制挖槽的长深比。

（3）控制沟槽附近的超载。

（4）出现漏浆时应及时补浆，保证泥浆面的高度。

防止槽壁坍方的措施：

与槽壁稳定的相关因素可归结为：泥浆、地质条件与施工三个方面。

（1）泥浆方面：泥浆液面一定要高出地下水位一定高度。要重视地下水的影响，必要时可全部或部分降低地下水位，对保证槽壁稳定起很大作用。

（2）土质方面：土的内摩擦角越小，所需泥浆的相对密度越大。内摩擦角越大，土质条件好，就不易坍方。要根据不同土质条件选用不同的泥浆配合比，尤其在地层中存在软弱的淤泥质土或粉砂层更应如此。

（3）施工方面：施工单元槽段的划分影响槽壁的稳定性。单元槽段的长度决定基槽的长深比，而长深比的大小影响土拱作用的发挥，而土拱作用影响土压力的大小。

当槽段出现坍方迹象，如泥浆大量漏失，液面明显下降，泥浆内有大量泡沫上冒或出现异常扰动等，应及时将挖槽机械提至地面，迅速采取措施避免坍方进一步扩大。常用的措施是迅速补浆提高泥浆液面和回填黏土，待回填土稳定后再挖。

5. 清底

槽段挖至设计标高后，用钻机的钻头或超声波方法测量槽段断面，如误差超过规定的精度则需修槽。修槽之后就进行清底（永久结构应作二次清底）。

挖槽结束后，悬浮在泥浆中的土颗粒逐渐沉淀到槽底，还有挖槽过程中残留在槽内的土渣，以及吊放钢筋笼时从槽壁上刮落下的泥皮等都堆积在槽底。在挖槽结束后清除以沉渣为代表的槽底沉淀物的工作称为清底。规范规定沉渣厚度，永久结构不大于100mm，临时结构不大于200mm；使用仪器为重锤或沉积物测定仪。

清底的必要性：

（1）沉渣在槽底很难被浇灌的混凝土换置出地面，沉渣留在槽底使地下墙承受力降低，将造成墙体沉降。

（2）沉渣多会影响钢筋笼的插入位置。

（3）沉渣混入混凝土后，降低混凝土强度，会严重影响质量。

（4）沉渣集中到单元槽的接头处会严重影响防渗性能。

（5）沉渣会降低混凝土流动性以及降低混凝土浇筑速度，有时会造成钢筋笼上浮。

清底是地下连续墙施工中的一项重要工作。清底的方法，一般有沉淀法和置换法两种。

沉淀法：在土渣基本都沉到槽底之后再进行清底。沉淀法一般在插入钢筋笼之前进行清底，如插入钢筋笼的时间较长，亦可在浇筑混凝土之前进行清底。

置换法：是在挖槽结束之后，对槽底进行认真清理，然后在土渣还没沉淀之前就用新泥浆把槽内的泥浆置换出来，使槽内泥浆的相对密度在1.15以下。对于以泥浆反循环法挖槽的施工，可在挖槽后紧接着进行清底工作。

目前我国多用后者，见图2-21。

清底注意事项：

（1）对槽段断面进行测量（钻头或超声波），不符要求的槽壁要进行修正。

（2）对已完工的槽段接头部位进行清刷。

（3）吊放钢筋笼使槽壁泥皮剥落堆积槽底，应在吊放钢筋笼后再一次清底。

（4）挖槽结束后静置 2～4h，大部分土渣已沉淀，可开始清底。

（5）清底完成后吊放接头管及相关部件。

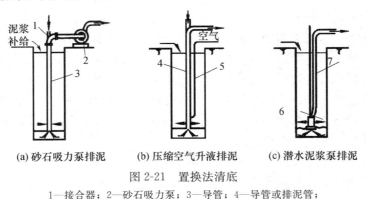

图 2-21　置换法清底

1—接合器；2—砂石吸力泵；3—导管；4—导管或排泥管；
5—压缩空气管；6—潜水泥浆泵；7—软管

2.2.10　钢筋笼加工和吊放

1. 钢筋笼加工

钢筋笼根据地下连续墙墙体配筋图和单元槽段的划分来制作。钢筋笼按单元槽段做成一个整体或分段制作，吊放时再连接，钢筋笼端部与接头管间应留有 15～20cm 的空隙。按单元槽段制作钢筋笼；按灌注要求在钢筋笼内留出安放混凝土导管的竖直空间，纵向钢筋净距不小于 100mm；为加强钢筋笼的整体刚度，应在笼内布置 2～4 榀纵向桁架；纵向主筋应放在内侧，横向钢筋放在外侧，纵向钢筋的底端应距离槽底面 10～20cm，底端应稍向内弯折。制作钢筋笼时，纵向钢筋接长宜用焊接。制作钢筋笼时要预先确定浇筑混凝土用导管的位置，导管位置周围需增设箍筋和连接筋，见图 2-22～图 2-23。

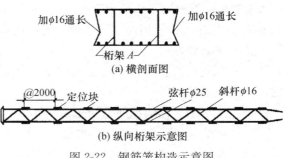

图 2-22　钢筋笼构造示意图

图 2-23　钢筋笼现场加工图

2. 钢筋笼吊放

钢筋笼起吊、运输和吊放应制定周密的方案避免钢筋笼变形；钢筋笼起吊应采用横吊梁或吊架，起吊时不能使钢筋笼下端在地面拖引；吊放时要使其对准单元槽段中心，垂直、准确地插入；入槽后应检查钢筋笼的位置并进行定位；插入后将其搁置在导墙上；若钢筋笼不能顺利地插入，应重新吊起，不能强行插放，见图 2-24～图 2-25。

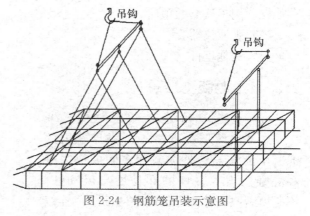

图 2-24 钢筋笼吊装示意图

图 2-25 钢筋笼现场吊装图

在槽孔内除吊放钢筋笼外，还要放入一些埋件：

（1）用于与永久结构连接的埋件。

（2）墙段接头管的预埋件。

（3）用于墙底注浆用的预埋管。

（4）用于检测的预埋件。

（5）观测仪器。

（6）其他埋件。

2.2.11 混凝土浇筑

混凝土浇筑前的准备工作，见图 2-26。

地下连续墙的混凝土是靠导管内的混凝土面与导管外泥浆面之间的压力差和混凝土本身良好的和易性与流动性，不断填满原被泥浆占据的空间而形成连续墙体。

要想获得质量好的地下连续墙，必需具备的条件有：

（1）混凝土拌合物应具良好的和易性与流动性，以及缓凝特性。

（2）混凝土供应数量应保证连续。

（3）槽孔泥浆性能好。

（4）混凝土配合比应按强度等级提高 5MPa 设计。

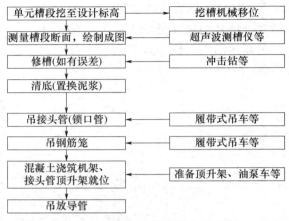

图 2-26 混凝土浇筑前的准备工作

（5）采用相应材料：粒度好的河砂、粒径 5～25mm 的河卵石、42.5～52.5 强度等级的 PO（普通硅酸盐水泥）以及 PS（矿渣硅酸盐水泥）水泥。

地下连续墙混凝土用导管法进行浇筑。为便于混凝土向料斗供料和装卸导管，我国多用混凝土浇筑机架，机架跨在导墙上沿轨道行驶，见图 2-27～图 2-28。

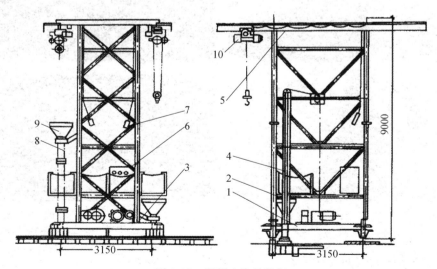

图 2-27 混凝土浇筑机架

1—底盘；2—机架；3—滑车；4—导轨；5—行车梁；6—电器箱；

7—开关盒；8—导管；9—贮料斗；10—3t 电动葫芦

图 2-28　混凝土浇筑现场施工图

浇筑混凝土导管埋入混凝土的深度必须在 1.5m 以上，但一般也不超过 6m；导管距槽段端部的距离不得大于 1.5m，采用多根导管施工时，应控制导管的间距，见图 2-29，当灌注上升速度 $v<5m/h$ 时，一根导管的灌注有效半径 R 可按下式估算：

$$R=6.25S \cdot v$$

每单元槽段的灌注时间控制在 4～6h，灌注速度一般为 30～50m³/h；

当混凝土浇筑到地下连续墙顶附近时，导管内混凝土不易流出，一方面要降低浇筑速度，另一方面可将导管的最小埋入深度减为 1m 左右。

实际混凝土面灌至设计标高以上 0.3～0.5m，硬化后再凿除，以保证设计标高处的混凝土强度满足要求。

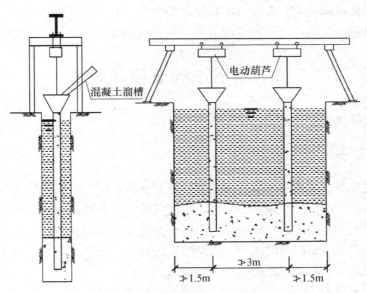

图 2-29　混凝土浇筑示意图

浇筑混凝土注意问题：

（1）导管不能作横向运动，导管横向运动会把沉渣和泥浆混入混凝土内。

（2）不能使混凝土溢出的料斗流入导沟，否则会使泥浆质量恶化，还会给混凝土浇筑

45

带来不良影响。

（3）应随时掌握混凝土的浇筑量、混凝土上升速度、浇筑面标高和导管埋入深度，防止导管下口暴露在泥浆内。

（4）要随时量测混凝土面的高程，量测的方法可用测锤，由于混凝土面非水平，应量测三个点取平均值。

（5）每 50m³ 地下墙应做 1 组试件，每幅槽段不得少于 1 组，在强度满足设计要求后方可开挖土方。

2.2.12　成墙质量检查

成墙质量检查是对一整道混凝土连续墙的质量进行一次总的检查。其项目有：墙段墙身混凝土质量的检查、墙段与墙段之间套接质量与接缝质量的检查、墙底与基岩接合质量的检查、墙身预留孔及埋设件质量的检查以及成墙防渗效率的检查等。在检查之前，首先要对施工过程中积累的工程技术资料进行查对与分析，从中发现问题，并可对各项质量得出初步的结论。宜采用声波透射法检测墙身质量，槽段不小于 20%，并且其数量不小于 3个槽段。

通常需查对与分析的工程技术资料有：每槽孔的造孔施工记录和小结，主要单孔的基岩岩样鉴定验收单及终孔通知单，槽孔终孔验收成果记录及合格证，槽孔清孔验收成果记录及合格证，每根导管的下设、开浇与拆卸记录表，孔内泥浆下混凝土浇筑指示图，拌合站及孔口混凝土质量检查成果，每个槽孔混凝土浇筑施工小结，造浆黏土的物理、化学、矿物以及阳离子交换容量分析试验成果，造孔及清孔泥浆性能指标，混凝土原材料物理、化学以及矿物分析试验成果，混凝土配合比试验成果，混凝土试块试验成果，墙内埋设件埋设记录，墙体测压管及墙身观测仪器的初步观测成果等。

2.3　地下连续墙接头技术

地下连续墙接头一般分为施工接头和结构接头。

2.3.1　施工接头

施工接头主要为柔性接头。柔性接头是一种非整体式接头，其不传递内力，主要为了方便施工，故称施工接头。如锁口管接头、V 形板接头以及预制钢筋混凝土接头等，如天津鸿吉大厦采用王字板接头以及接头箱接头等。为适应该种接头的特点，主要处理好钢筋笼的设计，使钢筋笼既在凹凸缝之间、拐角处、折线墙、十字交叉墙以及丁字墙等处的钢筋笼端部能紧贴接头缝，又不影响施工为宜。

1. 接头管（也称锁口管）

接头管为当前地下连续墙施工应用最多的一种施工接头。施工时，待一个单元槽段土方挖好后，于槽段端部用吊车放入接头管，然后吊放钢筋笼并浇筑混凝土，浇筑的混凝土强度达到设计要求时，将接头管旋转然后拔出，见图 2-30～图 2-31。

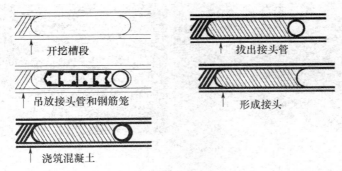

图 2-30　接头管

图 2-31　接头管现场施工图

2. 接头箱

接头箱接头可以使地下连续墙形成整体接头，接头的刚度较好。接头箱接头的施工方法与接头管接头相似，是以接头箱代替接头管。待一个单元槽段挖土结束后，吊放接头箱，并吊放钢筋笼，见图 2-32～图 2-33。

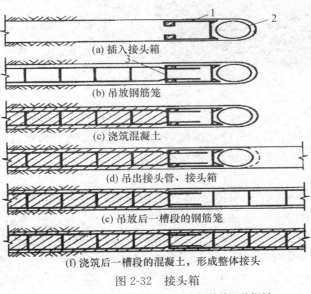

图 2-32　接头箱

1—接头箱；2—接头管；3—焊在钢筋笼上的钢板

图 2-33　接头箱现场施工图

3. 隔板式接头

隔板式接头可分为平隔板、榫形隔板和 V 形隔板。隔板式接头具有易成整体，钢筋笼插入难的特点，见图 2-34～图 2-35。

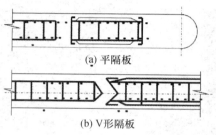

(a) 平隔板

(b) V 形隔板

图 2-34　隔板式接头示意图

图 2-35　隔板式接头现场施工图

4. 预制构件接头

用预制构件作为接头的连接件，按材料可分为钢筋混凝土和钢材。波形半圆钢板式接头，使用后认为接头受力和防渗效果均较理想。

5. 接头处理

一期槽段浇筑完毕，在二期槽成槽后采用冲桩机带动特制的方锤把接头内的泡沫、沙包及绕流混凝土清除干净。再用刷壁器紧靠接头上下移动、清刷，保证钢板表面不再附有泥皮、泥块。根据施工经验，刷槽次数一般为 12～20 次之间，刷壁器见图2-36。

钢丝刷

图 2-36　冲击桩方锤刷壁器

2.3.2 结构接头

结构接头主要为刚性接头。

刚性接头是一种整体式接头，能传递内力或部分传递内力，如一字形、十字形穿孔钢板式刚性接头以及钢筋搭接式刚性接头等。刚性接头即与内部结构的楼板、柱、梁与底板等的结构接头。

常用的结构接头有：

（1）预埋连接钢筋法。

（2）预埋连接钢板法。

（3）预埋接驳器法。

一字形穿孔钢板式刚性接头只能承受抗剪状态，在工程中使用少。十字形穿孔钢板式刚性接头能承受剪拉状态，故在较多情况下使用。当接头要求传递平面剪力或弯矩时，可采用带端板的钢筋搭接式刚性接头，将地下连续墙连成整体。

地下连续墙与地下室结构的钢筋连接可采用在地下连续墙内预埋钢筋、接驳器与钢板等，预埋钢筋宜采用 HPB300 钢筋，连接钢筋直径大于 20mm 时，宜采用接驳器连接。

1. 预埋连接钢筋法

在浇筑墙体混凝土之前，将设计连接钢筋加热后弯折，预埋在地下连续墙内，待土体开挖后，凿开预埋连接筋处的墙面，将露出的预埋连接钢筋弯成设计形状，与后浇结构的受力钢筋连接，见图 2-37。

2. 预埋连接钢板法

在浇筑地下连续墙前将预埋钢板与钢筋笼固定，浇筑后使钢板露出，将受力筋与钢板焊接，见图 2-38。

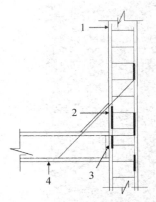

图 2-37 预埋连接钢筋法
1—地下连续墙；2—预埋钢筋；
3—焊接处；4—后浇结构

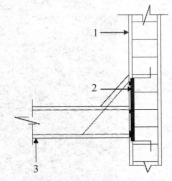

图 2-38 预埋连接钢板法
1—地下连续墙；2—预埋钢板；
3—后浇结构

3. 预埋接驳器法

接驳器是一种钢筋连接材料（即钢套筒），内有螺纹，根据螺纹形式可分为锥螺纹和直螺纹。施工时将接驳器安装在地下连续墙钢筋笼的预留钢筋上，开挖完成后可将底板主筋连接到接驳器上，见图 2-39。

图 2-39　预埋接驳器

地下连续墙内还有其他预埋件或预留孔洞，可用泡沫聚苯乙烯塑料或木箱等覆盖，但不宜位移或损坏，且易于取出。

2.4　工程实例

2.4.1　工程概况

上海 900kV 世博变电站工程为 900kV 大容量全地下变电站，见图 2-40。为全地下四层筒型结构，地下建筑直径（外径）为 130m，地墙深 97.9m，地下结构最大开挖深度约 39.29m，基础底板埋深为 34m，地墙深 97.9m，顶板落深为 2m。

图 2-40　上海 900kV 世博变电站工程示意图

拟建场地属滨海平原地貌，自地表至 100m 深度范围内所揭露的土层均为第四纪松散沉积物；地下水埋深一般 0.9～1.0m；承压水分布于第⑦层和⑨层砂性土中；地下结构底板位于第⑦层承压水层中。

采用框架剪力墙结构体系，其中主体结构外墙与内部风井隔墙构成主体结构的剪力墙体系，其余部分的内部结构为框架结构。地下四层，底板下设置抗拔桩。

地下连续墙：1200mm 宽，墙顶标高－3.500m，墙底标高－57.500m，墙底注浆，墙外接头处采用高压旋喷桩止水。

2.4.2 超深地下连续墙施工技术

超深地下连续墙，所需要的设备特殊、技术难度大：地墙厚 1.2m，深度为 57.5m，对成槽、槽壁稳定、垂直度控制 1/600 等控制难；地墙的顶标高地面低约 3.5m，混凝土不浇筑至地面，导墙深度小，混凝土面与导墙底间高度内为原土。

1. 工艺选型

地下连续墙两墙合一，地下连续墙墙厚为 1200mm，深 57.5m（穿透⑦2 层，进入到⑧1 层）；施工中采用抓～铣相结合的成槽施工工艺；分别采用一台 BC40 液压铣一台 MBC30 液压铣和 2 台 CCH500-3D 真砂抓斗成槽机配套进行地连续墙成槽施工，见图 2-41。

图 2-41 地下连续墙施工机械

2. 垂直度控制

成槽机和铣槽机均应具有自动纠偏装置，可以实时监测偏斜情况，并且可以自动调整。每一抓到底后（到砂层），用超声波测井仪检测成槽情况，如果抓斗在抓取上部黏土层过程中出现孔斜偏大的情况，可采用液压铣吊放慢铣纠偏。

3. 绕流控制

施工中拟采取在"H"型钢边缘包 0.5mm 厚铁皮，一期槽段空腔部分采用石子回填等措施防止混凝土绕流。

4. 槽壁稳定控制

调节泥浆比重，一般控制在 1.18 左右，并对每一批新制的泥浆进行其主要性能的测试；地下连续墙外侧浅部采用水泥搅拌桩加固；对于暗浜区，采用水泥搅拌桩将地下墙两侧土体进行加固，以保证在该范围内的槽壁稳定性。

控制成槽机掘进速度和铣槽进尺速度，施工过程中大型机械不得在槽段边缘频繁走动，泥浆应随着出土及时补入，保证泥浆液面在规定高度上，以防槽壁失稳。

5. 沉渣控制

施工中采用液压铣及泥浆净化系统联合进行清孔换浆，将液压铣铣削架逐渐下沉至槽底并保持铣轮旋转，铣削架底部的泥浆泵将槽底的泥浆输送至泥浆净化系统，由除砂器去除大颗粒钻渣后，进入旋流器分离泥浆中的细砂颗粒，然后进入预沉池、循环池，进入槽内用于换浆的泥浆均从鲜浆池供应，直至整个槽段充满新浆。

地下连续墙垂直度均小于 1/600，达到了设计要求，成槽效果良好。

思考与习题

1. 什么是地下连续墙？
2. 地下连续墙有何优缺点？
3. 导墙有何作用？
4. 泥浆的功能是什么？
5. 为什么必须清底？清底应注意哪些问题？
6. 混凝土浇筑应注意哪些问题？
7. 接头管和接头箱有何异同？
8. 常用的结构接头有哪些？

参考文献

[1] 翁家杰. 地下工程 [M]. 北京：北京煤炭工业出版社，1995.

[2] 郭正兴等. 土木工程施工 [M]. 南京：东南大学出版社，2012.

[3] 高谦，罗旭，吴顺川，韩阳. 现代岩土施工技术 [M]. 北京：中国建材工业出版社，2006.

[4] 向伟明. 地下工程设计与施工 [M]. 北京：中国建筑工业出版社，2013.

[5] 上海市城乡建设与交通委员会. 地下连续墙施工规程（GTJ 08—2073—2010）[S]. 上海：上海市建筑建材市场管理总站，2010.

[6] 畅里爱. 浅析地铁工程地下连续墙施工技术 [J]. 石家庄铁路职业技术学院学报，2015（2）.

专题三 基坑工程施工技术

3.1 基坑工程概述

3.1.1 引言

为保证基坑施工、主体地下结构的安全和令周围环境不受损害而采取的支护结构、降水和土方开挖与回填，包括勘察、设计、施工、监测和检测等，称为基坑工程。

近30年来，随着我国城市建设的迅猛发展，高层乃至超高层建筑不断涌现，地铁车站、铁路客站、明挖隧道、市政广场以及桥梁基础等各类大型工程日益增多，地下空间开发规模越来越大，深基坑工程不断涌现。目前一般2层地下室，基坑深9m左右；3~4层地下室深12~15m。近年来我国基坑深度已发展至30m以上，如广深港铁路客运专线深圳福田火车站明挖基坑深度达32.0m，成都国际金融中心的深基坑工程深度已达35m。另外，基坑的规模也越来越大，以往，高层建筑是一个单体的基坑，面积不到5000m，现在几幢高层建筑连同裙房，形成高层建筑的大底盘，基坑面积往往超过1万多平方米，如北京东方广场达9.2万多平方米，上海虹桥综合交通枢纽工程开挖面积达到了35万平方米。

基坑工程学科涉及工程地质、土力学和基础工程、结构力学、工程结构以及施工技术等学科，是一门综合学科。再加上基坑工程实践性强，影响基坑工程的不确定因素多（如土工参数的准确性、气候影响、计算假定、施工条件和队伍的素质等），周围环境的多样性（如邻近房屋的结构和基础形式、结构现状和重要程度；地下各种管线的种类、距离、埋深、材质和接头形式，周围道路情况及其重要性等），都使基坑工程成为风险性较大的一种工程。

基坑工程支护结构形式多样化，影响因素发展，涉及内容较多，本专题着重介绍基坑工程特点、支护结构选型及常见的支护结构施工技术。

3.1.2 基坑工程支护体系的效用和要求

基坑工程支护体系的主要作用是提供基坑土方开挖和地下结构工程施工作业的空间，并控制土方开挖和地下结构工程施工对周围环境可能造成的不良影响。为满足上述效用，对基坑工程支护体系有如下要求：

（1）在土方开挖和地下结构工程施工过程中，基坑四周边坡保持稳定，提供足够的土方开挖和地下结构工程施工的空间，而且支护体系的变形也不会影响土方开挖和地下结构工程施工。

（2）土方开挖和地下结构工程施工范围内的地下水位降至利于土方开挖和地下结构工

程施工的水位。

（3）因地制宜控制支护体系的变形，控制坑外地基中地下水位，控制由支护体系的变形、基坑挖土卸载回弹、坑内外地下水位变化、抽水可能造成的土体流失等原因造成的基坑周围地基的附加沉降和附加水平位移。

（4）当基坑紧邻市政道路、管线、周边建（构）筑物时，应严格控制基坑支护体系可能产生的变形，严格控制坑外地基中地下水位可能产生的变化范围。

（5）对基坑支护体系允许产生的变形量和坑外地基中地下水位允许的变化范围应根据基坑周围环境保护要求确定。

3.1.3 基坑工程的主要特点

（1）基坑支护体系是临时结构，具有较大的风险性。除少数基坑支护结构同时用作地下结构的"二墙合一"支护结构外，基坑支护结构一般是临时结构。临时结构与永久性结构相比，设计标准考虑的安全因素较小，因此基坑工程具有较大的风险性，对设计、施工和管理各个环节提出了更高的要求。

（2）岩土工程条件区域性强。场地工程地质条件和水文地质条件对基坑工程性状具有极大的影响。软黏土地基、砂性土地基、黄土地基等地基中的基坑工程性状差别很大。同是软黏土地基，天津、上海、杭州、宁波、温州、福州、湛江与昆明等各地软黏土地基性状也有较大差异。地下水，特别是承压水对基坑工程性状影响很大。但各地承压水特性差异很大，承压水对基坑工程性状影响差异也很大。因此，基坑工程也具有很强的区域性。

（3）环境条件影响大。基坑工程不仅与场地工程地质条件和水文地质条件有关，还与周围环境条件有关。如周围环境条件较复杂，需要保护周围的地下周边的建（构）筑物，需要严格控制支护结构体系的变形，基坑工程设计需要按变形控制设计。如基坑处在空旷区，支护结构体系的变形不会对周边环境产生不良影响，基坑工程设计可按稳定控制设计。基坑工程设计一定要重视周边环境条件的影响。

（4）时空效应强。基坑工程空间大小和形状对支护体系受力具有较大影响，基坑土方开挖顺序对基坑支护体系受力也具有较大影响，因此基坑工程的时空效应强。土具有蠕变性，随着蠕变的发展，变形增大，抗剪强度降低，因此基坑工程具有时间效应。在基坑支护设计和土方开挖中要重视和利用基坑工程时空效应。

（5）设计计算理论不完善，需重视概念设计理念。作用在支护结构上的主要荷载是土压力。一方面，作用在支护结构上的土压力大小与土的抗剪强度、支护结构的位移、作用时间等因素有关，很复杂，加之基坑支护结构本身又是一个很复杂的体系，同时基坑支护结构设计计算理论不完善，因此基坑支护结构设计中应重视概念设计理念；另一方面，基坑支护设计中不仅涉及土力学中稳定、变形和渗流三个基本课题，而且涉及岩土工程和结构工程两个学科。基坑支护结构体系受力复杂，要求设计人员系统地掌握岩土工程和结构工程方面的知识。

（6）系统性强。基坑支护结构设计、支护结构施工、土方开挖与地下结构施工是一个系统工程。支护结构设计应考虑施工条件的许可性，尽量便于施工。支护结构设计应对基坑工程施工组织提出要求，对基坑监测和变形允许值提出要求。基坑工程需要加强监测，实行信息化施工。

（7）环境效应强。基坑支护体系的变形和地下水位下降都可能对基坑周边的道路、地下管线和建筑物产生不良影响，严重的可能导致破坏。基坑工程环境效应强，设计和施工一定要予以重视。

3.2　基坑工程方案选择

3.2.1　设计原则

基坑工程的设计是在收集和整理设计依据的基础上，根据设计计算理论，提出支护结构、地基加固、基坑开挖方式、开挖支撑施工以及施工监控等各项设计。在进行基坑工程设计时，应考虑以下几个方面。

1. 基本原则

在基坑工程设计中，要坚持保证支护体系安全可靠、保护环境、方便施工和经济性的原则。

首先要保证支护体系在基坑土方开挖和地下结构工程施工过程中安全可靠，不产生失稳或变形等现象，并保证其在控制范围内。与此同时应保证在基坑土方开挖和地下结构工程施工过程中基坑周边市政道路、地下管线与周边建（构）筑物的变形在允许范围内。基坑工程是系统工程，设计要方便施工，且要坚持经济的原则。支护方案选型、变形控制与安全储备控制的要求均要合理。

在基坑工程设计中，要善于根据场地工程地质和水文地质条件，基坑形状和大小，认真分析该支护结构体系中的主要矛盾：是支护体系的稳定问题，还是需要控制支护体系的变形问题；基坑支护体系产生稳定和变形问题的主要原因是土压力问题，还是地下水控制问题。根据基坑支护结构体系中的主要矛盾，合理地选用基坑支护形式。

2. 基坑安全等级

基坑工程可根据支护体系破坏可能产生的后果，包括危及人的生命、造成经济损失、产生社会影响的严重性以及对周围环境，如邻近建筑物、地下市政设施与地铁等影响，采用不同的安全等级。

不少基坑工程技术规范将基坑工程安全等级分为三级，有的按照支护体系破坏可能产生的后果划分，见表3-1。

表 3-1　基坑安全等级

安全等级	破坏后果
一	很严重
二	严重
三	不严重

基坑工程安全等级的影响因素主要有下述几方面：基坑周围环境条件，需保护的邻近建（构）筑物、地下市政设施等的复杂性和重要性；工程地质和水文地质条件；基坑开挖深度、形状和大小。一个基坑工程的安全等级应综合考虑上述影响因素确定。

3. 基坑工程支护体系设计荷载

基坑工程支护体系设计应考虑的荷载包括：①土压力，水压力；②地面超载；③施工荷载；④邻近建筑物荷载；⑤其他不利于基坑工程支护体系稳定的荷载。如支护结构作为主体结构一部分时，还应根据具体情况确定设计应考虑的荷载。

4. 设计前基本资料准备

基坑工程支护体系设计前应具有以下资料：

（1）地下结构施工图，内容包括：总平面图、基础平面和剖面图，地下工程平面和剖面图等。

（2）岩土工程勘察报告，内容包括：基坑工程影响范围内土层分布，各土层物理力学指标，全年地下水变动情况等。

（3）工程用地红线图和基坑周围环境状况的资料，内容包括：基坑周边现有和施工期内可能建设的市政道路、建筑物、地铁、人防工程、各种市政管线等的平面位置、基础类型、埋深及结构图。

（4）相邻地下工程施工情况，内容包括：地下工程支护体系设计和施工组织计划。

5. 基坑支护形式选用

应根据场地工程地质和水文地质条件、基坑开挖深度和周边环境条件，应选用合理的支护形式。基坑支护形式很多，每一种基坑支护形式都有其优点和缺点，都有一定的适用范围。一定要因地制宜，具体工程具体分析，进而选用合理的支护形式。

在支护形式的选用过程中应抓住该基坑支护中的控制性因素。如该基坑支护的主要矛盾是支护体系的稳定问题，还是控制支护体系的变形问题；该基坑支护体系的不稳定因素主要来自土压力，还是来自地下水控制问题。

基坑支护方案合理的选用是基坑支护结构优化设计的第一层面，基坑支护结构优化设计的第二层面是指选定基坑支护方案后，对具体设计方案进行优化。因此除应重视基坑支护方案的合理选用外，还应重视具体设计方案的优化。

6. 地下水控制设计原则

当基坑工程影响范围内存在承压水层，或地基土体渗透性好且地下水位高的情况下，控制地下水往往是基坑支护设计中的主要矛盾。已有基坑工程事故原因调查表明，由于未处理好地下水控制问题而造成的工程事故在基坑工程事故中占有很大比例。

止水和降水是控制地下水的主要手段，有时也可以采用止水和降水相结合的方法。通过止水或降水控制地下水需要综合分析，有条件降水的就尽量不用止水。一定要采用止水措施时，也要尽量降低基坑内外的水头差。形成完全不漏水的止水帷幕施工成本较高，而且很难做到。特别当止水帷幕两侧水位差较大时，止水帷幕的止水效果往往难以保证。坑内外高水头差可能造成止水帷幕局部渗水或漏水，处理不当往往会酿成大事故。止水帷幕两侧保持较低的水头差时，既可减小渗水或漏水发生的可能性，也有利于发生局部渗水或漏水现象后的堵漏补救。当基坑深度在 18m 以上，且地下水又比较丰富时，通过坑外降水尽量降低基坑内外的水头差显得十分重要。

基坑止水帷幕外侧降水既有有利的一面也有不利的一面，有利的是可以有效减小作用在支护体系上的水压力和土压力；不利的是降水会引起地面沉降，产生不良环境效应。因此，在降水设计时需要合理评估地下水位下降对周围环境的影响。场地条件不同，降水引起的地面沉降量可能有较大的差别。新填方区降水可能引起较大的地面沉降量，而在老城区降水引起的地面沉降量就要小得多。特别是降水深度在历史上大旱之年枯水位以上时，降水引起的地面沉降量较小。当基坑外降水可能产生不良环境效应时，也可通过回灌以减小其对周围环境的影响。

当基坑较深时，经常会遇到承压水，使地下水控制问题变得更加复杂。控制承压水有两种思路：止水帷幕隔断和抽水降压。通过止水帷幕隔断或是抽水降压需要综合分析确定。在分析中应综合考虑承压水层的特性，如土层特性、承压水头、水量及补给情况，还应考虑承压水层上覆不透水土层的厚度及特性，分析止水帷幕隔断的可能性和抽水降压可能产生的环境效应。

另外，基坑周围地下水管的漏水也会酿成工程事故。需要通过详细了解地下管线分布，认真分析基坑变形对地下管线的影响，以及做好监测工作，避免该类事故发生。

在冻土地区，要充分重视冻融对边坡稳定的影响。冻前挖土形成的稳定边坡，在冻土期边坡是稳定的，冻融后边坡发生失稳事故已见多处报道，应予重视。

3.2.2　基坑支护的形式分类及适用范围

在基坑工程中应用的支护形式很多，在对基坑支护形式进行合理分类中，包括各种支护形式的分类是很困难的。这里将基坑工程常用的支护形式分为下述四大类：

1. 放坡开挖及简易支护

放坡开挖及简易支护的支护形式主要包括：放坡开挖；放坡开挖为主，辅以坡脚采用短桩、隔板及其他简易支护；放坡开挖为主，辅以喷锚网加固等。

2. 自立式支护结构

对基坑边坡土体进行土质改良或加固，形成自立式支护。包括：水泥土重力式支护结构，各类加筋水泥土墙支护结构，土钉墙支护结构，复合土钉墙支护结构，冻结法支护结构等。

3. 挡墙式支护结构

挡墙式支护结构可分为悬臂式挡墙式支护结构、内撑式挡墙式支护结构和锚拉式挡墙式支护结构三类。另外还有内撑与拉锚相结合的挡墙式支护结构等形式。

挡墙式支护结构中常用的挡墙形式有：排桩墙、地下连续墙、板桩墙和加筋水泥土墙等。排桩墙中常采用的桩型有：钻孔灌注桩和沉管灌注桩等，也有采用大直径薄壁筒桩或预制桩等不同桩型。

4. 其他形式支护结构

其他形式支护结构常用形式有：门架式支护结构、重力式门架支护结构、拱式组合型支护结构以及沉井支护结构等。

每种支护形式都有一定的适用范围，而且随工程地质和水文地质条件，以及周围环境条件的差异，其合理支护高度可能产生较大的差异。如：当土质较好，地下水位以上十多米深的基坑可能采用土钉墙支护，而对软黏土或地基土钉墙支护极限高度只有 5m 左右，且变形较大。常用基坑支护形式的分类及适用范围见表 3-2。对表中提及的适用范围应慎重，应根据当地经验合理选用。

表 3-2　常用基坑支护形式及适用范围

序号	支护形式	适用范围
1	放坡开挖	地基土质较好，地下水位低，或采取降水措施，以及施工现场有足够放坡场所的工程。允许开挖深度取决于地基土的抗剪强度和放坡坡度
2	钢板桩支护	基坑深度达7m以上的软土地基，基坑不宜采用钢板桩支护，除非设置多层支撑或锚拉杆
3	地下连续墙支护	对各种地质条件及复杂的施工环境适应能力较强。施工不必放坡，不用支模，国内地下连续墙的深度已达36m，壁厚1m
4	排桩支护	悬臂式支护适用于开挖深度不超过10m的黏土层，不超过8m的砂性土层，以及不超过5m的淤泥质土层
5	加筋水泥土深层搅拌支护	适用于淤泥、淤泥质土、黏土、粉质黏土、粉土、素填土等土层，基坑开挖深度不宜大于6m。对有机质土、泥炭质土，宜通过试验确定
6	土钉墙支护	一般适用于地下水位以上或降水后基坑边坡加固。土钉墙支护临界高度主要与地基土体的抗剪强度有关。软黏土地基中应控制使用，一般可用于深度小于5m而且可允许产生较大的变形的基坑
7	锚杆或喷锚支护	锚杆可与排桩、地下连续墙、土钉墙或其他支护结构联合使用。不宜用于有机质土，液限大于50%的黏土层及相对密实度小于0.3的沙土
8	加筋水泥土桩锚支护	支护形式分：悬臂式加筋水泥土桩锚支护、人字形加筋支护、门架式加筋支护以及复合式支护等多种支护结构

3.3　基坑工程施工要点

3.3.1　施工组织设计要点

基坑工程施工前应完成以下技术准备工作：

1. 施工组织设计文件和图纸基坑设计施工文件应包括以下内容

（1）工程目标，设计及施工要求，实施关键点及技术难点和总体解决思路。

（2）施工计划安排，包括施工流程、在时间和空间上穿插施工的流水作业、总工期及分项进度要求。

（3）各分项工程所需劳动力、施工机械以及材料供应量，汇总后编制各阶段组织实施安排，以及相应的配套用水、用电及施工作业面安排。

（4）分阶段的施工现场临房、堆场、施工道路平面布置、大型垂直运输施工机械、临时给排水以及强弱电平面布置图。

（5）各专项工程实施技术要求以及详细施工方案，专项方案主要包括测量定位、支护结构、止水帷幕、支撑、坑内加固、基坑降水、土方开挖、支撑拆除、大型垂直运输设备使用、基坑监测以及季节性施工专项措施等。

2. 其他文件

除上述施工组织设计文件，还应提供环境保护技术方案，技术、质量、安全、文明施工保证措施以及基坑工程应急预案等。

3.3.2 施工全过程控制

施工全过程控制包括以下要点：

1. 确保施工条件与设计条件一致性

（1）基坑开挖全过程与设计工况保持一致，严禁超越工况或合并工况施工。

（2）周边保护与设计条件一致。坑顶堆载条件、周边保护管线、建（构）筑物边界条件及保护要求。

（3）开挖地层条件、水文地质条件与勘察报告反映情况一致。个别区域由于孔距过大未能反映情况，包括河浜、填土与障碍物等，应及时调整设计或施工参数。

2. 注意全过程质量检验

应按施工期、开挖前和开挖期三个阶段进行。

（1）施工期质量检验包括机械性能、材料质量与掺合比试验等材料的验证，以及定位、长度、标高、垂直度、水泥掺量、喷浆速度、浇灌混凝土速度、充盈系数、外加剂掺量、水灰比、施工起止时间、支护体均匀与搭接桩施工间歇时间等。

（2）基坑开挖前的质量检测包括支护结构强度的验证和数量的复核、止水效果检查、出水量验证。

（3）基坑开挖期的质量检测主要通过外观检验开挖面支护体的质量以及支护结构和坑底渗漏水情况。

3. 开展信息化施工

基坑施工及开挖过程中。严格按照既定监测方案实施监测，及时了解由于基坑施工产生的变化，判断影响程度，调整相关施工参数，如施工顺序、施工速度与监测频率等。发现异常情况时立即启动应急预案，防止事故发生。

3.3.3 支护体系施工要点

（1）施工前应熟悉支护体系图纸、周边环境及各种计算工况，掌握开挖及支护设置的方式、工况及对周围环境保护的要求。类比参数与地层条件匹配，结合土层特点选取合适的施工机械和施工方法，配置合适的施工设备并调整施工参数，必要时配以合理的辅助措施，使施工质量满足设计要求。如在硬黏土的环境下施工，搅拌桩应采用大功率电机，在浅层松散砂土施工灌注桩、地下连续墙可辅助低掺量搅拌桩地基加固等。

（2）注意施工对周边环境影响。许多支护结构施工本身对周边环境的影响很大，如搅拌桩或高压旋喷柱的挤土效应，地下连续墙成槽的水平位移等，有些变形甚至超过基坑开挖造成的影响，因此施工时应针对各种工艺特点，严格控制施工参数，防止出现"未挖先报警"现象。

（3）施工连贯性与整体性。工程经验表明，施工参数合理，现场条件合适，施工连贯，一气呵成的支护体系往往施工质量稳定，其缺陷和问题较少；若事前准备不充分，计划安排不合理，或现场限制较多，往往造成施工冷缝、强度质量不稳定、少打漏作现象，成为开挖阶段的隐患。

（4）施工质量的及时检验与控制。施工阶段及时检验施工质量有利于及时发现问题并补救，进而调整后期施工参数，加强监控措施，防止整个支护体系质量问题。施工过程控制是确保支护体系的质量最为关键环节。

3.3.4　基坑开挖控制原则

基坑开挖分为无支护结构基坑开挖、有支护结构基坑开挖和基坑暗挖三类。基坑开挖应综合考虑基坑平面尺寸、开挖深度、工程地质与水文地质条件、环境保护要求、支护结构形式、施工方法及气候条件等因素。

基坑开挖前，应根据基坑支护设计、降排水方案和场地条件等，编制基坑开挖专项施工方案，其主要内容应包括工程概况、地质勘探资料、施工平面及场内交通组织、挖土机械选型、挖土工况、挖土方法、排水措施、季节性施工措施、支护变形控制和环境保护措施、监测方案、应急预案等，专项施工方案应按照规定并履行审批手续。基坑开挖宜按照"分层、分块、对称、平衡、限时"的原则确定开挖的方法和顺序，挖土机械的通道布置、挖土顺序、土方驳运、建材堆放等，都应避免引起对支护结构、工程桩、支撑立柱、降水管井、坑内监测设施和周围环境等的不利影响。基坑开挖前，基坑支护结构的强度和龄期应达到设计要求，且降水及坑内加固应达到要求。无内支撑基坑的坡顶或坑边不宜堆载，有内支撑基坑的坡顶应按照设计要求控制堆载。当挖土设备、土方运输车辆等直接入坑进行施工作业时，应采取必要的措施保证坡道的稳定，其入坑坡道宜按照不大于 1∶8 的要求设置，坡道的宽度应保证车辆正常行驶。施工栈桥应根据基坑形状、支撑形式、周边场地及环境、施工方法等情况进行设置。施工过程中应按照设计要求对施工栈桥的荷载进行严格控制。采用混凝土支撑体系或以水平结构作为支撑体系的，应待混凝土达到设计强度后，才能开始下层土方的开挖。采用钢支撑的，应在施加预应力并符合设计要求后，方可进行下层土方的开挖。

基坑开挖应符合下列要求：

（1）机械挖土宜挖至坑底以上 200～300mm 处，余下土方应采用人工修底。机械挖土过程中应通过控制分层厚度、坑底及桩侧留土等措施，防止桩基产生水平位移。基坑开挖至设计标高，并经验槽合格后，应及时进行垫层施工。工程桩顶处理可在垫层浇筑完毕后进行。

（2）若挖土区域存在较厚的杂填土、暗浜或暗塘等不良土质，应采取针对性的处理措施。

（3）电梯井与集水井等局部深坑的开挖，应根据设计要求、地基加固以及土质条件等因素确定开挖顺序和方法。

（4）雨期基坑开挖宜逐段逐片地进行，并应采取针对性的措施保证边坡稳定。

（5）施工过程中，挖土机械应避让工程桩，若机械无法避开工程桩，应采取桩顶铺设路基箱等保护措施。

（6）基坑开挖应根据设计工况、基坑安全等级和环境保护等级，采用分层开挖或台阶式开挖的形式，分层厚度不宜大于 3m。分层的坡度应根据地基加固、降水和土质情况确定，一般不宜大于 1∶1.5。

（7）基坑开挖应实行信息管理和动态监测，确保信息化施工。

3.4 常见基坑支护施工工艺

3.4.1 土钉墙施工工艺

1. 钢筋土体的成孔要求

(1) 土钉成孔范围内存在地下管线等设施时，应在查明其位置并避开后，再进行成孔作业。

(2) 应根据土层的性状选择洛阳铲、螺旋钻、冲击钻或地质钻等成孔方法，采用的成孔方法应能保证孔壁的稳定性、减小对孔壁的扰动。

(3) 当成孔遇不明障碍物时，应停止成孔作业，在查明障碍物的情况并采取针对性措施后方可继续成孔。

(4) 对易塌孔的松散土层宜采用机械成孔工艺。成孔困难时，可采用注入水泥浆等方法进行护壁。

2. 钢筋土钉杆体的制作与安装要求

(1) 钢筋使用前，应调直并清除污锈。

(2) 当钢筋需要连接时，宜采用搭接焊或帮条焊；应采用双面焊，双面焊的搭接长度或帮条长度不应小于主筋直径的 5 倍，焊缝高度不应小于主筋直径的 0.3 倍。

(3) 对中支架的断面尺寸应符合土钉杆体保护层厚度要求，对中支架可选用直径 6～8mm 的钢筋焊制。

(4) 土钉成孔后应及时插入土钉杆体，遇塌孔、缩径时，应在处理后再插入土钉杆体。

3. 钢筋土钉注浆的施工要求

(1) 注浆材料可选用水泥浆或水泥砂浆；水泥浆的水灰比宜取 0.5～0.55；水泥砂浆的水灰比宜取 0.40～0.45，同时，灰砂比宜取 0.5～1.0；拌合用砂宜选用中粗砂，按重量计的含泥量不得大于 3%。

(2) 水泥浆或水泥砂浆应拌合均匀，一次拌合的水泥浆或水泥砂浆应在初凝前使用。

(3) 注浆前应将孔内残留的虚土清除干净。

(4) 注浆时，宜采用将注浆管与土钉杆体绑扎、同时插入孔内并由孔底注浆的方式；注浆管端部至孔底的距离不宜大于 200mm；注浆及拔管时，注浆管口应始终埋入注浆液面内，应在新鲜浆液从孔口溢出后停止注浆；注浆后，当浆液液面下降时，应进行补浆。

4. 打入式钢管土钉的施工要求

(1) 钢管端部应制成尖锥状；顶部宜设置防止钢管顶部变形的加强构造。

(2) 注浆材料应采用水泥浆；水泥浆的水灰比宜取 0.5～0.6。

(3) 注浆压力不宜小于 0.6MPa；应在注浆至管顶周围出现返浆后停止注浆；当不出现返浆时，可采用间歇注浆的方法。

5. 喷射混凝土面层的施工要求

(1) 细骨料宜选用中粗砂，含泥量应小于 3%。

(2) 粗骨料宜选用粒径不大于 20mm 的级配砾石。

（3）水泥与砂石的重量比宜取 1∶4～1∶4.5，砂率宜取 45%～55%，水灰比宜取 0.4～0.45。

（4）使用速凝剂等外掺剂时，应做外加剂与水泥的相容性试验及水泥净浆凝结试验，并应通过试验确定外掺剂掺量及掺入方法。

（5）喷射作业应分段依次进行，同一分段内喷射顺序应自下而上均匀喷射，一次喷射厚度宜为 30～80mm。

（6）喷射混凝土时，喷头与土钉墙墙面应保持垂直，其距离宜为 0.6～1.0m。

（7）喷射混凝土终凝 2h 后应及时喷水养护。

（8）钢筋与坡面的间隙应大于 20mm。钢筋网可采用绑扎固定，钢筋连接宜采用搭接焊，焊缝长度不应小于钢筋直径的 10 倍。

（9）采用双层钢筋网时，第二层钢筋网应在第一层钢筋网被喷射混凝土时覆盖后铺设。

6. 土钉墙施工的偏差要求

（1）钢筋土钉的成孔深度应大于设计深度 0.1m。

（2）土钉位置的允许偏差应为 ±100mm。

（3）土钉倾角的允许偏差应为 3°。

（4）土钉杆体长度应大于设计长度。

（5）钢筋网间距的允许偏差应为 ±30mm。

（6）微型桩桩位的允许偏差应为 ±50mm。

（7）微型桩垂直度的允许偏差应为 ±0.5%。

7. 土钉墙质量检测要求

（1）应对土钉的抗拔承载力进行检测，抗拔试验可采用逐级加荷法；土钉的检测数量不宜少于土钉总数的 1%，且同一土层中的土钉检测数量不应少于 3 根；试验最大荷载不应小于土钉轴向拉力标准值的 1.1 倍；检测土钉应按随机抽样的原则选取，并应在土钉固结体强度达到设计强度的 70% 后进行试验；试验方法应符合相关规定。

（2）土钉墙面层喷射混凝土应进行现场试块强度试验，每 500m² 喷射混凝土面积试验数量不应少于一组，每组试块不应少于 3 个。

（3）应对土钉墙的喷射混凝土面层厚度进行检测，每 500m² 喷射混凝土面积检测数量不应少于一组，每组的检测点不应少于 3 个；全部检测点的面层厚度平均值不应小于厚度设计值，最小厚度不应小于厚度设计值的 80%。

（4）复合土钉墙中的预应力锚杆，应按《建筑基坑支护技术规程》（JGJ 120—2012）规定进行抗拔承载力检测。

（5）复合土钉墙中的水泥土搅拌桩或旋喷桩用作帷幕时，应按《建筑基坑支护技术规程》（JGJ 120—2012）的规定进行质量检测。

8. 变形监测

土钉墙支护的变形监测项目与基坑等级相关，内容有：坡顶水平位移和沉降；主动区土体内侧向变形；基坑相邻重要建筑物和管线等的水平位移和沉降；基坑相邻地表、建筑物等的裂缝出现的位置和宽度变化等四个方面的内容。可采用精密经纬仪、水准仪、测斜仪以及全站仪等仪器监测和技术人员沿基坑巡视目测相结合的方法。

测点布置与基坑安全等级相关，沿基坑四周以 10～30m 间距布点。测点宜布置在潜在变形最大，或局部地质条件不利的地段，或基坑附近有重要建筑物或地下管网等位置。相邻重要建筑物，宜在房屋转角处或中间部位布点。沿管线长度每 10m 布置监测点。在基坑工程开挖影响范围之外，布置至少 2 个基准点。除地面和重要设施变形监测外，基坑安全关键部位须用测斜仪监测土体内沿开挖深度方向的侧向变形。

监测频率与基坑安全等级相关。一般在土方开挖阶段，在变形正常情况下，每天监测至少一次，异常情况根据具体情况增加监测次数。工程竣工后变形趋于稳定的情况下，可减少监测次数，可每周监测一次，直至土钉墙支护退出工作为止。加强雨天和雨后的监测，须特别注意观察危及支护稳定的相邻管道是否漏水等。若发现变形过大或相邻管道漏水等异常现象，立即报警。及时整理变形监测数据，掌握基坑和周边环境在开挖阶段和竣工后的安全状况，或调整施工进度，或修改设计方案，使基坑工程顺利进行。

3.4.2　排桩施工工艺

1. 支护桩的施工要求

基坑支护中支护桩的常用桩型与建筑地基的桩基相同，主要桩型的施工要求在现行国家行业标准《建筑桩基技术规范》（JGJ 94—2008）中已作规定。因此，本书仅对桩用于基坑支护时的一些特殊施工要求进行简述，桩的常规施工应符合现行行业标准《建筑桩基技术规范》（JGJ 94—2008）对相应桩型的有关规定。

当排桩桩位邻近的既有建筑物、地下管线、地下构筑物对地基变形敏感时，如处理不当，经常会造成基坑周边建筑物以及地下管线等被损害的工程事故，应根据其位置、类型、材料特性与使用状况等相应采取下列控制地基变形的防护措施：

（1）宜采取间隔成桩的施工顺序对混凝土灌注桩，应在混凝土终凝后，再进行相邻桩的成孔施工。

（2）对松散或稍密的砂土、粉土以及软土等易坍塌或流动的软弱土层，对钻孔灌注桩宜采取改善泥浆性能等措施，对人工挖孔桩宜采取减小每节挖孔和护壁的长度、加固孔壁等措施。

（3）支护桩成孔过程出现流砂、涌泥、塌孔以及缩径等异常情况时，应暂停成孔并及时采取有针对性的措施进行处理，防止继续塌孔。

（4）当成孔过程中遇到不明障碍物时，应查明其性质，且在不会危害既有建筑物、地下管线与地下构筑物的情况下，方可采取措施排除后继续施工。因具体工程的条件不同，应结合实际情况采取相应的有效保护措施。

2. 钢筋笼制作

混凝土支护桩的截面配筋一般由受弯或受剪承载力控制，为保证内力较大截面的纵向受拉钢筋的强度要求，其纵向受力钢筋的接头不宜设置在内力较大处。同一连接区段内，纵向受力钢筋的连接方式和连接接头面积百分率应符合现行国家标准《混凝土结构设计规范（2015 年版）》（GB 50010—2010）对梁类构件的规定。

混凝土灌注桩采用沿纵向分段配置不同钢筋数量时，钢筋笼制作和安放时应采取控制非通长钢筋竖向定位的措施。

混凝土灌注桩采用沿桩截面周边非均匀配置纵向受力钢筋时应按设计的钢筋配置方向

进行安放，其偏转角度不得大于 10°。

混凝土灌注桩设有预埋件时，应根据预埋件的用途和受力特点的要求，控制其安装位置及方向。

3. 咬合桩的施工要求

（1）桩顶应设置导墙，导墙宽度宜取 3～4m，导墙厚度宜取 0.3～0.5m。

（2）咬合桩应按先施工素混凝土桩、后施工钢筋混凝土桩的顺序进行；钢筋混凝土桩应在素混凝土桩初凝前通过在成孔时切割部分素混凝土桩身形成与素混凝土桩的互相咬合搭接；钢筋混凝土桩的施工尚应避免素混凝土桩刚浇筑后被切割。

（3）钻机就位及吊设第一节套管时，应采用两个测斜仪贴附在套管外壁并用经纬仪复核套管垂直度，其垂直度允许偏差应为 3‰。液压套管应正反扭动加压下切。管内抓斗取土时，套管底部应始终位于抓土面下方，抓土面与套管底的距离应大于 1.0m。

（4）孔内虚土和沉渣应清除干净，并用抓斗夯实孔底；灌注混凝土时，套管应随混凝土浇筑逐段提拔；套管应垂直提拔，阻力过大时应转动套管同时缓慢提拔。

4. 排桩施工偏差要求

除特殊要求外，排桩的施工偏差应符合下列规定：

（1）桩位的允许偏差应为 ±50mm。

（2）桩垂直度的允许偏差应为 0.5%。

（3）预埋件位置的允许偏差应为 ±20mm。

（4）桩的其他施工允许偏差应符合现行行业标准《建筑桩基技术规范》（JGJ 94—2008）的规定。

5. 冠梁施工要求

冠梁施工时，应将桩顶部浮浆、低强度混凝土及破碎部分清除。冠梁混凝土浇筑采用土模时，土面应修理整平。

冠梁通过传递剪力调整桩与桩之间力的分配，当锚杆或支撑设置在冠梁上时，通过冠梁将排桩上的土压力传递到锚杆与支撑上。由于冠梁与桩的连接处是混凝土两次浇筑的结合面，如该结合面薄弱或钢筋锚固不够时，会剪切破坏不能传递剪力。因此，应保证冠梁与桩结合面的施工质量。

6. 质量检测内容

采用混凝土灌注桩时，其质量检测应符合下列规定：

（1）灌注桩施工之前确定施工工艺的试成孔试验，应对其孔径、垂直度、各个时段的孔壁稳定和沉淤厚度进行检测。

（2）宜抽取 10% 数量的灌注桩对已成孔桩的中心位置、孔深、孔径、垂直度以及孔底沉渣厚度进行检测。

（3）必要时抽取 10% 数量的灌注桩对其混凝土质量进行超声波检测。

（4）应采用低应变动测法检测桩身完整性，检测桩数不宜少于总桩数的 10%，且不得少于 5 根。抗压强度试块每 50m³ 混凝土不少于 1 组试块，且每根桩不少于一组试块。

（5）当根据低应变动测法判定的桩身完整性为 Ⅲ 类或 Ⅳ 类时，应采用钻芯法进行验证，并应扩大低应变动测法检测的数量。

3.4.3 双轴搅拌重力式水泥土墙施工工艺

1. 水泥土搅拌桩施工下列要求

（1）水泥土搅拌桩施工现场施工前应予以平整，清除地上和地下的障碍物。

（2）水泥土搅拌桩施工前，应根据设计进行工艺性试桩，数量不得少于 3 根，多轴搅拌施工不得少于 3 组。应对工艺试桩的质量进行检验，确定施工参数。

（3）搅拌头翼片的枚数、宽度、与搅拌轴的垂直夹角、搅拌头的回转数、提升速度应相互匹配，干法搅拌时钻头每转一圈的提升（或下沉）量宜为 0～15mm，确保加固深度范围内土体的任何一点均能经过 20 次以上的搅拌。

（4）搅拌桩施工时，停浆面应高于桩顶设计标高 500mm。在开挖基坑时，应将桩顶以上土层及桩顶施工质量较差的桩段，采用人工挖除。

（5）施工中，应保持搅拌桩机底盘的水平和向导架的竖直，搅拌桩的垂直度允许偏差和桩位偏差应满足规范要求；成桩直径和桩长不得小于设计值。

2. 水泥土搅拌桩施工应包括下列步骤

（1）搅拌机就位并调平。

（2）预搅下沉至设计加固深度。

（3）边喷浆或粉，边搅拌提升直至预定的停浆（或灰）面。

（4）重复搅拌下沉至设计加固深度。

（5）根据设计要求，喷浆（或粉）或仅搅拌提升直至预定的停浆（或灰）面。

（6）关闭搅拌机械。

（7）在预（复）搅下沉时，也可以采用喷浆或粉的施工工艺，确保全桩长上下至少在重复搅拌一次。对地基土进行干法咬合加固时，如复搅困难，可采用慢速搅拌，保证搅拌的均匀性。

3. 水泥土搅拌湿法施工应符合下列规定

（1）施工前，应确保灰浆泵输浆量、灰浆经输浆管到达搅拌机喷浆口的时间和起吊设备提升速度等施工参数，并应根据设计要求，通过工艺性成桩试验确定施工工艺。

（2）施工中所使用的的水泥应过筛，制备好的浆液不得离析，泵送浆应连续进行。拌制水泥浆液的灌数、水泥和外掺剂用量以及泵送浆液的时间应记录；喷浆量及搅拌深度应采用经国家计量部门认可的监测仪器进行自动记录。

（3）搅拌机喷浆提升的速度和次数应符合施工工艺的要求，并设专人进行记录。

（4）当水泥浆液到达出浆口后，应喷浆搅拌 30s，在水泥浆与桩端土充分搅拌后，再开始提升搅拌头。

（5）搅拌机与搅拌头下沉时，不宜冲水，当遇到硬土层下沉太慢时，可适量冲水。

（6）施工过程中，如因故停浆，应将搅拌头下沉至停浆点以下 0.5m 处，待恢复供浆时，再喷浆搅拌提升；若停机超过 3h，宜先拆卸输浆管路，并妥善地加以清洗。

（7）壁状加固时，相邻桩施工时间间隔不宜超过 2h。

4. 水泥土干法施工应符合下列规定

（1）喷粉施工前。应检查搅拌机、供粉泵、送气（粉）管路、接头和阀门的密封性与可靠性，送气（粉）管路长度不宜大于 60m。

（2）搅拌头每旋转一周，提升高度不宜超过 15mm。

（3）搅拌头的直径应定期复核检查，其磨耗量不得大于 10mm。

（4）当搅拌头到达设计桩底以上 1.5m 时，应开启喷粉机提前进行喷粉作业；当搅拌头提升至地面以下 500mm 时，喷粉机应停止喷粉。

（5）成桩过程中，因故停止喷粉，应将搅拌头下沉至停灰面以下 1m 处，待恢复喷粉时，再进行喷粉搅拌提升。

5. 重力式水泥土墙构造要求

（1）水泥土墙宜采用水泥土搅拌桩相互搭接形成的格栅状结构形式，也可采用水泥土搅拌桩相互搭接成实体的结构形式。搅拌桩的施工工艺宜采用喷浆搅拌法。

（2）重力式水泥土墙的嵌固深度，对淤泥质土，不宜小于 1.2h，对淤泥，不宜小于 1.3h；重力式水泥土墙的宽度，对淤泥质土，不宜小于 0.7h，对淤泥，不宜小于 0.8h；此处，h 为基坑深度。

（3）重力式水泥土墙采用格栅形式时，每个格栅的土体面积应符合式 3-1 要求：

$$A \leqslant \delta \frac{cu}{\gamma_m} \qquad (3\text{-}1)$$

式中　A——格栅内土体的截面面积，m^2。

　　　δ——计算系数；对黏性土，取 $\delta = 0.5$；对砂土、粉土，取 $\delta = 0.7$。

　　　c——格栅内土的粘聚力，kPa。

　　　u——计算周长，m，按图 3-1 计算。

　　　γ_m——格栅内土的天然重度，kN/m^3；对成层土，取水泥土墙深度范围内各层土按厚度加权的平均天然重度。

水泥土格栅的面积置换率，对淤泥质土，不宜小于 0.7；对淤泥，不宜小于 0.8；对一般黏性土、砂土，不宜小于 0.6。格栅内侧的长宽比不宜大于 2。

（4）水泥土搅拌桩的搭接宽度不宜小于 150mm。

（5）当水泥土墙兼作截水帷幕时，尚应符合《建筑基坑支护技术规程》（JGJ 120—2012）第 7.2 节对截水的要求。

（6）水泥土墙体 28d 无侧限抗压强度不宜小于 0.8MPa。当需要增强墙身的抗拉性能时，可在水泥土桩内插入杆筋。杆筋可采用钢筋、钢管或毛竹。杆筋的插入深度宜大于基坑深度。杆筋应锚入面板内。

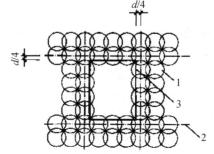

图 3.1　格栅式水泥土墙
1—水泥土桩；2—水泥土桩中心线；
3—计算周长

（7）水泥土墙顶面宜设置混凝土连接面板，面板厚度不宜小于 150mm，混凝土强度等级不宜低于 C15。

6. 重力式水泥土墙检测要求

根据《建筑基坑支护技术规程》（JGJ 120—2012）和《建筑地基基础工程施工质量验收规范》（GB 50202—2002）相关条文要求，对于重力式水泥土墙支护结构，应在施工前、成桩施工期、开挖前以及开挖期四个阶段对其质量作相应的控制及检验，及时发现问题并防患于未然。

（1）施工前的质量检验

对于水泥搅拌桩，应检查水泥及外掺剂的质量、桩位、搅拌机工作性能及各种计量设备完好程度（主要是水泥浆流量计及其他计量装置）。对于高压旋喷桩，应检查水泥、外掺剂等的质量，桩位、压力表、流量表的精度和灵敏度，高压喷射设装置性能等。

（2）成桩施工期的质量检验

① 逐根检查桩位、桩长、桩顶标高、桩身垂直度、水泥用量、钻机提升速度、水灰比、外加剂掺量、灰浆泵压力档次、搅拌次数以及搭接桩施工间歇时间等。对于高压旋喷桩，应着重检查施工参数（压力、水泥浆量、提升速度以及旋转速度等）及施工程序。

② 施工一定量后（施工一周后），可抽样进行开挖检验或采用取样（钻孔取芯）等手段检查成桩质量，发现问题及时补救并纠正，若不符合设计要求应及时调整施工工艺。

③ 开挖检验：根据工程要求，选取一定数量的桩体进行开挖，检查桩身的外观质量、搭接质量与整体性等；取样（钻孔取芯）检验：从开挖外露桩体中凿取试块或采用岩芯钻孔取样制成试块检查桩身的均匀性，并与室内制作的试块进行强度比较。

（3）基坑开挖前的质量检测

开挖前质量检测的主要内容为：

① 复核桩身中心位置、桩数与平均直径等。

② 采用钻孔取芯法检验桩长和桩身强度。应选取 28d 后的试件，钻孔取芯宜采用直径 110mm 的钻头，连续钻取全桩长范围内的桩芯。桩芯应呈坚硬状态并无明显的夹泥或夹砂断层，有效桩长范围内的桩身强度应满足开挖设计要求。

（4）基坑开挖期的质量检测

开挖期质量检测的主要内容为：

① 直观检验：对开挖面桩体的质量以及墙体和坑底渗水情况进行检查，如不能满足设计要求应立即采取必要的补救措施。如注浆、高压旋喷补强，或改变土方开挖方案。

② 位移监测：对支挡结构及周围建筑物和周围设施进行位移监测，指导开挖施工。

3.4.4　锚杆施工工艺

1. 锚杆的成孔要求

（1）应根据土层性状和地下水条件选择套管护壁、干成孔或泥浆护壁成孔工艺，成孔工艺应满足孔壁稳定性要求。

（2）对松散和稍密的砂土、粉土、卵石、填土、有机质土以及高液性指数的黏性土宜采用套管护壁成孔护壁工艺。

（3）在地下水位以下时，不宜采用干成孔工艺。

（4）在高塑性指数的饱和黏性土层成孔时，不宜采用泥浆护壁成孔工艺。

（5）当成孔过程中遇不明障碍物时，在查明其性质前不得钻进。

2. 钢绞线锚杆和普通钢筋锚杆杆体的制作与安装要求

（1）钢绞线锚杆杆体绑扎时，钢绞线应平行、间距均匀；杆体插入孔内时，应避免钢绞线在孔内弯曲或扭转。

（2）当锚杆杆体采用 HRB335、HRB400 级钢筋时，其连接宜采用机械连接、双面搭接焊、双面帮条焊；采用双面焊时，焊缝长度不应小于 5d，此处，d 为杆体钢筋直径。

（3）杆体制作和安放时应除锈、除油污、避免杆体弯曲。

（4）采用套管护壁工艺成孔时，应在拔出套管前将杆体插入孔内；采用非套管护壁成孔时，杆体应匀速推送至孔内。

（5）成孔后应及时插入杆体及注浆。

3. 钢绞线锚杆和普通钢筋锚杆的注浆要求

（1）注浆液采用水泥浆时，水灰比宜取 0.50～0.55；采用水泥砂浆时，水灰比宜取 0.40～0.45，灰砂比宜取 0.5～1.0，拌合用砂宜选用中粗砂。

（2）水泥浆或水泥砂浆内可掺入能提高注浆固结体早期强度或微膨胀的外掺剂，其掺入量宜按室内试验确定。

（3）注浆管端部至孔底的距离不宜大于 200mm；注浆及拔管过程中，注浆管口应始终埋入注浆液面内，应在水泥浆液从孔口溢出后停止注浆；注浆后，当浆液液面下降时，应进行孔口补浆。

（4）采用二次压力注浆工艺时，二次压力注浆宜采用水灰比 0.50～0.55 的水泥浆；二次注浆管应牢固绑扎在杆体上，注浆管的出浆口应采取逆止措施；二次压力注浆时，终止注浆的压力不应小于 1.5MPa。

（5）采用分段二次劈裂注浆工艺时，注浆宜在固结体强度达到 5MPa 后进行，注浆管的出浆孔宜沿锚固段全长设置，注浆顺序应由内向外分段依次进行。

（6）基坑采用截水帷幕时，地下水位以下的锚杆注浆应采取孔口封堵措施。

（7）寒冷地区在冬期施工时，应对注浆液采取保温措施，浆液温度应保持在 5℃ 以上。

4. 锚杆施工偏差要求

（1）钻孔深度宜大于设计深度 0.5m。

（2）钻孔孔位的允许偏差应为 ±50mm。

（3）钻孔倾角的允许偏差应为 ±3°。

（4）杆体长度应大于设计长度。

（5）自由段的套管长度允许偏差应为 ±50mm。

5. 预应力锚杆锁定时施工要求

（1）当锚杆固结体的强度达到设计强度的 75% 且不小于 15MPa 后，方可进行锚杆的张拉锁定。

（2）拉力型钢绞线锚杆宜采用钢绞线束整体张拉锁定的方法。

（3）锚杆锁定前，应按表 3-3 的张拉值进行锚杆预张拉；锚杆张拉应平缓加载，加载速率不宜大于 0.1kN/min；在张拉值下的锚杆位移和压力表压力应保持稳定当锚头位移不稳定时，应判定此根锚杆不合格。

（4）锁定时的锚杆拉力应考虑锁定过程的预应力损失量；预应力损失量宜通过对锁定前、后锚杆拉力的测试确定；缺少测试数据时，锁定时的锚杆拉力可取锁定值的 1.1～1.15 倍。

（5）锚杆锁定尚应考虑相邻锚杆张拉锁定引起的预应力损失，当锚杆预应力损失严重时，应进行再次锁定；锚杆出现锚头松弛、脱落或锚具失效等情况时，应及时进行修复并对其进行再次锁定。

（6）当锚杆需要再次张拉锁定时，锚具外杆体的长度和完好程度应满足张拉要求。

表 3-3 锚杆抗拔承载力检测值

支护结构的安全等级	抗拔承载力检测值与轴向拉力标准值的比值
一级	≥1.4
二级	≥1.3
三级	≥1.2

6. 锚杆抗拔承载力检验要求

（1）检测数量不应少于锚杆总数的 5%，且同一土层中的锚杆检测数量不应少于 3 根。

（2）检测试验应在锚杆的固结体强度达到设计强度的 75% 后进行。

（3）检测锚杆应采用随机抽样的方法选取。

（4）检测试验的张拉值应按表 3-3 取值。

（5）检测试验应按《建筑基坑支护技术规程》附录 B 的验收试验方法进行。

（6）当检测的锚杆不合格时，应扩大检测数量。

7. 锚杆的施工要求

当锚杆穿过的地层附近存在既有地下管线、地下构筑物时，应在调查或探明其位置、走向、类型、使用状况等情况后再进行锚杆施工。

组合型钢锚杆腰梁、钢台座的施工应符合现行国家标准《钢结构工程施工质量验收规范》（GB 50205—2001）的有关规定；混凝土锚杆腰梁、混凝土台座的施工应符合现行国家标准《混凝土结构工程施工质量验收规范》（GB 50204—2015）的有关规定。

3.4.5 加筋旋喷锚桩施工工艺

1. 旋喷桩施工要求

（1）施工前，应根据现场环境和地下埋设物的位置等情况，复核旋喷桩的设计孔位。

（2）旋喷桩的施工工艺及参数应根据土质条件、加固要求，通过试验或根据工程经验确定。单管法、双管法高压水泥浆和三管法高压水的压力应大于 20MPa，流量应大于 30L/min，气流压力宜大于 0.7MPa，提升速度宜在 0.1～0.2m/min 之间。

（3）旋喷注浆，宜采用强度等级为 42.5 级的普通硅酸盐水泥，可根据需要加入适量的外加剂及掺合料。外加剂和掺合料的用量，应通过试验确定。

（4）水泥浆液的水灰比宜为 0.8～1.2。

（5）旋喷桩的施工工序为：机具就位、贯入喷射管、喷射注浆、拔管和冲洗等。

（6）喷射孔与高压注浆泵的距离不宜大于 50m，钻孔位置的允许偏差应为 ±50mm，垂直度允许偏差为 ±1%。

（7）当喷射注浆管贯入土中，喷嘴达到设计标高时，即可喷射注浆。在喷射注浆参数达到规定值后，随即按旋喷的工艺要求，提升喷射管，由下而上旋喷注浆。喷射管分段提升的搭接长度不得小于 100mm。

（8）对需要局部扩大加固范围或提高强度的部位，可采用复喷措施。

（9）在旋喷注浆过程中出现压力骤然下降、上升或冒浆异常时，应查明原因并及时采取措施。

（10）旋喷注浆完毕，应迅速拔出喷射管。为防止浆液凝固收缩影响桩顶高程，可在原孔采用回灌或第二次注浆等措施。

（11）施工中应做好废泥浆的处理，及时将废泥浆运出或在现场短期堆放后作为土方运出。

（12）施工中应严格按照施工参数和材料用量施工，用浆量和提升速度应采用自动记录装置，并做好各项施工记录。

2. 加筋旋喷锚桩基本要求

在施工前需探明锚索穿过的地层附近的地下管线和地下构筑物的位置、走向、类型和使用状况等情况，确保在施工过程中能够尽量避开。在成孔过程中遇不明障碍物时，应在查明其性质，且不会危害既有地下管线、地下构筑物或建筑物基础的情况下方可继续钻进。

3.4.6 降水

1. 轻型井点施工

轻型井点的工作原理是在真空泵和离心泵的作用下，地下水经滤管进入管井，然后经集水总管排出，从而降低地下水位。轻型井点施工的工艺主要包括井点成孔施工和井点管埋设。

（1）井点成孔施工方法有水冲法成孔和钻孔法成孔，具体要求如下：

① 水冲法成孔施工：利用高压水流冲开土层，冲孔管依靠自重下沉。砂性土中冲孔所需水流压力为 0.4～0.5MPa，黏性土中冲孔所需水流压力为 0.6～0.7MPa。

② 钻孔法成孔施工：适用于坚硬地层或井点紧靠建筑物，一般可采用长螺旋钻机进行成孔施工。

③ 成孔孔径一般为 300mm，不宜小于 250mm。成孔深度宜比滤水管底端埋深大 0.5m 左右。

（2）井点管埋设，井点管的埋设应满足以下要求：

① 水冲法成孔达到设计深度后，应尽快减低水压，拔出冲孔管，向孔内沉入井点管并在井点管外壁与孔壁之间快速回填滤料（粗砂或砾砂）。

② 钻孔法成孔达到设计深度后，向孔内沉入井点管，在井点管外壁与孔壁之间回填滤料（粗砂或砾砂）。

③ 回填滤料施工完成后，在距地表约 1m 深度内，采用黏土封口捣实以防止漏气。

④ 井点管埋设完毕后，采用弯联管（通常为塑料软管）分别将井点管连接到集水总管上。

2. 管井降水施工

降水管井施工的整个工艺流程包括成孔工艺和成井工艺，具体又可以分为以下过程：

准备工作→钻机进场→定位安装→开孔→下护口管→钻进→终孔后冲孔换浆→下井管→稀释泥浆→填砂→止水封孔→洗井→下泵试抽→合理安排排水管路及电缆电路→试抽水→正式抽水→水位与流量记录。

（1）成孔工艺

成孔工艺即管井钻进工艺，指管井井身施工所采用的技术方法、措施和施工工艺过程。管井钻进方法在习惯上可分为：冲击钻进、回转钻进、潜孔锤钻进、反循环钻进与空气钻进等，应根据钻进地层的岩性和钻进设备等因素进行选择，以卵石和漂石为主的地层，宜采用冲击钻进或潜孔锤钻进，其他第四纪系地层宜采用回转钻进。钻进过程中为防止井壁坍塌、掉块、漏失以及钻进高压含水、气层时可能产生的喷涌等井壁失稳事故，需采取井孔护壁措施。可根据下列原则，采用护壁措施：

① 保持井内液柱压力与地层侧压力（包括土压力和水压力）的平衡，是维系井壁稳定的基本方法。对于易坍塌地层，应注意经常维持和调整压力平衡关系。冲击钻进时，如果能以保持井内水位比静止地下水位高 3～5m，可采用水压护壁。

② 遇水不稳定地层，选用的冲洗介质类型和性能应能够避免水对地层的影响。

③ 当其他护壁措施无效时，可采用套管护壁。

④ 冲洗介质是钻进时用于携带岩屑、清洗井底、冷却和润滑钻具及保护井壁的物质。常用的冲洗介质有清水、泥浆、空气或泡沫等。钻进对冲洗介质的基本要求是：冲洗介质的性能应能在较大范围内调节，以适应不同地层的钻进；冲洗介质应有良好的散热能力和润滑性能，以延长钻具的使用寿命，提高钻进效率；冲洗介质应无毒，不污染环境；配置简单，取材方便，经济合理。

（2）成井工艺

管井成井工艺是指成孔结束后，安装井内装置的施工工艺，包括探井、换浆、安装井管、填砾、止水、洗井以及试验抽水等工序。这些工序完成的质量直接影响到成井质量能否达到设计要求的各项指标。如成井质量差，可能引起井内大量出砂或井的出水量降低，甚至不出水。因此，严格控制成井工艺中的各道工序是保证成井质量的关键。

① 探井

探井是检查井身和井径的工序，目的是检查井身是否圆直，以保证井管顺利安装和滤料厚度均匀。探井工作采用探井器进行，探井器直径应大于井管直径，小于孔径 25mm；其长度宜为 20～30 倍孔径。在合格的井孔内任意深度处，探井器应均能灵活转动。如发现井身质量不符要求，应立即进行修整。

② 换浆

成孔结束、经探井和修整井壁后，井内泥浆黏度很大并含有大量岩屑，过滤管进水缝隙可能被堵塞，井管也可能沉不到预计深度，造成过滤管与含水层错位。因此，井管安装前应进行换浆。

换浆是以稀泥浆置换井内的稠泥浆的施工工序，不应加入清水，换浆的浓度应根据井壁的稳定情况和计划填入的滤料粒径大小确定，稀泥浆一般黏度为 16～18s，密度为 1.05～1.10g/cm³。

③ 安装井管

安装井管前需先进行配管，即根据井管结构设计，进行配管，并检查井管的质量。井管沉设方法应根据管材强度、沉设深度和起重设备能力等因素选定，并宜符合下列要求：

A. 提吊下管法，宜用于井管自重（或浮重）小于井管允许抗拉力和起重的安全负荷。

B. 托盘（或浮板）下管法，宜用于井管自重（或浮重）超过井管允许抗拉力和起重的安全负荷。

C. 多级下管法，宜用于结构复杂和沉设深度过大的井管。

④ 填砾

填砾前的准备工作包括：

A. 井内泥浆稀释至密度小于 1.10g/cm³（高压含水层除外）。

B. 检查滤料的规格和数量。

C. 备齐测量填砾深度的测锤和测绳等工具。

D. 清理井口现场，加井口盖，挖好排水沟。

滤料的质量包括以下方面：滤料应按设计规格进行筛分，不符合规格的滤料不得超过15％；滤料的磨圆度应较好，棱角状砾石含量不能过多，严禁以碎石作为滤料；不含泥土和杂物；宜用硅质砾石。滤料的数量按下式计算：

$$V = 0.785(D^2 - d^2)L\alpha \tag{3-2}$$

式中 V——滤料数量，m^3；

D——填砾段井径，m；

d——过滤管外径，m；

L——填砾段长度，m；

α——超径系数，一般为 1.2～1.5。

填砾的方法应根据井壁的稳定性、冲洗介质的类型和管井结构等因素确定。常用的方法包括静水填砾法、动水填砾法和抽水填砾法。

⑤ 洗井

为防止泥皮硬化，下管填砾之后，应立即进行洗井。管井洗井方法较多，一般分为水泵洗井、活塞洗井、空压机洗井、化学洗井和二氧化碳洗井以及两种或两种以上洗井方法组合的联合洗井。洗井方法应根据含水层特性、管井结构及管井强度等因素选用，简述如下：

A. 松散含水层中的管井在井管强度允许时，宜采用活塞洗井和空压机联合洗井。

B. 泥浆护壁的管井，当井壁泥皮不易排除，宜采用化学洗井与其他洗井方法联合进行。

C. 碳酸盐岩类地区的管井宜采用液态二氧化碳配合六偏磷酸钠或盐酸联合洗井。

D. 碎屑岩、岩浆岩地区的管井宜采用活塞、空气压缩机或液态二氧化碳等方法联合洗井。

⑥ 试抽水

管井施工阶段试抽水主要目的是检验管井出水量的大小，确定管井设计出水量和设计动水位。试抽水类型为稳定流抽水试验，下降次数为 1 次，且抽水量不小于管井设计出水量；稳定抽水时间为 6～8h；试抽水稳定标准是在抽水稳定的延续时间内井的出水量、动水位仅在一定范围内波动，没有持续上升或下降的趋势，即可认为抽水已经稳定。抽水过程中需考虑自然水位变化和其他干扰因素影响。试抽水前需测定井水含砂量。

⑦ 管井竣工验收质量标准

降水管井竣工验收是指管井施工完毕，在施工现场对管井的质量进行逐井检查和验收。降水管井竣工验收质量标准主要应有下述四个方面。

A. 管井出水量：实测管井在设计降深时的出水量应不小于管井设计出水量，当管井设计出水量超过抽水设备的能力时，按单位储水量检查。当具有位于同一水文地质单元并且管井结构基本相同的已建管井资料时，新建管井的单位出水量应与已建管井的单位出水量接近。

B. 井水含砂量：管井抽水稳定后，井水含砂量应不超过 1/50000～1/100000（体积比）。

C. 井斜：实测井管斜度应不大于 1°。

D. 井管内沉淀物：井管内沉淀物的高度应小于井深的 5‰。

（3）真空管井施工

真空降水管井施工方法与降水管井施工方法相同，详见前述。真空降水管井施工尚应满足以下要求：

① 宜采用真空泵抽气集水，深井泵或潜水泵排水。

② 井管应严密封闭，并与真空泵吸气管相连。

③ 单井出水口与排水总管的连接管路中应设置单向阀。

④ 对于分段设置滤管的真空降水管井，应对开挖后暴露的井管、滤管以及填砾层等采取有效封闭措施。

⑤ 井管内真空度不宜小于 0.065MPa，宜在井管与真空泵吸气管的连接位置处安装高灵敏度的真空压力表监测。

思考与习题

1. 什么是基坑降水？降水措施都有哪些？

2. 土钉墙适用于哪些类型的基坑？

3. 锚杆成孔有哪些方法？分别适用于什么样的土质？

4. 干搅和湿搅有什么区别？分别适用于哪些工况？

5. 泥浆护壁泥浆功能是什么？

6. 加筋旋喷锚桩与冠梁（或腰梁）的接头处是如何连接的？

参考文献

[1] 钱午，苏景中．深基坑工程止水帷幕设计概要 [J]．土工基础．1998，12（1）．

[2] 中华人民共和国住房和城乡建设部．建筑基坑支护技术规程（JGJ 120—2012）[S]．北京：中国建筑工业出版社，2012.

[3] 中华人民共和国住房和城乡建设部．建筑地基处理技术规范（JGJ 79—2012）[S]．北京：中国建筑工业出版社，2012.

[4] 土钉支护技术规程（DBJ/T 15—70—2009）[S]，北京：中国标准出版社，2010.

[5] 中国建筑科学研究院等．建筑桩基技术规范（JGJ 94—2008）[S]．北京：中国建筑工业出版社，2008.

[6] 基坑工程技术规范（DG/T J08—61—2010）[S]。

[7] 龚晓南．深基坑工程设计施工手册 [M]．北京：中国建筑工业出版社，1998.

[8] 中华人民共和国住房和城乡建设部．混凝土结构设计规范（GB 50010—2011）[S]．北京：中国建筑工业出版社，2010.

[9] 中华人民共和国建设部，中华人民共和国国家质量监督检验检疫总局．钢结构设计规范（GB 50017—2003）[S]．北京：中国计划出版社，2003.

[10] 中华人民共和国住房和城乡建设部．建筑基坑支护结构构造图集 11SG814 [S]，2011.

[11] 中华人民共和国住房和城乡建设部．建筑边坡工程技术规范（GB 50330—2013）[S]．北京：中国建筑工业出版社，2013.

[12] 中国工程建设标准化协会．岩土锚杆（索）技术规程（附条文说明）（CECS 22—2015）[S]．北京：中国计划出版社，2005.

[13] 徐至钧，曾宪明．深基坑支护新技术精选集 [M]．北京：中国建筑工业出版社，2012.

[14] 土木工程学会土力学岩土工程分会．深基坑支护技术指南 [M]．北京：中国建筑工业出版社，2012.

专题四　逆作法施工技术

4.1　概　　述

4.1.1　逆作法定义

所谓逆作法，其施工顺序与顺作法相反，以基坑围护墙和工程桩及受力柱作为垂直承重构件，将主体结构的顶板、楼板作为支撑系统（必要时加临时支撑），采取地上与地下结构同时施工，或地下结构由上而下的施工方法，称为逆筑法，如图 4-1 所示。逆作法利用先施工的地下连续墙和中间支承柱承受荷载，从地面逐层下挖并从上到下地完成地下室的梁板与楼面工程，利用上一层的楼板结构作为下一层开挖时的支撑，逐层交替开挖与浇筑楼板结构；与此同时，逐层向上建造上部结构，使地面上和地下可同时进行施工。因此，逆作法可以缩短工期，降低造价，是一种合理的建筑方法，具有明显的经济效益。

图 4-1　逆作法施工示意图

逆作法施工分为全逆作与半逆作两种方法。

（1）全逆作法：地下结构由上而下施工的同时，同步进行地上主体结构的施工的方法。

（2）半逆作法：地下结构由上而下施工，而地上主体结构待地下结构完工后再进行施工的方法。

4.1.2　逆作法与顺作法的不同点

1. 顺作法施工顺序

挡墙施工完毕后，对挡墙作必要的支撑后，再着手开挖至所定深度，并开始浇筑基础底板，接着依次由下自上，边拆除临时支撑边浇筑地下结构本体。

2. 顺作法支撑

在顺作法施工中，最常见的有钢管支撑、钢筋混凝土支撑、型钢支撑以及土锚等，见图 4-2 和图 4-3。

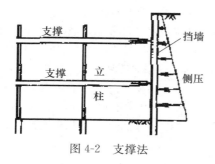

图 4-2　支撑法

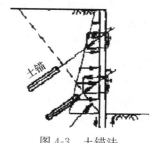

图 4-3　土锚法

3. 逆作法支撑

在逆作法施工中，由于其由上往下的施工顺序，建筑物本体的梁和板（即逆作结构）即可作为支撑，见图 4-4。

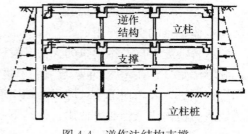

图 4-4　逆作法结构支撑

4.1.3　逆作法优缺点

1. 逆作法的优点

（1）由于结构本身用来作为支撑，所以它具有相当高的刚度。这样使挡墙的应力与形变减小，提高了工程施工的安全性，也减小了对周边环境的影响。

（2）适用于任何不规则形状的平面或大平面。

（3）由于最先筑好顶板，可以与地下施工并行，单期展开地上结构的施工。这样地下、地上的结构同时施工，缩短了总体工程的工期。

（4）1 层结构平面可作为工作台，不必另外架设开挖工作台，这样大幅度削减了支撑和工作平台等大型临时设施，减少了总施工费用。

（5）由于开挖和施工的交错进行，逆作结构的自身荷载由立柱直接承担并传递至地基，减少了开挖时卸载对持力层的影响，并降低了地基回弹量。

2. 逆作法的缺点

（1）需要设临时支柱及立柱桩，增加了施工费用。且由于支撑为建筑结构本身，因此自重大。为防止不均匀沉降，要求立柱具有足够的承载力。

（2）逆作法所设立柱内钢骨与原设计设置的梁主筋、基础梁主筋冲突相碰。

（3）为搬运开挖出的土砂，需在顶板上方多处设置临时孔，必须对顶板采用加强措施。

（4）地下工程在板下进行施工，闭锁的空间使大型机械设备难于进场，带来了施工作业上的不便。

（5）混凝土的浇筑在逆作施工的各个阶段都分有先浇和后浇，产生先后交接处，这不仅给施工带来不便，也带来结构、防水上等的其他问题，对施工计划及质量管理提出了更高的要求。

4.1.4　逆作法发展过程

日本在经历了惨痛的 1923 年关东大地震后，认识到必须以新的结构形式来取代以往的无法耐震的砖石结构，作为新的结构形式，钢筋混凝土结构和钢结构开始得到应用，同时为适应这些新结构形式的要求，深埋地下结构被得到开发，适合于深埋地下结构形式的施工法萌芽了。

1935 年日本首次提出逆作法施工的概念，在京都千代田区开工的第一生命保险相互会社本社大厦，其所采用的地下施工法，可称为逆作法的原型。

进入 20 世纪 60 年代，建设公害成了社会问题，于是低振动、低噪声的机械被开发和使用，如贝诺特挖掘机与钻孔挖掘机，并引入了反循环工法等。机械化施工在各方面成为主流，机械的进步成了逆作法施工改良的要因。

从 20 世纪 60 年代至 70 年代前期，逆作法最明显的特征表现在逆作结构起到了承担结构本体重量的支承作用。

后来随着大口径掘削机的大力开发和进步，地下连续墙施工法也同时发展起来，地下连续墙法是日本在 1959 年从意大利引进并开发起来的。1965 年前后，代替以往的钢板桩和横列板桩，采用地下连续墙作为挡土墙、止水墙，这种替代，后来被广泛使用，地下连续墙法与逆作法结合起来使用，使地下工程更具合理性、安全性，两个方法的优点得到了更加充分的发挥。

1970 年以来，由于施工精度的提高、成本的降低以及工期的缩短等各方面原因，逆作法施工中将立件作为结构本体柱的作法越来越广泛。

国际上采用逆作法建造的地下建筑，最大的是东京八重洲地下街，共 3 层，建筑面积 7 万平方米；最深的地下街是莫斯科切尔坦沃住宅小区地下街，深达 70～100m；最高的地下综合体是德国慕尼黑卡尔斯广场综合体，共 6 层。

经历了 60 余年的研究与工程实践，目前已应用于高层建筑的多层地下室、大型地下商场、地下车库、地铁、隧道和大型变电站及污水处理池等构筑物。

1994 年日本新建的高层建筑中，地下结构有 18.2% 采用逆作法施工。

1965～1989 年，德国慕尼黑地铁共建 57 座地铁车站中，20 座采用逆作法施工。

我国在最近 10 余年来，在北京、上海、辽宁、深圳与广州等地推广了逆作法施工技术，有 60 多项工程项目的地下结构采用了逆作法施工。

4.1.5　逆作法应用

1. 逆作法的适用场合

与其他地下结构施工法选定时一样，逆作法的采用也必须考虑到地下结构施工的全面内容，即必须对周边环境条件、地质条件、工期、造价、安全性和建筑物规模形状等多方面进行探讨研究。作为逆作法被采用的最适当的场合，主要为以下六点：

① 大平面的地下工程。

② 大深度的地下工程。

③ 复杂形状的地下工程。

④ 周边状况苛刻，对环境要求较高。

⑤ 作业空间较小。

⑥ 工期要求紧迫。

（1）大平面的地下工程

一般来说，对开挖平面的一边边长超过 100m 的大面积工程，如果按顺作法施工，由于平面为大跨度，支撑长度将超过其适用界限。另外，若再受到地质条件或场地条件的制约，土锚法也很难被采用。

（2）大深度的地下工程

大深度开挖时，由于卸除了大量的土重，基底会上浮产生回弹现象，这将使建筑物在以后出现中央下凹的现象。如果采用逆作法代替顺作法施工的话，逆作结构的重量置换了卸除的土重，因此它能有效地控制这种回弹现象。

还有，随着开挖深度的增加，侧压力也就随之增大，如果采用顺作法施工，对支撑的强度和刚度要求就会很大。而逆作法是以结构本体作为支撑，具备了相当大的刚度，减小了整体变形，显示出充分的优点。

（3）复杂形状的地下工程

当平面形状是一种复杂的不规则形状时，如用顺作法施工，那么挡墙向支撑的侧压力传递就很难进行，并且无法做到均等，这样就会导致在某些局部地方出现应力集中现象。另外，由于支撑之间有非直角相交之处，常常会因接口松弛导致不稳定的因素。

在这种情况下，采用逆作法施工时，结构本体就是与平面形状相吻合的钢筋混凝土或型钢钢筋混凝土支撑体系，大大提高了安全性。

（4）周边状况苛刻，对环境要求较高

当在地铁或管道等这类高位置的地下公共结构近旁施工时，往往要求挡墙变形量的精度达到毫米级。逆作法施工，不仅多采用刚度较大的挡墙，面且逆作结构作为结构本体，本身具有很大的刚度，有效地控制了整体变形，从而也就减少了对周围地基和环境的影响。

（5）作业空间较小

当用顺作法对整个场地进行大深度开挖时，通常栈桥的面积占整个开挖面积的30%～35%，这是施工用车辆、起重机等的作业机械的最小空间，对于材料堆场等还很难确保。

由于逆作法施工是先筑顶板，它很快能用作作业场地，又能确保材料堆场。另外还能发挥地上钢结构安装及混凝土浇筑等交错作业的优越性。

（6）工期要求紧迫

随着地下建筑物的大型化与大深度化，工期也显著变长了，但有时由于业主建设的需要，要求缩短工期。这时采用逆作法施工，能做到地上地下同时施工，合理、安全、有效地缩短工期，从而提高经济效益。

2. 顺作法的局限性

与顺作法相比，逆作法一般被用在大深度开挖挡墙工程中，进而顺作法受到明显局限的场合。

（1）支撑法存在的问题

支撑法是顺作法大深度开挖中最常用的手段。如果通过提高支撑的断面性能，以及通过预加载来控制挡墙的变形等，那么，支撑法还可能应用于大深度开挖，因此对于①掘削平面不规则的；②支撑长度大于100m的；③偏土压存在的场合等，侧压的平衡是非常困难和不切实际的。而且大开挖时，支撑必须在开挖全平面上架设。同时，随着侧压的增加，支撑的断面须不断增大，这就造成开挖规模越大，工期和造价就急剧增大。

（2）土锚法存在的问题

土锚法是用土锚固定于优良地层，通过其水平方向的拉力处理挡墙的侧压的方法，因此，它不受开挖规模及平面形状的影响，对于偏土压的处理和支撑的部分加强也比较容易。并且，随着开挖规模的增大，作为挡墙支撑的土锚施工费用还会大大增加。甚至，由于这种方法保持了开挖现场完全敞开，使大型建筑机械的进出和作业效率的提高成为可能。

表面上，土锚法克服了上述支撑法的不足，但是土锚法仍有它的局限性，如市区地下埋设物（如管道及通讯网络等）对土锚打设的限制，较高的地下水压（大约在100～200kPa

以上）给打孔和土锚强度的保证带来困难，还有较厚的软弱地基会使土锚受侧压增大，不仅土锚的长度需增大，而且根数也需增多。另外，地震烈度的增大会降低土锚的刚度，从而造成挡土墙变形增大，使挡土墙在设计上需增加断面和埋深。

4.1.6 逆作法发展前景

虽然逆作法与顺作法相比，还存在着作业空间小、开挖搬运困难以及模板工事复杂等缺点。但由于对环境保护和省工、省能源的关注程度越来越高，出现了一些新的逆作法施工工艺，例如地下梁、柱的施工可采用工业化逆作法和地下各开挖阶段中均浇筑素混凝土作为梁板的模板，无需再拆除模板的素混凝土模板法。

现实中，逆作法已经成为城市大规模的发展和地下大深度的开挖建设中一种不可缺少的施工手段。逆作法施工的优点将在不断的实践中得到体现和证明，逆作法存在的问题，也必将在实践中得到克服和解决。

4.2 逆作法施工工艺

4.2.1 逆作法施工工艺原理

首先沿建筑物周围的施工地下墙，在建筑物内部安柱网轴线施工柱下支承桩。然后进行地下首层施工，完成后同时施工地下与地上结构。待大底板完成后，再进行复合柱与复合墙的施工。

4.2.2 逆作法施工工艺要点

（1）按设计图纸要求，埋设地下结构相关节点的钢板及连接钢筋；暴露节点后按设计要求清理与焊接。

（2）结构沉降差控制，对地下连续墙底部和柱下桩的底部进行注浆。

（3）根据静载荷试验曲线，计算各工况的沉降，得出在极限沉降差范围内的上部结构可能施工的层数。

（4）进行沉降观测，拟合荷载—沉降关系，预测施工过程中的沉降差，并控制施工。

4.2.3 逆作法施工工艺流程

逆作法施工的工艺流程见图 4-5。

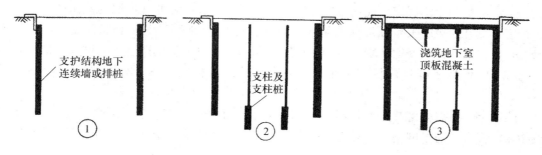

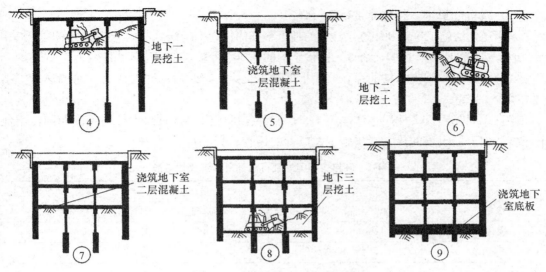

图 4-5 逆作法施工工艺流程图

4.2.4 逆作法施工工艺特点

利用柱下桩和地下连续墙作为逆作法施工期间承受地上、地下结构荷载和施工荷载的构件，利用地下室楼板作为基坑施工的支撑。首层楼板结构完成以后，在楼板下挖土，采用土模承重法浇筑下一层楼板，循环采用上述方法继续施工。逆作法施工工艺有以下特点：

① 缩短工程施工的总工期。

② 基坑变形小，相邻建筑物的沉降小。

③ 可节省地下室外墙及外墙下工程桩费用。

④ 使底板设计趋向合理。

⑤ 可节省支撑费用。

⑥ 可最大限度利用红线内的地下空间。

（1）缩短工程施工的总工期

带多层地下室的高层建筑，如采用传统方法施工，其总工期为地下结构的工期加地上结构的工期，再加装修等所占的工期，见图 4-6。

采用逆作法施工，一般情况下只有地下一层占绝对工期，其他各层地下室可与地上结构同时施工，不占绝对工期，因此可以缩短工程的总工期，见图 4-7。

图 4-6 传统方法施工工期　　　　图 4-7 逆作法施工工期

日本读买新闻社大楼，地上 9 层，地下 6 层，用封闭式逆作法施工，总工期只用了 22 个月，比传统施工方法缩短工期 6 个月。

法国巴黎拉弗埃特百货大楼，6 层地下室，用逆作法施工，工期缩短 1/3。

广州新中国大厦，地上 43 层，地下 5 层，平均开挖深度 19m，采用逆作法施工，工期缩短 11 个月。

（2）基坑变形小，相邻建筑物的沉降小

采用逆作法施工，是利用逐层浇筑的地下室结构作为围护结构的内支撑。与临时支撑相比，地下结构的刚度大得多，所以，围护结构的变形小得多，相邻建筑物的变形也小得多。

同时，由于中间支承柱的存在，底板增加了支点，浇筑后的底板成为多跨的连续板结构，减少了隆起。

德意志联邦银行大楼用逆作法施工；而联邦德国国家银行总部大楼的深度相同，用地下连续墙加五层土锚的传统方法施工。两者的比较见表 4-1。

表 4-1　联邦德国国家银行总部大楼沉降比较表

施工方法	变形量（mm）		
	连续墙的水平变形	底板隆起	邻近建筑物沉降
逆作法	26～35	≤18	4～20
传统方法	20～60	60	25～50

（3）可节省地下室外墙及外墙下工程桩费用

多层地下室采用常规的支护结构，包括锚杆与内支撑，都需要围护桩或围护墙，锚杆或内支撑，花费的工程费用很可观。

采用逆作法施工，要求围护墙也能发挥永久性结构的承重作用，材料得到充分的利用，节省了地下室外墙与外墙下工程桩的费用，据分析可以节省地下室工程造价的 1/3 左右。

（4）使底板设计趋向合理

钢筋混凝土底板要满足抗浮要求。用传统方法施工时，底板的支点少，跨度大，上浮力产生的弯矩大，有时为了满足施工时的抗浮要求，而需要加大底板的厚度，或增强底板的配筋。

用逆作法施工时，底板的支点增多，跨度小，弯矩比较小，底板的设计可以更为合理。

（5）可节省支撑费用

深度大的多层地下室，用传统方法施工时，为了减少支护结构的变形，需要设置强大的内支撑或锚杆，消耗大量的材料，费用相当可观。

用逆作法施工，利用地下室的梁板系统来支撑围护结构，可以不设置临时的支、锚体系，节省材料，不需要拆撑，缩短工期，避免污染环境。

（6）可最大限度利用红线内的地下空间

多层地下室采用传统方法施工时，在地下室外墙与红线之间必须留有支护结构截面尺寸和施工操作面所必要的距离，缩小了地下室的建筑面积。

采用逆作法施工时，在满足室外管线或构筑物布置的前提下，作为地下室外墙的地下连续墙可以紧靠建筑红线。

4.2.5　逆作法施工计划

1. 逆作法的施工计划

逆作法的施工计划，基本上为以下三种类型的组合：

（1）开挖终了以后，开始地上结构的施工，各种机械的使用不受限制。

（2）地下结构的施工与地上结构的施工同时进行，即使地下结构的施工会受到场地、机械使用等的限制，也能节省整个工期，这时必须注意的是施工高度的管理和机械运用的周密计划。

（3）中心岛法和逆作法的并用，即中央部按顺作法施工，而仅在外周部采用逆作法施工，这种方法在平面较大、底板较浅的情况下采用。

2. 逆作法施工计划的关键——逆作法接头的位置

逆作法施工计划，主要为混凝土的逆浇筑和开挖之间的相互关系，在平面、断面上的处理。一般地上部分的施工，当混凝土未达到预定强度时，模板与支撑不得拆除；而在逆作施工中，正在作混凝土浇筑施工的正下方却在开始着手开挖施工，所以必须尽早撤去那些用作支撑的模板。这就要求使用早强混凝土及悬吊模板，即用钢梁、临时钢结构等悬吊螺栓、悬吊模板，但是，利用临时结构悬吊模板的施工法，由于必须等混凝土达到设计强度后才能撤去临时结构，便造成了楼面的利用对继续作业有制约的缺点。因此，当开挖面积较宽裕时，应划分多个施工区，让土建施工与配管施工相结合。

逆作法接头的位置基本上由地下层的层高来决定，具体为：

（1）使先浇筑的楼板和梁的混凝土模板易于拼装并保证精度。

（2）模板和支撑撤去后，便于开始开挖。

（3）结构上，尽量取在内力小的位置。

（4）建筑上，希望接头与砂浆找平层位于同一标高。

3. 逆作法主体结构的施工计划

（1）工段划分

对于比较大规模的建筑物，有必要进行合理且有效的工段划分。逆作法施工在工段划分时，通常考虑侧压平衡。见图 4-8，在平面上进行工段划分，必须按①②③④的顺序进行逆作法主体结构施工，只有当③区的主体结构强度达到预定强度时，才能全面开挖①区下面的土体。

在逆作法施工中，由于主体结构的刚度很大，所以能够克服侧压力的一些不平衡现象。

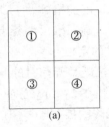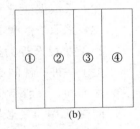

图 4-8 主体结构平面施工区段划分

（2）临时孔

为了从作业楼面向再下一个作业层搬运开挖用机械及结构施工所需材料等，必须在主体结构中开设临时孔。这些临时孔的设置，主要按挖出土的聚集及垂直搬运效率来决定。一般地，大约每 $600 \sim 700 \mathrm{m}^2$ 开设一临时孔。孔的大小，不仅要考虑开挖所需材料，还需考虑到尺寸，如钢筋及型钢等。

由于临时孔的设置，造成了结构上的断面缺损，因此，应尽量避免在孔的周边施加集中力，特别注意应避免在板的外周边开孔。

（3）结构加固

一般情况下，在考虑了侧压平衡后所定的临时开口处不需再作加固处理。但是，在结构本身本来所需设置的开口处，往往需要做些抵抗侧压的加固。

另外，作为作业楼面的一层楼面，若有重大型机械及冲击荷载等，就有必要进行验算并按需要进行加固。

（4）通风、照明与排水等的计划

由于逆作法施工是在一闭锁空间中进行的，因此，施工前必须对安全作业环境作周密计划。

4. 逆作法在主体结构以外的支撑计划

当层高较高或地梁较高时，仅靠逆作结构本身作支撑，空间间隔就增大，这时，必须设置结构以外的支撑。有井字支撑、斜支撑，中心岛支撑、板撑及土锚等各种支撑形式。必须考虑在闭锁的空间里，如何架设和拆除这些支撑。必须慎重考虑，否则会引起施工事故的发生。其中使用斜支撑用钢材较少，也较合理。如果斜支撑中有较大轴力产生，那么这一轴力的垂直分量将给逆作结构及立柱带来影响，必须加以验算。另外，还可以在逆作结构的梁端加翼板或增设加固梁。

5. 逆作法的土方施工计划

土方工程，按开挖—集土—垂直搬运—堆放的顺序进行。逆作法施工中，由于闭锁空间的作业难度，及垂直搬运的临时开口位置受到制约，土方工程比起大开挖来明显作业效率下降。

一般而言，开挖与集土采用 $0.2 \sim 0.4 m^3$ 级的小型机械，而在垂直搬运中使用 $0.8 \sim 1.2 m^3$ 级的抓斗式挖土机较为经济。

4.2.6　逆作法施工关键部位技术措施

1. 地下墙围护结构的技术要求

（1）采取防塌方措施，加强清基措施或槽底注浆措施。

（2）采取保证槽段垂直度的措施。

（3）采取防渗漏措施，确保槽段混凝土质量和接头质量。

2. 受力柱及受力柱桩的定位

由于一桩一柱的受力柱既是开挖时的支承，又是结构永久受力柱。其轴线位置与垂直度必须准确，一般控制误差在 $\pm 2mm$ 之内。

3. 施工中对变形与沉降的控制

顺作法墙体、楼板与柱是在混凝土底板封闭后进行施工的，围护结构在开挖中的变形均已结束，施工在围护结构创造好的空间内进行，经准确测量后，支模、绑钢筋并浇筑混凝土。而逆作法墙体、楼板和柱既是临时支撑结构，又是结构墙体的一部分，其变形与沉降必须按结构要求控制。为此，必须注意：

（1）加强施工监测，按每一个工况要求，控制其变形和沉降值。

（2）精心施工。

（3）必要时需做地基处理来控制变形。

4. 坑内降水

深基坑施工必须降水。这样可使土的性能指标大大改善，提高人员和机具在地下施工的安全与效率，而且也是地下室模板支模所需要的。

5. 逆作法施工中的挖土技术

（1）挖土是重要环节。有顶盖的地下挖土难度大，不仅是影响工期的关键因素，而且也是产生变形的主要原因，同时也是施工安全的因素。

（2）对于敞开式逆作法，常采用马道式方法作为开挖和出土通道。

6. 柱梁板墙的节点施工

（1）逆作法施工地下室的结构节点形式与正做法施工有较大区别。一般横向构件先浇筑完，竖向构件再分两次完成。故施工中埋件位置必须准确完好，焊接牢靠，后浇混凝土要采取措施，使其密实无收缩裂缝。

（2）逆作法施工的梁板柱模板系统应有针对性设计。

（3）墙柱混凝土浇筑多在下料处留假牛腿，以满足接缝密实要求，必要时作二次注浆处理。

4.2.7 逆作法新工艺及尚存在的问题

逆作法与顺作法相比，还存在着作业空间小、开挖搬运困难以及模板工事的复杂等缺点。特别是近来对地球环境保护和省工、省能源的关注，出现了一些新的逆作法施工工艺：

（1）工业化逆作法：地下的 SRC 结构，大梁、小梁与立柱等采用工业化。

（2）素混凝土模板法：地下各开挖阶段中均浇筑素混凝土作为梁板的模板，无需再有模板拆除的烦琐，进一步缩短了工期。

但是，无论逆作法至今已得到了怎样的发展，仍然存在着一些不可避免的问题，如：

（1）RC 结构时，梁柱钢筋过密而冲突。只能改变梁的断面来避开立柱的钢筋。

（2）SRC 结构时，由于偏心，外周柱的钢柱无法埋入桩的情况相当多。这时最好将其做成 RC 柱。

4.3 立柱结构施工

立柱结构必须有足够的承载力来支承逆作结构的荷载。如果承载力不足，就会发生不均匀沉降，从而给建筑本体带来危害，特别是地上、地下同时进行施工时，往往会有许多预想不到的因素使得地下结构的施工受到延误，这时如果立柱的承载力不足，那么将会使得地上结构也不得不中断，立柱结构设计时必须多加注意。

4.3.1 立柱桩

立柱桩一般都为现浇灌注桩，有利用原工程桩和只为逆作施工附加设置的桩两种。现浇灌注桩在削孔时，孔壁与桩底的稳定方法一般分 4 类。

（1）设置挡墙法，即深基础方法。

（2）采用套筒的贝诺托方法。

（3）采用竖管，使用泥水或清水的土螺钻法和反循环法。

（4）仅使用泥水的方法，矩形桩。

由于各个方法不同，立柱的安装方法也就不同。立柱桩施工方法的选择，最首要的条件是开挖深度范围内地下水的状态，其次是地基的地质构成、土质及其相对密度等。

4.3.2　立柱

逆作结构的荷载通过立柱插入桩中部分的黏着力及抗剪钢筋的剪力等传递给立柱桩，因桩的混凝土由于硬化而沉降，故立柱底部支承力极小。由于考虑到后继工程的作业性，立柱的顶端一般多在作业地层的下面，而在立柱顶端的接合处，一般用送桩来处理。另外，桩的种类不同，桩径也不同，桩径较小时，立柱的安装就比较困难。

选择立柱的安装方法，主要取决于有无地下水。若有地下水，桩的制作和立柱的安装作业都必须通过地面上的远距离操作，并且非在开挖稳定剂（泥水或清水）中进行不可，若无地下水，可在桩径内直接进行人工操作。

1. 有地下水的情况

当有地下水时，立柱的施工一般采用贝诺托法、土螺钻法和反循环法。开挖过程中，由于地下水压的抑制作用，必须有稳定剂，桩的制作也必须在稳定剂中进行。而且，钢立柱必须插入桩混凝土中进行固定。这一切都是通过地面上的远距离操作，在开挖稳定剂中进行的，这种情况下的钢立柱不作基础底板。根据钢柱安装及桩混凝土浇筑的施工顺序，将立柱的安装方法分为后插法和先插法两种。不论是哪种方式，在立柱桩的混凝土达到足够强度，且能支持住钢柱的自重之前，必须在地面上对钢立柱设置临时支承。

（1）钢立柱后插式安装法（简称后插法）

后插式安装法是指当桩的混凝土浇筑完毕后，将钢立柱柱脚根部插入桩的混凝土中，然后固定的方式。

立柱的平面位置在地面上定好，然后将立柱垂直吊入这个位置，并严格把握所定的插入精度。后插法吊入立柱时，其位置的准确不仅取决于立柱的断面，而且取决于重心位置，当断面的形心与重心有偏差时，由于是垂直起吊，也就较容易地将重心对准所定的立柱位置。但此时关键的是铅直吊具和铅垂。由于这时的操作非常敏感，很难用吊车来操作进行，它需要能严格确保精度的熟练技工。但总的来说，对于细长的立柱，后插法还是要比先插法容易掌握精度。

后插法安装必须在立柱桩的混凝土硬化前进行，如果预想时间不够充裕，有必要对混凝土使用缓凝剂。

（2）钢立柱先插式安装法（简称先插法）

先插式安装法指在立柱桩钻孔完毕，插入钢筋笼后，首先将钢立柱插入，在确准钢立柱的位置后，先做临时固定，然后再注入混凝土将立柱固定的方式。

先插法安装时，一般采用有中间固定点的 $8 \sim 10m$ 长的竖管。因此，当立柱较短时，安装时比较容易控制精度，而对较长的立柱，就必须将中间固定点向下移动，并将竖管换为套筒，以使其承担孔壁的反力等，另外，在混凝土浇筑时，为防止侧压移动立柱，不仅应牢牢固定立柱，而且必须采取使混凝土侧向流动较小的浇筑方法。还有，导管与立柱的位置关系，混凝土浇筑速度等。

利用清水或泥水作钻孔稳定剂的土螺钻法及反循环法，立柱安装时通常使用先插法（但也有用后插法的）。

2. 无地下水的情况

在没有地下水时，立柱的建造，一般多采用深基础方法（也可采用贝诺托法或土螺钻法等），在立柱桩建造完后，由人进入桩孔内，直接进行立柱的插入和固定。

这时，钢立柱的形状是带有基础底板的，根据柱脚固定方法的不同，有锚钉方式，基础外包混凝土方式以及它们的组合方式。

这些方法是用人工在孔内固定钢立柱，所有作业都是看得见摸得着的，因此能得到良好的精度。

（1）锚钉方式

桩混凝土浇筑后，将桩固定在预定的高度上，依靠预先埋设好的锚钉，把带有基础板的钢立柱插入并固定好。与通常钢结构外部柱脚的做法完全相同。

（2）基础外包混凝土方式、组合方式

桩混凝土浇筑后，不是用锚钉将立柱做临时固定，而是采取基础外包混凝土加以固定的方式。这个方式可被认为是"先插法"的一种，只是它的特点是基础底板下后浇混凝土的高度不高而已。但重要的是，施工时需在钢柱基础底板下将混凝土充填密实。

此外，也有用锚钉将钢柱固定以后，再打基础外包混凝土的组合方式。

3. 精度管理

立柱安装时，地面以上部分可以用安装控制装置来控制其位置，但对桩内插入部分就必须确保其垂直精度，垂直精度的确认方法，当垂直精度要求为 1/200～1/400 时，主要有：

（1）让钢立柱悬空，用目测确认其垂直度。

（2）悬挂 2m 左右长的铅垂来确认其垂直度。

（3）用倾斜计测定安装在钢柱中心的测定管的倾斜度，来确认其垂直度。

当精度要求超过 1/500 时，应尽量避免人工测定带来的误差。可以采用激光电子发光测定管通过仪器来控制垂直精度。最常规的控制精度是在 1/300～1/600。

另一方面，在钢柱插入桩混凝土后，其位置的修正需要相当大的力，而用桩孔内远距离操作时所采用的那种小型千斤顶往往还不够，因此，施工时应做到：

（1）从一开始就以正确的位置插入。

（2）按钢立柱的重心垂直下吊。

（3）将导管安在钢柱重心处浇筑混凝土。混凝土浇筑不均匀时，钢柱会有侧向移动。

另外，使确定立柱位置的台架小型化及机械化，能提高立柱安装的效率及安全性。

4. 回填土

与一般的桩不同，立柱桩的回填土处理必须相当慎重。因为承担逆作荷载的立柱的计算长度取决于回填土的强度。施工中采用不会导致立柱受回填土的侧压而发生弯曲变形及应力的回填施工方法。

5. 外周部的立柱

一般在建筑外周部，由于基地边界或挡墙等原因，柱心与桩心会有偏差。由于逆作荷载的偏心给桩带来的应力等结构上的问题，通常采用变更立柱中心或立柱桩中心等办法解决问题。否则，就只能用挡墙来承担逆作荷载。

另外，当挡墙与邻近的立柱桩一起施工时，由于桩的钻孔会使土壤松弛，而使挡墙造成局部变形，产生有害的应力和裂缝。此时，必须慎重考虑施工方法，同时，也应避免使用不稳定的回填土。

4.3.3 逆作法接头施工

1. 逆作法中的接头处理法

逆作法施工的另一大问题是逆作部分的接头处理。这种接头处理要求在接头处使先浇混凝土和后浇混凝土具有整体性，而且在以下几方面必须像无接头的整体结构一样：

（1）压缩、张拉，弯曲、剪切等力的传递性能。

（2）均质性。

（3）水密性、气密性。

这些要求即使对于顺作法的接头部位也是有难度的，因为顺作法施工接头也易成为弱点，即薄弱环节。

在逆作法施工中，混凝土采取后填的办法，所以当混凝土浇筑后会因沉降和收缩在其上面形成空隙，并在接头表面产生析水或聚集气泡，这样便很容易使其成为结构上和防水上的缺陷。另外，由于混凝土的流动压力和浇筑速度不足，造成填充不良，使得钢立柱的阴角部分及后立模板的接合部分产生较大的混凝土缝隙，也有因后立模板的外鼓使混凝土下沉。现在的施工技术大致将逆作法的接头处理分为以下三类：

（1）直接法（其中有漏斗浇筑法、再振动法和套筒浇筑法）。

（2）注入法。

（3）充填法。

若施工良好的话，图 4-9 中的各种方法都基本上能达到上述性能要求，但从实际施工情况看，充填法使接头的性能最好，其次是注入法，接着是直接法。如从造价看是反过来的，所以一般多采用直接法和注入法混用的办法。

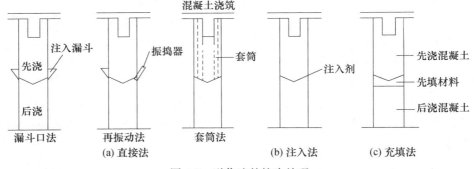

图 4-9　逆作法的接头处理

但是，无论如何它们还是有一定的缺陷，从施工性和结构上、防水上的性能看，目前还都不能说是令人满意的施工方法。

（1）直接法

1）漏斗浇筑法

先浇混凝土下方，将其做成两个方向或四个方向的倾角（$\theta = 20° \sim 30°$），在后浇的模板上部设置高 15～20cm 的漏斗型的浇筑口，当混凝土浇筑至此高度时，依靠浇筑压力（需 $4kg/cm^2$）和振捣器将混凝土缝隙填充密实。这时，混凝土的坍落度采用 18cm。待漏斗部分的混凝土硬化后，表面修凿平整。由于混凝土的硬化会产生下沉，上部会产生缝隙，所以这个方法必须与注入法合用。

混凝土浇筑后产生的沉降收缩，在浇筑后 30min 时大约完成 80%，1h 时大约完成 35%。沉降收缩量因混凝土的配比、捣固程度以及模板的变形等而异，一般来说，坍落度为 20cm 的普通混凝土，沉降收缩量可达到 0.6%～0.9%。

实际上沉降收缩量还受模板的水密性、钢筋的约束以及浇捣高度、浇捣时间（先浇完的混凝土已发生沉降）等的影响，所以实际的沉降收缩量往往是上述数据的 1/5～1/10。然而，如果后浇混凝土的高度是 1.5m，沉降量也会有 2～4mm，所以这一缝隙不容忽略，必须用注入法将缝填实。

在与模板的接触表面上，所见的缝隙较小，而在内部却存在着相当大的缝隙。后浇混凝土的上表面自混凝土浇捣后有析水和聚集气泡的现象。如果浇捣面是倾斜的，可以用振捣器或木槌敲打，使斜面上升，将气泡和析水排出模板（漏斗口）外。浇捣面两个方向倾斜要比一个方向倾斜，气泡减少得快；坡度越陡，气泡也减少得越快。如果采用水平浇捣面，即使采取振捣措施，也不能赶跑气泡，气泡的面积达浇捣面积的 22%。

对于柱子，混凝土浇捣口需要有 2 个以上。立柱采用 H 型钢时，浇筑口设在腹板的两侧。当出现析水和气泡没有排放出路时，混凝土就会绕不过去，残留出大空隙。因此，必须在适当的部位设置一些抽气孔等，对于混凝土墙，混凝土浇捣口应每隔 1m 设一处。

即使在后浇混凝土中掺加不析水剂或膨胀剂等混合材料，改善了接头的性能，但要做到完全无缝隙还是相当困难的，所以与注入法的合用不能省略。

2）再振动法

混凝土浇捣后，约经过 0.5～1h，再从漏斗口插入振动器再次加以振动，这样就能使得混凝土上部的缝隙显著减少。然而也不能做到完全无缝隙，也还是需要与注入法混合使用。

有时进行二次再振动，但如果时间过长，混凝土会产生离析现象，稠水泥浆集积在接头处是有害的。因此，必须在混凝土结硬开始前结束振动。

3）套筒浇筑法

在先浇混凝土内部，再浇筑接头混凝土之前，从上层板面往下埋入 $\phi150$ 的套筒，后浇混凝土就通过这个套筒从上层板面往下浇筑。对于独立柱，一般在柱的对角线方向设两个；对于墙，可每隔 1m 埋一个。这种方法的浇筑高度比漏斗法要来得高，因此浇筑压力也就大，混凝土的充填效果就好，而且不需要做漏斗模板拆除后的混凝土修平作业以及修平后的处理，施工中只需将振捣器插入套筒内即可。

因混凝土沉降产生的间隙比漏斗浇筑法还要大 6～10mm，所以必须与注入法合用。应先浇混凝土的底部，为了让析出的水或气泡释放出，必须做成两个方向或四个方向的斜坡，但是又因为模板是密闭的，释放水或气的效果并不充分，所以需在模板上部开设 $\phi13～16mm$ 的抽气孔。这时，不能再使用再振动法。

这种方法的后浇混凝土从理论上讲最好是从最下层顺次向上层施工，但是实际上这个顺序是行不通的。这时需在上层后浇混凝土的底部留出套管孔（即混凝土浇捣孔），而且也不能使用插入式振捣器。

（2）注入法

1）注入材料与缝隙的关系

正如前述，直接法中无论是哪一种方法都不可避免地会产生接头缝隙，因此都必须和注入法混合使用。注入材料一般为树脂系及水泥系两类。

树脂系能适用于像裂缝那样细小的缝隙但成本较高，浸透性良好的最小缝宽限度为 0.1mm。

水泥系可适用于比较大的缝隙，且使用特殊添加剂可提高流动性，浸透性良好的最小缝宽限度为 0.5mm，最好是 1mm 以上。

在设置注入通道时，要考虑如何提高注入材料的注入性。同时，为了提高混凝土的充填密度和析水及气泡的排放度，即使是注入法，也应将先浇混凝土的底部做成斜面。

2）注入通道的设置方法

一般是采用钻头穿孔法设置注入通道。钻孔方法是在后浇混凝土硬化后，用钻头在接缝连接处钻孔。但是这个办法有个缺点，即在切削混凝土时产生的渣子会进入缝隙，堵塞注入通道。

另一个办法是在先浇混凝土底部的模板上预先安一个注入用的接缝棒，由于注入通道是预先设置的，在后浇混凝土浇捣时已经埋好了，往往会使注入剂不能充分地迂回。还有不管哪一种方法，一旦注入结束，缝隙内的空气滞留在内部，容易残留大的空隙，这也是缺点。

因此，又出现了一种新的处理方法，即接缝棒用发泡苯乙烯做，在注浆前用稀释剂将其溶解。用此法能确保注入通道畅通，注浆可靠，施工性好。而且能得到不比充填法差的接缝性能，成本也低。但是使用这种方法时必须注意以下几点：

① 缝隙的大小不能太大，3～5mm 为好。如过小，压力损失就大，充填性就降低。

② 注入孔的间距通常以 600mm 左右为好。当钢柱的断面形状较复杂时，为了让注入剂充分渗透，注入孔的设置应使压力损失减小。

③ 注入剂的附着力以环氧树脂为最好。在水泥浆中加入 CSA 掺加剂后，在适当的缝隙大小和压力情况下，能得到接近环氧树脂的强度。另外，如能有效地施加注入压力，即使应用普通水泥，也会有相当的强度。且使注入浆液在施工可能的范围内固化较好。

④ 注入压力用 4～8kg/cm²，这样可使浆液能充分湿透和发挥压密脱水的效果。加压速度需与浸透状况相适应。注入前需充分湿润混凝土的表面等。即使采用水泥浆，如注浆效果好，接缝上即使存在浮浆或气泡，浆液也会很好地填平下部混凝土表面，获得较高的附着力。

（3）充填法

后浇混凝土一旦浇捣完毕，将接缝下方 5～10cm 厚的混凝土浮浆层清除掉，再在此处注入充填材料，这就是充填法。

充填材料采用无收缩的水泥（膨胀水泥），但因为其弹性模量稍低于通常的混凝土，所以缝隙应尽量小一些。有时也留 15～20cm 的缝隙，然后用无收缩混凝土（即膨胀混凝土）填充。如能采用灌浆混凝土，则能获得最佳效果，但成本也提高了。

所谓灌浆混凝土，指在模板内预先填入粗骨料（砂砾），然后再在其间注入特殊的水泥浆，从而形成灌浆混凝土。混凝土的干裂收缩全无，但所注入的水泥浆应是流动性大的且收缩性小的，无材料分离现象。

充填法的接缝很容易清洗，充填混凝土部分的高度也小，而且是无收缩性的，所以如果施工得当的话，能使接缝做到无间隙，能做到接缝的性能最好。先浇混凝土底部平面即使做成水平也可以，当然稍微倾斜些，充填性会更好。

2. 逆作法接头部位的细节设计

（1）接头的条件

在设计接头的细节时，必须考虑以下条件：

修整：修整的有无及种类。

柱：断面大小、位置（独立柱、扶壁柱、地下外柱与地下角柱）以及柱与墙的关系，钢立柱的形状及方向，主筋的数量及配置。

墙：墙的种类（抗震墙、一般墙、下垂墙与地下外墙），墙厚、配筋及墙与梁的关系。

（2）接头底部的形状

① 倾角

直接法、注入法以 25°～30° 为好，充填法以 20° 左右为好。四个方向比两个方向为好。两个方向时，需进行抗剪补强。可做成如图 4-10 所示的倾斜底部凹凸形状，但实例尚少。

② 模板

一般为易于拆除的模板，使用木模板，若钢立柱是十字形断面，即使是木模板也很难拆除钢柱内部的模板。这时，有必要预先在钢柱上安装厚 2～3mm 的钢板，并且应将落在钢板上的垃圾或尘埃清扫干净。

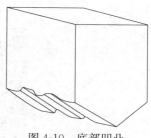

图 4-10 底部凹凸做法示意图

还应注意的是，在浇捣后浇混凝土时，钢柱凹角部分的混凝土较难浇捣，必须适当设置一些抽气孔或注入孔。如能设置混凝土流入孔则更好。

（3）抽气孔等

模板的凹角上部或前述的钢柱角部，在混凝土浇筑时，易聚集气泡及析水等，造成充填不完全，必须适当设置一些抽气孔及通道。

（4）一般墙

对于厚度较薄的一般墙，多数不采用逆作法，全部为后浇。此时在上层板上预埋套管，用套管法进行施工。即使用逆作法施工，接头底部也可不做成倾斜，按水平方向施工。因为此时较少有充填不良的可能。对于非抗震墙，应尽可能以预制块代替现浇。

（5）地下外墙

与挡墙接触的地下外柱或地下外墙，由于逆作法的接头底部是一个方向倾斜的，所以施工上必须特别慎重，尤其是其中的角柱，施工性更差。另外，必须慎重考虑的是地下外墙对地下水的隔水性。施工上可根据情况，改变柱与墙的接头高度，分成两段，按充填法施工。

（6）注入孔及注入法

注入孔对柱来说最少 4 处，对墙来说每隔小于 1m 设一处。如果是用钻头在混凝土浇筑后钻出注入孔，为施工方便，可在水平面上穿斜孔。

注入时用手动压力式泵，压力为 4～8kg/cm² 为保持注入压力，在接头部位用快凝水泥做一层膜。要从一个注入孔注入，从另一个注入孔流出，这样才完成注入作业。即使无法将注入剂注入，也要保持注入压力 5min。

另外，在注入以前，为了了解缝隙的状况，要压送空气或水，且这些水最后必须被完全排出。树脂系列的注入剂即使是相当小的缝隙也能用，但是需选定与这缝隙相适应的黏性注入剂。

4.4 逆作法工程实例

4.4.1 工程概况

上海 900kV 世博变电站工程为 900kV 大容量全地下变电站，见图 4-11，工程建设规模列全国同类工程之首。为全地下四层筒型结构，地下建筑直径（外径）为 130m，地墙深 97.9m，地下结构最大开挖深度约 39.29m，基础底板埋深为 34m，顶板落深为 2m，逆作法施工。

图 4-11　上海 900kV 世博变电站工程示意图

1. 紧邻建筑

山海关路侧：隔山海关路与本工程相对的是一、二层的老式民房；山海关路向西延伸段有规划地铁线路通过，地铁控制线距本基坑外边界最近点距离超过 190m，见图 4-12。

成都北路侧：成都北路中部为南北高架路，城市高架路下设置了桩基础。

图 4-12　山海关路侧工程概况图

2. 地质概况

拟建场地属滨海平原地貌，自地表至 100m 深度范围内所揭露的土层均为第四纪松散沉积物；地下水埋深一般 0.9～1.0m；承压水分布于第⑦层和第⑨层砂性土中；地下结构底板位于第⑦层承压水层中。

3. 工程特点

（1）采用框架剪力墙结构体系，其中主体结构外墙与内部风井隔墙构成主体结构的剪力墙体系，其余部分的内部结构为框架结构。地下四层，底板下设置抗拔桩。

（2）地下连续墙：1200mm 宽，墙顶标高 −3.500m，墙底标高 −57.500m，墙底注浆，墙外接头处采用高压旋喷桩止水。

（3）工程桩：抗拔工程桩采用钻孔灌注桩，逆作支撑柱下桩采用一柱一桩和临时立柱桩两种型式。

（4）逆作梁板结构：结构外墙为 1200mm 厚地下连续墙＋800mm 厚内衬墙的两墙合一结构，地下结构内部采用框架结构作为结构竖向受力体系，地下各层结构采用双向受力的交叉梁结构体系，本工程共四层，一～四层层高分别为 9.5m、5m、10m 及 4.8m，在 −7.00、−22.00 及 −30.30m 处共设置 3 道环型混凝土支撑。

4. 工程难点

（1）周边环境复杂、变形控制要求高。

（2）超深地下连续墙，设备特殊、技术难度大：地墙厚 1.2m，深度为 57.5m，对成槽、槽壁稳定、垂直度控制 1/600 等控制难。

（3）细长钻孔灌注桩及扩底桩技术控制要求高：细长型的超深钻孔桩均进入第⑨层砂性土中，其桩身的垂直度的控制（1/300），桩底的沉渣厚度（小于 5cm）控制难。

（4）顶板落深的超大型逆作法基坑施工难度大：地墙的顶标高地面低约 3.5m，混凝土不浇筑至地面，导墙深度小，混凝土面与导墙底间高度内为原土。

（5）超深逆作钢管立柱桩垂直度控制要求更高（1/600）。

（6）超深逆作施工中结构差异沉降控制更严格。

（7）逆作清水混凝土结构体量大、构件特殊、质量要求高。

（8）环形超长、大面积内衬钢筋混凝土裂缝控制要求高。

（9）超深基坑降水及承压水处理复杂。

（10）地下变电结构防水施工要求高。

4.4.2　一柱一桩施工技术

1. 一柱一桩概况

一柱一桩桩身混凝土设计强度等级 C35，有效桩长 55.8m。一柱一桩桩身内插立柱钢管采用 $\phi550\times16$，钢材设计强度等级 Q345B，内填混凝土设计强度等级 C60（水下混凝土提高一级），钢管立柱中心定位偏差不大于 10mm，垂直度要求为 1/600（为保证钢管立柱底端的调垂空间，标高 ±0.00～−36.80m 范围内采取扩孔形式，孔径为 $\phi1200mm$）。

2. 钢管立柱要求

钢立柱进场需有质量合格证，进场使用前对外观尺寸及本身的垂直度平整度严格控制。钢立柱其本身质量的好坏将直接影响到监测系统监测数据的准确性，见表 4-2。

表 4-2　立柱精度要求

项　目	允许偏差（mm）	检验方法	图例
直径	$\pm d/500$ ± 5.0	用钢尺检查	
构件长度 L	± 3.0		
管口圆度	$d/500$ $\leqslant 5.0$		
管面对管轴的垂直度	$d/500$ $\leqslant 3.0$	用焊缝量规检查	
弯曲矢高	$L/1500$ $\leqslant 5.0$	用拉线、吊线、钢尺检查	
对口错边	$t/10$ $\leqslant 3.0$	用拉线、钢尺检查	

3. 钢管立柱组装要求

钢管构件组装应在工作平台胎模上进行，预对接后应有相应的固定措施和标记，以确保对接（焊接）的准确性和方便性，见图 4-13。

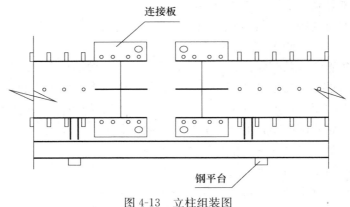

图 4-13　立柱组装图

4. 钢管立柱吊装要求

利用重心原理，在钢管柱顶端设计了专用吊耳与平衡器（吊点与铁扁担），以确保钢管柱在自由状态下保持垂直度，见图 4-14～图 4-15。

5. 钢管立柱姿态调节

采用地面调节系统调节钢管的垂直度，主要由地面定位架、横梁、10t 千斤顶与 5m 校正杆组成；钢管定位架必须有足够的刚度，定位架采用 10♯ 槽钢或 10♯ 角钢加工而成，见图 4-16。钢管柱的顶标高在地面以下 4m 和 3.5m 处，为了便于地面调垂和固定将采用可拆卸工具管延长至地面约 50cm；可拆卸工具管采用与 $\phi550 \times 16$ 钢管立柱等截面钢管，工具管质量需严格控制，确保接管后钢立柱的垂直度、平整度等。以利于监测的准确性；可拆卸工具管与钢管立柱采用法兰连接，连接件采用四根 $\phi28$ 直螺纹钢筋，并用 $\phi48$ 钢管延长至地面。

图 4-14　钢立柱图

图 4-15　钢立柱吊装图

图 4-16　定位架现场施工图

4.4.3　超深地下空间逆作法取土技术

1. 施工分区

施工时共分为 A、B、C、D、E、F、G 七个区。A 区面积为 3600m², B, D 区面积为 1100m², C, E 区面积为 1200m², F, G 区面积为 1600m², 总土方量为 43 万立方米, 见图 4-17。

2. 开挖阶段划分

土方开挖共分八个阶段:

第一阶段: 主要施工内容为第一层土开挖和 B0 板施工。

第二阶段: 主要施工内容为第二层土开挖、单环支撑及夹层施工。

第三阶段: 主要施工内容为第三层土开挖和 B1 板施工。

第四阶段: 主要施工内容为第四层土开挖、B2 板及 B1 板以上内衬墙施工。

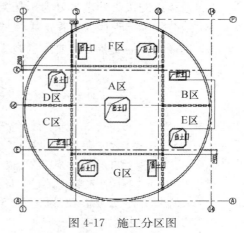

图 4-17　施工分区图

第五阶段：主要施工内容为第五层土开挖、第一道双环支撑、夹层及 B2 板以上内衬墙施工。

第六阶段：主要施工内容为第六层土开挖和 B3 板施工。

第七阶段：主要施工内容为第七层土开挖、第二道双环支撑及 B3 板以上内衬墙施工。

第八阶段：主要施工内容为第八层土开挖和大底板施工。

3. **开挖流程**

根据楼层和环形支撑的施工需要，每个阶段分七个层区进行开挖，具体开挖流程：A 区 → F、G 区 → D、E 区 → B、C 区；见图 4-17～图 4-18。

挖土时按"分层、分区、分块"的原则，利用土体"时空效应"的原理，限时、对称、平行开挖，取得了预期的效果，见图 4-19。

图 4-18　现场施工分区图　　　　　图 4-19　分层开挖现场施工图

思考与习题

1. 什么是逆挖法？
2. 逆挖法有何优缺点？
3. 逆挖法的适用场合有哪些？
4. 逆作法施工工艺特点有哪些？
5. 逆作法的接头处理可分为哪几类？
6. 结合实际工程谈谈逆作法主体结构的施工计划？
7. 选择立柱的安装方法要注意哪些问题？

参考文献

［1］翁家杰. 地下工程［M］. 北京：北京煤炭工业出版社，1995.

［2］郭正兴等. 土木工程施工［M］. 南京：东南大学出版社，2012.

［3］高谦，罗旭，吴顺川，韩阳. 现代岩土施工技术［M］. 北京：中国建材工业出版社，2006.

［4］向伟明. 地下工程设计与施工［M］. 北京：中国建筑工业出版社，2013.

［5］中华人民共和国住房和城乡建设部. 地下建筑工程逆作法技术规程（JGJ 165—2010）［S］. 北京：中国建筑工业出版社，2011.

［6］夏明耀，曾进伦. 地下工程设计施工手册［M］. 北京：中国建筑工业出版社，1999.

专题五　沉井与沉箱施工技术

5.1　概　述

5.1.1　沉井（箱）定义

人类自远古以来，为了生存和繁衍后代，无时无刻地在与地球打交道。除了渔猎农牧活动直接从大自然采集生活资料，大量的活动是为了改善生活条件或提高生产效率而建造各种建筑物。而建筑活动有的直接置身于地下（如开挖洞穴、建造地下宫殿等），有的为了支撑地上的建筑首先要建造基础（如打桩、夯实地基和建造扩大的平台等）。

一直延续到今天，直接与地层地质发生关系的建筑活动仍可归纳为两种目的：

（1）直接开发利用地下空间或用以开采储存的各种天然资源（水、油、气以及各种矿产）。

（2）作为地上建筑物、构筑物的基础（房屋基础、桥梁基础、道路、码头以及堤坝等设施的基础）。

建成以后隐藏在地面以下的建筑物、构筑物（或建筑物、构筑物的一部分）的施工方法，也可以归纳为两类：

（1）在地下挖出一定空间，然后再进行砌筑、填实成为地下建（构）筑物，或将地面挖开，建好建（构）物以后再回填、掩埋，使之藏于地下。

（2）在地上做成建（构）筑物或解体成建（构）筑物单元，然后边挖土或挤土，将建筑物埋置于地下。

上述两类施工方法的区别：前者在施工建造过程中，建筑或构筑物本身一直处于静止不动状态，直至建成固定埋置在地下；后者是边建造边埋设，建筑物或构筑物在施工过程中一直处于运动状态，直至最后达到预定位置，将它一次固定。同是桩基工程，钻孔灌注桩和挖孔桩属于前者，各种打入桩属于后者。各种地下管道施工中，大开挖埋管、盾构法施工隧道属于前者；顶管法施工地下管道、沉管法施工水下隧道属于后者。

由此，定义沉井（箱）施工技术如下：在垂直方向上，将各种形状的井筒（沉井）或箱体（沉箱）边排土边沉入地下，最后固定在地层中，形成地下建筑物或构筑物的施工技术。

5.1.2　沉井（箱）施工的历史、发展及应用

虽然有文献提到在罗马帝国的全盛时期跨越泰勃河（Tiber）的桥已采用了沉井施工，荷兰人也用了简易的和浅的沉井建造堤岸，但都缺乏更确切和详细的记载。比较详细的介绍是在 1738 年，瑞士工程师查尔斯·拉贝雷（Charles Labelye）在伦敦泰晤士河（Thames）上拉姆比斯（Lambeth）和威斯敏斯特（Westminster）之间建造桥梁时，采用了 80ft. 长，30ft. 宽，16ft. 深的木沉井，该沉井用 9in.×12in. 的枞木做骨架，两边覆盖 3in. 厚的板，四角

用熟铁条加固。沉井在岸上制作，利用潮水拖运到位并下沉，沉井顶面仅高于最低潮位，利用低潮时抽干井内水，砌筑块石桥墩，高潮时被淹，间隙施工直到高出水面。

拉贝雷 1716 年服务于法国皇家路桥公司，那时候沉井已经不是新的施工方法，所以英语沉井一词（caissons）来源于法语 caisseg 一词，意为一个盒子或箱子。

这种方法在 10 年以后同样应用在罗伯特·麦尼（Robert Milne）建造的泰晤士河第三桥和 1816 年詹姆士·沃克（James Walker）建造的泰晤士河上第一座铁桥。

当时采用沉井这种方法的障碍是它不能把基础放到足够的深度以抵抗冲刷。威斯敏斯特桥使用了 100 年，最终毁于水流冲刷造成的桥墩严重损坏。这种情况一直持续到 1850 年气压沉箱的出现。当时铁桥和大跨度悬索桥的建造，集中到桥墩上的荷载要求基础更大的埋置深度，这成为除抵抗冲刷之外，沉井不能适应的另一个理由。

早在 1830 年英国人洛特·柯克兰（Lord Cochrane）就提出过在隧道中应用压缩空气来进行水下开挖的专利，但是还没有把它与沉井联系起来。1841 年法国发明气闸的专家塔利哥（M. Triger）将圆筒形箱体用气压方法下沉到水下约 20m，建造了历史上第一个煤矿立坑，它标志着气压沉箱施工技术的诞生。1850 年威廉·库比特（William Cubiu）和约翰·莱特（John Wright）在英国罗彻斯特（Rochester）的迈特威河（Medway）建桥中首次使用气压沉箱方法下沉了一个 61ft. 深的沉箱作为基础。4 年后法国工程师布鲁诺（Burnel）用同样的方法建造了皇家阿尔伯特桥（Royal Albert）。1869 年在美国首次将气压沉箱用到密西西比河桥的东岸桥墩中，以后这种方法特别在铁路桥梁施工中流行起来。1891 年美国的圣路易斯·新奥尔良铁路公司仅在依利诺州俄亥俄河上的卡罗（Cairo）一座桥上就施工了 10 个深度 77～94ft. 的气压沉箱。在 1860—1930 年的整整 80 年间，气压沉箱基础在欧美成为建造大规模地下构筑物以及深大基础中不可缺少的施工技术。历史上有许多著名巨大建（构）筑物的基础采用气压沉箱建造。如 1869—1872 年间在美国纽约修建的布鲁克林大桥（Brooklyn Bridge）基础，1885 年在法国巴黎建造的埃菲尔（Eiffel）铁塔基础，以及 1901 年在纽约中心曼哈顿修建的摩天大楼（Sky-scraper）的基础等。

1860 年的沉箱构造见图 5-1。

日本早在 1923 年关东大地震以后，修复重建大批在地震中毁坏的桥梁时，从美国第一次引进气压沉箱施工技术。由于日本是一个多地震的岛国，深基础的施工问题尤为突出，所以日本至今是沉箱应用最为广泛，达到深度最大，并且在无人沉箱施工技术研究应用方面走在最前面的国家。

我国具有悠久的历史文化，早在 2000 多年前就建造了举世闻名的长城，1400 多年前开凿了南北大运河。战国时期李冰父子在成都平原岷江上修建的水利工程都江堰（距今 2300 多年）用的是装满卵石的竹笼沉到江中筑坝的方法。黄河上古代就有"沉梢"和"沉排"的方法，将树枝扎成捆编成筏排，抛填块石压沉到河底护岸护底铺叠筑坝。但是，也许因为沉井、沉箱这种施工方法主要来源于大河建桥的水中桥墩，在我国漫长的古代工程建设营造史中，完整意义上的沉井、沉箱施工基础还没有见到。

我国最早应用沉箱施工的成功实例是 1894 年 2 月竣工的天津滦河大桥。该桥是在我国铁路工程先驱——詹天佑亲自主持下，在外国人屡建屡塌后，分析原因重新选址，采用气压沉箱法建造基础，沉箱刃脚嵌入基岩，基础全部用混凝土浇筑，墩身石砌，工程浩大，历时 32 个月建筑而成。此后是 20 世纪 30 年代建造的钱塘江大桥，是我国第一座自

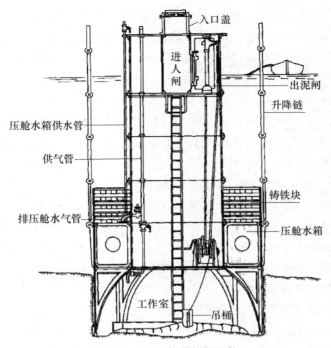

图 5-1 1860 年的气压沉箱

行设计的大型公路、铁路两用桥梁，它由我国桥梁泰斗茅以升先生设计。桥址的正常水深约 9m，河床覆盖层深达 41m，为极不稳定的细颗粒砂，基岩位于水面以下 50m。正桥 15 个桥墩全部采用沉箱施工，其中 6 个沉箱直接穿过覆盖层达到基岩，9 个桥墩因覆盖层太深，先打 30m 长的木桩，在岸上制作的沉箱浮运到墩位，边下沉边接高钢筋混凝土墩身，最后坐落在木桩顶上沉箱封底加以固定，其施工步骤见图 5-2。

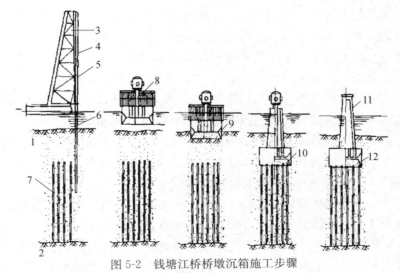

图 5-2 钱塘江桥桥墩沉箱施工步骤

1—河床覆盖层；2—砂岩；3—打桩机；4—蒸气打桩锤；5—钢送桩；6—30m 长的木桩（正在打入）；7—已打入到岩面的木桩；8—浮运钢筋混凝土沉箱，上面有临时木围堰；9—沉箱着床后，在沉箱中充气，以人工在沉箱工作室中挖土下沉；10—沉箱挖土下沉过程中，不断灌注墩身并接高气闸，使露出水面，直至沉箱正确地嵌在已打好的基础上；11—已完成的正桥墩身；12—沉箱内填实混凝土，保证墩身基础和木桩连接牢固

97

中华人民共和国成立以后，在20世纪50～60年代成功地修建过一些大型沉箱基础和水下、地下工程，如富拉尔基重型机器厂热处理工作室沉箱基础、三门峡黄河公路桥水中桥墩基础、上海闸北电厂取水泵房沉箱工程、南昌七里街电厂取水泵房沉箱工程、上海地铁和打浦路越江隧道沉箱工程等。这些工程因年代久远，仅收集到少数几个工程的技术资料，列于下篇的沉箱工程实例中。

至于沉井基础，在中华人民共和国成立后的50多年中，特别是改革开放后的20多年中，蓬勃发展的建设事业为这项基础施工技术提供了前所未有的需求和数量众多的应用机会。仅上海基础工程公司50多年中施工的各类沉井就超过300多座，应用范围从桥墩基础到江边取水泵房，从地下厂房（如上海高桥热电厂，直径60m，1971年）到煤矿竖井（如大屯煤矿主井，80m深，1970年）。最大沉井面积达到3500m² （江阴长江大桥北锚碇沉井，$L \times B \times H = 69m \times 51m \times 58m$，1996年）。施工方法也从传统的筑岛下沉和浮运就位发展到利用原来结构悬吊制作下沉（如南昌八一大桥老桥加固，1961年；柳州大桥二号水中墩，1967年）。广阔的工程实践领域为沉井、沉箱专业设计和施工都积累了丰富的经验。

从20世纪后半叶直到进入21世纪以来，由于科学技术突飞猛进的发展，人类的建筑活动上天、入地以及下海不断向新的领域更深更广的拓展。城市化的浪潮推动高层建筑数量越来越多，高度越来越大，基础越来越深；开发利用地下空间，如城市地下铁道捷运系统和地下停车场，地下商城等种类繁多的地下设施的兴建；跨海大桥、海底隧道、海上石油平台的建造；深入地下数千米的矿井的开凿等等，使沉井沉箱这项古老的施工技术一方面面临着更大、更深、更复杂，同时要求也更高的技术课题。另一方面由于建筑材料、建筑机械、施工工艺和土壤加固技术等相关技术的进步和发展，特别是由于计算机科学技术的发展、电子技术的应用、试验手段、监测技术和自动化程度的提高，使沉井沉箱施工技术在传统工艺和技术的基础上不断有新的发展与突破。

总的来说，有以下几个方面：

（1）由于沉井的深度越来越大（已达100m），为克服下沉阻力，已由单纯依靠自重下沉发展到加外力压重下沉。压重方法有堆载压重和设置地锚系统加压。同时利用触变泥浆套和空气幕来减少井壁与周围土体的摩阻力，以帮助下沉。

（2）由于沉井的面积越来越大（已达3500m²）和内部使用空腔的要求，沉井的结构设计与施工为防止裂缝而施加预应力，采用抗渗混凝土和大体积混凝土温控防裂缝措施，沉井外壁设置防水层，内壁设置防结露表面涂层和井内除湿通风装置。

（3）为控制和减少沉井施工对周围环境的影响，在井壁和周围土体内埋设仪器对土压力、地下水位、空隙水压力、深层土体位移以及地面沉降进行全面监测，结合深井降水技术、土壤加固技术和设置隔离墙等措施，减少周围土体变形。

（4）由于气压沉箱的特殊作业条件，开展"沉箱病"的防治与医疗保健研究，超强压力下的氢氧混合气体对人体影响的研究，同时利用自动控制技术、机电一体化与人机对话技术发展无人沉箱施工技术。无人沉箱技术包括箱外遥控和箱内吊仓监控操作。沉箱内施工作业包括自动水力机械冲吸和排泥装置，自动破碎、挖掘和传输系统等。

沉井（箱）施工方法的应用范围十分广泛，可有以下几个主要用途：

（1）作为直接开发利用地下空间的地下储气罐、储油罐、地下仓库、地下蓄水池、水处理池、地下泵房、地下停车场、地铁车站、地下防空洞、地下商场以及地下变电站等。

（2）作为建筑物构筑物基础的高层建筑基础、高耸塔式建筑物基础、城市高架道路基础、钢厂高炉基础、重型设备基础、各种桥梁、港口码头以及堤坝水闸等水中构筑物基础。

（3）作为近水、临水构筑物的江中取水头或水泵房。

（4）作为各种地下生产、运输服务系统的辅助设施，如采矿竖井、通风井、排水井、顶管和盾构隧道施工中的始发井、接收井等。

5.1.3　沉井（箱）施工方法分类

沉井（箱）的分类方法很多，对施工有关键意义的有以下几种：

1. 按平面形状和剖面形状分类（图 5-3 和图 5-4）

（1）平面形状：

单孔——圆形、方形、矩形、椭圆形与多边形；

单排孔——有内隔墙的矩形与长圆形；

多排孔——有纵横隔墙的多仓结构；

特殊异型平面——例如内外两环圈井壁相联系的环状异型沉井。

（2）竖向剖面形状：直壁柱形沉井；内、外台阶形井壁沉井。

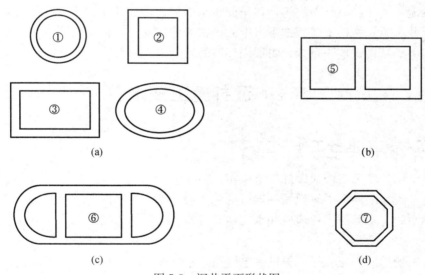

图 5-3　沉井平面形状图

（a）单孔；（b）单排孔；（c）多排孔；（d）双环异型沉井

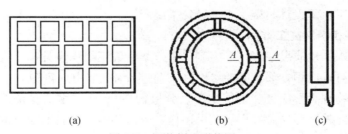

图 5-4　沉井剖面形状图

（a）柱形井壁；（b）外台阶井壁；（c）内台阶井壁

2. 按井体材料分类

分为浆砌块石井壁；混凝土与钢筋混凝土井壁；钢板拼接内部充填式井壁。

3. 按沉井制作条件与制作方式分类

（1）制作条件：陆上就地制作；水中围堰筑岛制作；陆上制作浮运就位。

（2）制作方式：整体现浇制作；竖向分段接高；竖向分段、水平分块预制拼装。

4. 按挖土下沉与封底方式分类

（1）挖土下沉方式：

排水下沉——干挖土，水力机械挖土；

不排水下沉——水下抓土，空气吸泥挖土。

（2）封底方式：干封底；水下混凝土封底；水下混凝土封底及浇筑钢筋混凝土底板。

5.1.4 沉井（箱）施工特点

对于垂直放置的地下建（构）筑物，应用沉井（箱）施工技术有以下显著的优点：

（1）沉井（箱）本身在地面上制作，施工条件比地下好，可以做成体积大、刚性好、结构强的构件，适合各种使用要求；

（2）制作好的沉井（箱）通过下沉穿越地层到预定位置，因此能适应各种复杂的地质条件，如淤泥、流沙、坚硬土层等，甚至能在水中作业，在河床中建造桥梁或堤坝基础；

（3）沉井（箱）结构本身兼作下沉中的围护掩体，安全、经济，开挖无需放坡，无需专门的基坑围护结构，挖土量少，对周围环境的影响少。

5.2 沉井施工技术

5.2.1 沉井施工准备工作

在沉井（箱）施工之前应做好如下工作：

（1）施工现场踏勘，了解现场的地形地貌，便于施工总平面的布置。

（2）熟悉施工现场的工程地质和水文地质资料、工程施工图纸以及合同承包工程内容等资料。

（3）施工场地的三通一平，敷设水电线路，修建场区施工便道；搭设临时的施工用房及各种材料和机具的堆放。

（4）组织各工种的劳动力进场，施工管理人员的组织。

（5）编制施工组织设计与施工中的特殊措施。

1. 地质勘察和编制施工方案

工程地质和水文地质勘察资料是编制施工方案、施工组织设计的重要依据。沉井设计阶段的地勘资料可以应用，如有必要可在施工前进行补充钻孔，对勘察报告中提供的地质情况（包括土的物理力学指标、地层情况及分层构造），地下水情况及地下障碍物情况等进行核验。除此之外，还应做好现场踏勘工作，查清和排出地表及地下的障碍（如拆迁房屋的残留基础、废弃的防空洞等地下构筑物、地下的废弃的管线树根和坟墓等），根据沉井结构的特点、地质构造、水文特点、施工设备条件和技术的可能性，编制切实可行的施工并组织设计。

2. 不开挖基坑制作沉井

当天然地面其承载力较高，沉井高度较小，而且地面又较平坦时，可以不开挖基坑制作沉井。如果地面不平，且经计算，沉井在浇筑混凝土时，或者抽出承垫木时，沉井会产生不均匀沉降时，要在场地铺上砂垫层，以使沉井刃脚下的应力荷载得以分散。砂垫层厚度需经过计算，但不小于500mm。

3. 开挖基坑制作沉井

（1）根据沉井的平面尺寸决定基坑底面积的大小、开挖深度及边坡大小，定出基坑的平面和边坡线，平整场地后，测量定出沉井的中心线和各方向的控制线桩，作为砂垫层制作、沉井制作和下沉施工的控制线桩。也可以利用邻近固定建筑物设置控制点，对沉井放样。控制点和控制线桩建立要经有关部门校核，方可开始施工。

（2）刃脚外侧面至基坑底内周边距离一般为1.0～1.5m，以满足施工人员的操作空间为原则。

（3）基坑开挖的深度应根据水文、地质条件和第一节沉井浇筑的高度而定，有时为了减少沉井的下沉深度，也可加深基坑的深度，但不宜把地表层的承载力高的土层挖掉。

当基坑放坡开挖，不设支护，而且开挖深度在5m以内，且坑底面在降低后的地下水位以上时，基坑最大允许边坡（上海地区），见表5-1。

表 5-1　深度在 5m 以内的基坑边坡坡度

土的种类	基坑边坡坡度（高：宽）		
	坡顶无荷载	坡顶有荷载	坡顶有动载
硬塑轻亚黏土	1：0.67	1：0.75	1：1
硬塑亚黏土，黏土	1～0.33	1：0.5	1：0.67
软土（经井点降水后）	1：1.0～1：1.5	经计算确定	经计算确定

（4）若基坑底部有暗浜、软弱的土质，则应予以清除在井壁中心线两侧各范围内，回填中粗砂整平夯实，以免在沉井制作时发生不均匀沉降。开挖基坑应分层按顺序实施，底面浮泥清除干净，并保持平整和疏干状态。

（5）基坑内和沉井内下沉挖土一般应外运，堆放的场地应远离沉井下沉漏斗范围，最好在沉井下沉深度2倍距离以外，并不得影响交通和后续工序。如果采用水力机械吸泥，则要经过沉淀池沉淀和疏干后，再外运出去。

（6）基坑内排水沟和集水井的施工及井点的设置：基坑底部四周应挖出一定坡度的排水沟（或盲沟）与四周的集水井相通。集水井比排水沟低500mm以上将汇集的地表水和地下水及时排出去。基坑应防止雨水积聚并保持排水畅通。

基坑面积较小，基底土体为砂性土或者渗透系数较大时，可在基坑的四周布置土井。一般埋用500～800mm直径的渗水混凝土管，管的四周有大小不一的孔眼，用麻袋片或者土工布包裹，管底可以填碎石，便于吸水。

当用井点降水时，井点距井壁的距离，以井点入土深度确定。当井点入土深度在7m以内时，定为1.5m；井点入土深度为7～15m时，一般定为1.5～2.5m，但要考虑沉井周围坍土范围。

（7）对大型沉井，有基础底梁、隔墙以及特殊形状沉井，如双壁沉井等，在基坑内填筑砂垫层时，除了刃脚部分填筑砂垫层外，经计算尚应在基础梁底下，隔墙下也填筑砂垫层，以满足第一节沉井混凝土浇筑时，不至于产生不均匀沉降，而使沉井结构发生裂缝破坏。

4. 地基处理后制作沉井

制作沉井的场地应预先清理、整平和压实，使沉井制作过程中不至于产生不均匀沉降。在暗浜或松软的地基制作沉井时，应先对地基进行处理，防止由于地基的不均匀沉降，引起井身的开裂。处理地基的一般方法是：换土法，即采用砂、砾砂、三合土进行换土；或用挤密砂桩排水固结地基土；如果不均匀的松软土层较深，可以用水泥掺入量不大的粉喷桩、深层搅拌桩进行加固。当采用换土法时，回填的砂、土等要人工夯实，或者用机械碾压方法，使地基土得到加固，但禁止用大块石进行换土，这样会影响沉井下沉施工。

5. 人工筑岛制作沉井

在江河湖海沿岸，为了取水、排水的目的设置泵房站，这就需要在沿岸的浅水区（一般在水深5m以内），填筑人工岛制作沉井，岛的大小以沉井面积为主，在其周围设置交通道路和机具材料堆场和停放场。岛面的标高应比施工期最高水位再高出0.5m以上，岛顶面的围堰高度，还应考虑到风浪的高度，不能让岛面被水淹，影响施工。筑岛材料应采用低压缩性的中粗砂、砾砂或碎石屑等，不宜用黏性土、细砂、粉性土或淤泥质土，也不宜用大块石等。周边临水面，容易受风浪的冲刷，宜用草包装土（或塑料编制袋装土）堆砌成围堰；亦可以用钢筋笼装碎石块堆砌成围堰；对水深较浅的地方，也可以用土工布填土围护围堰，见图5-5。

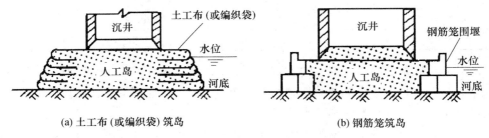

(a) 土工布（或编织袋）筑岛　　　　(b) 钢筋笼筑岛

图5-5　人工筑岛

筑岛土料与允许水流的关系见表5-2，围堰筑岛的选择条件见表5-3。

表5-2　筑岛土料与允许水流的关系

土料种类	容许流速（m/s）	
	土表面处流速	平均流速
粗砂（粒径1.0～2.5mm）	0.65	0.8
中等砾石（粒径25～40mm）	1.00	1.2
粗砾石（粒径40～75mm）	1.20	1.5

表 5-3　各种围堰筑岛的选择条件

围堰名称	适用条件		
	水深（m）		河床及地质条件
草袋和编织袋装土围堰	<3.5	1.2～2.0	淤泥质河床或沉陷较大的地层，未经处理的地层
钢筋笼、铁丝笼围堰	<3.5	≤3.0	
木笼围堰			水深流急，河床坚实平坦，不能打桩，有较大的流冰，围堰外侧无法支撑时使用
木板桩围堰	3～5	≤2.0	河床应为能打入板桩的地层
钢板桩围堰	3～5	≤2.0	能打硬层土层，稍作深水筑岛围堰
土工布围堰	<3.0	<1.2	河床清除淤泥即可施工

对于筑岛制作沉井，所筑岛应考虑在沉井施工期间的洪水汛期可能发生的洪水水位与流速。在冬、春季施工时，通过防汛和气象部门了解冰冻和凌汛情况，以做好防护措施。

6. 浮运沉井的制作场地

当沉井下沉施工场地不具备制作条件时（如沉井下沉施工处的水较深，流速较大，不能筑岛施工时；或者取水建筑物为了取得主流的较好水质，取水头设置远离岸边时），第一节沉井需异地制作，通过浮运方法运到井位进行下沉施工。异地制作沉井的场地，可选择码头的堆场，并靠码头的水域边，浮运沉井多采用钢结构沉井，在江河水中可以由拖轮拖拉漂浮运输，钢结构沉井不能有漏水现象。沉井拖运到设计地点，用多艘定位船和锚缆拖拉准确定位后，在钢结构沉井墙腔体内均匀、对称地浇筑混凝土，使沉井下沉到河床底部，然后开始沉井内除泥下沉，当下沉到一定标高后，再把沉井接高，以后按一般沉井施工方法进行。

7. 测量控制和沉降观测

按沉井平面设置测量控制网，进行测量放线。在沉井外侧墙中心线处，从刃脚踏面开始向上画出水准尺面，或者在沉井转角处，从刃脚踏面开始向上画出水准尺面，并在沉井外布置水准后视控制点数个。在邻近建筑物附近下沉沉井，应在邻近建筑物上设置沉降观测点，对建筑物进行定期沉降监测。

5.2.2　沉井制作

1. 沉井刃脚支设

沉井制作下部刃脚的支设可视沉井自重、施工荷载和地基承载力情况，采用垫架法、半垫架法、砖垫座和土模法，见图 5-6。

较大较重的沉井，在较软弱地基土上制作时，常采用垫架法或半垫架法，以免造成地基下沉、刃脚裂缝。直径（或边长）在 8m 以内较轻沉井，当土质好时，可采用砖垫座，沿周长分成 6～8 段，中间留 20mm 空隙，以便拆除。重量较轻的小型沉井，土质好时，可采用砂垫层、灰土垫层或在地基中挖槽作成土模等方法，其内壁用质量比为 1∶3 的水泥砂浆抹平。

采用垫架法或半垫架法，垫架数量根据第一节沉井的重量和地基及砂垫层的容许承载力计算确定，间距一般为 0.5～1.0m。垫架铺设应对称，一般先设 8 组垫架，每组由 2～3

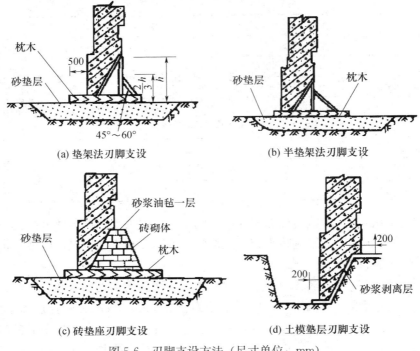

图 5-6　刃脚支设方法（尺寸单位：mm）

个垫架组成，矩形沉井常设四组定位垫架，其位置设在长边两端 $0.15L$（L 为长边边长）处，在其中间支设一般垫架，垫架应垂直刃脚铺设。圆形沉井沿沉井刃脚圆弧部分对准圆心铺设。在垫木上支设刃脚模板。铺设垫木应使顶面保持在同一水平面上，用水准仪找平，使高差在 10mm 以内，并在垫木间用砂填实，垫木埋深为厚度的一半，在垫架内外设置排水沟。

2. 沉井井壁制作

沉井制作一般有四种方法：

（1）在修建构筑物地面上制作，适用于地下水位较高和净空允许的情况。

（2）人工筑岛制作，适用于浅水中制作。

（3）在基坑中制作，适用于地下水位低、净空不高的情况，可减少下沉深度、摩阻力及作业高度。

（4）在码头上或在拼装驳船上制作沉井，然后浮运或拖运到现场下沉施工，这种情况适用于现场没有条件制作沉井，但应考虑浮运或拖运的船行条件，以及起吊下沉就位的条件等。

以上四种制作方法可根据不同情况采用，使用较多的是在基坑中制作。基坑应比沉井宽 1.0～1.5m，四周设排水沟、集水井，使地下水位降至比基坑底面低 0.5m，挖出的土方在周围筑堤挡水，要求护堤宽不少于 2m，见图 5-7。

沉井过高、常常不够稳定，下沉时易倾斜，一般高度大于 12m 时，宜分节制作；在沉井下沉过程中或在井筒下沉各阶段间歇时间，继续加高沉井。

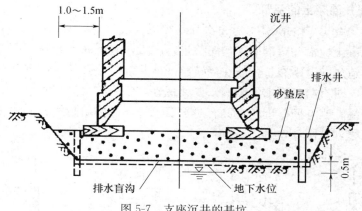

图 5-7　支座沉井的基坑

井壁模板由钢组合式定型模板或木定型模板组装而成。采用木模时。外模朝混凝土的一面应刨光，并涂有脱模剂。内外模均采取竖向分节支设，每节高 1.5～2.0m，用 $\phi12$～$\phi16$mm 对拉螺栓拉槽钢圈固定，见图 5-8。有抗渗要求的，在螺栓中间设止水板。第一节沉井井壁应按设计尺寸周边加大 10～15mm，第二节沉井相似缩小一些，以减少下沉摩阻力。对高度大的大沉井，亦可以采用滑模方法制作。

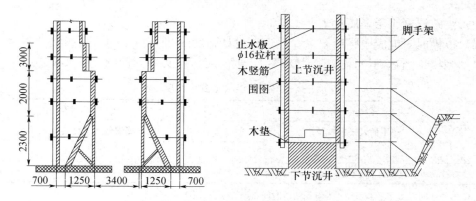

图 5-8　井壁模板支设示意图（尺寸单位：mm）

沉井钢筋可用吊车垂直吊装就位，用人工绑扎，或在沉井近旁预先绑扎钢筋骨架或网片，用吊车进行大片安装。竖筋可一次绑好，水平筋分段绑扎，与前一井壁连接处伸出的插筋采用焊接连接方式，接头错开 1/4。沉井内隔墙可采取与井壁同时浇筑或在井壁与内隔墙连接部位预留插筋，下沉完毕，再施工隔墙。

沉井混凝土浇筑可采取以下几种方式：

（1）沿沉井周围搭设脚手平台，用 15m 皮带运输机将混凝土送到脚手平台上，用手推车沿沉井通过串筒分层均匀的浇筑。

（2）用翻斗汽车运送混凝土，再用塔吊或履带吊车吊混凝土斗，送到沉井脚手平台上的串筒内浇筑。

（3）采用商品混凝土、混凝土搅拌车运送混凝土，混凝土泵车垂直运输到脚手平台上的各个串筒内浇筑井壁。

3. 单节式沉井混凝土的浇筑

（1）高度在 10m 以内的沉井，可一次浇筑完成。

（2）浇筑混凝土应沿井壁四周均匀对称进行施工，避免高差悬殊，压力不均，产生地基不均匀沉降而造成井壁断裂。一般在浇筑第一节井壁时，必须保证沉井均匀沉降。井壁分节处的施工缝（对有防水要求的结构）要处理好，以防漏水。当井壁较薄且防水要求不高时，可采用平缝；当井壁厚度较大又有防水要求时，可采用凸式或凹式施工缝，也可采用钢板止水施工缝，见图 5-9。

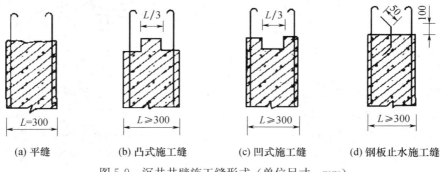

(a) 平缝   (b) 凸式施工缝   (c) 凹式施工缝   (d) 钢板止水施工缝

图 5-9 沉井井壁施工缝形式（单位尺寸：mm）

（3）浇筑混凝土层厚度见表 5-4。

（4）拆模时对混凝土强度要求：当达到设计强度的 25％ 以上时，可拆除，不承受混凝土重量的侧模；当达到设计强度的 70％ 以上时，可拆除刃脚斜面的支撑及模板。

表 5-4 浇筑混凝土分层厚度

浇筑条件	分层厚度 h 应小于
使用插入式振捣器	振捣器作用半径的 1.25 倍
人工振捣	15～25cm
灌注一层的时间不应超过水泥初凝时间 t	$H \leqslant Q/A$

注：Q 为每小时混凝土量，m^3；t 为水泥初凝时间，h；A 为混凝土面积，m^2。

4. 多节式沉井混凝土的浇筑

（1）第一节沉井混凝土的浇筑与单节式沉井混凝土浇筑相同。

（2）第一节沉井混凝土强度达到设计强度的 70％ 以上，可浇筑第二节沉井的混凝土，施工连接缝处的接触面，必须经过凿毛、吹洗干净等处理。接触面处应铺垫高强度等级的水泥砂浆，再浇筑沉井混凝土。在浇筑第二节沉井混凝土之前，应对第一节沉井做好阻沉的措施，防止在浇筑的时候，第一节沉井产生不均匀沉降，造成沉井的裂缝或沉井断裂现象。

（3）分节浇筑、分节下沉时第一节沉井顶端应在距离地面 0.5～1.0m 处，停止下沉，开始做好第一节沉井的阻沉措施，然后再接高沉井。

（4）每接高一节沉井，其高度不少于 4m（一般 4～5m）。

（5）接高沉井的模板，不可支撑在地面上，亦不可支撑在落地的脚手架上。否则下节沉井下沉时，会撑坏所立沉井模板。

5. 沉井制作的允许偏差

沉井制作的允许偏差应符合表 5-5 的规定。

表 5-5 沉井支座的允许偏差

偏差名称		允许偏差
断面尺寸	长宽	±0.5%，且不得大于 100mm
	曲线部分的半径	±0.5%，且不得大于 50mm
	对角线长度	对角线长的 1%
井壁厚度		±15mm
井壁、隔墙垂直度		1%
预埋件、预留孔位移		±20mm

5.2.3 沉井下沉

1. 制作与下沉顺序

沉井按其制作与下沉的顺序而言，有三种形式：一次制作，一次下沉；分节制作，多次下沉；分节制作，一次下沉。

（1）一次制作，一次下沉

一般中小型沉井，高度不大，地基土较好，或者经过人工加固后获得较大的地基承载力时，最好采用一次制作，一次下沉方式。一般说来，以该方式施工的沉井在 10m 内为宜。

（2）分节制作，多次下沉

将沉井沿井壁高度分成几段，每段为一节，制作一节，下沉一节，循环进行。该方案的优点是沉井分段高度小，对地基要求不高。缺点是工序多，工期长，而且在接高井壁时易产生倾斜与突沉，需要进行稳定验算并做好稳定措施的落实。

（3）分节制作，一次下沉

这种方式的优点是脚手架和模板可连续使用，下沉设备一次安装，有利于滑模施工。缺点是对地基条件要求高，高空作业困难。目前我国采用该方式制作的沉井，全高已达到 30m 以上。

沉井下沉应具有一定的强度，第一节沉井混凝土或砌体砂浆应达到设计强度的 100%，其上各节达到强度的 70% 以后，方可开始下沉施工。

2. 承垫木的抽除

大型沉井混凝土应达到设计强度的 100%，小型沉井达到 70% 以上，便可抽除承垫木。抽除刃脚下的承垫木应分区、分组、依次、对称、同步进行。抽除 1 组后，立即回填黄砂和刃脚处进行培土，以增加刃脚处的下沉阻力。抽除次序：圆形沉井为先抽一般承垫木，后抽定位承垫木；矩形沉井先抽内隔墙下的承垫木，然后分组对称地抽除外墙两短边下的定位承垫木，再后抽除长边下一般承垫木，最后同时抽除承垫木，见图 5-10。

抽除方法是将垫木底部的砂垫层（或灰土垫层）挖去，利用人工或机具将相应的承垫木抽除。每抽除一根承垫木后，应立即用砂，砾砂或碎石将空隙填实，同时在刃脚内外侧筑成小堤，并分层夯实，见图 5-11。抽除承垫木时，加强观测，注意下沉的动态，以指导抽除承垫木的施工。

3. 沉井的下沉方法选择

沉井下沉有排水下沉和不排水下沉两种方法，前者适用于渗水量不大（每平方米不大于 1.0m³/min），稳定的黏性土（如黏土、粉质黏土及各种岩质土）或在砂砾层中渗水量虽很大，但排水并不困难时使用。后者适用于在流砂严重的地层和渗水量较大无法抽干的情况，或者大量抽水会影响邻近建筑物（或构筑物）的安全情况时使用。

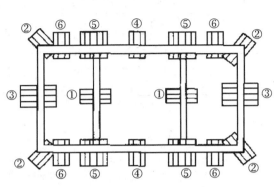

图 5-10　矩形沉井承垫木抽除顺序

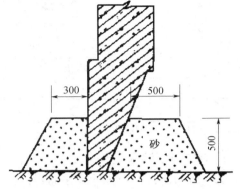

图 5-11　刃脚下回填砂土堤（尺寸单位：mm）

排水下沉常用的排水方法有以下几种：

（1）明沟集水井排水

在沉井周围距离其刃脚 2～3m 处挖一圈排水明沟，设置 3～4 个集水井，深度比地下水深 1～1.5m，沟槽和集水井深度随沉井挖土而不断加深，在井内或井壁上设置水泵，将水排出井外。为了不影响井内挖土操作和避免经常搬动水泵，一般在井壁上预埋铁件，焊接钢结构牛腿，安装钢结构活动平台，其上安装水泵。通常平台上铺上草垫或橡皮垫、木板等，避免振动，见图 5-12。水泵抽吸高度控制在不大于 5m。如果井内渗水量很少，则可直接在井内设高扬程小潜水泵将地下水抽出井外。

（2）井点排水

在沉井周围设置轻型井点、电渗井点或喷射井点以降低地下水位，见图 5-13，使井内保持干挖土。在沉井下沉施工时，有时一段的井点降水不能满足下沉施工要求，而采用深井泵，设置在沉井的四周进行降水，这种降水可达百米以上。但要谨慎，不要影响邻近建筑物的稳定安全，也不要影响使用地下水的单位，使他们无地下水可用。

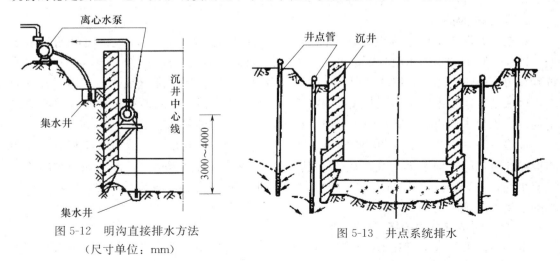

图 5-12　明沟直接排水方法
（尺寸单位：mm）

图 5-13　井点系统排水

108

（3）井点与明沟排水相结合的方法

在沉井上部周围设置井点降水，下部挖明沟集水井设泵排水，见图5-14。

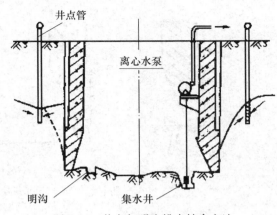

图5-14　井点与明沟排水结合方法

4. 下沉挖土方法

（1）排水下沉挖土方法

常用人工或风动工具，或在井内用小型挖掘机，在地面用抓斗挖土机分层开挖。挖土必须对称、均匀进行，使沉井均匀下沉。挖土方法随土质情况而定。一般方法是：

1）普通土层

从沉井中间开始逐渐挖向四周，每层挖土厚0.4～0.5m，在刃脚处留1～1.5m台阶，然后沿沉井壁每2～3m一段，向刃脚方向逐层全面、对称、均匀地开挖土层，每次挖土15～20cm，当土层经不住刃脚的挤压而破裂，沉井便在自重作用下均匀破土下沉。当沉井下沉很少（即很慢时）或不下沉时，可再从中间向下挖0.4～0.5m，并继续向四周均匀掏挖，使沉井平稳下沉。当在数个井孔内挖土时，为使其下沉均匀，孔格内挖土高差不得超过1.0m。刃脚下部土方应边挖边清理。

2）砂夹卵石或硬土层

该土层可按图5-15所示方法挖土，当土坡挖至刃脚，沉井仍不下沉或下沉不平稳，则须按布置分段的次序逐段对称地将刃脚下掏空，并掏出刃脚外壁约10cm，每段挖完用小卵石填塞夯实，待全部挖空回填后，再分层去掉回填的小卵石，可使沉井均匀减少承压面而平衡下沉，见图5-15（b）。

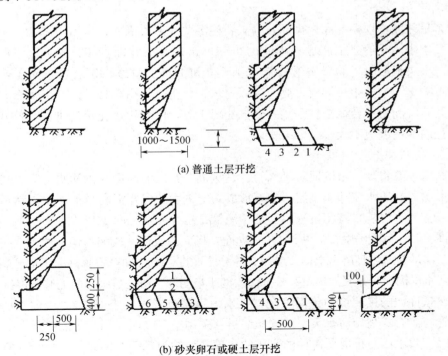

(a) 普通土层开挖

(b) 砂夹卵石或硬土层开挖

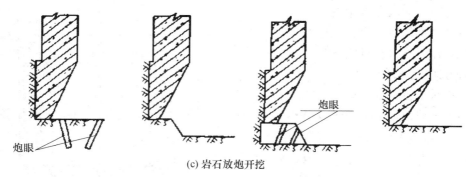

(c) 岩石放炮开挖

图 5-15　排水下沉开挖方法（尺寸单位：mm）

3）岩层

风化或软质岩层可用风镐或风铲按图 5-15（a）的次序开挖，较硬的岩层可按图 5-15（c）所示次序进行，在刃脚处附近打炮孔，进行松动爆破炮孔深 1.0m 左右，以 1m×1m 梅花形交错排列，使炮孔伸入刃脚口外 15～30cm，以便开挖宽度可超出刃口 5～10cm，下沉时，顺刃脚分段顺序，每次挖宽即进行回填，如此逐段进行，至全部回填后，再去除土堆，使沉井平稳下沉。

在开始 5m 以内下沉时，要特别注意保持平面位置与垂直度正确，以免继续下沉时不易调整。在距离设计标高 20cm 左右时，应停止取土，依靠沉井自重（或下沉惯性）下沉到设计标高。在井开始下沉并将要下沉至设计标高时，周边开挖深度应小于 30cm 或更小一些，避免发生倾斜。

（2）不排水下沉挖土方法

通常采用抓斗、水力机械吸泥机或水力冲射空气吸泥机等在水下挖土除泥。

1）水下抓斗挖土

用吊车吊住抓斗挖掘井底中央部分的土，使沉井底形成锅底，然后刃脚切土下沉。在砂或砾石类土中，一般当锅底比刃脚低 1.0～1.5m 时，沉井即可靠自重下沉，而刃脚下的土体挤向中央锅底处，再从井孔中继续抓土，沉井即可继续下沉。在黏质土或紧密土中，刃脚下的土不易向中央坍落。则应配以射水管松土，见图 5-16。沉井由多个井孔组成时，每个井孔宜配备一台抓斗。如用一台抓斗抓土时，应对称逐孔轮流进行，使其均匀下沉，各井孔内面高差应不大于 0.5m。

2）水力机械冲土

使用高压水泵将高压水流通过进水管分别送进沉井内的高压水枪和水力吸泥机，利用高压水枪射出的高压水流冲刷土层，使其形成一定稠度的泥浆汇流至集泥坑，然后用水力吸泥机（或空气吸泥机）将泥浆吸出。从排泥管排出井外，见图 5-17。

冲黏性土时，宜使喷嘴接近 90°角冲刷立面，将立面底部冲成缺口使之塌落，挖土顺序先中央后四周，并沿刃脚留出土堤，最后对称分层冲挖，不得冲空刃脚踏面下的土层。施工时，应使高压水枪冲入井底的水量和外部渗入的水量与水力吸泥机吸出的泥浆量保持平衡。

水力机械冲泥的主要设备包括吸泥器（水力吸泥机或空气吸泥机）、吸泥管、扬泥管和高压水管、离心式高压清水泵、空气压缩机（采用空气吸泥时用）等。吸泥器内部高压水喷嘴处的有效水压与扬泥所需要的水压的比值平均约为 7.5。

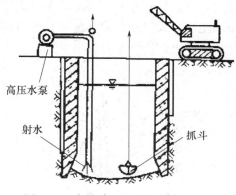

图 5-16　水枪冲土、抓斗在水中抓土

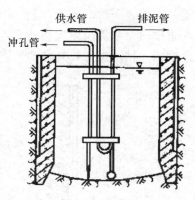

图 5-17　水力吸泥机在水中冲吸土

在吸泥的时候，应使各种土成为适宜稠度的泥浆的重度：砂类土为 1.08～1.18；黏性土为 1.09～1.20。吸入泥浆所需的高压水流量，约与泥浆量相等，吸入的泥浆和高压水混合以后的稀释泥浆，在管路内的适当流速应不超过 2～3m/s。喷嘴处的高压水流速一般约为 30～40m/s。

实际应用的吸泥机，其射水管截面与高压水喷嘴截面的比值约为 4～10，而吸泥管截面与喷嘴截面的比值约为 15～20。可吸出含泥量约为 5～10m³，提升高度 35～40m，喷射速度 3～4m/s。吸泥器配备数量按沉井大小及土质而定，一般为 2～6 套。

水力吸泥机冲土，适于在粉质黏土、轻亚黏土、粉细砂土中使用，使用不受水深限制，但其出土率则随水压、水量的增加而提高，必要时应向沉井内注水，以加高井内水位。在淤泥或浮土中使用水力机械吸泥时，应保持井内水位高出井外水位 1～2m。

（3）沉井的辅助下沉方法

1）射水下沉法

一般作为以上两种方法的辅助方法，它是用预先安装在沉井外壁的水枪、借助高压水冲刷土层，使沉井下沉。射水所需水压：在砂土中，冲刷深度在 8m 以下时，需要 0.4～0.6MPa；在砂卵石层中，冲刷深度在 10～12m 时，则需要 0.8～2.0MPa。冲刷管的出水口口径为 10～12mm，每一管的喷水量不得小于 0.2m³/s，见图 5-18。但本法不适用于在黏土中下沉。

2）触变泥浆护壁下沉法

沉井外壁制成 10～15cm 的台阶作为泥浆槽。触变泥浆是使用泥浆泵或砂浆泵，通过预埋在井壁内侧的管路或设在井内的垂直压浆管压入的，见图 5-19 所示。为了使管路出口不被井外土体堵塞，在台阶部分的输浆水平管，出口封闭，在管侧下方开 $\phi30$mm 的出浆口，使外井壁泥浆槽内充满触变泥浆，其液面接近自然地面。为了防止漏浆，在抽出承垫木的时候，一定把承垫木全部抽出，不能有压断的承垫木残留在刃脚踏面以下，随着沉井一起下沉，会把井外土体划出一些竖向沟槽，造成触变泥浆流到刃脚的踏面处，当沉井下沉，掏空刃脚下踏面土体，会使泥浆槽和沉井内贯通，触变泥浆流入沉井内，导致泥浆槽无泥浆，井壁外侧土体的塌方，增加沉井的摩阻力，最终使沉井不能下沉到标高。沉井在下沉过程中，左右摇摆造成井壁与土体有间隙，为了防止漏浆，在刃脚台阶上宜钉一层厚 2mm 的橡胶板，同时在挖土时，注意不使刃脚底部掏空。在触变泥浆制备棚内要储备一定数量的泥浆，下沉时不断补浆。当泥浆泄漏时，更要及时补充。在沉井下沉到设计标高时，泥浆槽内泥浆需及时置换处理，一般采用水泥浆、水泥砂浆或其他材料通过输浆管压入泥浆槽内，挤出泥浆，并在槽内固结，增加井壁和土壁的摩擦力以稳定沉井。

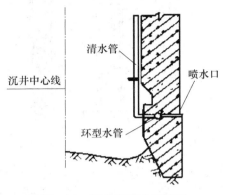

图 5-18　沉井预埋冲刷管路

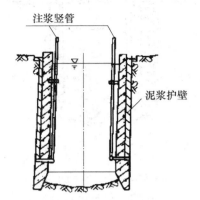

图 5-19　触变泥浆护壁下沉方法

3）抽水下沉法

不排水下沉的沉井，抽水降低井内水位，减少浮力，等于增加自重可帮助沉井下沉。井内如有管涌流泥时，不宜采用此法。在采用此法时，要经过计算，每降低 1.0m 水位时，其浮力减少多少，做到"心中有数"。

4）井外挖土下沉法

在沉井周围上层土中有砂砾或卵石层时，井外挖土常对帮助下沉有效。

5）空气幕膜法

当沉井在黏性土土层中下沉时，由于土体含水量较小较干燥，土体和井壁摩擦力较大，沉井下沉较困难，这时可以采用空气幕膜法。在沉井外壁安装水平和竖向管路，横向管路上布置出气孔（$\phi 3 \sim 5$mm）间距为 $100 \sim 150$mm。通过竖管向横管输送压缩空气，在井壁外侧形成空气幕膜，可以减少土体和井壁的摩擦力。详见图 5-20，这是目前常用的方法。

沉井下沉施工时，如果某一面发生偏高时，即此面的摩阻力较大时此时可以在此面接通压缩空气，外井壁形成空气幕膜，减少此处的摩阻力，以利沉井下沉纠偏。

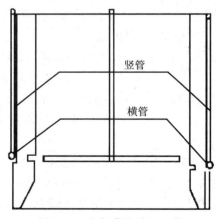

图 5-20　空气幕法助沉沉井

6）压重下沉法

在沉井下沉施工中，如果下沉速度很慢或停止下沉时，可利用铁块、钢筋或用袋装砂土，以及沉井接高增加荷载等方法加压配重，使沉井下沉，特别要注意均匀对称加重。当沉井下沉出现较大高差时，也可以利用压重法来纠偏和使沉井下沉。

7）炮震下沉法

当沉井内土体已经挖出掏空而沉井不下沉时，可在沉井中央的泥土面上放炸药起爆振动下沉。同一沉井，同一地层不宜多于 4 次。根据沉井的大小、结构的强度等，计算其炸药量，严禁未经计算，就进行爆炸，从而使沉井结构产生裂缝或损坏。

8）中心岛式下沉法

为进一步减少施工引起的地表沉降对周围建筑物和环境的影响问题，国内外创造了一种全新的沉井施工工艺——中心岛式下沉法。它的特点是：井壁较薄，沉井壁的内外两侧处在泥浆护壁槽中，挖槽吸泥机沿井壁内侧一面挖槽，一面向槽内补浆，沉井随挖槽加深而随之下沉，在沉井外围制作沉井时，刃脚上部有预制的台阶，下沉时也形成泥浆槽，并填充触变泥浆，这样沉井的土壁全部浸在泥浆中，详见图 5-21。

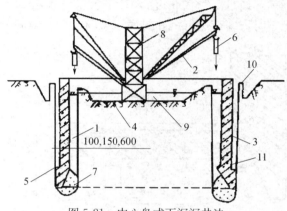

图 5-21　中心岛式下沉沉井法

1—泥浆槽；2—排泥管；3—井壁；4—中心土岛；5—泥浆橡胶密封套；6—挖槽吸泥机；
7—刃脚加固体；8—井架；9—沉淀池；10—泥浆围堰；11—护壁泥浆

槽中的泥浆维持在适当的高度，以保证槽壁的稳定性，并使沉井刃脚徐徐地挤土下沉。沉井达到终沉标高后，把井壁外侧的泥浆置换固化，恢复井壁和土体的摩阻力，刃脚斜面和踏面下的地基土适当加固，以承受沉井的荷载。对于一定的地质条件下的一定深度的沉井基坑，应根据坑底稳定性分析而加固适当范围的土体。

5. 测量控制与观测

沉井平面位置与标高的控制是通过在沉井四周的地面上设置纵横十字中心控制线和水准点进行的。沉井的垂直度是在沉井井筒内按 4 或 8 等分标出垂直轴线，以吊线锤对准下部标板进行控制，见图 5-22。

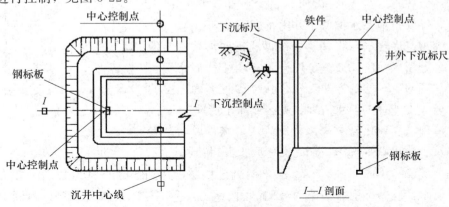

图 5-22　沉井下沉测量控制

在挖土时，随时观测垂直度，当线锤距离墨线达 50mm，或四面标高不一致时，应及时纠正。沉井下沉的控制，通常在井外壁上的两侧用内油漆或红油漆画出标尺，可用水平尺或水准仪来观测沉降。在沉井下沉中，应加强平面位置，垂直度和标高（沉降值）的观测，每班至少测量两次，可在班中及每次下沉检查一次，并做好记录，如有倾斜、位移和扭转，应及时通知值班负责人，指挥操作人员纠偏，使偏差控制在允许范围内。

5.2.4 沉井封底

沉井下沉至设计标高，经过观测在 8h 内累计下沉量不大于 10mm 或沉降率在允许范围内，沉井下沉已经稳定时，即可进行沉井封底，见图 5-23。封底方法有以下两种：

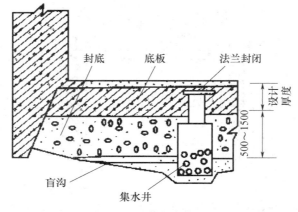

图 5-23 沉井封底构造图

1. 排水封底

在沉井底面平整的情况下，刃脚四周经过处理后无渗漏水现象，然后将新老混凝土接触面冲刷干净或打毛，对井底进行修整，使之成为锅底形。如有少量渗水现象时，可采用排水沟或排水盲沟，把水集中到井底中央集水坑内抽除。一般将排水沟或排水盲沟挖成由刃脚向中心的放射形，沟内填以碎石（或卵石）作为滤水盲沟，在中部做成 2～3 个集水井，深 1～1.5m，井间用盲沟互相连通，插入 ϕ400～600mm 四周带有孔眼的钢管或混凝土管，管周填以碎石（或卵石），使井底的水流汇集在井中，用泵排出，并保持地下水位低于井内基底面 0.3m。

（1）清理基底要求：将基底土层做成锅底形坑，要便于封底，各处清底深度均应满足设计要求，见图 5-24。

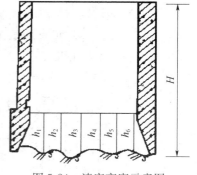

图 5-24 清底高度示意图

（2）清理基底土层的方法：在不扰动刃脚下面土层的前提下，可人工清理，射水清理，吸泥或抓土清理。

（3）清理基底风化岩方法：可用高压射水、风动凿岩工具，以及小塑爆破等方法，配合抓斗或吸泥机清除。

封底一般浇一层厚 0.5～1.5m 的素混凝土垫层，达到强度的 50% 以后（如果其垫层以下有承压水，应做好引流措施），绑扎底板钢筋，两端伸入刃脚或凹槽内，浇筑底板钢筋混凝土。浇筑应在整个沉井面积上分层，同时不间断地进行，由四周向中央推进，每层厚约 300～500mm，并振捣密实。当井内有隔墙时，应前后左右对称的逐孔浇筑。混凝土采用自然养护，养护期间应继续抽水。待底板混凝土强度达到 70% 以后，对集水井逐个停止抽水，逐个封堵。封堵方法是将滤水井中的水抽干，在套筒内迅速用干硬性的高强度等级混凝土进行堵塞并捣实，然后上法兰盘，用螺栓拧紧或焊牢，上部用混凝土捣实抹平。

2. 不排水封底

不排水封底即在水下进行封底，要求将井底浮泥清除干净，新老混凝土接触面用水冲刷干净，并铺碎石垫层，若沉井锅底较深，为了减少混凝土的用量，可以抛入块石，再在上面铺碎石垫层。封底混凝土用导管法灌注。在灌注施工时，最好由潜水员进行找平，新老混凝土接触面进行捣实（或踩实），在估算以后抽水时，会产生漏流现象，或者上浮力较大的情况，应由潜水员在水下设置好引渗漏的导管。待水下封底混凝土达到所需要的强度后，即一般养护 7～10d，即强度达到设计强度后，方可从沉井中抽水，按照排水封底法施工上部钢筋混凝土底板。

5.2.5　沉井施工中常见问题与对策

沉井施工过程中往往会出现各种各样的问题，比其他的基础工程要复杂，这主要是由于沉井是一个在动态状况下施工的基础工程。除复杂的地质因素外，在整个施工过程中，施工经验和施工措施对施工影响很大，处理不好对沉井的使用功能也会带来很大的影响。例如，沉井在下沉过程中出现的偏斜问题是一种不可避免的常见现象，且下沉过程中经常不是左偏就是右斜，反反复复出现，绝对铅直状态下沉是无论如何也办不到的。施工人员的责任是使沉井以较小的偏斜状态下沉而不出现过大的偏斜及由此而带来的平面上过大的位移。如果施工经验不足，施工措施不当，往往越纠越偏，偏斜反而增大，并且在斜偏过程中沉井还要下沉，又不可能原地不动把它纠过来再下沉，这样下沉到接近设计标高时，沉井还是偏斜的，就会严重影响沉井的使用功能（例如沉井作为地下构筑物使用时）。

因此沉井施工的技术性很强，不但要求岩土工程师有扎实的理论基础（如掌握建筑力学、土力学、建筑材料以及建筑结构等）知识，而且要求有一定的施工经验，否则很难处理沉井施工中出现的各种错综复杂的问题。

下面分节对沉井施工中常见问题和应对策略作一些介绍以供参考。

1. 砂垫层的稳定

沉井制作时一般都要开挖基坑做砂垫层。

砂垫层实际上是一种地基处理措施。一般地表下都有一层杂填土层或耕植土层。杂填土内一般均含有建筑垃圾或生活垃圾；耕植土一般都比较松软，故都需要换土处理。砂垫层主要作用是扩散沉井制作时对地基土的压应力。

砂垫层的稳定问题却关系到沉井制作时的安危，沉井工程事故中有一定比例是因为砂垫层失稳造成的。

（1）下卧层的承载力如何取值

砂垫层的主要作用是扩散沉井制作时对地基土的压应力。位于砂垫层下面的下卧土层承受经砂垫层扩散下来的压应力，因此存在一个下卧层承载力的取值问题。

当沉井在砂垫层上连续制作几节（一般是 2～4 节）再下沉时，下卧层承受的压应力将随着沉井制作重量的逐渐增加而增大。当连续制作的最后一节刚制作完毕时，此时的下卧层所受的压应力为最大。

下卧层在承受这个最大压应力时应不致破坏，也即不应达到极限应力状态，否则下卧层失稳，沉井的制作质量将受到很大影响。

下卧层不应达到极限应力状态，但也不应按允许应力状态来承载（这样就会使砂垫层的计算厚度增大，造成沉井制作成本提高），我们认为按接近极限应力状态而大于允许应力状态来确定下卧层的承载能力比较合适。

这里主要考虑两方面的问题：

1）砂垫层毕竟是沉井制作时的临时性的地基处理措施，不能为确保下卧层的绝对可靠而按允许承载力取值来增大砂垫层的厚度。

2）也要保证下卧层在沉井制作阶段有一定的稳定性。因此我们在这里对下卧层的承载力取值引入三个系数。

$$下卧层的承载力 = [R] \times K_1 \times K_2 \times K_3 \qquad (4\text{-}1)$$

式中　$[R]$——下卧层的允许承载力；可查地质资料取值；

　　　　K_1——转换为极限承载力的系数，一般可取 $K_1 = 3$；

　　　　K_2——极限承载力折减系数，可取 $= 0.8 \sim 0.9$（软黏土取小值）；

　　　　K_3——最后一节刚制作完毕时沉井总自重的超载（施工荷载及结构尺寸可能增大引起的自重超载）系数的倒数，一般 $K_3 = 0.83 \sim 0.87$。

（2）砂垫层施工中值得注意的几个问题

砂垫层施工质量的好坏也直接关系到砂垫层的稳定问题。施工中值得注意的有下面两个方面：

1）垫层的材料

砂垫层的承载能力直接取决于砂垫层的用料和摊铺夯实质量。

砂垫层的材料一般要求用中粗砂。因为中粗砂经分层压实后做成的砂垫层内摩擦角比较大，抗剪强度比较高，因此承载能力比较大。

如果当地缺乏中粗砂，也可用级配比较好的瓜子片（粒径小于 15mm），它的内摩擦角也比较大，做成的垫层承载能力也比较高。粗石子不宜用，因为以后下沉时人工翻挖很费力。

细砂也可以用，但它的内摩擦角比较小，为了提高它的抗剪强度，可以在分层铺设时喷洒泥浆水（黏土浆）使砂垫层产生黏聚力，同样可以增大砂垫层的承载能力。

2）砂垫层施工质量的关键工序控制

砂垫层铺设时，控制质量的关键工序主要有三个：

① 分层铺设的厚度控制

分层铺设的厚度与夯实机械有一定的关系，如用电动平板振动器，则分层厚度可控制在 20cm 一层，如用电动蛙式夯机，则分层厚度可控制在 30cm 一层。

每层的夯实遍数及夯印的搭接要求，应按有关规范执行。

② 集水井的深度控制

做砂垫层时，常在基坑四周埋设集水井，用抽水机械放在集水井内每 24h 不间断抽水，以排除砂垫层施工时的喷洒水，沉井制作时的养护水和大气降雨等，集水井的作用很大，不容忽视。

集水井抽水相当于井点抽水的作用，它可以疏干砂垫层，提高砂垫层的强度，它也可以疏干下卧土层内的部分孔隙水，提高下卧层的承载能力。

如果要达到较好的理想效果，集水井应埋设得深一些为好。集水井的埋设深度控制主要掌握两点：一是当砂垫层底部有纵横向盲沟（断面 30cm×30cm 排水坡度 2％左右，沟内填 ϕ5～40mm 碎石，沟顶盖草袋或土工布等透水材料）时，集水井的底部应比盲沟底部深不小于 80cm；二是砂垫层底部无盲沟且面积较大时，应按基坑平均半径的 1/10 且大于砂垫层厚度 lm 的深度来考虑。

集水井埋设好后应立即放入潜水泵每天 24h 不间断抽水，坚持到沉井下沉开始（若当地地下水位始终低于砂垫层底部为 2m 时，可以视集水井有无水的情况间断抽水）。

③ 每一层夯实质量验收控制

砂垫层分层铺设夯实后，应对每一层的密实状况进行检查验收。一般要求密实程度能达到中密状态。

如何检查验收，现行规范对多少平方米测一点做了具体规定，但对中密状态的判定方法可按下面意见来做：

对中粗砂可用测干密度的方法，一般要求干密度不小于 15.6kN/m³ 即认为可达中密状态。

对于用其他散粒材料铺设的砂垫层，可用工程地质勘探规范中的方法来判定中密状态，但方法应简单适用。

2. 下沉过程中的偏斜、位移与纠偏

（1）由下沉和偏斜（含位移，下同）是一对矛盾

人们总是希望沉井在下沉过程中始终保持理想的垂直下沉状态，但是大量沉井下沉实践证明，这是不现实的。

这主要由于以下的原因：

1）沉井在平面上有可能因结构构造的原因，使得各边的重量不相等。

2）下沉过程中井内各边的挖土不可能做到绝对均等。

3）下沉深度范围内各层地基土厚度不均、强度不等。

4）沉井周围地表上有可能附加荷载不均衡分布（如模板脚手材料钢筋和起重设备等）使沉井外井壁受到的侧压力有差异。

5）其他方面一些原因等等。

因此，沉井在下沉过程中总是有偏斜，不是向左偏，就是向右倾，不是向前俯，就向后仰，这是客观存在的必然现象。

沉井只要下沉，就有偏斜出现，这是一对矛盾，始终不可避免，因此我们要理性地正视它。同时，也要重视它，不要回避这一对矛盾，采取积极的态度去对待去处理。

（2）下沉与纠偏的辩证关系

为了说明问题，请参见下面的沉井下沉示意图，见图 5-25。

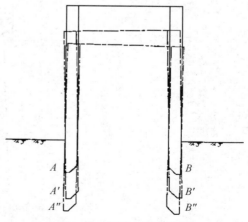

图 5-25　沉井下沉示意图

图 5-25 为沉井下沉示意图，当沉井下沉时，由于井内挖土不平衡等的影响，沉井向左偏斜，刃脚 A 到 A' 位置，刃脚 B 到 B' 位置，沉井虽下沉了一定深度，但却出现了偏斜，此时 B' 刃脚高于 A' 刃脚。为了及时纠偏，又在井内 B' 刃脚处多挖土，减少土体支承反力，致使 B' 刃脚过多下沉到 B'' 位置，而此时 A' 刃脚也下沉了但下沉少一些，到了 A'' 位置，沉井又出现了向右偏斜的现象。

从上面的纠偏过程看，可以得出这样的结论——纠偏过程就是下沉过程。

有的施工人员，在沉井下沉的过程中，只注意下沉，忽视了及时纠偏，结果沉井偏斜越来越大，直到最后不好收拾，费了很大力气再也纠不过来。

既然纠偏过程就是下沉过程，在沉井的下沉过程中，就应把纠偏放在主要位置来对待，把下沉放在次要位置来对待，以纠偏为主，以下沉为辅。大偏要纠，小偏也要纠，沉井在不断的纠偏过程中就会顺顺利利下沉到标高。

在沉井下沉阶段，树立以纠偏为主，下沉为辅的思想，是我们多年施工经验的总结，按照这种思维方式指导沉井下沉，可以使沉井下沉"走的弯路小一点"，"前进的更快一些"。

（3）纠偏对策

理解了纠偏过程中各种作用力之间的主要关系，我们就可以采取众多的纠偏对策。

1）增大纠偏力矩的办法

① 在沉井左侧地面增加一定量的堆载，使主动土压力增大，见图 5-26。

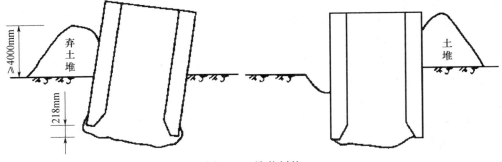

图 5-26　堆载纠偏

② 在沉井的顶上（特别是左半部）堆载，使自重增大，见图 5-27。

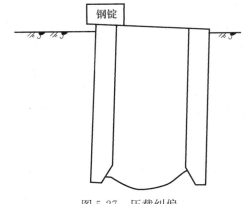

图 5-27　压载纠偏

③ 在沉井的顶部套上钢丝绳，用布置在沉井右边的卷扬机将沉井朝右拉，见图 5-28。

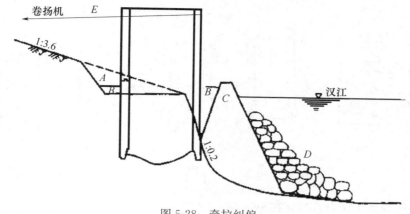

图 5-28　牵拉纠偏

A—岸坡削坡（虚线三角形）；B—砂垫层；C—草包围堰；D—抛石护脚；E—强力纠偏钢绳

④ 当沉井水下下沉时，井内抽水减小浮力，增大下沉力，配合上面的办法一起使用，也很有效。气压沉箱纠偏时，也可用配合降低气压方法来减少浮托力，见图 5-29。

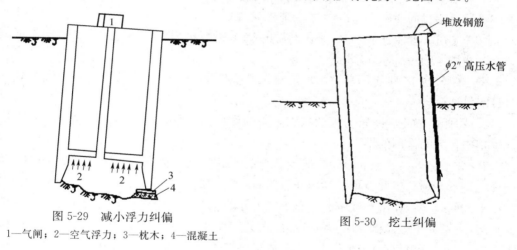

图 5-29　减小浮力纠偏

1—气闸；2—空气浮力；3—枕木；4—混凝土

图 5-30　挖土纠偏

2）减小抵抗纠偏力矩的办法

① 在右刃脚处挖土，使土体支承反力减小，见图 5-30。

② 在右井壁外侧射水冲刷，使土体摩阻力减小，见图 5-30。

③ 在沉井壁外侧挖沟槽，使被动土压力减小。

④ 当沉井有底梁时，掏挖底梁下土体，减小土体支承反力。

⑤ 当沉井用空气幕法下沉时，启动右侧空气幕，可以减小被动土压力。

以上两方面的各种措施，用一种或多种综合起来用，实践证明都是有效的。

当沉井（或沉箱）在平面上发生中心线位移时（大多是因为不及时纠正刃脚高差造成的后果），也可以用在井内偏挖土方的方法来进行位移纠正。例如当沉井南北向中心线向东位移时见图 5-31，可先挖井内东面刃脚处土方，把沉井再扶正，扶正后测量南北向中心线是否仍有向东位移现象（一般经过这样的偏挖法，平面位移值会缩小），若已纠偏过来一些，仍不理想，可按上述偏挖方法再循环 1～2 次，中心线位移一般都会纠正过来。

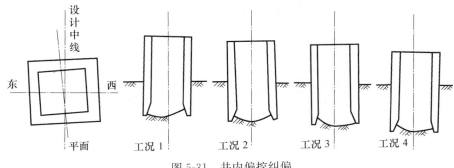

图 5-31　井内偏挖纠偏

3. 沉井的突然下沉及其预防措施

（1）沉井的突然下沉

沉井的突然下沉就是沉井在下沉施工过程中，经过一个阶段井内大量出土，沉井仍不下沉，而在预想不到的时刻，沉井突然以极快的速度下沉。时间只有几秒钟，沉井却突然下沉了数米。这种突如其来的下沉现象，我们称其为沉井的突然下沉，简称"突沉"。

对已施工过的 300 多座沉井进行统计发现，约有 7% 左右沉井发生过突然下沉现象，其中有一个沉井在下沉 13m 后，在其后的 26m 下沉过程中居然发生了 9 次突然下沉。有一个沉井最大的一次达 5.78m。

张立荣曾在 1984 年用动力学理论对沉井实然下沉作过定性分析，并用微积分方法进行过定量计算。

1）物体由静止状态转为运动状态是力的作用的结果，沉井由不沉转为突然下沉，同样也是一种力的作用的结果。

2）静止是力系平衡的表现，运动是力系不平衡的表现。沉井突沉前的静止不沉状态，同样也是下沉力（沉井自重）和阻止下沉的力（这时主要是周边土体对外井壁的摩阻力）相持平衡的表现；而沉井突沉时则是下沉力和阻止下沉的力不平衡的表现。

3）大量的工程实例表明，沉井的突沉均发生在沉井下沉过程中停置一段时间再开始下沉的时候。这里面分两种情况：一种情况是沉井分次下沉时为接高井体而停止下沉，待接高井体达一定强度以后再进行下沉；另一种情况是沉井下沉过程中不是连续 24h 挖土下沉，而是一班制或两班制下沉，一天中的其余时间停止下沉，待第二天再挖土下沉。

4）沉井下沉过程中停置一段时间后，井周原被扰动后结构破坏强度降低的饱和软黏土由于静置重塑的触变过程而使强度逐渐提高。另外，井周土体这时在自重应力作用下土的有效应力和密度逐渐增大，渐渐开始趋向固结，强度也会逐渐提高，再加之，沉井由下沉状态转为不沉状态，井外周的土体摩阻力也由滑动摩阻力逐渐转为静止摩阻力（摩阻力值即由小变大）。

5）沉井在发生突沉前一段极短时间内，下沉力（沉井自重）和阻止下沉的力（这时由于沉井刃脚处土体被全部掏空而只有外井壁的土体摩阻力）达到极限平衡状态，井外周静止摩阻力也发展到极限值。

6）土体的极限静摩阻力发生在紧靠外井壁的土体中。下沉力与阻止下沉的力相持一段时间后,可能是黏性土的蠕变性所致,这时井周一圈的这部分土体迅速发生塑性剪切破坏,阻止下沉的力(此时为极限静摩阻力)急剧减小,下沉力和阻止下沉的力的极限平衡状态被打破,突沉瞬间发生。

7)突沉开始后,土体的静摩阻力转化为动摩阻力(摩阻力的量值由大变小),使突沉呈现出变加速运动状态。

8)当沉井突沉接近终止时,沉井刃脚逐渐接触到井内土体,地基反力逐渐增大,突沉呈现出变减速运动状态。

因此沉井突沉全过程是由变加速运动至变减速运动的过程。将这一分析再结合微积分的定量计算,张立荣曾通过某一沉井实例比较精确地计算出突沉全过程的发生时间(这一时间只有 1s)。

(2)防止突然下沉的主要措施

沉井突然下沉都是在施工人员察觉不到的瞬间发生的,但它发生后,时间又极短,根本来不及采取措施阻止它,等施工人员清醒后意识到了,突沉的全过程已经结束了,因此它的危害性特别大,极易发生机毁(井内出土设备)人亡的恶性重大事故。

上海打浦路越江隧道盾构工作井(沉井)在施工时(1965—1966年),曾发生三次突然下沉,由于那个年代沉井发生突然下沉极为罕见,施工人员都没有经验,弄得措手不及,也不知采取何种措施为好。现在这个工程的原始资料由于年代久远查找不到,只能靠回忆简单介绍一下情况。记得第一次突然下沉深度是 1.30m,时间估计 1~2s,事故发生后,马上开会商量,决定在沉井的四角增加 8 个钢筋混凝土牛腿,在牛腿的下方井外地面上搭设 8 个道木垛,设想沉井再发生突然下沉时,用道木垛支托牛腿,阻止沉井发生过大的突然下沉。果不出所料,第二次突然下沉又意想不到地发生了,在极快的下沉速度中,钢筋混凝土牛腿将道木垛几乎全部压入了土里,而牛腿并未断裂,安然无恙,沉井突沉量达 2.30m 左右,反而比第一次增加了 1m 左右的深度。为什么采取了措施却阻止不了突沉呢?事后分析,主要是道木垛搭设在靠近外井壁已被反复扰动破坏的土体上,土体抗剪强度很小,根本无法支承突如其来的沉井的动荷载,因此道木垛被"击"入土里。之后想不出更好的办法,转而又分析认为沉井下沉系数过小,立即采取措施向井内回填一定厚度的黄砂,稳定沉井后再接高最后一节井体,见图 5-32,增加沉井自重,使下沉系数增大,然后再挖土下沉。在这次下沉时,又发生了第三次突然下沉,下沉 3.30m 左右,反而更大,看来下沉系数增大了也无济于事。通过这个实例反映了当时经验不足,采取的措施并没有针对造成突沉的主要原因。

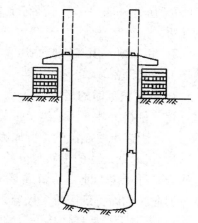

图 5-32 防突沉措施——设置牛腿

以后通过经验教训的不断积累,我们总结了若干措施防止突沉,或即使发生突沉也能减少其突沉深度,尽量避免对人员和设施造成危害。主要措施如下:

1)沉井接高后再次下沉时,千万不可将沉井内锅底土挖的过深,应先沿刃脚四周挖土。当刃脚底面还未掏挖,沉井仍没有下沉的迹象时,先用水冲法破坏外井壁的土体摩阻力，切不可继续掏挖刃脚底面土体，使沉井只靠外壁摩阻力处于悬空状态。

一般来说，当刃脚斜边外土体被挖除后，土体对沉井的支撑反力已经很小了，此时若沉井仍不下沉，只要用水枪沿外井壁四周冲射，破坏土体摩阻力，沉井就会下沉了。若不冲射井壁外土体，而一味继续掏挖刃脚底面土体，使沉井只靠外壁摩阻力而处于悬吊状态，极易造成突然下沉。

2）沉井在下沉过程中，应该在井内24h不停挖土，使沉井一直处于滑动摩擦下沉状态，尽量不要停停下下、下下停停，以免出现静止摩阻力而阻碍下沉。这一点最为关键，若能做到，突然下沉基本上可以避免。

3）为防止过大的突然下沉，挖土时应坚持先沿刃脚四周进行，井内中央的土尽量后挖，这样即使出现突然下沉，刃脚周边的土被挤向井内中央时会受到井内中央预留土体的阻碍，使被挤出的土体仍集聚在刃脚周边而隆起，刃脚处土体反力因而立即增大，突然下沉就会被受到很快抑制，突沉量可大为减少。

4）建议在沉井底板部位增设底梁。经验证明底梁在沉井发生突然下沉时，能够有效地迅速增大井内土体反力，降低突然下沉深度，减小危害性，见图5-33。

5）水力机械冲排井内土方下沉时，建议在井内搭设的操作平台高于沉井刃脚踏面3m以上，避免沉井突沉时井内涌土顶翻平台，造成事故。

6）在沉井外搭设的供施工人员进出井内的扶梯不能与井壁固定连接，宜悬挂在井壁顶上，防止遭破坏伤人；而井内的上下人扶梯底脚也宜搁置在底梁的顶上，不要伸入刃脚处。

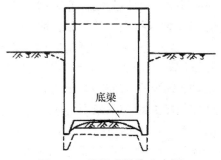

图 5-33　增设底梁防止突沉

7）沉井外四周尽量不要停放机械设备，即使是挖土吊车也要在沉井不下沉作业时远离井边。

8）井壁顶上用于纠偏的压重物一定要固定牢靠，防止沉井突然下沉时掉落井内外，砸伤人员和设备。

4. 沉井终沉时的超沉

超沉是指沉井下沉超过了沉井刃脚设计标高。

（1）引起沉井超沉的主要原因

1）沉后期沉井的偏斜与位移仍较大，不能满足规范的验收标准要求，也不能满足沉井作为某种特定功能（桥墩或泵房或顶管工作井或接收井等）的使用要求，必须纠正过来，但此时的纠偏既困难又极容易造成沉井超沉。

2）沉井下沉后期快接近刃脚设计标高时，又发生了突然下沉，造成了沉井超沉。

3）沉井下沉后期下沉系数仍然过大，井内一挖土，沉井就下沉，但不挖土既不能满足封底要求，又不能满足刃脚设计标高要求，两难之下沉井超沉了。

4）沉井下沉到接近刃脚设计标高时，井内发生了管涌流砂，引起了沉井超沉。

5）水下下沉的沉井，在下沉后期锅底已冲挖很深了，仍下沉缓慢，结果采用井内抽水的助沉办法，由于控制不当引起了沉井超沉。

6）沉井终沉标高处持力层是较软弱的淤泥质土时，承载力低，容易引起终沉时控制不住造成沉井超沉。

2）防止超沉的措施

1）编制施工组织设计时，通过下沉力的计算分析，判断沉井下沉后期下沉系数是否偏大。如若偏大，同设计人员商量能否将井内一部分结构在沉井底板浇筑后再做，以减轻下沉时沉井的自重，或要求增宽刃脚踏面及增加底梁来扩大支撑反力。

2）沉井下沉过程中坚持"以纠偏为主，下沉为辅"的纠偏原则和始终保持沉井处于滑动摩擦状态下沉连续作业的要求，以避免沉井下沉接近设计标高时再反复纠偏和突然下沉而造成沉井超沉。

3）沉井下沉后期放慢速度，精心施工，锅底不要挖得过深，尽量沿刃脚斜面一层一层削土，或逐步掏挖底梁下土方，使沉井缓慢下沉。如若速度过快了，应通过控制挖土量来调整。

4）通过对地质资料的分析，如下沉到设计标高时，下面的承压水有可能突破井内锅底隔水层而发生管涌流砂时，应在下沉前就制订并实施好切实可行的措施（如沿井外四周进行井点降水减压或对承压含水层进行压密注浆、水泥土搅拌桩等隔断处理）。

5）如若沉井终沉标高处持力层是淤泥质黏土层，应对该层在施工前就进行压密注浆等加固处理，提高其承载能力。

6）用触变泥浆套下沉的沉井，当沉井达终沉标高时，应压水泥浆置换触变泥浆，并等水泥浆达一定强度后再清理锅底土面，这样可以防止沉井终沉后再超沉。

7）采用水下下沉的沉井，在沉井接近终沉标高时，锅底不要冲挖太深，抽水助沉时要抽抽停停看看，控制下沉速度，不要操之过急。

8）当沉井下沉后期仍然下沉速度过快时，并且通过计算，沉井下沉接近终沉标高时下沉系数仍然较大，为了防止沉井超沉，可考虑向井内灌水，增加浮力，改干下沉为水下下沉和水下封底。

9）当沉井下沉已接近终沉标高，井内仍然有较多的土妨碍封底时，可采取对称分格（设有底梁时）出土分格封底的办法，控制沉井超沉。

10）沉井终沉接近设计标高时，考虑沉井会在不挖土的情况下自沉的现象，根据下沉系数的大小和井内土面高低及土质强弱，一般预留 50～100mm 的深度，应对因沉井自沉而引起的沉井超沉。

5.2.6　工程实例

江阴长江大桥为我国同三线（黑龙江同江至海南三亚）的重要道口，跨接江阴西山和江北靖江十圩村，于长江主河道上采用一跨过江的悬索桥型，主跨为 1385m，当时跨度为"中国第一"、"世界第四"。长江南岸江阴侧为山丘，北岸靖江侧为一片平坦农田。由于北岸的地形地质条件和上部结构对锚碇墩的巨大作用力的特征，"非岩石地基"上的江阴大桥北锚墩基础成为整个大桥建设的关键，锚碇墩基础采用深埋沉井方案，该沉井成为大桥建设的重中之重。

1. 基础方案选择

（1）地形地质和水文条件

1）地形条件。北锚碇墩南距长江大堤 240m，西距十圩港堤 214m，锚碇区地面高程

＋2～3m，是一片平坦农田。

2）地质条件。锚碇区覆盖层厚 77.6～85.6m，由四层基本土层组成，第Ⅰ层为亚黏土和细砂互层，厚度约 14～18m；第Ⅱ层为细砂层，厚度约 22～30m；第Ⅲ层亚黏土层，厚度约 7～20m；第Ⅳ为细砂或含砾中砂组成，厚度约 30m；80m 以下为裂隙发育灰岩，见图 5-34。

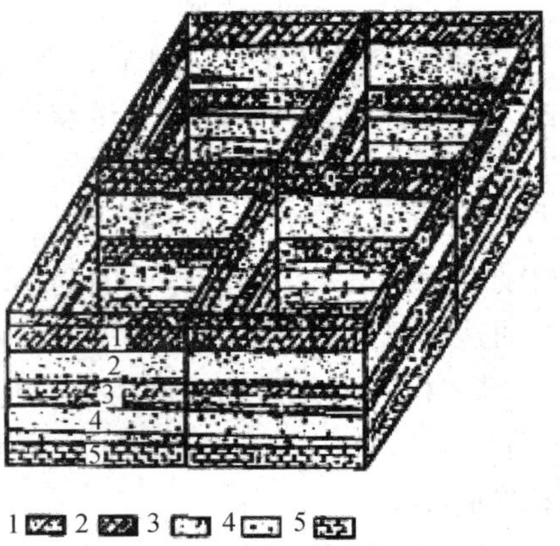

3）水文条件。锚碇墩场区混合水埋深 1.1～1.8m，潜水位埋深 2～2.5m，承压水位埋深 2～3m，潜水层平均厚度约 19m，约 3m 隔水层下有两层承压水，下部承压水与江水有密切的水力联系。

1   2   3   4   5

图 5-34 北锚碇工程地质立体透视图
1—亚黏土与亚砂土层；2—亚黏土与细砂层；
3—细砂；4—含砾中粗砂；5—灰岩

（2）基础功能要求

上部结构荷载对锚碇墩主要功能要求是有效地将主缆 64000kN 缆力（水平分力约 55000kN）传给地基，且水平位移要控制在允许范围之内。

（3）地基承载层选择

根据荷载对基础的功能要求和两种选择比较的基础结构，承载土层的确定难度较大。首先从地基条件看，Ⅰ层和Ⅲ层为亚黏土和细砂互层，作为承受巨大水平力和抵抗地震作用是不适宜的；Ⅱ层和Ⅳ层为砂层，可作承载土层考虑，但Ⅱ层组成砂较细，有亚黏土层下卧，Ⅳ砂粒度已逐渐变粗并夹有 30mm 以下砾石，基础承载层可以选择浅埋在 35m 左右，或深埋在 60m 左右。从承载力和变形条件比较，以Ⅳ层砂层作为承载土层，更稳妥可靠。但是由于深埋比浅埋深度增加将近一倍，其工程量和工程难度风险却远大于一倍。

（4）基础结构方案

置于岩石地基上的悬索桥锚碇墩，一般采用重力式或隧道式，可视具体条件而定，在非岩石地基上的锚碇墩结构形式，由于可选择的承载地基层和基础结构形式的多变复杂，困难比较大。首先是墩基支承层的选择，对于江阴大桥靖江岸锚碇墩，即有Ⅱ层土还是Ⅳ层土可选，就是浅埋或深埋；其次基础结构形式的选择，这与施工方法紧密相连，有沉井和地下墙（当时仅在此次两种方案中比较）两种方案。不管是沉井还是地下墙，所谓浅埋的 30m 基础深度也不是轻而易举可以实施的。对于地下水在地表下 1m，重力基础的受力深度达到地下 60m 的基础结构的施工难度更是超乎寻常。江阴长江大桥北锚墩结构剖面图见图 5-35。

以地下墙和沉井结构在不同深度的难度差异和优劣作比较：

（1）20 世纪 90 年代地下墙工艺的实际应用深度已达到了 100m，而且 1981 年完成的英国享伯桥锚碇墩采用的是地下墙工艺，这表明了地下墙工艺从技术和实践都可作为锚碇墩结构设计选择的方案，但在实施时，设计和施工都有许多难题必须解决。地下墙的特长是将庞大的整体结构物分成许多小尺寸的单元体逐个完成，因此当地下墙成型时并不是一个可以整体受力的结构，还不能抵挡锚碇体内部地下结构施工时结构外部的巨大的水土压力，因此内部结构的设计和施工也有许多难点。同时还要保证内部结构施工时，地下水影响和底板下土的稳定安全。当时国内开挖的地下墙实际施工经验为 40m。

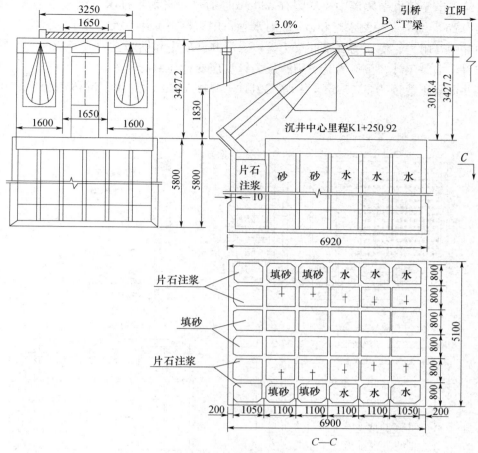

图 5-35　锚墩结构剖面图（尺寸单位：mm）

（2）沉井工艺在工程上是一种成熟的施工方法，为各类工程对象所采用，国内最大的下沉深度已达 80 余米，最大面积圆形的直径达 68m，面积 3600 余平方米，矩形的单边最长达 80m，面积约 2000m²。沉井工艺的方法是把一个庞大的最终地下结构体，在地面上制好，沉至设计要求的深度，或者是制一节沉一节，直至达到结构要求的总高度和下沉深度。江阴大桥北锚墩沉井，把国内沉井应用的各项最高指标集于其上，其设计、制作、下沉及内部结构的施工所含难度和风险也是可想而知的。

北锚碇基础选定深埋 58m 的沉井方案。沉井结构的整体性强，可以根据荷载要求确定其形状和尺寸，结构主体在常规施工条件下完成，质量易得到保证。大深度的沉井下沉和封底等水下作业，只要认真对待质量也是可以保证的。

2. 沉井结构

江阴大桥北锚墩沉井结构，长 69.00m，宽 51.00m（底部高 13m，长 69.20m，宽 51.20m），平面分成 36 格，成为大沉井小分格结构，坐落在含砾中粗砂的Ⅳ层土上，布置见图 5-36。底部首节为钢壳混凝土填芯结构，高 8m，其上为钢筋混凝土结构，设计制作高度为每节 5m，共 11 节，总高度为 58m。井壁厚 2m，底部 13m 的井壁厚 2.10m，隔墙厚 1.00m，刃脚高 2m，踏面宽 0.20m。沉井纵横中隔墙下设 1.5m 高封底混凝土分区隔

125

墙，自第三节至第九节隔墙中央均留有ϕ30cm连通管，平衡不排水下沉施工的井内水位，井壁内设置了ϕ40cm探测水管和ϕ5cm射水管，用于控制沉井下沉。为了掌握沉井下沉过程中的井壁摩阻力、侧压力和基底反力，以及沉井混凝土和钢筋应力应变情况，沉井上还设计布置了面摩阻计、侧压力计、刃脚反力计、应变计和钢筋计等。

沉井混凝土数量为54556m³，钢筋3911t，型钢1453t，沉井下沉体积为20.50万立方米。

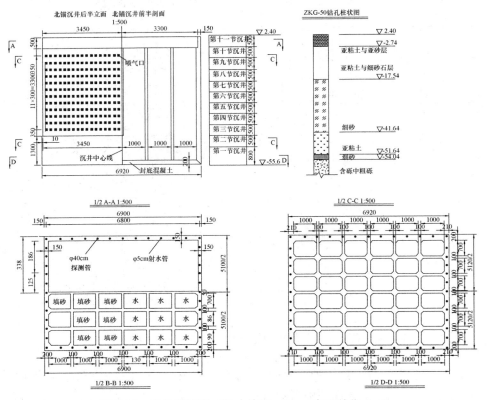

图5-36　沉井结构图（尺寸单位：mm；高程单位：m）

3. 沉井施工方案

江阴大桥北锚墩基础沉井属陆地软土沉井。地基土为成层的黏土和砂，深部水与长江有明显联系，位置距长江堤岸约200余米，沉井的结构尺寸及体重大，深度深。沉井施工方案围绕着沉井制作、下沉、封底等阶段进行，过程中的试验、测试为其服务，必须达到安全可靠、如期和符合设计质量的标准。

总体方案是无垫木陆地分节制作，多次下沉，下沉方法根据具体条件采用排水和不排水下沉结合，水下混凝土封底。为配合方案的实现，采取了相应的试验和技术措施。

（1）沉井制作的地基加固

沉井第一次下沉的制作高度为13m，自重3万吨左右，由第一节8m钢壳混凝土和5m钢筋混凝土组成。自钢壳沉井拼装至13m高沉井结构制作完成，浇筑的混凝土到达设计强度，沉井开始下沉前，作用于沉井底下持力层（此即砂垫层）和下卧层的作用力要在地基强度和变形允许范围之内。

沉井制作地基剖面见图 5-37。

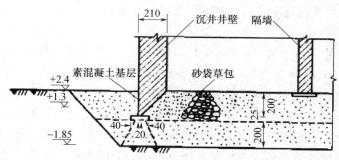

图 5-37　砂垫层剖面图（尺寸单位：cm，高程单位：m）

沉井制作至 13m 时，砂垫层和下卧层承载力验算：

① 持力层验算

沉井自重：$G=313620kN$

附加荷载：$N=5310kN$

支承面积：$A=1024m^2$

基底压力：$P=(G+N)/A=315kN/m^2=315kPa<[R]=400kPa$

其中 $[R]=400kPa$ 为砂垫层平板载荷试验允许值。

② 下卧层验算

按 $\theta=30°$ 扩散后的支承面积为：$A=3031m^2$

附加应力 $\sigma\zeta=(G+N)/A=103.9kPa$

自重应力 $\sigma c=rD=10.0\times2=20kPa$

叠加应力 $\sigma\zeta+\sigma c=123.9kPa<[R]$

其中 $[R]=149.1kPa$ 为贯入度试验取得的加固后下卧层地基强度。

1）砂桩地基加固

砂桩加固地基面积为 73.20m×55.20m，桩数为 3026 根，成桩深度 16.40m（灌砂深度 13.60m），呈梅花形布置，行距乘排距为 1m×1.25m，砂桩加固正式施工前，进行了两种施工工艺的加固效果对比试验，见表 5-6。

表 5-6　改进后的地基强度

项目		原工艺	改进工艺
拔管形式		一次拔管法	逐步拔管法
拔管速度（s/m）		30	44
灌水量（kg/根）		500	320
砂桩标准贯入度击数	8m 以浅	6.9	11.3
	8m 以深	13.3	16.9

2）砂垫层

沉井制作砂垫层采用沉入式，即砂垫层上平面为自然地面，砂垫层的设计厚度为 4.25m，故砂垫层的基坑上口为 82m×64m，下口为 74m×56m，深 4.25m，基坑出土量约为 2 万立方米，也为砂垫层方量。基坑内设 10 口集水井，降低部分地面水和抽排施工阶段坑内自由水，砂垫层施工采取推土机和平板振捣器分层洒水碾压，达到砂的干容重 $rd > 1.57 \text{g}/\text{cm}^3$，经平板载荷试验极限承载力达 400kPa。

（2）降水

北锚碇墩沉井距长江大堤 240m，十圩大堤 220m。沉井下沉深度内地层情况如前述，采用下沉方案为 30m 深度以上排水下沉，28m 以下为不排水下沉。排水下沉速度快成本低，对于总体被 20.40 万立方米的沉井，两种不同下沉方法的工期和成本的差量是很大的。排水下沉须保证下沉阶段地基土的稳定和周边环境的安全。如果没有适宜措施，在有源补给水的砂性土层采取排水下沉是难以实现的，唯一可能采取的措施是疏干下沉深度内地层中的水。该措施能否实施的条件是在亚黏土细砂互层和有承压地下水的情况下能否降水，降水会否对周边环境和江堤安全产生危害。

1）降水试验（图 5-38）

根据沉井排水下沉深度 30m 的要求，降水试验主要目的是：

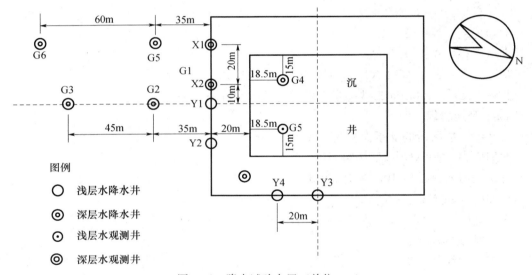

图 5-38　降水试验布置（单位：m）

① 根据水文地质试验结果，论证各含水层的可疏性，提出降水深度达到地面下 29m 的工程方案。

② 根据沉井下沉不同阶段对地下水位深度的要求，做出降水实施的操作方案。

③ 预测降水方案对周围环境可能产生的影响，并提出防治措施。

2）降水试验结论

① 通过对深、浅层水分别作降深，对观察井和降水井分别进行观察，结合自然水位随潮汐变化曲线进行分析后得出：上下两层承压水层间无越流补给现象。

② 两层承压水含水量丰富，下层水量更大，与长江有密切的水力联系，可以把长江作为水头补给边界。

③ 降水将引起地面沉降，通过试验阶段的观测结果计算分析后，认为对长江大堤及建筑物将不会造成不良影响。

④ 从两层承压水降深值估计，分层设井抽降达到 29m 降深完全可行。

3）施工降水井位置

施工中降水井位置的布置见图 5-39。

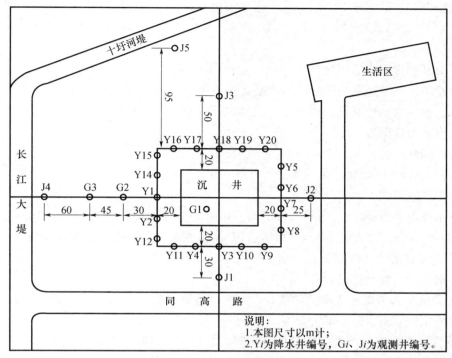

图 5-39　施工降水井布置

（3）空气幕

对于超大型沉井既要有顺利下沉的可靠保证，又要尽可能减少下沉重量，降低下沉系数，减少制作过程中地基承载力不足的困难，这也是该沉井能否顺利下沉到达设计位置的主要风险之一。空气幕法是沉井下沉减阻措施之一，对于在砂性土层中下沉的沉井，空气幕法具有井壁与土在空气扰动停止后恢复结合快，又可以利用空气幕分区启动进行纠偏，必要时还可利用气幕管网注浆作沉井阻沉措施等优点。日本 20 世纪 40 年代在矿井中应用，我国铁路系统也有广泛应用的成熟经验。当沉井下沉重量和周边摩阻力平衡时，就需启动空气幕减阻助沉，下沉出土周而复始，直至到达设计位置。在沉井下沉终止前，必须保证气幕系统的正常工作。

1）气幕构造设计

沉井的空气幕助沉在沉井结构设计阶段就要进行设计布置。包括气幕构造台阶、喷气管网布置、气龛和喷嘴构造设计。

2）气幕试验

北锚碇墩沉井对全桥的关系重大，为保证气幕助沉作用的有效发挥，对气幕设计进行了模拟试验，达到如下目的：

① 模拟气幕工作时，气龛内喷嘴堵塞情况，选择最佳喷嘴构造和除砂方法。

② 一个 $\phi3mm$ 喷嘴的作用范围。

③ 一个 $\phi3mm$ 气孔的耗气量和气压关系。

④ 试验空气幕的减阻效果。

3）气幕效果

北锚碇沉井，下沉至 54.412m（不排水下沉）时，沉井在设计计算的支承条件下，即刃脚在土中 1m，隔墙悬空，沉井已无法下沉，后经五次启动气幕下沉 113.8cm，到达设计位置。

（4）沉井制作出土下沉和封底

北锚碇墩沉井采用的总体施工方案是无垫木制作，然后是分节 11 次浇捣混凝土接高，四次下沉。前六次制作高度至 33m。三次排水下沉至 30m，然后五次接高至 58m，一次不排水下沉直达设计深度。

1）沉井制作

沉井首两节共 13m 高，采用无垫木方法制作。

① 钢壳沉井制作

首节钢壳沉井外形 51.20m×69.20m，井壁处厚 2.10m，高 8m，隔墙处厚 1m，高 4m，共 61 个节段，总重量 1453t（指钢结构），由现场工厂制作，于井位处拼制。钢壳拼制完成后腔内填充 C30 混凝土约 7000m³。

沉井钢壳的主要功能是：

a. 钢壳成为首节混凝土浇筑的模壳，当模内浇筑混凝土达到设计强度后，便成为参与共同受力的钢筋混凝土的一部分。

b. 钢壳是具有整体刚度的格形平面框架，保证首节混凝土浇筑过程中连续（不均匀）增加的垂直荷载，传递给柔性地基（砂垫层）并不致因沉降变形而破坏混凝土凝固前的养护条件，造成裂缝。

c. 北锚碇墩沉井深度大，有砂性土，需要首节沉井有更好的抵抗磨耗和更强的抵御外力的能力。另外钢壳的侧壁与土的摩阻力较混凝土小，有利大深度沉井的下沉。

② 混凝土沉井制作

沉井从第二节开始为钢筋混凝土结构，每次制作高度为 5m。第一节和第二节在砂垫层上制作，验算了砂垫层的强度和加固后砂垫层下地基强度。以后是分节制作分次下沉，须验算沉井各次制作加载过程中和各次下沉前的下沉稳定性和结构的安全状态，防止沉井的倾侧和破坏：

$$K_s = \frac{G - F_Q + F_m}{R_V + F_f}$$

式中　K_s——下沉系数，$K_s < 1$ 沉井是稳定的；

　　　G——自重，kN；

　　　F_Q——浮力，kN；

　　　F_m——施工荷载，kN；

　　　R_V——刃脚和隔墙底面支承反力，kN；

　　　F_f——沉井壁侧面摩擦阻力。

③混凝土浇筑

沉井混凝土浇筑为常规的方式，因沉井结构面积大，一次混凝土浇筑数量也大。设计要求分 11 节制作，第 1 节混凝方量 6750m³，第 2～10 节方量 5240m³。混凝土强度等级为

C25，坍塌度 16cm，初凝时间 10～12h。混凝土浇筑采用 12 辆混凝土搅拌车，8 台泵车布料，分层平铺施工，每层厚度不超过 50cm。混凝土达到内实外光的要求。

2）沉井出土下沉

本沉井下沉深度达 58m 之多。最大的难点是能否将其下沉至设计要求的位置，因为如果不能正常地实现，问题处理的难度和成本很大。再是下沉质量和工期如何。北锚碇墩沉井分为排水下沉和不排水下沉两个阶段进行，排水下沉深度 30m，不排水下沉深度 28m。

① 排水下沉

沉井排水下沉共分三次进行，下沉量依次为：11m、17m 和 2m。施工方法采用深井降水，疏干下沉深度范围土层内含水，保证沉井下沉时地基土的稳定，井内采用水力机械的方法破土排泥。排水下沉的关键是适宜的降水深度和控制沉井的均匀下沉，以及适用的排土方法保证出土效率。在保证沉井均匀下沉方面采取了一系列控制措施，主要为：

a. 自中间向外逐步扩散的出土程序。

b. 严格控制刃脚处土基，保证沉井均匀受力。如刃脚全支承不能下沉需在刃脚处取土时，做到均匀对称，层层剥离，循序渐进。

c. 采用电测和光学仪器两种手段对下沉量、四角高差、偏位测量，实时掌握下沉速度，及时纠偏，保证沉井初始阶段形成良好下沉轨道。

d. 通过电测手段，获得基底反力及沉井结构的应力、应变数据，及时消除非正常受力现象，确保沉井结构体安全受力。

e. 控制降水，严防井底涌砂现象。不宜降水过度（尤其在粉质土层中），因为过分降水既增加降水能耗，又增加土的塑性，影响冲泥和出泥效果。

f. 对长江大堤、桥址、民房等设施布点监测，随时掌握降水引起的环境影响。

排水下沉较之不排水下沉，有成本低、效率高、可直视情况、掌握正确等优点，但排水下沉深度大时，并内外水土压差大，对沉井结构的强度和刚度要求高，长时间降水将对长江大堤引桥建筑、水准点等产生一定影响。

② 不排水出土下沉

不排水下沉采用空气吸泥出土，下沉量 28m，穿越细砂层和粉质黏土层（硬塑），最终坐落在含砾砂层上。

A. 空气吸泥。见图 5-40，当高压空气进入储气包后，由吸泥管管壁上小孔进入吸泥管，使管内气水混合的液体比重降低而上浮，管底部因真空而产生吸力，而空气在上升过程中继续膨胀，受压空气的势能转化为液体运动的动能，空气吸泥能达到很高的效率。一般地说，空气吸泥不适用于吸泥水头小于 5m 的情况。

北锚碇墩沉井分 36 个格仓，布置了 36 套吸泥设备，16 台空气压缩机，14 台高乐水泵，8 台低压水泵，80 多台泥浆泵，12 台井顶门式吊机，若干套

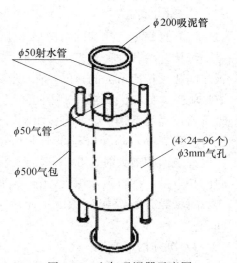

φ200吸泥管
φ50射水管
φ50气管
φ500气包
(4×24=96个)
φ3mm气孔

图 5-40　空气吸泥器示意图

131

潜水装备。门式吊机净高为 9m，轨距为 7.4m，起重量为 10t。

B. 穿越硬土层。不排水下沉，采用空气吸泥，水力机械破土。水力机械最适用于无黏结砂性土或含砾量不大的无黏结砂砾土层。当土层为黏结性夹有块状物时，水力破土效率大大下降。沉井下沉进入埋深约 40m 的粉质黏土层时，该层土为灰黄色、饱和、硬塑含钙核及砾石，局部夹粉砂，部分为大块页岩、泥岩，吸泥过程中堵管严重。该层土有以下 4 个特点：

a. 层面高差大。

b. 层厚不一。

c. 液性指数低，属硬塑性土。

d. 接近沉井设计底标高。

针对该土层特点，下沉过程中采取了以下各种措施和手段，使沉井顺利下沉至设计标高：

a. 提高水枪射水压力，加大破土力量。

b. 增大气压，将钙核及砾石顺利吸出井外。

c. 潜水员配合施工，对井下泥土标高情况做出正确反应，清除井底垃圾及障碍物。

d. 利用刃脚预设的高压射水管，射水破坏土层结构。

e. 水力吸泥机底部设置水平射水管，增大破土范围。

f. 定点冲泥，按土层泥面标高测量数据，控制冲泥位置。

g. 该土层有经水浸泡后易软化的特征，及时更换井格轮流冲泥可以提高效率。

h. 辅助 4 台潜水电钻型绞吸机，破坏土层结构。

i. 启动空气幕助沉。

在下沉过程中，还采用了电测手段，对刃脚反力、钢筋混凝土应力应变、侧壁阻力等进行监测指导施工，配合下沉。另外还采取了井内外水位控制，含泥量试验及排除堵管等措施，顺利通过粉质黏土层。沉井下沉离设计标高 2m 时，放慢下沉速度，以保障沉井平稳为主，严格控制四角高差和轴线位移。沉井终沉标高 −55.60m，四角高差 4.10cm，南 78cm，东偏 1.8cm。

3）沉井封底

沉井封底是沉井基础结构整体化的重要工作。封底与井内填充物和顶板共同作用，承受上部传来的各种荷载。沉井封底厚度 8m，封底混凝土总量 21600m³。为达到井体和底板之间相互传递剪力的目的，在底板和沉井钢壳接触处设有抗剪键。封底采取水下混凝土方法施工，分四区实施。于中间隔墙下设有 1.50m 高，50cm 厚分区隔墙，为防止浇筑混凝土通过隔墙下掏空处向旁区窜动，分区隔墙下用钢管包裹麻袋和砂袋堵塞。沉井封底前进行沉降观察，8h 沉降量小于 10mm 方可实施封底作业。沉井封底每区布设 18 根导管，每区浇筑面积最大时达 855m²，8 台混凝土泵车连续浇筑一次到达标高。北锚碇墩沉井封底的特点是：①自由水深大，导管的控制困难；②一次水下浇筑的面积大，导管的数量多，每根导管的分担面积大。针对两特点采取了相应措施，浇筑过程中仍然遇到一些问题。

4）沉井构造措施

沉井结构除承受悬索桥上部建筑的巨大荷载外，同时还要考虑沉井自身制作、下沉至封底完成过程中必须采取的构造要求有：

① 钢壳沉井和抗剪键。钢壳沉井既是混凝土浇筑的模壳，又是沉井钢筋混凝土结构无垫木制作的承力结构，抗剪键在封底混凝土完成后，在底板和井体之间传递荷载剪力。

② 气幕隙和气龛、喷气嘴、加气管网。沉井外壁刃脚以上 13m 处有一个 10cm 台阶，使沉井在下沉过程中，形成土面和沉井壁面间有一松动土隙，使自壁龛内喷嘴喷出的高压气有扩散空间。喷嘴为一能喷出气体又能阻止固相物回流的专门构造，管网还设有注浆装置。

③ 沉井封底分区隔墙。

④ 分格仓连通管。沉井隔墙自第三节起至第九节隔墙内设 $\phi 30cm$ 连通管，在不排水施工时，维持各格仓间水位平衡。

⑤ 沉井下沉探测助沉措施。$\phi 40cm$ 沉井刃脚探测孔 24 个高压射水孔 24 个。

以上措施同样是必需采用以保证沉井达到设计要求。

5）沉井工程测试

北锚碇墩沉井体量大、深度深，施工过程中必须实时掌握情况，不管是哪种原因引起的问题都要能及时发现，采取相应措施，保证沉井施工按质、安全、如期实现。工程测试内容可分为结构服务、施工服务、环境服务。

① 测试目的

a. 确保结构安全。

b. 确保按时到达设计标高。

c. 信息化施工。

d. 积累经验提供沉井设计依据。

② 测试内容及布置

A. 结构服务

a. 侧向土压力 20 个点。

b. 沉井钢筋应变（含钢壳）48 个点。

c. 沉井钢筋应力 40 个点。

d. 沉井刃脚反力 16 个点。

B. 施工服务

a. 沉井周边土体位移 4 个断面。

b. 沉井下沉量及不均衡沉降测量监测系统一套。

c. 地下水位降水测量。

d. 接高稳定性测试。

（3）环境服务

环境监测。

6）小结

江阴大桥北锚碇墩沉井自设计至制作、下沉等方面进行了多项措施和试验，施工实践中得到相应体现。主要如下：

① 地基加固，沉井采用无垫木制作。

② 30m 排水下沉。沉井原设计排水下沉 15m，经设计和施工协调后，确定结构可以

承受的最大排水下沉深度为 30m，通过对地基土的实地疏水试验，证明了 30m 排水下沉的可行性。根据工程实录，排水下沉效率为 0.50m/d，不排水下沉效率小于 0.2m/d，如不计其他因素，两种方法下沉 15m 的工期差约 15m÷（0.5－0.2）m/d＝50d。另外由于人工、设备、能源消耗差，排水下沉的成本降低亦很可观。

③ 勘察资料的正确。设计提示了硬塑性黏土水下下沉的难点，施工准备了提高破土能力的机械和绞吸式破土出泥机械。

④ 下沉系数控制正确。沉井最终在气幕启动后，正确下沉到位。

⑤ 实时监测施工状态。专门设置了一套沉井下沉量和状态实时电子测量系统，保证了数据的同时性。数据和沉井状态的同时性，可以达到处理对策和沉井状态相吻合。

由于设计、施工对该沉井的难度和问题想得深、考虑得透并且均有对策，因此工程比较顺利，从大桥建成锚碇墩受力后实际营运情况看，各项性能符合设计要求。施工过程中仍有不足，为今后类似工程提供了经验。

5.3 沉箱施工技术

沉箱的概念最早来源于一种叫"潜水钟"的装置，其形状像一只倒扣的钟罩，将钟罩沉放到水下，利用向钟罩内充气，可以排出罩内的水，形成一个空间，人可以在里面采集水底的植物或岩石标本，或利用壁上的观察窗观察水底的鱼类活动，见图 5-41。

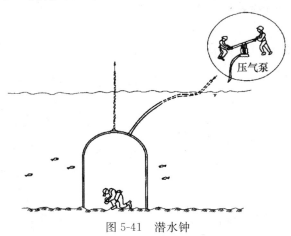

图 5-41 潜水钟

5.3.1 沉箱定义

沉箱的构造同沉井相似，也是一个上无盖下无底的井筒，所不同的是沉箱在井筒的中部有一层隔板，因而在沉箱下部形成一个"箱室"，向箱室内充气，就可以排出与外部周围水域相通的江河湖海水或土中的地下水，所以沉箱也叫"气压沉箱"。

箱室内形成无水的封闭空间，人员可以入内进行施工作业。沉箱的关键设备是人员和材料进出箱室的气闸。沉箱的箱室内通常维持超过常规大气压的压力状态，气闸就是进出箱室从正常大气压到超常气压的过渡空间和闸门系统。人员和材料进出的气闸要求是不同的，从沉箱内出土或将材料运入沉箱不需要时间过程控制，气闸的作用只是增压或减压过渡，维持沉箱内不会因门洞启闭而漏气。而人员进出沉箱必须在气闸内经历一个增压和减压过程，如果增压过快，人体的各部分组织和细胞都不能适应，减压过快则更为严重。在超常压力下，通过呼吸进入体内溶解于血液中的氮气不能释放，滞留在身体各部分，就会得"沉箱病"。所以进人的气闸应有足够的空间供人员在内停留，按保健规程严格控制增压和减压的时间。沉箱施工的典型布置见图 5-42。

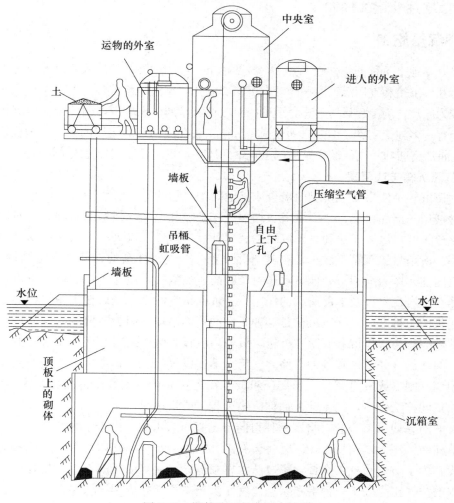

图 5-42 沉箱施工的典型布置图

5.3.2 沉箱特点

沉箱施工方法与沉井施工相比较，最大的优点是能排除基底的积水，人可进入实施各种施工作业，能适应各种复杂的地质和水文条件，例如，各种水下基础构筑物，基底有大漂石、孤石或其他障碍物，要求基础埋置嵌入基岩而基岩岩面倾斜，在沉箱内可以进行爆破清障、基岩处理、设置锚杆等。因为沉箱最后处理结果都可进行直观的检查和鉴定，所以这种方法在深度大、地质条件复杂、使用功能要求高、重要等级建筑物的基础工程中常有应用。其缺点是气闸等辅助设施装备比较复杂，人员在气压下工作，加上进出气闸的时间要求，综合效率较低，施工的成本较高，特别是当外部水头超过30m，沉箱内的气压达到0.3MPa以上时。普通的气压沉箱不能满足对人体的保健要求，需要为进入人员配置气罐面罩，用加入He（氦气）的混合气体供人呼吸，成本较高。因此沉箱的应用受到一定局限，不如沉井普遍。

由于沉箱与沉井施工的制作、下沉以及封底等施工过程基本相同。有关沉箱施工的详细内容主要通过施工实例介绍。

5.3.3 沉箱施工

沉箱既是地下工程的一种施工方法，又是地下工程的一种结构形式，沉箱按施工方法主要可分为开口沉箱和气压沉箱两种。开口沉箱即沉井，作为一种重要的地下工程工法，在国内应用较为广泛，为工程界所熟悉，但国内对气压沉箱的认识较少，而传统气压沉箱工法在中国已经有许多施工实例，但是自动化气压沉箱工法在国内实际应用的第一个工程：上海地铁M7线浦江南浦站—浦江耀华站盾构工程中间风井，目前已经成功完成下沉。

1. 气压沉箱工法原理

以气压沉箱工法来修筑桥梁的墩台或其他等构筑物的基础时称为气压沉箱基础。沉箱基础常常被用于诸如桥梁、悬空水塔、烟囱、煤矿竖井等工程结构的基础中。通常所说的沉箱工法分为开口沉箱工法和气压沉箱工法两种。其中，开口沉箱工法在我国已经有许多施工实例。所谓气压沉箱工法，是在其下部设置一个气密性高的钢筋混凝土结构工作室，向工作室内注入压力与刃口处地下水压力相等的压缩空气，使在无水的环境下进行挖土排土，箱体在本身自重以及上部荷载的作用下下沉到指定深度，最后在沉箱结构面底部浇筑混凝土底板的一种工法。气压沉箱是一种无底的箱形结构，因为需要输入压缩空气来提供工作条件，故称为气压沉箱或简称沉箱。沉箱由底板和侧壁组成。底板留有孔洞，以安设向上接高的气筒（井管）和各种管路。气筒上端连以气闸。气闸由中央气闸、人用变气闸以及料用变气闸（或进料筒与出土筒）组成。在沉箱底板上安装围堰或砌筑永久性外壁。底板下的空间称工作室，其侧壁下部称沉箱刃脚（或切口）。

该工法的原理见图5-43，将水杯杯口向下铅直压入水中，由于水封的作用水杯里的空气不会泄漏而被压缩体积缩小，同时将会有部分水进入水杯，其体积等于空气被压缩后减小的体积。为了防止水进入水杯，可以从水杯顶部充入适当的压缩空气，使杯口处的水压力与杯内的空气压力处于一种平衡状态。气压沉箱工法就是应用了该原理，在沉箱最下端浇筑高2.0m左右的气密性好、结构强度高的水杯状的工作室，然后在工作室内挖排土，并保证在整个施工过程中工作室内刃脚处空气压力与地下水压力相平衡。

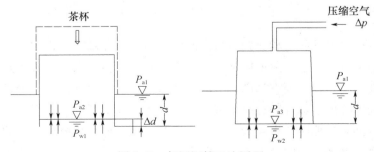

图 5-43 气压沉箱工法原理

气压沉箱的下沉原理与沉井基本相同，是通过挖掘箱体底部工作室下的地层，主要在沉箱自重作用下下沉到设计深度。为了保证箱体正常下沉到指定的深度，必须在施工下沉阶段满足下沉力大于下沉阻力的条件，即：

$$W > Wr$$

式中　W——下沉力，$W = W_c + W_w + W_0$；

　　　W_c——沉箱自重；

　　　W_w——作用在沉箱上的水荷载、砂土荷载等；

　　　W_0——沉箱上的竖井、模板、模板支护、气闸室、脚手架等安装设备的重力；

　　　Wr——下沉阻力，$Wr = U + F + P$；

　　　U——作用在沉箱上的上浮力；F为作用于沉箱外壁的摩擦力；P为刃脚及挖掘残留部分的地层反力。

气压沉箱基础主体结构构造见图5-44，一般是由侧壁、隔壁、顶板、刃脚、吊杆、工作室顶板、内部充填混凝土、胸墙和止水壁等构成。

2. 气压沉箱施工过程与工艺

一般气压沉箱下沉施工的具体步骤如下所述：

（1）地基处理

如果原有天然地基坚固，可以将原有天然地基表面整平后直接使用。但是如果天然地基软弱，可能产生不均匀下沉，应铲除表层软弱地层，选择铺设适当厚度的砂、石等良质材料进行换土垫层的地基改良处理，使其能够承受初期浇筑的箱体荷载，避免沉箱基础发生不均匀沉降或倾斜。

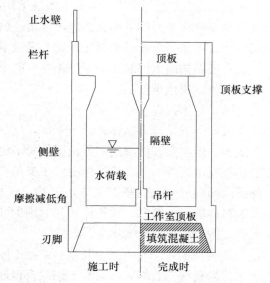

图5-44　气压沉箱主体结构构造

沉箱在下沉挖掘中非常不稳定，即使产生少许倾斜也可能使倾角不断增大。因此，沉箱下沉挖掘开始时要求必须处于完全水平的就位状态。就位地基应表面平整，不存在高低坑洼，即使重物作用也不会产生不均匀下沉。

（2）沉箱就位

首先通过精密测量准确确定沉箱的就位位置，沉箱就位地基面应尽可能靠近地下水位面，这样可以使沉箱就位面以上的天然地基采用明挖法挖掘，挖排土更容易且更经济。

其次是设置刃脚金属保护及工作室结构的模板、支撑，在配置钢筋的同时埋设各种金属预埋件，主要包括：埋在沉箱主体内的各种金属构件、安装特殊竖井立管用的螺栓、竖井孔防护金属构件、安装沉箱挖掘机行走轨道用的螺栓、排气管、配电线保护管、工作室内填筑混凝土时孔隙水泥灌浆管等埋设金属构件。这些金属埋设物必须设置在正确的位置，为了避免浇筑混凝土时埋设物错位需要事先固定死。

最后是浇筑混凝土形成沉箱底部的工作室，混凝土浇筑应连续进行以保证工作室的气密性，在混凝土养护达标后拆除工作室内模板及支撑等。

（3）安装各种施工用设备及机械

在工作室顶板上需要安装人员竖井、建材竖井及相应的气闸室、各种管线等，工作室顶板下安装自动挖掘机、出土器、送换气、照明、信息以及监测控制设备与仪器等。

气闸室安装和竖井接长都属于高空的脚手架作业，因此需要采用有效的防护措施。沉箱内设置的送气管、排气管等需要采取防振动措施，防止管路振动与墙壁等碰撞而损坏。

（4）送气、开始开挖出土并下沉

从沉箱第一节混凝土浇筑开始至工作室内支撑及刃脚下垫木全部拆除的这段时间内需要频繁计测沉箱四角刃脚部的标高，检测作用在刃脚前端荷载状况和有无不均匀下沉，作为工作室内支撑拆除，井框支架设置等施工的参考。

在保证工作室气密性的条件下开始向工作室内送气（一旦开始送气后，必须保证整个下沉过程送气的连续性），在无水条件下操控沉箱自动挖掘机挖土，挖土应均匀、对称地进行，避免掏挖刃脚下的土体。通过出土装置将土排出沉箱外，随着挖土作业的进行，沉箱会在自重作用下通过刃脚的挤土而慢慢下沉。

在沉箱初期下沉时，由于工作室内的上浮力与周围的摩擦阻力很小，沉箱容易产生很大的变位，应慎重施工。

（5）箱体接高作业

沉箱一般是分节制作、分节下沉，应尽可能使箱体的每节浇筑高度大致相同以提高工作效率，但在容许的浇筑高度范围内每节浇筑得越高工作效率越高，箱体分层浇筑过程中应注意其水密性与气密性箱体浇筑主要是模板工程、钢筋工程以及混凝土工程等。模板应保证沉箱侧壁外表面竖直平滑，钢筋应一根一根吊入而进行手工配置，混凝土浇筑应连续、对称进行。同时，在箱体接高时须保证工作室内的气压，避免因箱体重量增加而出现突沉、倾斜等不利情况发生。

从沉箱主体混凝土浇筑开始到混凝土脱模的这段时间内应停止挖排土下沉作业，沉箱应保持静止状态。因为在混凝土还没有很好硬化的情况下，沉箱下沉会扰动养护中的混凝土，使混凝土强度和水密性下降。

（6）继续开始下沉，重复（4）、（5）的过程，直至最后一节浇筑完并下沉到设计标高。在整个下沉过程中应防止过大的偏斜，一旦出现偏斜须及时纠偏。在下沉的后期可能因下沉阻力过大而使下沉困难，可以采取增加助沉荷载、减小摩阻力以及适当降低气压的措施，如增加水荷载、采用润滑泥浆及空气幕，配置压沉反力千斤顶辅助下沉系统等。其中减压下沉必须特别慎重，要求下沉施工的控制非常精确、到位，一般不建议采用。

（7）下沉结束后的后续作业

下沉结束后，如有必要可以进行地基承载力试验。在填筑工作室内混凝土之前，必须首先分解、拆除设置在沉箱工作室内的沉箱挖掘、排土机械以及各种控制监测设备。沉箱挖掘机行走轨道安装在工作室内顶板上，应松开螺栓，拆除轨道，在沉箱外回收。沉箱工作室内的电灯、电线、通信器械、通信线及阀门等所有可以拆除的应全部解体、撤出，在沉箱外回收。

沉箱工作室内的器械解体、撤出，工作室内及持力层地基面清扫后进行工作室内的混凝土填筑作业。混凝土必须填筑到工作室内的各个角落，混凝土的和易性越高越好。工作室内充填混凝土施工完毕后，继续送气，在气压状态下进行混凝土养护。经确认混凝土已经硬化即使降低气压也不会产生涌水后，停止向工作室内送气，待工作室内气压降低到大气压后，进行气闸室、竖井立管等沉箱设备解体、拆除工作。

图 5-45 为桥梁基础施工过程，其④到⑥有所不同。桥梁气压沉箱基础施工时可分为止水壁与非止水壁两种方式。止水壁方式是在沉箱顶部设置止水壁，在沉箱下沉结束后浇筑顶板与桥墩，最后拆除止水壁。非止水壁方式是设置顶板支撑再构筑顶板，在沉箱下沉的同时浇筑桥墩。

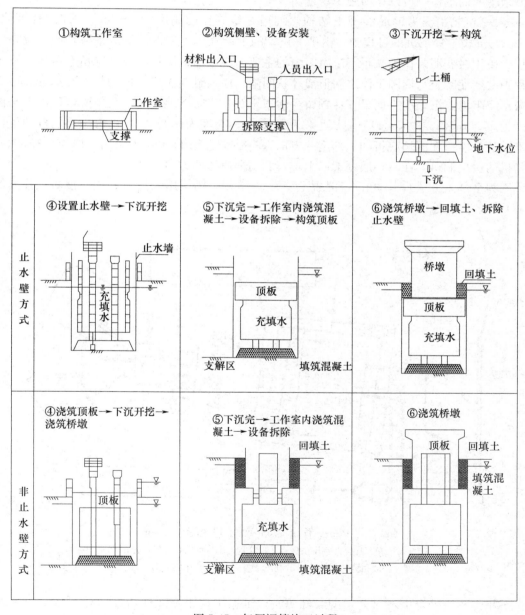

图 5-45　气压沉箱施工过程

5.4 工程实例

5.4.1 工程概况

651-2 沉箱工程是上海打浦路越黄浦江隧道的浦西段靠江边的通风井，也是 651 工程盾构机械推进到江边的接收井和向江中推进的出发井。

651-2 沉箱工程位于浦西南园，该处原为私家花园，其内少建筑物，场地空旷，附近有万余平米的空地，可以作为施工场地。

651-2 沉箱工程为钢筋混凝土结构，沉箱井壁制作的高度为 29.3m，下沉的深度为 31.3m。沉箱工程下沉的过程中，由于工作室的上浮气压，使得其下沉系数较小，故在此工程中使用触变泥浆作为减小下沉摩阻力的主要措施，即在沉箱的外井壁留有台阶，下沉过程中井壁混凝土与周围土体之间形成环状间隙，注入触变泥浆，成为泥浆隔离套，可大大减小摩阻力。沉箱的平面尺寸在预留台阶以下为 17.2m×16.1m，在预留台阶以上平面尺寸为 17.0m×15.9m，预留台阶的宽度为 0.1m，高度为 4.8m。井内有三层的框架梁位于不同的高度。在沉箱底板的上部南北方向各有一个直径 11.0m 穿墙洞，作为直径 9.8m 盾构机的进出洞口。在下一层框架以上，有两扇通风道的方门。

工程全部土方量约 8450m³，混凝土量为 2913m³，结构用钢量为 280t，混凝土强度等级为 C25，抗渗等级为 S8。

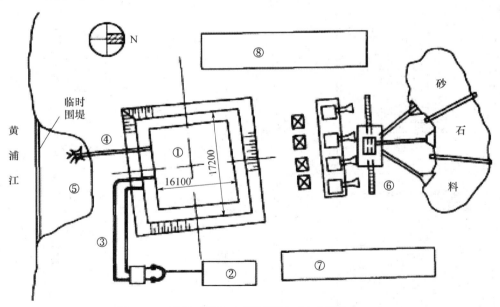

图 5-46　沉箱工程施工总平面图（尺寸单位：mm）
①沉箱工程；②空压机房；③供气管；④排泥管；⑤排泥处；
⑥混凝土搅拌站；⑦办公及生活区；⑧施工用房

沉箱工程近处有市木材公司的装卸码头，沉箱工程距黄浦江边仅 10m 左右，江水的涨潮落潮水位相差较大（高潮时达 4.35m，低潮时为 1.5m）。地面标高为 5.4m，地下水位受到潮水的影响，常年的地下水位为 3.5m。由于沉箱工程靠近江边，给沉箱下沉出土提供了使用水力机械的可能性。同时由于地下水位较高，使用沉井困难多，风险大，所以本工程选用了沉箱的施工方法。

5.4.2 沉箱工程结构施工

1. 基坑开挖及砂垫层的铺设

根据沉箱结构的总高度、重量以及地基土的承载力，考虑沉箱分节制作，以满足地基土的承载力的要求。本工程基坑开挖的平面尺寸为 25.4m×24.3m，深度为 1.5m，边坡为 1∶0.75。土方开挖系用人工开挖法。砂垫层采用中粗砂。砂垫层施工之前，在基坑的四周设置排水沟和集水井，以便于基坑内排水。砂垫层铺设时，以 30cm 为一层，每层砂面浇水，使水位面在砂表面下 5cm 为宜，并用平板振捣器振动（或用压路机辗压），以使砂达到密实状态。为了保护砂垫层周边的稳定和提高其承载力，在周边用草袋（或编织袋）装土作 1m 宽的围堰，防止周边砂土的流失。最后使铺设的砂垫层干容重达到 1.55g/cm³。

2. 承垫木的铺设

砂垫层铺设后，在其表面铺设承垫木（即铁路标准枕木 6cm×25cm×250cm），见图 5-47，承垫木在砂垫层上面搬运时，不准空中抛下，铺置时不准在枕木下掏挖砂土。可以在砂垫层上拖曳，平放在砂垫层上来回拖动以达到统一标高。承垫木顶面低层控制小于 5mm。

根据沉箱结构井壁高度计算其重力，要求砂垫层的承载力为 0.1MPa，每根承垫木在砂垫层上的接触面积为 0.625m²，每根承垫木可承担荷载 62.5kN。本工程应用承垫木 184 根，考虑在铺设承垫木后，应对承垫木对称地编组号，以便于以后沉箱下沉时抽出。

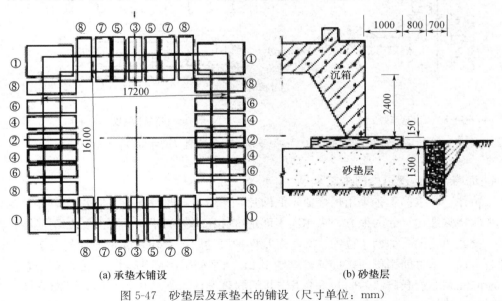

(a) 承垫木铺设　　　　　　　　　　　(b) 砂垫层

图 5-47　砂垫层及承垫木的铺设（尺寸单位：mm）

3. 沉箱模板工程

根据沉箱的结构尺寸和沉箱分节制作的情况配制模板。本沉箱工程除工作室顶板及框架梁用木模板外，其余部分均用标准的钢模板。

标准钢模板尺寸 1.02m×2.04m，钢板 1.2mm，分格净空为 28cm×26.6cm，单元组合成 3.6m×2.04m 和 4.8m×2.04m，两种尺寸大模板整体安装，见图 5-48（b）。安装时模板之间用螺栓连接，整体模板用箍圈将四周围牢。要求模板之间的高差小于 2mm，拼装后的模板平整度小于 3mm，井壁厚度误差＋15mm 以内，倾斜度在 5m 范围内小于 10mm。

沉箱混凝土分节浇筑，井壁设置钢牛腿，以便于在井壁上立上面一节模板，见图 5-48（a）。井壁内外模之间，用 $\phi28$ 对拉螺栓固定，外模拼装后，利用 $\phi16$ 钢筋箍环加花兰螺栓拉紧，钢筋箍环沿模板竖直方向设置 4 道。模板之间缝隙用麻布塞堵，防止缝隙漏浆。沉箱内部用六榀装配式钢桁架搭设内脚手架。内脚手的平台设计荷载为 20MPa。

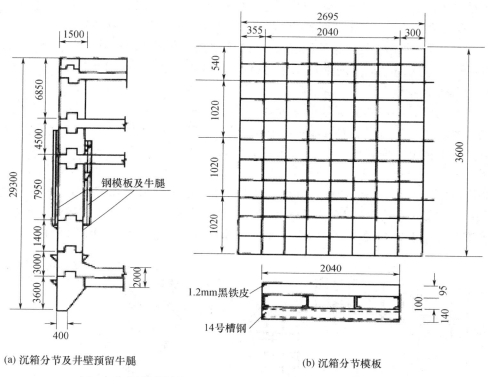

(a) 沉箱分节及井壁预留牛腿　　　　　　　　(b) 沉箱分节模板

图 5-48　沉箱分节模板制作及钢牛腿设计图（尺寸单位：mm）

4. 沉箱钢筋、钢结构门施工

沉箱井壁的钢筋工程采用焊接成钢筋网片，然后进行整片吊装。在第一节井壁洞口处以及其他特殊结构尺寸的地方，采用人工就地绑扎钢筋。为了防止吊车吊装钢筋网片产生变形，设置加劲梁。加劲梁位置、间距以及保护层的厚度，均要满足设计的要求。钢筋网的接头方式，垂直筋用单面搭接焊，满足 10d，水平筋采用绑扎连接，也要满足规范。

通向江底隧道洞口和通向 651-1 工作井的洞口设计为钢结构封堵门，见图 5-49，其门框和圆形门分作四段，其中最上和最下段重量为 2.6t，中间两段各为 3.4t。门框和分段的圆形门，首先吊装在预制的钢结构支架上，予以固定，并浇筑第一节井壁的混凝土。门框内预埋螺栓，逐次逐段安装上节钢结构门板予以固定。上述门板均需用焊接连牢。

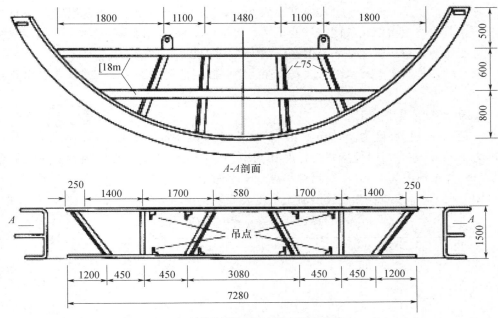

图 5-49　钢结构封堵门构造图（尺寸单位：mm）

5. 沉箱气闸及管路安装（图 5-50）

沉箱在下沉中，遇到地下水时，需在沉箱工作室内增加气压，以排出工作室内地基土的渗水，使工作室内有一个干燥的作业环境。

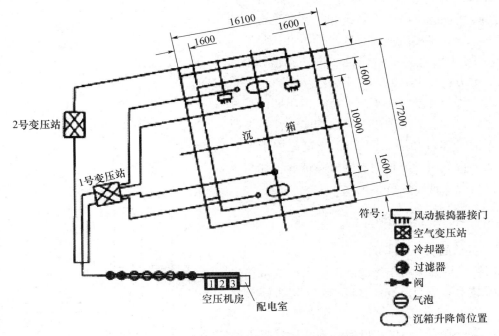

图 5-50　沉箱工作室供气及气闸安装（尺寸单位：mm）

本沉箱工程施工采用空气压缩机 3.9m³/min、16.4m³/min 和 17.0m³/min 三台。7m³ 气包（储气灌）4 台，气包前后各备有一套空气冷却和过滤设备。由空气压缩机房引出一根直径为 10in. 总管，然后分成 2 根直径为 6in. 支管与气包相连，气包出来 3 根直径为 6in. 管子，其中 2 根接沉箱气闸空气变压站，再接出 4 根管到沉箱工作室。1 根接风动振捣器空气变压站。空压机冷却水池设置在空压机房附近。

沉箱气闸，分两次安装。第一次安装在沉箱内二层框架之下，第二次安装在沉箱顶层框架之上。

6. 沉箱结构混凝土施工

本沉箱工程结构高度为 29.3m，下沉深度为 31.3m，平面尺寸为 17.0m×15.9m，井壁厚度为 1.5m，在下沉时使用触变泥浆作为减小摩阻力的措施，在使用触变泥浆的台阶以下部分，井壁厚度为 1.6m。沉箱结构混凝土平面上划分 13 个区域，分 6 节浇筑，6 次下沉（图 5-51）。每节浇筑高度及混凝土量见表 5-7。

表 5-7　沉箱各节工程量表

节次	1	2	3	4	5	6
节高（m）	3.6	3	3.4	7.95	4.5	6.85
混凝土量（m³）	552	275.6	443.2	770.4	354	367.2
混凝土重量（t）	1380	689	1108	1926	885	918

井壁混凝土强度等级 C25，抗渗等级 S8。由于施工条件的限制，现场采用 4 台 0.4m³ 混凝土搅拌机组成混凝土搅拌"一条龙"。

混凝土的垂直提升，采用 1004 履带吊车吊起 2.0m³ 的混凝土吊斗，直接卸在井壁平台上的下料漏斗内，经串筒下到仓内平铺摊开，每层约 30cm，然后用风动振捣器振捣，对于角落和钢筋较密的地方，用电动插入式振捣器补充。

对于每节井壁混凝土施工缝，留出凹凸形榫槽连接。顶板混凝土采用滚浆法施工，注意混凝土的覆盖不超过初凝时间 2h。浇筑过程中要经常观测顶板下面支撑和垫木的沉降情况，如果出现沉降情况要及时调整。

5.4.3　沉箱下沉施工

1. 沉箱的制作和下沉

沉箱结构分节制作分节下沉，由于本沉箱工程结构较高，达 29.3m，制作和下沉都分六次进行。

在第一节沉箱制作完成后，当结构混凝土的强度达到 100% 时，即可以下沉。首先是抽取刃脚下的承垫木，承垫木按组对称编号抽出，每抽出一组编号承垫木，均要保持沉箱结构的稳定均

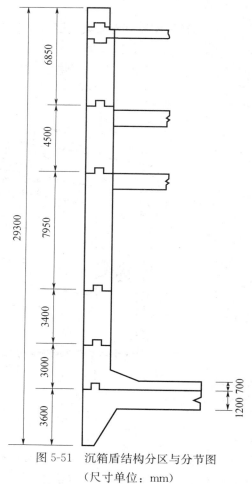

图 5-51　沉箱盾结构分区与分节图
（尺寸单位：mm）

匀性（保持沉箱的平稳避免产生倾斜），抽出承垫木处的刃脚下，要及时回填砂土，并要夯实形成土堤状，以使砂土堤继续支承沉箱结构的重量，防止砂土堤回填不密实，造成最后抽除的承垫木被压断或者抽不出来，给后续下沉施工带来不利的影响。

2. 沉箱工程施工下沉系数的计算

沉箱下沉施工应考虑以下因素：

（1）沉箱结构分节制作和分节下沉施工，计算每节混凝土的结构尺寸和重量。

（2）沉箱结构下沉施工时，根据土层的物理力学性能，对刃脚踏面和井壁所产生的反力和摩擦力值进行计算。

（3）沉箱下沉施工中，在遇到地下水时，需向沉箱工作室施加气压，其开始施加的气压压力通常比地下水上浮力大 0.02MPa，随着沉箱下沉深度的增加其气压亦相应增加，因此气压对沉箱工作室和刃脚踏面都有一个上浮力。

（4）为了增加沉箱下沉系数，往往采用加重物压重（本工程考虑在下沉后期，采用在沉箱的顶板上加水压重方法）。

（5）沉箱下沉较深，通过的土层较复杂，井壁和土体的摩阻力亦较大，为减小摩阻力，在沉箱外井壁设置触变泥浆套层，以使井壁的摩阻力减到最小。

通过对上述的不同下沉阶段的计算：沉箱自重、摩阻力、气压上浮力和压重（或者减小摩阻力的措施：采用触变泥浆助沉等），绘出沉箱下沉施工曲线见图5-52。

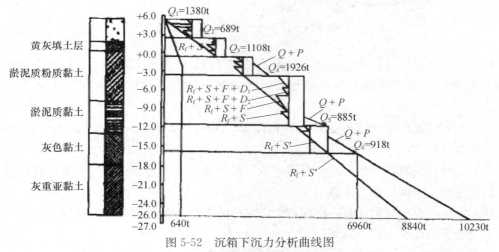

图 5-52　沉箱下沉力分析曲线图

R_f—摩擦力（640t）；S—围堰灌水空气浮力（随深度变化）；S'—地下水起空气浮力（随深度变化）；F—道木在黏土反力（250t）；D_1—刃脚砂层反力（有土堤，1490t）；刃脚过黏土反力（有土堤，497t）；D_2—刃脚砂层反力（无土堤，970t）；刃脚过黏土反力（无土堤，323t）；P—压重（随深度变化）

3. 沉箱下沉出土

本沉箱下沉出土方法，由于靠近黄浦江，有充足的水供应，并有排泥浆的场地，故采用水力机械出土。在沉箱工作室内布置 2 台高压冲泥的水枪，在中间部位设置 1 台吸泥机，水枪冲出的泥浆流入到中间部位的泥浆坑内，由吸泥机排出工作室之外，详见图5-53。

水力机械施工操作应遵守如下规定：

（1）水力机械水枪冲泥应按先中央后四周的顺序进行，并应在刃脚附近留出土堤，土堤的宽度为 80~100cm。中间部位的泥浆坑深度 50~60cm，使吸泥机的莲蓬头埋入 20cm

以上，防止气压从莲蓬头泄漏，降低了工作室的气压值。

（2）先用水枪在中间部分冲出一个泥浆坑，再从刃脚附近至泥浆坑冲出辐射状的沟槽7～10条，其坡度宜为1/10～1/12，以使刃脚附近的泥浆流到泥浆坑中。

（3）刃脚附近土堤逐层削去，同步协调均衡，对称下沉，当土堤削去尚不能下沉时，可将刃脚下部土体均匀掏空，每次掏空的深度不得超过20cm。

（4）削土堤和掏刃脚时，应预留定位支点，刃脚附近土堤全部削去后，最后再挖定位支点。

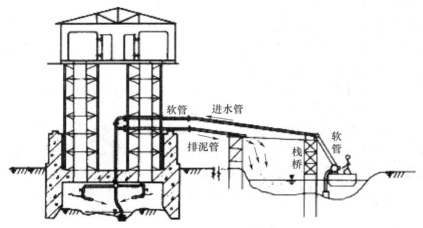

图 5-53　沉箱水力管路出土布置图

（5）在下沉出土过程中，值班工长要及时和沉箱外的测量人员联系，每次下沉前，应进行水平测量一次，下沉完毕沉箱稳定，再测量一次，沉箱中线测量，每班不得少于一次。

（6）沉箱的工作室净空高度不得小于1.8m，同时不大于2.3m（刃脚应插入土中，防止工作室漏气）。

（7）水枪冲泥时，不得将水枪直接冲到刃脚下部，或者集中在某处冲泥，这样容易造成沉箱的不均匀下沉，发生倾斜。

（8）水枪冲泥和排出泥浆，应保持工作室内的水量平衡，如果进出水量不均衡，可以暂时关闭进或出的某一管路的阀门。

（9）经常检查吸泥机的逆止阀是否完好，并在工作停止时，将其关闭。

（10）沉箱的一次下沉量不要超过20cm，在下沉的初始阶段（小于10m以内），四角的高差不得超过15cm；下沉的终结时期（20～28m），四角的高差不得超过10cm，如果超出上述的数据，工长应组织人员进行纠偏施工。方法是在低的一边停止挖土，高的一边继续挖土。如仍不能纠正，可在低的一边用砂土培成土堤，或用枕木垛支撑。

（11）当沉箱中线产生位移时，如向右侧位移，应使左侧先沉，右侧后沉，或左侧挖深右侧挖浅。然后再进行高差纠偏，使之斜向下沉回到设计位置。

4. 沉箱下沉施工的安全事项

（1）人员进出沉箱不得在升降筒内停留，在沉箱内施工作业时，手脚不得伸入到沉箱刃脚的下面。

（2）水力机械冲泥的水枪在不射水时，其喷嘴应朝下。两水枪不得互相对面开动冲泥。转动时应缓慢，操作时应扶在水枪的把柄上。水枪禁止冲射井壁和顶板，以免反射水流伤人。

（3）吸泥机的吸泥头被杂物堵塞时，应先将逆止阀关闭，方可停水清理，不得在逆止阀未关闭的情况下，用手去清理。不得在水力机械工作状态下，进行管路、设备、喷嘴的清理和调换配件。

（4）沉箱工作室的气压大小，由值班工长和空气变压站取得联系，根据沉箱下沉的深度而决定。沉箱内的灯光照明、动力用电和通讯信号由工长和专人负责，均要按规定来执行。

（5）沉箱在下沉期间，应经常测试工作室内的空气化学成分，防止地下淤泥土层的沼气（甲烷等有毒及可燃气体）渗入工作室和气闸内。沉箱工作室和气闸内严禁吸烟。如果施工需动用明火（电焊、气割焊等）。需首先检测沉箱工作室内的空气成分，符合要求后，方可动用明火施工。动用明火施工时，要对沉箱工作室进行换气，保持空气的新鲜清爽。

（6）沉箱下沉施工时，施工人员不得将沉箱进气管之逆止阀和安全阀任意扳动。

（7）在沉箱工作室和气闸内的工作人员是在高气压下工作，为防止减压病的产生，在出气闸返回正常大气压时，应根据沉箱的气压大小、工作时间的长短，需进行几级变压时间的停留。这一变压时间停留是根据人体血液中的惰性气体逸出时间要求而制定的，必须严格遵守。

5. 触变泥浆助沉施工法

本工程由于下沉较深，沉箱工作室气压较大，外井壁和各层土体的摩阻力也较大，决定在此沉箱工程的外井壁和土体之间设置触变泥浆套，以减小井壁和土体之间的直接摩擦。根据以往试验和工程实践的经验，凡是有触变泥浆隔离层的地方，其摩阻力几乎是零。

沉箱四周井壁的触变泥浆套，是依靠输浆管路和泥浆槽来实现的。在外井壁从刃脚向上 3～5m 预留 5～10cm 的台阶，台阶以上的井壁与土体之间形成环状的泥浆槽充填触变泥浆，详见图 5-54。

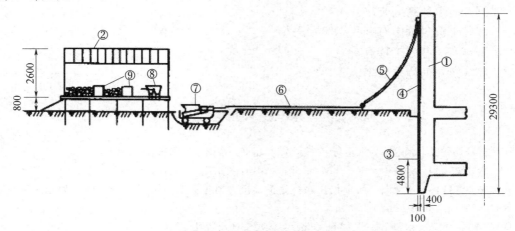

图 5-54　触变泥浆助沉施工机具布置图（尺寸单位：mm）

①沉箱；②拌浆泵；③泥浆留置台阶；④注浆管；⑤注浆总管（软管）；
⑥气浆总管（硬管）；⑦压浆机；⑧泥浆拌合机；⑨试剂桶

147

触变泥浆的配比及物理力学指标如表 5-8 所示。

表 5-8　触变泥浆配比及物理力学指标表

序号	触变泥浆配合比				物理力学指标							
1	膨润土	水	CMC	纯碱	容重	黏度	失水量	泥皮	静切力	胶体率	pH 值	稳定性
2	kg	kg	%	%		s	mL/30min	(mm)	mg/cm^2	%		
3	10	90	0.01	2	1.08	28	<12	1.5	150	95	8	<0.02g/cm^3
4	15	85	0.008	2	1.1	30	<13	1.5	150	100	8.1	<0.02g/cm^3

为使触变泥浆能更好地减小井壁的摩阻力和维护土壁不致坍塌，掏挖刃脚下土体时应加以控制，防止沉箱工作室的气压通过刃脚，沿外井壁上溢，气泡通过触变泥浆套层上溢，破坏了触变泥浆的凝胶状态，成为溶胶状态，不利于土壁稳定，容易造成土体局部坍落，同时使泥土和触变泥浆混合在一起，增加了泥浆的容重，在以后用水泥砂浆置换泥浆套时，带来困难。

沉箱下沉施工，原来计划需要在沉箱顶板上加压重水（1500m^3），因使用触变泥浆减小了摩阻力，最后没有采用加水压重的措施，沉箱就顺利下沉到设计标高，其高差和位移均符合规范要求。

沉箱封底以后，通过原来输送触变泥浆的管路入水泥砂浆，将泥浆槽里的触变泥浆置换出来。

思考与习题

1. 地下建筑物施工方法可归纳为哪两类？
2. 沉井有哪些类型？
3. 沉井有哪些施工特点？
4. 沉井刃脚支设有哪些方法？
5. 沉井有哪些辅助下沉方法？
6. 沉井有哪些封底方法？
7. 沉井下沉过程中有哪些纠偏方法？
8. 沉箱有哪些施工特点？
9. 简述沉箱的施工原理。

参考文献

[1] 张凤祥，傅德明，张冠军. 沉箱与沉井 [M]. 北京：中国铁道出版社，2002.
[2] 叶政青，李珍烈，张觉生. 沉井 [M]. 北京：中国建筑工业出版社，1983.
[3] 穆保岗，朱建民，牛亚洲. 南京长江四桥北锚碇沉井监控方案及成果分析 [J]. 岩土工程学报，2011，33 (2)：269-274.
[4] 周申一等. 沉井沉箱施工技术 [M]. 北京：人民交通出版社，2005.
[5] 张宇. 特大沉箱预制、出运及安装工艺研究 [D]. 大连：大连理工大学，硕士论文，2013.
[6] 赵岚. 大深度气压沉箱技术的力学机理研究 [D]. 上海：上海交通大学，博士论文，2008.
[7] 张凤祥. 沉井沉箱设计、施工及实例 [M]. 北京：中国建筑工业出版社，2010.

专题六　地铁和隧道施工技术

6.1　概　述

隧道是埋置于地层内的工程建筑物，是人类利用地下空间的一种形式。按照其用途，隧道可分为交通隧道、水工隧道、市政隧道和矿山隧道。

隧道及地下工程的施工方法是开挖和支护等工序的组合。按照开挖成型方法、破岩掘进方式、支护结构作业方式和空间维护方式的不同，可将隧道施工方法分为：矿山法（又称钻爆法）、新奥法（我国称为"锚喷构筑法"）、明挖法、盖挖法和盾构法等。

随着我国城市化进程的加快与国民经济的进步，可利用的城市地上空间越来越少，因此对地下空间进行合理的开发与利用，已成为保证城市可持续发展的关键环节。专家们相信，人类在 21 世纪为了节约能源、保护环境，人类必须大量利用地下空间，21 世纪将是地下空间的世纪。

特别是随着城市人口密度的增加与生活水平的提高，城市车辆的数量逐年增加，造成了交通的拥堵，成为了城市化进程的主要瓶颈之一。由于地下交通具有客流容量大，大大缓解地面交通压力，可以节省地面空间，令地面地皮可以作其他用途，污染小、噪声低等优点，大城市逐步形成了目前以地下铁道为主体，多种轨道交通类型并存的现代城市轨道交通新格局。

在地铁建设中有多种施工方法，包括盾构法、矿山法、明挖法、盖挖法、沉管法和混合法等，但是因为城市地区的特殊性，例如人口密度大、地质条件复杂甚至广泛分布复合地层、地面建筑物林立、地下管线结构众多等，在城市地下工程使用明挖施工的可行性很小。

目前国内城市地铁区间隧道主要采用明挖法、盾构法和矿山法。城市地铁隧道施工所用矿山法，又称为浅埋矿山法，是借鉴新奥法的理论基础上，针对中国的具体工程条件开发出来的一整套完善的地铁隧道修建理论和操作方法。与新奥法的不同之处在于，它适合于城市地区松散土介质围岩，隧道埋深小于等于隧道直径，以很小的地表沉降修筑隧道的施工方法。它的突出优势在于不影响城市交通，无污染、无噪声，而且适合于各种尺寸和断面形式的隧道洞口。

表 6-1 对比了隧道及地铁施工中比较常用的三种施工方法的特点。后续章节将详细介绍这三种施工方法的施工特点及施工过程。

表 6-1　各工法特点比较

方法	明（盖）挖法	盾构法	矿山法
地质	各种地层均可	各种地质均可	有水地层需特殊处理
占用场地	占用街道路面较大	占用街道路面较小	不占用街道路面
断面变化	适用于不同断面	不适用于不同断面	适用于不同断面
深度	浅	需要一定深度	需要深度比后构小

续表

方法	明（盖）挖法	盾构法	矿山法
防水	较易	较难	有一定难度
地面下沉	小	较小	较小
交通影响	影响很大	竖井影响大	影响不大
地下管线	需拆迁和防护	不需拆迁和防护	不需拆迁和防护
震动噪声	大	小	小
地面拆迁	大	较大	小
水处理	降水、疏干	堵、降水结合	堵、降或堵排结合
进度	拆迁干扰大，总工期较短	前期工程复杂，总工期正常	开工快，总工期正常
造价	大	中	小

6.2　盾构法施工技术

6.2.1　盾构法定义

盾构法是在地面下暗挖隧道的一种施工方法。构成盾构法施工的主要内容是：先在隧道某段的一端建造竖井或基坑，以供盾构安装就位。盾构从竖井或基坑的墙壁开孔处出发，在地层中沿着设计轴线，向另一竖井或基坑的设计孔洞推进。盾构推进中所受到的地层阻力，通过盾构千斤顶传至盾构尾部已拼装的预制隧道衬砌结构，再传到竖井或基坑的后靠壁上，盾构是这种施工方法中最主要的独特的施工机具。它是一个能支承地层压力而又能在地层中推进的圆形或矩形或马蹄形等特殊形状的钢筒结构，在钢筒的前面设置各种类型的支撑和开挖土体的装置，在钢筒中段周圈内面安装顶进所需的千斤顶，钢筒尾部是具有一定空间的壳体，在盾尾内可以拼装一至二环预制的隧道衬砌环。盾构每推进一环距离，就在盾尾支护下拼装一环衬砌，并及时向紧靠盾尾后面的开挖坑道周边与衬砌环外周之间的空隙中压注足够的浆体，以防止隧道及地面下沉。在盾构推进过程中不断从开挖面排出适量的土方。盾构法施工的概貌见图6-1。

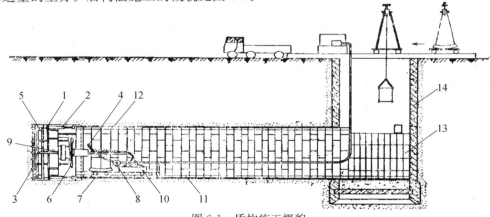

图6-1　盾构施工概貌

1—盾构；2—盾构千斤顶；3—盾构正面网格；4—出土转盘；5—出土皮带运输机；6—管片拼装机；

7—管片；8—压浆泵；9—压浆孔；10—出土机；11—由管片组成的隧道衬砌结构；

12—在盾尾空隙的压浆；13—后盾管片；14—竖井

使用盾构法，往往需要根据穿越土层的工程地质水文地质特点辅以其他施工技术措施。主要有：

（1）疏干掘进土层中地下水的措施。

（2）稳定地层、防止隧道及地面沉陷的土壤加固措施。

（3）隧道衬砌的防水堵漏技术。

（4）配合施工的监测技术。

（5）气压施工中的劳动防护措施。

（6）开挖土方的运输及处理方法等。

盾构法施工具有安全可靠、机械化程度高、工作环境好、土方量少、进度快以及施工成本低等优点，尤其在地质条件复杂、地下水位高而隧道埋深较大时，只能依赖盾构。

盾构施工的关键之一是确定盾构的类型及其配置。盾构的选型是一项综合性的工作，应根据地质水文情况、工期、经济性、环境保护、安全以及可靠等各种因数综合考虑。选择合适的盾构类型，配置合理的辅助设备，才能确保隧道工程施工的顺利完成。本节根据某地铁区间隧道的工程条件、地质情况、进度要求等提出了盾构选型的方法及步骤，并比照类似的工程实例，研究确定某地铁某盾构区间的盾构类型、刀具的型式、刀盘的布局，并阐述泥水盾构的不同工作模式，以及盾构厂家的确定。

6.2.2　盾构法起源与发展

盾构法于19世纪初起源于欧洲，受启发于蛀虫挖洞，自从18世纪末英国提出了在伦敦地下修建泰晤士河隧道的构想，并对具体的掘削工法和使用机械等问题进行讨论以来，盾构施工技术经历了百年的发展与创新，19世纪末，盾构技术传入欧美、苏联等国家，并且得到了不同程度的发展。20世纪初日本引进盾构施工技术，并使其得以较大发展。20世纪60年代该技术引入中国，目前，日本及欧洲处于盾构技术的领先地位。随着盾构机制造业的发展和施工工艺的不断改进，逐步形成了比较完善的盾构施工工法与设备。

早期的盾构主要是利用盾构机械所特有的盾壳作为支护，开挖基本上采用人工方式。随着科学技术的进步，软土隧道盾构机及其应用技术得到了不断完善，又开发出了岩石隧道盾构机及其应用技术，这种技术解决了盾构在岩石层施工的问题。

到目前为止，盾构技术已经发展到了一个比较高的水平，归纳起来，按照发展阶段可以分为：

（1）以布鲁诺尔盾构为代表的初期盾构。

（2）以机械式、气压式以及TBM为代表的第二代盾构。

（3）以闭胸式盾构机为代表（泥水式、土压式）的第三代盾构。

（4）以安全性高、速度快、深度大以及多样化等为特色的第四代盾构。

在盾构机形状的选择上，圆形由于抵抗土压力和水压力的性能较好，而且衬砌拼装施工简单，能够采用通用构件，易于更换，且圆形盾构推进时，即使盾构产生绕中心轴转动情况，也不会改变净空断面等优点，从而应用较广泛，目前在盾构工程中普遍采用的是闭胸式盾构机，其中以采用泥水平衡原理与土压平衡原理的盾构机最为普及，而且由于盾构工程大部分位于人口密集的城区，从减少施工污染、降低施工造价等多方面综合考虑，又以土压平衡盾构法施工为主。

6.2.3　盾构法优缺点

1. 盾构法的主要优点

（1）除竖井施工外，施工作业均在地下进行，噪声、振动引起的公害小，既不影响地面交通，又可减少对附近居民的噪声和振动影响。

（2）盾构推进、出土、拼装衬砌等主要工序循环进行，施工易于管理，施工人员也较少，劳动强度低，生产效率高。

（3）土方量外运较少。

（4）穿越河道时不影响航运。

（5）施工不受风雨等气候条件影响。

（6）隧道的施工费用不受覆土量多少影响，适宜于建造覆土较深的隧道。在土质差水位高的地方建设埋深较大的隧道，盾构法有较好的技术经济优越性。

（7）当隧道穿过河底或其他建筑物时，不影响施工。

（8）只要设法使盾构的开挖面稳定，则隧道越深、地基越差、土中影响施工的埋设物等越多，与明挖法相比，经济上、施工与进度上越有利。

2. 盾构法存在的缺点

（1）当隧道曲线半径过小时，施工较为困难。

（2）在陆地建造隧道时，如隧道覆土太浅，开挖面稳定甚为困难，甚至不能施工，而在水下时，如覆土太浅则盾构法施工不够安全，要确保一定厚度的覆土。

（3）竖井中长期有噪声和振动，要有解决的措施。

（4）盾构施工中采用全气压方法以疏干和稳定地层时，对劳动保护要求较高，施工条件差。

（5）盾构法隧道上方一定范围内的地表沉陷尚难完全防止，特别在饱和含水松软的土层中，要采取严密的技术措施才能把沉陷限制在很小的限度内，目前还不能完全防止以盾构正上方为中心土层的地表沉降。

（6）在饱和含水地层中，盾构法施工所用的拼装衬砌，对达到整体结构防水性的技术要求较高。

（7）用气压施工时，在周围有发生缺氧和枯井的危险，必须采取相应的办法。

6.2.4　盾构的分类及适用条件

盾构的形式可以从各个方面进行分类。

按手工和机械划分为：手掘式、半机械式和机械式三大类。

以工作面挡土方式划分：敞开式、密闭式。

以气压和泥水加压方式划分：气压式、泥水加压式、土压平衡式、加水式、高浓度泥水加压式以及加泥式。

1. 手掘式盾构

手掘式盾构是盾构的基本形式，世界上仍有工程采用手掘式盾构，见图 6-2。按不同的地质条件，开挖面可全部敞开人工开挖；也可用全部或部分的正面支撑，根据开挖面土体自立性适当分层开挖，随挖土随支撑，开挖土方量为全部隧道排土量。这种盾构便于观察地层和清除障碍，易于纠偏，简易价廉，但劳动强度大，效率低，如遇正面坍方，易危及人身及工程安全。在含水地层中需辅以降水、气压或土壤加固。

这种盾构由上而下进行开挖，开挖时按顺序调换正面支撑千斤顶，开挖出来的土从下半部用皮带运输机装入出土车，采用这种盾构的基本条件是：开挖面至少要在挖掘阶段无坍塌现象，因为挖掘地层时盾构前方是敞开的。

手掘式盾构的适用地层：手掘式盾构有各种各样的开挖面支撑方法，从砂性土到黏性土地层均能适用，因此较适应于复杂的地层，迄今为止施工实例也最多，该形式的盾构在开挖面出现障碍物时，由于正面是敞开的，所以也较易排除。由于这种盾构造价低廉，发生故障也少，因此是最为经济的盾构。在开挖面自立性差的地层中施工时，它可与气压、降水和化学注浆等稳定地层的辅助施工法同时使用。

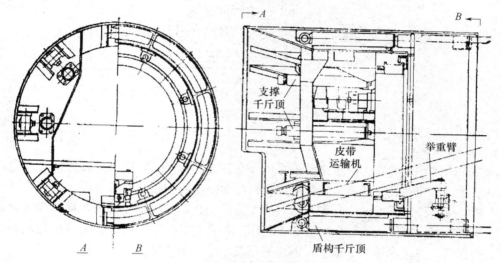

图 6-2　手掘式盾构

2. 挤压式盾构

当敞开式盾构在地质条件很差的粉砂土质地层、黏土层中施工时，土就会从开挖面流入盾构、引起开挖面坍塌，因而不能继续开挖，这时应在盾构的前面设置胸板来密闭前方，同时在脚板上开出土用的小孔，这种形式的盾构就叫挤压式盾构，见图 6-3。盾构在挤压推进时，土体就会从出土孔如同膏状物从管口挤出那样，挤入盾构。根据推进速度来确定开口率。当开口率过大时，出土量增加，会引起周围地层的沉降；反之，就会增大盾构的切入阻力，使地面隆起。采用挤压盾构时，对一定的地质条件设置一定的开口率、控制出土量是非常重要的。

挤压盾构是将手掘式盾构胸板封闭，以挡住正面土体。这种盾构分为全挤压式或局部挤压式两种，它适用于软弱黏性土层。盾构全挤压向前推进时，封闭全部胸板，不需出土，但要引起相当大的地表变形。当采用局部挤压式盾构，要部分打开胸板，将需要排出的土体从开口处挤入盾构内，然后装车外运，这种盾构施工，地表变形也较大。

挤压式盾构适用地层：挤压式盾构的适用范围取决于地层的物理力学性能。它是按含砂率—内聚力、液性指数—内聚力的关系来确定其适用范围。根据施工经验，内聚力即使超出该范围，在含砂率小的地层中也可能适用。根据迄今为止的施工经验，当土体含砂率在 20％

以下、液性指数在 60％ 以上、内聚力在 $0.5 kg/cm^2$ 以下时，盾构的开口率一般为 2％～0.8％，在极软弱的地层中，开口率也有小到的 0.3％。在挤压式盾构的施工区间内如遇有为了建筑物或地层加固而进行过化学注浆的地基时，将会影响挤压盾构的推进，因此应预先考虑到把盾构胸板做成可拆卸的形式。

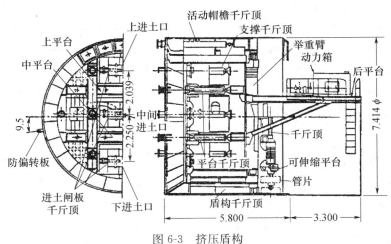

图 6-3　挤压盾构

3. 网格式盾构

网格式盾构在上海软土层中常常被采用，它具有的特点是，进土量接近或等于全部隧道其出土量，且往往带有局部挤压性质，盾构正面装钢板网格，在推进中可以切土，而在停止推进时可起稳定开挖面的作用。切入的土体可用转盘、皮带运输机、矿车或水力机械运出，见图 6-4。这种盾构法如在土质较适当的地层中精心施工，地表沉降可控制到中等或较小的程度。在含水地层中施工，需要辅以疏干地层的措施。

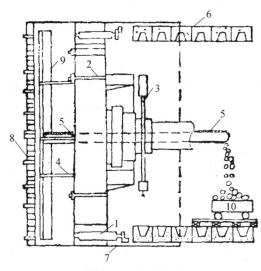

图 6-4　网格式盾构

1—盾构千斤顶（推进盾构用）；2—开挖面支撑千斤顶；3—举重臂（拼装装配式钢筋混凝土衬砌用）；
4—堆土平台（盾构下部土块由转盘提升后落入堆土平台）；5—刮板运输机，土块由堆土平台进入后输出；
6—装配式钢筋混凝土衬砌；7—盾构钢壳；8—开挖面钢网格；9—转盘；10—装土车

4. 半机械式盾构

半机械式盾构见图 6-5。半机械式盾构是介于手掘式和机械式盾构之间的一种形式，它更接近于手掘式盾构。它是在敞开式盾构的基础上安装机械挖土和出土装置，以代替人工劳动，因而具有省力而高效等特点。

机械挖土装置前后、左右、上下均能活动。它有铲斗式、切削头式和两者兼有等三种形式。它的顶部与手掘式盾构相同，装有活动前檐、正面支撑千斤顶等。

盾构的机械装备有如下形式：

（1）盾构工作面下半部分装有铲斗、切割头等。

（2）盾构工作面上半部分装有铲斗、下半部分装有切割头。

（3）盾构中心装有切割头。

（4）盾构中心装有铲斗。

形式（1）：盾构工作面上半部装有正面支撑千斤顶和作业平台，上半部工作面由人工挖掘，挖掘的土、砂落到下半部分，下半部分由铲斗和装载机进行挖掘和出土。

形式（2）：盾构的上半部工作面由铲斗或者装载机挖掘，下半部工作面由切割头或铲斗进行挖掘和出土。

形式（3）：由切割头进行挖掘和出土。

形式（4）：由铲斗式挖掘机进行挖掘和出土。

半机械盾构的适用地层：半机械式盾构比手掘式盾构更适用于良好地层。形式（1）适用于开挖面需作支撑的地层，形式（2）～（4）适用于能自立的地层。形式（2）大多适用于亚黏土与砂砾的夹层。形式（3）大多适用于固结黏土层、硬质砂土层。形式（4）大多适用于黏土和砂砾混合层。

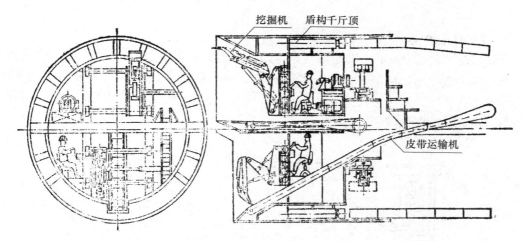

图 6-5　半机械式盾构

5. 开胸机械切削盾构

当地层能够自立，或采用辅助措施后能够自立时，在盾构的切口部分，安装与盾构直径相适应的大刀盘，以进行全断面开胸机械切削开挖，见图 6-6。机械式盾构是一种采用紧贴着开挖面的旋转刀盘进行全断面开挖的盾构。它具有可连续不断地挖掘土层的功能，能一边出土、一边推进，从而连续不断地进行作业。

机械式盾构的切削机构采用最多的是大刀盘形式，它有单轴式、双重转动式及多轴式数种，其中单轴式使用得最为广泛。多根辐条状槽口的切削头绕中心轴转动，由刀头切削下来的土从槽口进入设在外圈的转盘中，再由转盘提升到漏土斗中，然后由传送带把土送入出土车。

机械式盾构的优点除了能改善作业环境、省力外，还能显著提高推进速度，缩短工期。问题是盾构的造价高，为了提高工作效率而带来的后续设备多，基地面积大等。因此若隧道长度短时，就不够经济。与手掘式盾构相比，在曲率半径小的情况下施工以及盾构纠偏都比较困难。

机械式盾构适用地层：机械式盾构可在极易坍塌的地层中施工，因为盾构的大刀盘本身就有防止开挖面坍塌的作用。但是，在黏性土地层中施工时，切削下来的土易黏附在转盘内，压密后会造成出土困难。因此机械式盾构大多适用于地质变化少的砂性土地层。

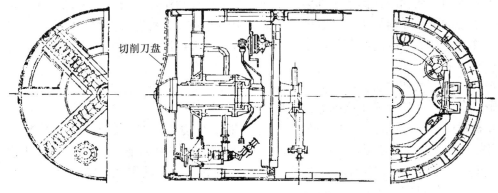

图 6-6　开胸式机械切削式盾构

6. 局部气压盾构

在机械盾构的支承环前边装上隔板，使切口与此隔板之间形成一个密封舱。在密封舱内充满压缩空气，达到稳定开挖面土体的作用。这样隧道施工人员就不处在气压内工作。在适当地质条件下，对比全气压盾构，无疑有较大优越性。但这种盾构在密封舱、盾尾及管片接缝处易产生漏气问题，见图 6-7。

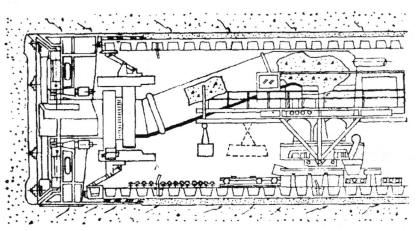

图 6-7　局部气压式盾构

7. 泥水加压式盾构

泥水加压式盾构是在盾构正面与支承环前面装置隔板的密封舱中，注入适当压力的泥浆来支撑开挖面，并以安装在正面的大刀盘切削土体，进土与泥水混合后，用排泥泵及管道输送至地面处理，见图6-8。

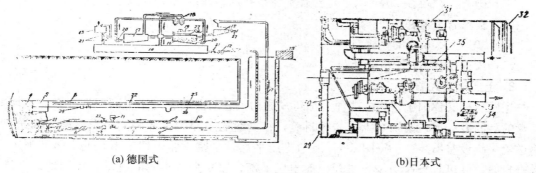

(a) 德国式   (b) 日本式

图 6-8 泥水加压式盾构

具体地讲，泥水加压盾构就是在机械式盾构大刀盘的后方设置一道隔板，隔板与大刀盘之间作为泥水室，在开挖面和泥水室中充满加压的泥水，通过加压作用和压力保持机构，保证开挖面土体的稳定。盾构推进时开挖下来的土就进入泥水室。由搅拌装置进行搅拌，搅拌后的高浓度泥水用流体输送法送出地面，把送出的泥水进行水土分离，然后再把分离后的泥水送入泥水室，不断地循环泥水加压盾构在其内部不能直接观察到开挖面，因此要求盾构从推进、排泥到泥水处理全部按系统化作业。通过泥水压力、泥水流量、泥水浓度等的测定，算出开挖土量，全部作业过程均由中央控制台综合管理。泥水加压盾构是利用了泥水的特性对开挖面起稳定作用的，泥水同时具有下列三个作用。

(1) 泥水的压力和开挖面水土压力的平衡。

(2) 泥水作用到地层上后，形成一层不透水的泥膜，使泥水产生有效的压力。

(3) 加压泥水可渗透到地层的某一区域，使得该区域内的开挖面稳定。

就泥水的特性而言，浓度和密度越高，开挖面的稳定性越好，而浓度和密度越低泥水输送时效率越高，因此考虑了以上条件，目前被广泛作为泥水管理标准的数值如下：

(1) 容重：$1.05 \sim 1.25$（g/cm^3）黏土、膨润土等。

(2) 黏度：$20 \sim 40$（s），漏斗黏度 500/500mL。

(3) 脱水量：$Q < 200mL$，（APL过滤试验 $3kg/cm^2$，30min）。

泥水加压盾构有日本体系及德国体系，两者区别是：德国式的密封舱中设置了起缓冲作用的气压舱，以便于人工控制正面泥浆压力，构造较简单；而日本式密封舱中全是泥水，要有一套自动控制泥水平衡的装置。一般地说，泥水盾构对地层扰动最小，地面沉降也最小，但费用最高。

泥水盾构适用地层：泥水加压盾构最初是在冲积黏土和洪积砂土交错出现的特殊地层中使用，由于泥水对开挖面的作用明显，因此软弱的淤泥质土层、松动的砂土层、砂砾层、卵石砂砾层、砂砾和坚硬土的互层等均运用。泥水加压盾构对地层的适用范围之广。但是在松动的卵石层和坚硬土层中采用泥水加压盾构施工，会产生逸水现象，因此在泥水中应加入一些胶合剂来堵塞漏缝。在非常松散的卵石层中开挖时，也有可能失败。还有在坚硬的土层中开挖时，不仅土的微粒会使泥水质量降低，而且黏土还常会粘附在刀盘和槽口上，给开挖带来困难，因此应该予以注意。

泥水加压盾构的适用性：

(1) 细粒土（粒径在 0.074mm 以下）含有率在粒径累积曲线的 10％以上。

(2) 砾石（粒径在 2mm 以上）含有率在粒径加积曲线的 60％以上。

(3) 自然含水量在 18％以上。

(4) 200～300mm 的粗砾石。

(5) 渗透系数 $K < 10 - 2\text{cm/s}$。

8. 土压平衡式盾构

土压盾构又称削土密闭式或泥土加压式盾构，它的前端有一个全断面切削刀盘，切削刀盘的后面有一个贮留切削土体的密封舱，在密封舱中心线下部装置长筒形螺旋输送机，输送机一头设有出入口，见图 6-9。所谓土压平衡就是密封舱中切削下来的土体和泥水充满密封舱，并可具有适当压力与开挖面土压平衡，以减少对土体的扰动，控制地表沉降。这种盾构可节省泥水盾构中所必需的泥水平衡及泥水处理装置的大量费用，主要适用于黏性土或有一定黏性的粉砂土。现已有加水或加泥水的新型土压平衡盾构，可适用于多种土层。

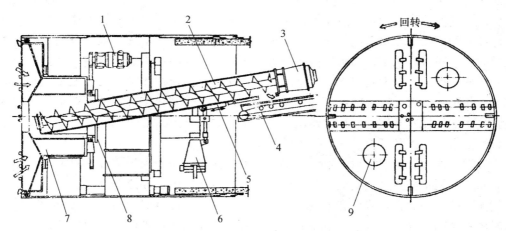

图 6-9 土压平衡式盾构

土压平衡式盾构的基本原理，由刀盘切削土层，切削后的泥土进入土腔（工作室），土腔内的泥土与开挖面压力取得平衡的同时由土腔内的螺旋输送机出土，装于排土口的排土装置在出土量与推进量取得平衡的状态下，进行连续出土。土压平衡式盾构的产品名称是各不相同的，即使是相类似的盾构，其名称也因开挖面稳定的方法和各公司对排土机构开发过程的不同而各异。在使开挖面稳定条件不同的盾构中，把这种从土腔内用螺旋输送机出土的盾构与泥水加压盾构相区别。土压平衡式盾构又分为：削土加压式、土压平衡加水式、高浓度泥水加压式以及加泥式等 4 类。

开挖工作面稳定机构：土压平衡式盾构的开挖面稳定机构，按地质条件可以分成两种型式，一种是适用于内摩擦角小且易流动的淤泥、黏土等的黏质土层；另一种是适用于土的内摩擦角大、不易流动、透水性大的砂以及砂砾等的砂质土层。

（1）黏性土层中的开挖面稳定机构

在粉质黏土、粉砂、粉细砂等的黏性土层中，开挖面稳定机构的排土方式是：由刀盘切削后的泥土先进入土腔内，在土腔内的土压与开挖面的土压（在黏性土中，开挖面土压与水压的混合与压力作用）达到平衡的同时，由螺旋输送机把开挖的泥土送往后部，再从出土闸门口出土。这种机构首先是由挖掘的泥土充满土腔，在软弱的黏性土地层中，由刀盘切削后的泥土强度一般都比原状土的强度低，因而易流动。即使是在内聚力很高的土层中，也由于刀盘的搅拌作用和螺旋输送机的搬运作用搅乱了土体，使土的流动性增大，因此充满在土腔内和螺旋输运机内泥土的土压、可与开挖面的土压达到相等。当然这种充满在土腔和输送机内泥土的土压必须在与开挖面土压相等的情况下由螺旋输送机排土，挖掘量与排土量要保持平衡。但是，当地层的含砂量超过某一限度时，由刀盘切削的土流动性变差，而且当土腔内泥土过于充满并固给时，泥土就会压密，难以挖掘和排土，迫使推进停止。在这种情况下，一般采用的方法是：向土腔内添加膨润土、黏土等进行搅拌，或者喷入水和空气，用以增加土腔内土的流动性。

（2）砂质土层中开挖面的稳定机构

在砂、砂砾的砂质土地层中，土的摩擦阻力大，地下水丰富，透水系数也高，因此，依靠挖掘土的土压和排土机构与开挖面的压力（地下水压和土压）达到平衡就很困难。而且由刀盘切削的土体流动性也不能保证，对于这样的土层仅采用排土机构的机械控制使开挖面稳定是很困难的。因此要用水、膨润土、黏土、高浓度泥水以及泥浆材料等等的混合料向开挖面加压灌注，并不断地进行搅拌，改变挖掘土的成分比例，以此保证土的流动性和止水性，使开挖面稳定。

开挖面的稳定机构可分为以下几种方式：

① 切削土加压搅拌方式：在土腔内喷入水、空气或者添加混合材料，来保证土腔内的土砂流动性。在螺旋输送机的排土口装有可止水的旋转式送料器（转动阀或旋转式漏斗），送料器的隔离作用能使开挖面稳定。

② 加水方式：向开挖面加入压力水，保证挖掘土的流动性，同时让压力水与地下水压相平衡。开挖面的土压由土腔内的混合土体的压力与其平衡，为了能确保压力水的作用，在螺旋输送机的后部装有排土调整槽，控制调整槽的开度使开挖面稳定。

③ 高浓度泥水加压方式：向开挖面加入高浓度泥水，通过泥水和挖掘土的搅拌，以保证挖掘土体的流动性，开挖面土压和水压由高浓度泥水的压力来平衡。在螺旋输送机的排土口装有旋转式送料器，送料器的隔离作用使开挖面稳定。

④ 加泥式：向开挖面注入黏土类材料和泥浆，由辐条形的刀盘和搅拌机构混合搅拌挖掘的土，使挖掘的土具有止水性和流动性。由这种改性土的土压与开挖面的土压、水压达到平衡，使开挖工作面得到稳定。

土压平衡盾构较适应于在软弱的冲积土层中推进，但在砾石层中或砂土层推进时，加进适当的泥土后，也能发挥土压平衡盾构的特点。因此1983年后，一般认为土压平衡盾构的适应性是强的，土压平衡盾构施工后的地表沉降量可控制在30mm以内。但其要求施工人员具有相当丰富的施工经验，能根据地层和施工条件的变化采用一系列的施工管理方法。

土压平衡盾构（含加泥式盾构）适用性：

（1）细粒（粒径 0.074mm 以下）含有率在粒径加积曲线的 7％以上。

（2）砾石（粒径 2mm 以上）含有率在粒径加积曲线的 70％以下。

（3）黏性土（黏土、粉砂土含有率 4％以上）的 N 值在 15 以下。

（4）自然含水量，砂：18％以上，黏性土：25％以上。

（5）渗透系数 $K < 5 \times 10^{-2}$ cm/s。

泥水加压盾构和土压平衡盾构是当前最先进的盾构形式，它们有自己的特点，但是，它们不能完全取代其他类型的盾构形式，其理由之一就是它们的造价一般都高于其他类型的盾构。

当某施工范围内的土层为软土，并且地质情况变化不大，地表控制沉降的要求不高时，可采用挤压盾构。当施工沿线有可能出现障碍物时，也有采用开胸手掘式盾构的（手掘与机械兼用等）。

6.2.5 盾构法施工过程

6.2.5.1 盾构施工过程

盾构法施工流程见图 6-10。

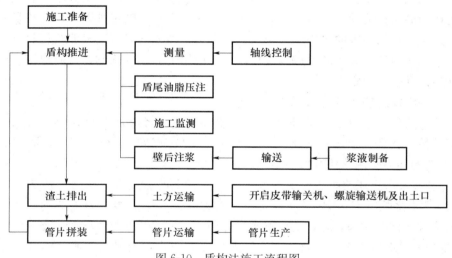

图 6-10 盾构法施工流程图

1. 盾构机的组装与调试

（1）盾构机的组装与调试

盾构机组装调试程序见图 6-11。

（2）盾构机组装顺序

某工程盾构机组装采用整机一次组装完成后再调试始发的方式进行。在始发盾构组装时，直接将盾构分段吊放置始发井底的始发台上组装调试，其组装顺序为：拖车下井→后移→连接桥下井→后移→主机下井组装→与连接桥、拖车连接→连接其他部件。

（3）盾构组装技术措施

1）盾构组装前必须制订详细的组装方案与计划，同时组织有经验的经过技术培训的人员组成组装班组。

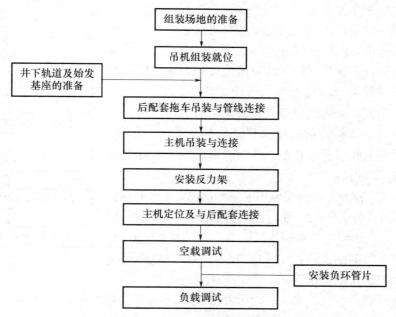

图 6-11　盾构组装、调试程序框图

2）组装前应对始发基座进行精确定位，带吊机工作区应铺设钢板，防止地层不均匀沉陷。

3）大件组装时应对始发井端头墙进行严密的观测，掌握其变形与受力状态。

4）大件吊装时必须有 9t 以上的吊车辅助翻转。

（4）盾构机调试

1）空载调试

盾构机组装和连接完毕后，即可进行空载调试，空载调试的目的主要是检查设备是否能正常运转。主要调试内容为：液压系统、润滑系统、冷却系统、配电系统、注浆系统，泥浆系统以及各种仪表的校正。

电气部分运行调试的顺序：检查送电→检查电机→分系统参数设置与试运行→整机试运行→再次调试。

液压部分运行调试的顺序：推进和铰接系统→管片安装机→管片吊机和拖拉小车→泡沫、膨润土系统和刀盘加水→注浆系统→泥浆系统等。

2）负载调试

空载调试证明盾构机具有工作能力后即可进行负载调试。负载调试的主要目的是检查各种管线及密封的负载能力；对空载调试不能完成的工作进一步完善，以使盾构机的各个工作系统和辅助系统达到满足正常生产要求的工作状态。通常试掘进时间即为对设备负载调试时间。

负载调试时将采取严格的技术和管理措施保证工程安全、工程质量和线型精度。

2. 盾构始发

（1）盾构始发流程图

盾构始发按图 6-12 的流程进行。

（2）盾构始发总体方案

盾构采用整机始发。在盾构完成试掘进后，进入正常掘进阶段。拆除盾构井内的负环管片、反力架等。在盾构始发时，管片、管线、砂浆等材料从预留出土口吊入隧道内，然后由电瓶车牵引编组列车将管片、管线、砂浆运抵工作面。泥浆管路及电缆线路均从预留口接入隧道内盾构工作面。在拆除负环管片后，盾构隧道进排泥管线均移至盾构工作井，轨线管片等材料从盾构工作井吊入，砂浆从盾构工作井放入编组列车的砂浆车内。

盾构在切入土体时，为确保利用上部千斤顶，整体向前推进，负环管片设置为全环闭口环，错缝拼装。拼装负环管片前先安装反力架和负环钢环。盾构整机始发方案示意见图 6-13。为防止盾构始发时侧翻失稳，在盾构机左右两侧设置防翻支撑，支撑底部与始发基座相连，上部支撑在盾构机上。

为防止负环管片失圆，造成盾构始发时管片与洞门圈间隙不均，在防翻支承上设置纵向工字钢，在工字钢上设置钢楔块支撑管片，防止负环管片失圆。

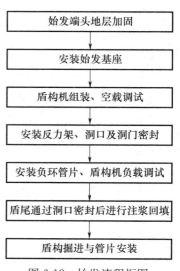

图 6-12　始发流程框图

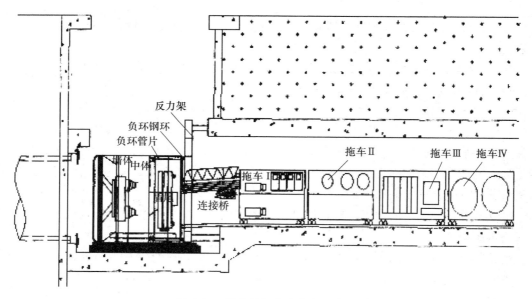

图 6-13　盾构整机始发方案示意图

（3）始发设施的安装

1）始发基座安装

在洞门凿除完成之后，依据隧道设计线定出盾构始发姿态空间位置，然后反推出始发基座的空间位置。由于基座在盾构始发时要承受纵向、横向的推力以及抵抗盾构旋转的扭矩。所以在盾构始发之前，必须对始发基座两侧进行必要的加固。加固的方式见图 6-14。始发基座的安装高程根据端头地质情况进行适当抬高。

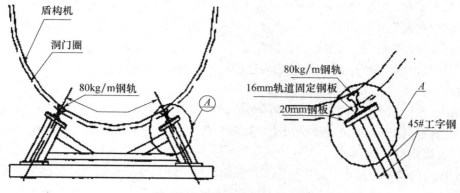

图 6-14　盾构始发基座示意图

2）接长导向轨道的安装

在始发基座安装后，由于始发基座的基准导轨前端与前方土体之间有约 1.5m 的距离（即盾构工作井端墙厚度和为方便洞门临时密封装置安装而留的空隙），为保证盾构安全及准确始发，在洞圈内与始发基座导向轨道相应位置安装二根接长导向轨道，安装倾角位置与基准导向轨道一致，并采用膨胀螺栓牢固地固定导轨。

3）洞门临时密封装置

盾构在始发过程中，为防止泥水或地下水从洞门圈与盾构壳体间的空隙窜入盾构工作井内，影响盾构机开挖面土仓压力（泥水压力）、开挖面土体的稳定，盾构始发前必须在洞门处设置性能良好的密封装置。经施工实践证明，折叶式密封压板有受力好、密封好、操作简单、刚度好以及安全可靠的优点。

4）反力设施安装

在盾构主机与后配套连接之前，开始进行反力架的安装。由于反力架为盾构机始发时提供反推力，在安装反力架时，反力架端面应与始发基座水平轴垂直，以便盾构轴线与隧道设计轴线保持平行。对反力架固定前应按设计对其进行精确的定位。反力架与工作井结构连接部位的间隙用高强素硅垫实，以保证反力架脚板有足够的受力面，负环硅管片紧靠在反力架上。以保证混凝土负环管片受力均匀。

（4）始发掘进技术要点

1）在盾尾壳体内安装管片支撑垫块，为管片在盾尾内的定位做好准备，管片安装见图 6-15。

2）安装前，在盾尾内侧标出第一环管片的位置和封顶块的位置，然后从下至上安装第一环管片，安装时要注意使管片的位置与标出位置相对应转动角度一定要符合设计，换算位置误差不能超过 10mm。

3）安装拱部的管片时，由于管片支撑不足，要及时加固。

4）八环负环管片拼装完成后，用推进油

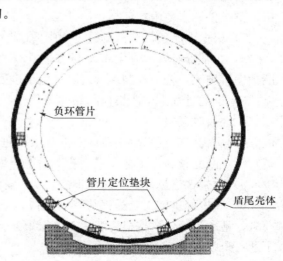

图 6-15　管片安装示意图

163

缸把管片推出盾尾，并施加一定的推力把管片压紧在反力架上，即可开始下一环管片的安装。

5）管片在被推出盾尾时，要及时进行支撑加固，防止管片下沉或失圆。同时也要考虑到盾构推进时可能产生的偏心力，因此支撑应尽可能的稳固。

6）当刀盘抵拢掌子面时，推进油缸已经可以产生足够的推力稳定管片后，再把管片定位块取掉。

7）在始发阶段要注意推力、扭矩的控制，同时也要注意各部位油脂的有效使用。掘进总推力应控制在反力架承受能力以下，同时确保在此推力下刀具切入地层所产生的扭矩小于始发台提供的反扭矩。

泥水压力的设定是泥水平衡盾构施工的关键，维持和调整压力值又是盾构推进操作中的重要环节，其中包括推力、推进速度和排泥量三者的相互关系，以及对盾构施工轴线和地层变形量的控制也比较重要。盾构试掘进过程中，要根据不同地质条件、覆土厚度、地面情况设定泥水压力，选定泥水性能指标，并根据地表隆陷监测结果及时调整泥水压力和性能。

3. 盾构掘进

（1）盾构式掘进

盾构开始掘进的 45m 称为试掘进段，掘进完成 90m 后开始拆除负环管片，通过试掘进段拟达到以下目的：

1）用最短的时间对盾构机进行调试。

2）了解和认识本工程的地质条件，掌握该地质条件下泥水平衡盾构的施工方法。

3）收集、整理、分析及归纳总结各地层的掘进参数，制订正常掘进各地层操作规程，推力、推进速度和排泥量三者的相互关系，实现快速、连续以及高效的正常掘进。

4）熟悉管片拼装的操作工序，提高拼装质量，加快施工进度。

5）通过本段施工，加强对地面变形情况的监测分析，反映盾构机出洞时以及推进时对周围环境的影响，掌握盾构推进参数及同步注浆量。

6）通过对地层推进施工，摸索出在盾构断面处于各地层中，盾构推进轴线的控制规律。

（2）盾构正常掘进

盾构机在完成前 45m 的试掘进后，将对掘进参数进行必要的调整，为后续的正常掘进提供条件。主要内容包括：

1）根据地质条件和试掘进过程中的监测结果进一步优化掘进参数。

2）正常推进阶段采用 45m 试掘进阶段掌握的最佳施工参数。通过加强施工监测，不断地完善施工工艺，控制地面沉降。施工进度应采用均衡生产法。

3）推进过程中，严格控制好推进里程，将施工测量结果不断地与计算的三维坐标相校核，并及时调整。

4）盾构应根据当班指令设定的参数推进，推进出土和泥水流量与衬砌背后注浆同步进行。不断完善施工工艺，控制施工后地表最大变形量在＋10～－30mm 之内。

5）盾构掘进过程中，坡度不能突变，隧道轴线和折角变化不能超过 0.4%。

6）盾构掘进施工全过程须严格受控，工程技术人员根据地质变化、隧道埋深、地面荷载、地表沉降、盾构机姿态、刀盘扭矩、千斤顶推力等各种勘探、测量数据信息，正确下达每班掘进指令，并即时跟踪调整。

7）盾构机操作人员须严格执行指令，谨慎操作，对初始出现的小偏差应及时纠正，应尽量避免盾构机走"蛇"形，盾构机一次纠偏量不宜过大，以减少对地层的扰动。

4. 泥水平衡盾构机掘进

泥水管理流程见图 6-16。

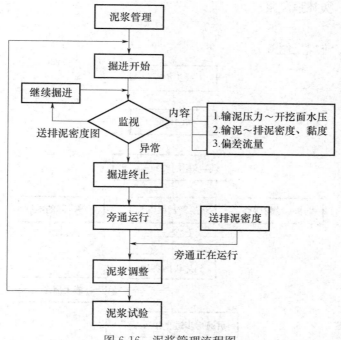

图 6-16　泥浆管理流程图

根据不同的土体，泥水管理的要求和方法也不同。根据需要调节比重、黏度等参数，使其成为一种可塑流体，泥水平衡盾构使用泥水的目的也就是用泥水来谋求开挖面稳定，在防止塌方的同时，将切削下来的泥膜形成泥水并被输送到地面。

5. 盾构掘进方向的控制与调整

由于地层软硬不均、隧道曲线和坡度变化以及操作等因素的影响，盾构推进不可能完全按照设计的隧道轴线前进，而会产生一定的偏差。当这种偏差超过一定界限时就会使隧道衬砌侵限、盾尾间隙变小使管片局部受力恶化，并造成地层损失增大而使地表沉降加大，因此盾构施工中必须采取有效技术措施控制掘进方向，及时有效纠正掘进偏差。

6. 掘进过程中的刀具管理和换刀方案

盾构在试掘进阶段，有计划地进行一次带压进仓检查刀盘、刀具，并评估刀盘、刀具的耐磨性，总结刀盘、刀具的磨损规律，并根据实际施工情况对计划进行调整，及时掌握刀盘、刀具磨损情况；有必要换刀时，提前对计划换刀位置地层处进行有效的加固处理，确保施工安全和设备完好率，减少规避刀盘、刀具的意外磨损和被动停机，提高施工效率。

7. 同步注浆与二次注浆补偿

盾构施工引起的地层损失和盾构隧道周围受扰动或受剪切破坏的重塑土的再固结以及地下水的渗透，是导致地表、建筑物以及管线沉降的重要原因。为了减少和防止沉降，在盾构掘进过程中，要尽快在脱出盾尾的衬砌管片背后同步注入足量的浆液材料充填盾尾环形建筑空隙。

同步注浆后使管片背后环形空隙得到填充，多数地段的地层变形沉降得到控制。在局部地段，同步浆液凝固过程中，可能存在局部不均匀、浆液的凝固收缩和浆液的稀释流失，为提高背衬注浆层的防水性及密实度，并有效填充管片后的环形间隙，根据检测结果，必要时进行二次补强注浆。

8. 盾构到达

盾构到达施工流程见图 6-17。

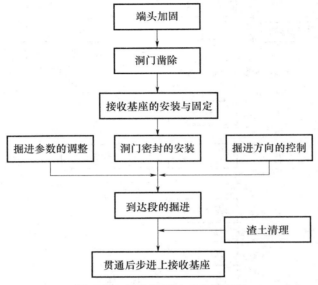

图 6-17　盾构机到达工艺流程图

6.2.5.2　特殊地段的施工

1. 盾构穿过含水砂层时的注意事项

根据地质勘察报告，确定盾构区间隧道地质主要为砾砂。由于其结构较松散，且颗粒较细，在盾构掘进通过此段时，容易发生掌子面砂层坍塌，引起地表沉降。

为保证盾构机能顺利穿过，在通过对该地段进行详细探测后，拟采取以下处理措施：选择合适的推进速度，加强出渣量的监测和管理，加强盾构回填注浆质量控制。

2. 盾构在砂砾层中的掘进施工技术

该盾构区间穿越的地层绝大部分为砂砾层，该层卵石直径较大。地下水位基本在隧道顶部以上。施工时，受卵石层的影响，刀盘、刀具由于不均匀受力或外力的冲击，容易产生异常损坏。盾构在该类地层掘进时，刀盘、刀具的磨损严重，盾构姿态调整与控制难度较大，对此采取如下措施：

（1）进行合理的盾构选型；

（2）有计划的刀具检查、维修与更换。

3. 盾构在曲线地段的推进

该区间隧道平面曲线类型较多，最小曲线半径为 450m。盾构在小曲线段进行掘进施工时，盾构机轴线拟合难度较大，容易发生管片错台、开裂、偏移以及开挖超挖等情况。

在曲线段施工时，总结广州、南京地铁、北京地铁，城陵矶过江隧道小半径曲线段施工的实例,并结合具体工程的实际情况制定专门的措施。

4. 盾构在推进过程中的蛇形和滚动

由于隧道主要位于砾砂层中、隧道曲线和坡度变化以及操作等因素的影响,盾构推进时可能会产生方向上的偏差,使盾构机偏离设计轴线,发生蛇行和滚动现象。施工中必须采取有效技术措施控制掘进方向,并及时有效地纠正掘进偏差。

6.3 矿山法施工技术

6.3.1 矿山法定义

矿山法指的是用开挖地下坑道的作业方式修建隧道的施工方法。矿山法是一种传统的施工方法,它的基本原理是,隧道开挖后受爆破影响,造成岩体破裂形成松弛状态,随时都有可能坍落。矿山法是山岭隧道最常用的施工方法。我国的铁路、公路、水工等地下工程绝大多数采用此法修筑。

6.3.2 矿山法起源与发展

早期矿山法按分部顺序进行分割式逐块钻爆开挖,并用钢木构件边开挖边支撑,称为"传统矿山法"或"钻爆法"。采用圆木、型钢、钢轨等形成支架,对开挖面形成强力支撑。传统矿山法的依据是"松弛理论",认为围岩可能由于扰动产生坍塌,支护需要支承围岩在一定范围内由于松弛可能坍塌的岩体重量。在 20 世纪 80 年代及以前,因施工工艺落后、钢材紧张而普遍采用。因安全性差,现已被完全淘汰。

随着喷锚支护出现,将锚杆和喷射混凝土作为主要支护手段,及时进行支护,以控制围岩的变形与松弛,使围岩成为支护体系的组成部分,形成以锚杆、喷射混凝土和隧道围岩三位一体的承载结构,共同支承围岩压力,称为"新奥法"。此工法由奥地利学者米勒发明。在支护手段上,采用喷射混凝土和锚杆为衬砌,把衬砌和围岩看作是一个相互作用的整体,既发挥围岩的自承能力,又使锚喷衬砌起到加固围岩的作用。初期支护能随着围岩变形,充分发挥围岩的自承能力。采用锚喷支护的新奥法与采用钢木支护的传统矿山法相比,不仅仅是支护手段上的革新,更重要的是工程概念的不同。

对于较破碎的软岩隧道、土质隧道及浅埋隧道,多采用挖掘机或人工开挖方法进行掘进,在掘进前常事先采用辅助工法进行预加固,为区别于钻爆法而称为浅埋暗挖法。

6.3.3 矿山法种类

矿山法按衬砌施工的顺序,可分为先拱后墙法及先墙后拱法两大类。后者又可按分部情况细分为漏斗棚架法、台阶法、全断面法和上下导坑先墙后拱法。在松软地层中,或在大跨度洞室的情况下,又有一种特殊的先墙后拱施工法——侧壁导坑先墙后拱法。此外,结合先拱后墙法和漏斗棚架法的特点,还有一种居于两者之间的蘑菇形法。

矿山法隧道施工具体可分为:全断面开挖法;台阶法,包括长台阶法、短台阶法以及超短台阶法;断面分部开挖法,包括上半断面分部开挖、中隔壁法(单侧壁导坑法、Center Diaphragm 简称 CD 法)、双侧壁导坑法以及交叉中隔壁 CRD 法(CRoss Diaphragm)。

6.3.4 矿山法原则

矿山法施工的基本原则可以归纳为"少扰动、早支撑、慎撤换、快衬砌"。

"少扰动"是指开挖后及时施作临时构件支撑，使围岩的扰动次数、扰动强度、扰动范围和扰动持续时间，这与新奥法施工的要求是一致的。采用钢支撑，可以增大一次开挖断面跨度，减少分部次数，从而减少对围岩的扰动次数。

"早支撑"是指开挖后及时施作临时构件支撑，使围岩不致因变形松弛过度而产生坍塌失稳，并承受围岩松弛变形产生的压力，即早期松弛荷载。定期检查支撑的工作状况，若发现变形严重或出现损坏征兆，应及时增设支撑予以加强。作用在临时支撑上的早期松弛荷载大小可比照设计永久衬砌的计算围岩压力大小来确定。临时支撑的结构设计也采用类似于永久衬砌的设计方法，即结构力学方法。

"慎撤换"是指拆除临时支撑，以永久性模筑混凝土取代之，衬砌时要慎重，即要防止撤换过程中围岩坍塌失稳。每次撤换的范围、顺序和时间要视围岩稳定性及支撑的受力状况而定。

若预计到不能拆除，则应在确定开挖断面大小及选择支撑材料时就予以研究解决。使用钢支撑作为临时支撑，则可以避免拆除支撑的麻烦和危险。

"快衬砌"是指拆除临时支撑后要及时修筑永久性混凝土衬砌，并使之尽早承载参与工作。若采用的是钢支撑又不可拆除，或无临时支撑时，也应尽早施作永久性混凝土衬砌。

6.3.5 矿山法施工工艺及应用

1. 矿山法施工工艺

地铁区间隧道矿山法施工主要应用于覆土浅、地质条件差的岩石地层。其主要特点是变形快，特别是初期增长快，自稳能力差，极易引起地表下沉甚至坍塌，且区间隧道沿线往往地下管线及建筑物密集，施工难度极大。矿山法是以超前加固、处理中硬岩地层为前提，采用喷射混凝土、锚杆等复合衬砌为基本支护结构的暗挖施工方法。矿山法以对围岩的监控量测为主要技术手段指导设计与施工，并形成良好的反馈机制，以此来控制地表沉降，保证施工安全。矿山法的基本施工流程见图6-18。

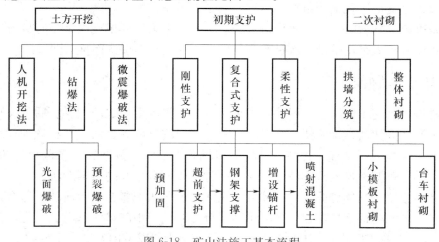

图6-18　矿山法施工基本流程

2. 矿山法施工隧道开挖方法

矿山法施工隧道常用的掘进方式有钻眼爆破掘进、掘进机掘进和人工掘进三种方式，一般山岭隧道最常用的是钻眼爆破掘进。在地铁隧道施工过程中围岩自稳性不同，为保证围岩稳定或减少对围岩的扰动，通常会选择合适的开挖方法，按照开挖断面分布情形可分为：全断面开挖方法、台阶开挖方法以及分部开挖方法，具体见表6-2与表6-3。

表 6-2　主要隧道开挖方法

序号	名称	施工特点
1	全断面开挖法	按设计开挖断面一次开挖形成，然后修建衬砌的施工方法，对围岩扰动少，有利于围岩稳定
2	台阶法	一般将设计断面分为上半断面和下半断面，并且两次开挖成型
3	环形开挖预留核心土法	上部断面以弧形导坑领先，然后开挖下半部两侧，最后开挖中部核心土的分部开挖
4	双侧壁导坑法	先开挖隧道两侧的导坑，及时施作坑四周初期支护及临时支护，必要时施作边墙衬砌，然后再根据地质条件。断面大小，对剩余部分采用两台阶或三台阶开挖的施工方法
5	中洞法	适用于双连拱隧道。采用先施作隧道中墙混凝土，后开挖两侧的施工方法
6	中隔壁法（CD法）	将隧道分为左、右两大部分进行开挖，先在隧道一侧采用台阶法自上而下分层开挖，待该侧初期支护完成且达到一定强度，再分层开挖隧道的另一侧
7	交叉中隔壁法（CRD法）	除满足中隔壁法的要求外，尚应设置临时仰拱，步步成环，自上而下，交叉进行；中隔壁及交叉临时支护，在灌注二次衬砌时，应逐段拆除

表 6-3　主要隧道开挖方法特点对比

施工方法	适用条件	沉降	工期	造价
全断面法	地层好，跨度不大于8m	一般	最短	低
台阶法	地层较差，跨度不大于12m	一般	短	低
环形开挖预留核心土法	地层差，跨度不大于12m	一般	短	低
双侧壁导坑法	小跨度，可扩成大跨	大	长	长
中洞法	小跨度，可扩成大跨	小	长	较高
中隔壁法（CD法）	地层差，跨度不大于18m	较大	较短	偏高
交叉中隔壁法（CRD法）	地层差，跨度不大于20m	较小	长	长

3. 矿山法隧道施工的工序

（1）超前预加固

一般隧洞工程选线时，洞线应尽可能地选在地质构造简单、岩体完整稳定和水文地质条件有利的地区，尽量避免不利地质区段。随着人类改造自然活动的不断深化，工程建设活动越来越多，原来很少涉及的不利地质区段逐渐成为常见地质条件，地下隧洞无法避免地要通过它们。在工程实践中，人们通过不断的理论研究和尝试，逐渐摸索出了各种超前的支护技术，在开挖之前对这些地段的岩体进行预支护或加固，保持和利用围岩原先的自稳能力，使隧洞掘进能顺利、安全地通过。

根据国内的资料，主要的超前支护方法有：超前锚杆、管棚、超前灌浆和人工冻结法等，其适应条件见表 6-4。由于地层性质及其稳定程度不同，形成了在支护机理、施工工艺上不尽相同的各类超前支护技术。在结构破坏了的硬岩以及软土中多采用管棚、小导管等；在裂隙和带孔的硬岩地层中以及有巨大碎块的卵石—砾石地层中多采用灌浆法，根据裂隙、孔洞大小和地下水流动的速度灌注水泥浆、水泥—水玻璃浆或黏土浆等；在渗水严重，地层可灌性差的冲积地层中采用人工冻结法；预衬砌对土砂等围岩强度极低的地层、埋深小需要控制地表下沉的场合是非常有效的。

表 6-4　隧道常用超前预加固工法

工法	目的				围岩情况			使用材料
	拱顶稳定	掌子面稳定	控制地表沉降	固结止水	硬岩	软岩	土沙	
小导管	√	√	—	—	√	√	√	钢管
管棚	√	√	√	—	—	√	√	钢管
水平旋喷注浆	√	√	√	—	—	—	√	水泥浆
预衬砌	√	√	√	—	—	√	√	预制衬砌块
预注浆	√	√	√	√	√	√	√	水泥及其他
人工冻结	√	—	√	√	—	√	√	氨气，盐水

（2）开挖

矿山法主要有以下几种开挖方法：

① 人、机开挖法：

适用范围：适用于 V、Ⅵ级围岩；对防震要求高、沉降要求很高的地段，如房屋下方、桩基切除。

方法：人工及小型挖掘机或单臂掘进机配合（设备有待完善，慎用）。

② 钻爆法：

光面爆破：适用于 Ⅰ、Ⅱ、Ⅲ级围岩，施工顺序为，掏槽眼→辅助眼→周边眼→底板眼。

预裂爆破：适用于 Ⅲ、Ⅳ级围岩，施工顺序为，周边眼→掏槽眼→辅助眼→底板眼。

③ 微震爆破法：

适用范围：Ⅳ、Ⅴ级围岩；对防震要求高、沉降要求较高的地段，如城市地铁。

微震爆破法施工中对其进行控制的目的：减小爆破震动对周边建筑的影响；施工沉降控制在允许范围内；杜绝坍塌事故。

控制标准：最大爆破振速控制在 1.5cm/s 以内或更小；沉降控制 2.5cm 以内或更小。

（3）初期支护

初期支护是指隧道开挖后，用于控制围岩变形及防止坍塌所及时施作的支护。初期支护应在喷射混凝土、锚杆、钢筋网和钢架等支护中进行选择，以喷射混凝土、锚杆等为主要支护手段，通过对围岩的监控量测指导设计与施工，使围岩成为支护体系的一部分，合理地利用围岩的自承能力，以保持围岩的稳定。

① 喷射混凝土（干喷、潮喷、湿喷、混合喷）；喷射钢纤维混凝土。

② 锚杆。

黏结式锚杆：锚杆孔灌注水泥砂浆或树脂黏结剂，常作隧道系统锚杆和超前锚杆；环氧树脂或聚氨酯锚杆价格贵，应用少。

摩擦式锚杆：是由薄钢板卷成的中空有缝的杆体和托盘组成，其支护原理先进，结构简单，安装方便，锚固力大，承载及时，支护应变能力强，适用于各类围岩的支护。

混合式锚杆：端头锚固和全长黏结锚固相结合（图6-19）。

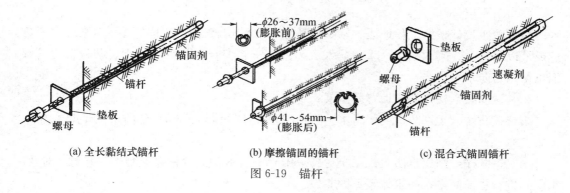

(a) 全长黏结式锚杆　　　　(b) 摩擦锚固的锚杆　　　　(c) 混合式锚固锚杆

图6-19　锚杆

③ 钢支撑

按材料组成可分为：格栅钢支撑和钢拱架钢支撑主要用于软弱破碎或土质隧道中，很少单独使用，大多与锚杆、喷射混凝土等共同使用。

a. 格栅—钢筋焊接而成的构架，有3根和4根主筋的两种形式：4根主筋式的每根钢筋相同，多用于软岩、土砂地层的双线隧道；3根主筋式是由上面双筋和下面单筋组成，上主筋面积尽量与下主筋总面积相等，多用于单线隧道。

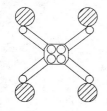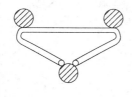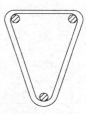

图6-20　格栅钢支撑

b. 格栅钢拱架，主筋直径不宜小于22mm，多采用20MnSi或A3钢制成钢筋，联系钢筋直径不宜小于10mm；格栅断面高度应与喷射混凝土厚度相适应，一般为120～180mm；见图6-21。

钢拱架接头形式：连接板焊于主筋端部，通过螺栓将两段钢架连接板紧密地连在一起的螺栓连接板接头；套管螺栓直接套在主筋上，将两段钢架连接在一起的套管螺栓接头。

钢拱架可作临时支撑、单独承受较大围岩压力，也可作永久衬砌的一部分。

图6-21　格栅钢拱架

在Ⅵ、Ⅴ级软弱破碎围岩中施工或处理塌方时使用较多；与围岩空隙难以用喷射混凝土紧密充填，导致钢拱架附近喷射混凝土出现裂缝。工字钢和钢轨的垂直、水平方向不是等强度和等刚度的，容易横向失稳、扭曲破坏；钢管钢架断面的各向强度和刚度相同，抗压、抗扭曲强度高，钢管内充填砂浆或混凝土时，强度更高。

（4）防水层

结构防水设计根据工程地质、水文地质条件、结构特点与施工方法等因素综合考虑，遵循"以防为主、刚柔结合、多道防线、因地制宜、综合治理"的原则，共设三道防线，但以结构自防水为主。

第一道防线：初期支护加背后注浆。

第二道防线：柔性防水夹层防水。防水层采用 1.5mm 厚的 PVC 防水板＋400g/m² 土工布。

第三道防线：结构自防水。二次衬砌采用 C30、S8 的防水钢筋混凝土，并对二衬及防水层间进行二次注浆，防水体系见图 6-22。

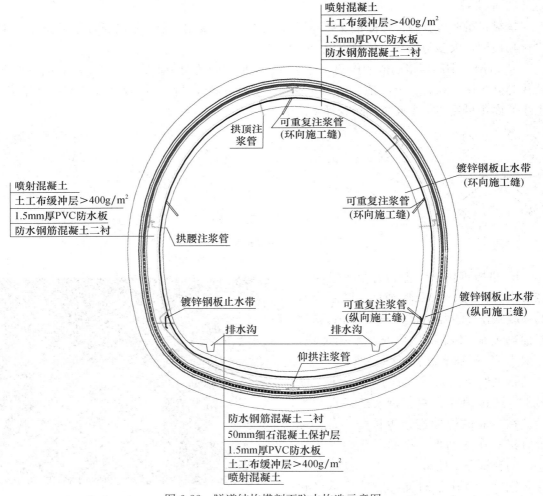

图 6-22　隧道结构横剖面防水构造示意图

① 仰拱防水层施工

a. 基层处理、验收合格后，即可按空铺法铺设无纺布（$400g/m^2$，一般厚度为 $3\sim5mm$，幅宽为 2m）缓冲层，缓冲层之间的搭接宽度不小于 50mm，搭接部位采用热风焊枪进行点焊焊接，在阴阳角处等防水施工薄弱的地方，可设双层土工布缓冲层作为加强层，仰拱缓冲层预留于侧墙上的长度应高出二次浇筑时预留钢筋长度 10cm。

b. 仰拱缓冲层铺设完毕经验收合格后，即可按空铺法铺设 PVC 防水板，防水板按垂直于隧道方向铺设，两幅卷材的搭接宽度应不小于 100mm，用自动热合机双缝焊接。铺设第二幅防水板时，应先与第一幅卷材焊接后再固定于塑料垫圈上。仰拱防水卷材预留于侧墙上的长度应高出二次浇筑时预留钢筋长度为 200mm，并将预留部分用无纺布或加压聚乙烯泡沫塑料保护。

c. 仰拱部位在防水铺设并验收合格后，应及时铺设保护层，然后再浇筑 5cm 厚 C15 的细石混凝土保护层，待其强度达到设计要求时即可进行仰拱的钢筋绑扎。

② 侧墙及拱顶防水施工

a. 基层处理、验收合格后，即可铺设无纺布，铺设方法是在隧道的拱顶部的喷射混凝土基面上正确标出隧道的纵向中心线，再使缓冲层的横向中心线与喷射混凝土上的这一标志相重合，从拱顶部开始向两侧下垂铺设，缓冲层采用水泥钉、铁垫片和塑料圆垫片固定于已达到要求的喷射混凝土基面上，固定点之间呈梅花形布设，边墙的间距为 1000mm，拱顶为 500mm，缓冲层之间用手动焊枪点焊连接，搭接宽度不小于 50mm。最后将边墙与仰拱预留缓冲层用热风焊枪连接，搭接宽度不小于 50mm，见图 6-23。

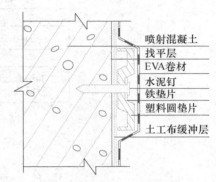

图 6-23　PVC 防水板固定方法示意图

b. 拱顶缓冲层铺设完毕经验收合格后，即可铺设 PVC 防水板，铺设第一幅防水板时先在隧道供顶的缓冲层上正确标出隧道的中心线，再使防水板的横向中心线与这一标志相重合，先将拱顶部的防水板固定在塑料垫圈上，顺着缓冲层从拱顶向两侧下垂铺设，边铺设边与塑料圆垫片固定，固定方式为用手动焊枪进行一一点焊固定。铺设第二幅防水板时，应先将其热合焊接在第一幅防水板上，然后再进行与塑料圆垫片的固定。最后将边墙与仰拱预防水板用热合焊连接，搭接宽度不小于 100mm，且仰拱与侧墙防水板的焊缝错茬至少为 300mm。

（5）二次衬砌施工

① 按照现代支护理论和新奥法施工原则，作为安全储备的二次支护是在围岩或围岩加初期支护稳定后及时施作的，此时隧道已成型，因此二次支护多采用顺作法，即由下向上，先墙后拱顺序连续灌溉。在隧道纵向需要分段支护，分段长度为 $9\sim12m$。

② 二次衬砌多采用模筑混凝土作为层衬砌结构。由于时间因素影响很多，二次衬砌和仰拱的施作，直接关系到衬砌结构的安全。过早施作会使二次衬砌承受较大的围岩压力，拖后施作会不利于初期支护的稳定。因此，在施工中通过监控量测掌握围岩与支护结构的变化规律，及时调整支护与衬砌设计参数，并确定二次衬砌和仰拱的施作时间，进而使衬砌结构安全可靠。

③ 二次衬砌作业程序见图 6-24。

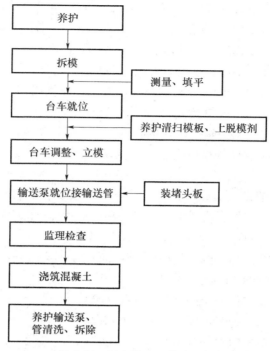

图 6-24　衬砌施工工艺流程图

6.4　新型盖挖法施工技术

改革开放 30 年来，经济的发展导致城市化程度的提高，城市人口的剧增。城市人口及汽车数量的膨胀给城市的交通造成了巨大的压力，公共轨道交通（地铁）作为一个强有力的交通工具，顺应城市的发展而快速发展。在最近几年，国内各大中城市地铁的建设进入了一个全面快速发展时期，越来越多的地铁车站将被建设。另外，在城市繁华地带，由于道路通行能力的限制，市政建设积极考虑将大部分地面交通转入到地下，进行分流，如上海外滩南北通道工程则考虑建设双层地下通道，将外滩地面的大部分车辆交通转入到地下，以扩大外滩的汽车通行能力，并使之与地面景观区众多的行人分流。然而，由于各城市一般有着比较悠久的历史，城市建设缺乏现代化的规划。城市建筑拥挤，道路狭窄，因此，在这种城建规划布局相对古老的城市地下建设地铁或者地下通道工程，难免遇到不少问题。就上海来说，在繁华地段的地铁车站或者地下通道工程的建设主要存在以下问题或者特点：

1. 闹市区地下工程的建设与地面交通的矛盾

地铁车站使用功能的特殊性，使得车站大多设置在交通要道交汇处。地铁车站面积较大，建设时须侵占地面道路，施工周期相对较长，一般在两年以上。采用明挖法等一些传统施工方法必然对地面本已拥挤的交通造成巨大的影响，而浅埋暗挖法则费用巨大，技术难度大，在较多地方尤其是软土地质条件下一般不适用。由于地铁车站施工或类似地下工程施工，导致封闭道路对地面交通造成严重影响的事例到处可见。这种日益严峻的状况对类似城市道路下方的地铁车站或其他地下工程的建设提出了新的要求，在交通流量大的主干道在地铁施工设计方面，则一般有保障地面交通和最大限度减少对地面交通影响的要求，因此，必然导致对原有施工方法做必要的改进和调整来满足新环境下所提出的新要求。

2. 建筑密集区施工场地不足

由于大中城市一般历史悠久，现在的城区建筑往往由原来的比较古老的规划模式上重建而来，缺乏现代化的城市规划，导致许多道路狭窄，临近建筑物相对密集。另外，城市地铁的发展也由大干道走向居民区和建筑密集的古老街区的小干道。这种变化，由于周围临近的建筑中不乏高层建筑和一些保护建筑，而使得传统明挖等方法的拆迁极为困难且所耗费用巨大。基于保护建筑或高层建筑的无法拆迁问题，使得地铁车站建设场地受到了较大的限制，这一矛盾使需要较大场地的传统明挖法等常规工法的应用受到了极大的限制。如何在有限的场地里开辟出足够的施工场地进而保障施工的顺利进行也是城市道路下方地下工程或地铁建设面临的一个新问题。

3. 基坑挖深大，地质条件差，周围环境复杂，环境保护技术难度大

由于地铁线路的增多，不少地铁车站规划成多层综合体形式，以满足多条线路的转换，基坑开挖深度增大，开挖面积增大，从而导致施工难度增大，变形控制技术难度增大。临近建筑越来越多，越来越近，其中不乏对变形要求极高的古老保护建筑，使得地铁车站施工难度日益增大，对变形控制提出了比以往更为严格的要求。一些地下工程，如上海外滩通道工程，则沿路紧靠着大量100多年的历史保护建筑以及外滩防汛墙，因此对工程基坑开挖变形控制提出了很高的要求，施工控制技术难度高，需要保证支护体系的变形控制能力及其自身稳定性。

4. 文明施工管理要求的提高

随着城市的进一步发展，社会日益关注着人们生活的质量，着力降低城市内工程施工对人们生活的影响，并着重于城市的整体形象。尤其在像上海这种国际化都市，建筑工地也成了对外展示自身形象的一个窗口。当今，社会各界对文明施工提出了较高的要求。因此，在繁华地带的地下工程施工则考虑将地下工程隐蔽起来，这样可以降低工程施工噪声以及提高工程场地自身形象。

近几年来，随着以上几种问题的进一步凸显，地下工程师们开始考虑在原有传统施工方法的基础上，改进并提出新型盖挖法的施工方法，即构建一个临时路面系统，用以保障地面交通，同时也能作为施工场地，并能作为工程场地的隐蔽屏障。在该新型盖挖法中，考虑路面体系支撑结构与支护体系相结合的方式，能满足基坑变形的控制要求，从而能较好地解决以上几个问题。

6.4.1 新型盖挖法施工工法定义

盖挖法的提出已经有多年的历史，而以前文献中所提的盖挖法一般指顶板逆作法，国际上一般统称为逆作法（Top-down Method），即考虑将顶板逆作后恢复永久路面来保障地面交通，然后再在这层"盖"的下方进行基坑开挖和结构施工。这种方法相对于顺作法等方法而言，土体暴露时间短，土体变形控制较好，有利于临近环境建筑的安全。但这种方法施工难度大，施工进度慢及结构质量相对较差的缺点，针对上面的交通问题及施工场地问题不能较好解决。因此，国内地下工程师们通过引进国外新技术及自我创新研究，区别于原有盖挖法（顶板逆作法），提出了一种新型盖挖法。这种盖挖法是指施作围护结构后，在基坑开挖前，将原有路面用一层标准化、模数化以及可快速装卸的临时路面体系代替，保障路面交通，然后在此路面体系的遮护下进行基坑开挖、支护及结构施工。该种盖挖法可采用适当的路面翻交及交通组织措施，能做到基本不影响交通，且所需额外场地较小。另外，针对不同的环境及地质条件的要求，可采用不同的结构施工顺序，即地下建筑结构采用顺作或者逆作的方式来完成结构的施工，从而可衍生出盖挖顺作法（Cover-cut Top-down Method）、盖挖逆作法（Cover-cut Bottom-up Method）以及盖挖半逆作法（Mixed Cover-cut Method）等工艺。近几年，这种新型盖挖法在上海等地的地铁车站施工中得到广泛应用，取得了重大的经济效益和社会效益。下面就该新型盖挖法的施工工法及技术特点进行简要介绍。

6.4.2　新型盖挖法构成

新型盖挖法可以通俗表述为在一般明挖顺作或逆作的基坑上方加上了一个盖板、盖板梁构建的临时路面体系，用以保障原有地面交通的运行以及提供施工场地。因此，新型盖挖法支护体系主要包括以下三个部分：

（1）临时路面体系

临时路面体系是区别于以往施工方法的一个最显著特征。在新型盖挖法里，提出了临时路面体系的标准化、模数化。包括尺寸及构造标准化、模数化的盖板（Deck），标准化、模数化的盖板梁（Longitudinal Beam）和支承横梁（Cross Beam）。由此替代原有城市道路路面，保障地面交通的顺畅进行。

盖挖法临时路面系统主要有两方面的作用：承受路面交通荷载及系统自重，保证交通顺畅；作为施工的一个隔离屏障，保障施工的安全顺利进行。临时路面实际铺装效果见图 6-25。

新型盖挖法采用标准化、模数化可回收重复利用的预制板，且结构应满足强度、刚度以及稳定性要求。为保证路面车辆行驶的平稳性，盖板不平整度应小于 0.5mm，挠度应不大于 1/400；盖板梁挠度应不大于 1/500；铺设时相邻盖板高差控制在 1mm 之内；同时，应采取减震降噪和防渗防漏措施。

图 6-25　临时路面实际铺装效果

临时路面体系构建过程中的交通组织及施工组织的大致流程见图 6-26。

（2）竖向支承体系

一般基坑中的竖向构件仅作为临时构件用于维系横向支撑体系的稳定性，基坑可以认为不承受竖向荷载，而新型盖挖法里的竖向构件须承受较大的通过临时路面体系传递的地面交通荷载。因此对于竖向构件的设计与一般基坑竖向构件考虑有所区别。在新型盖挖法中，竖向支承体系主要包括围护墙（Retaining Wall）、立柱（Column）、立柱桩（Pile）三部分竖向构件，见图 6-27。

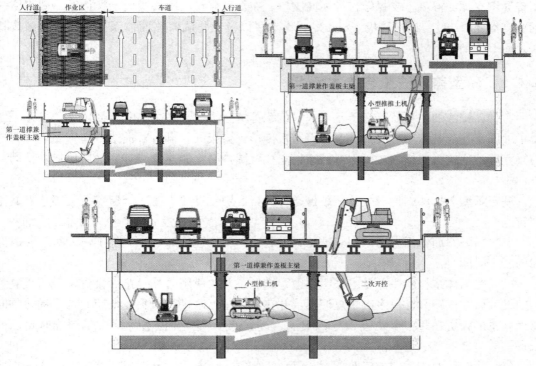

图 6-26　临时路面体系构建流程

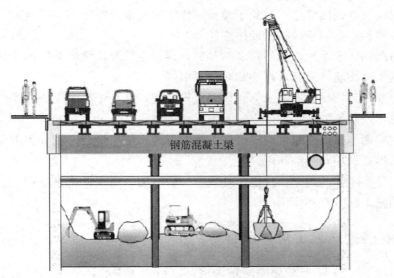

图 6-27　新型盖挖法构成示意图

（3）横向支撑体系

新型盖挖法中考虑将首道支撑兼作临时路面体系支撑横梁，因此其实质上是一个压弯构件，与一般基坑中的首道支撑有所区别。而其他横向支撑体系（如钢支撑）与一般基坑中的横向支撑体系则基本一致。支撑体系所采用的形式与所采用的施工工法有一定关系。如在盖挖逆作法中，考虑将结构楼板逆作后兼作横向支撑；在盖挖顺做法中则一般考虑采用普通钢支撑或混凝土支撑等作为横向支撑。在新型盖挖法中，横向支撑体系一般来讲包括钢支撑（Strut）、结构楼板（Slab）兼作支撑以及兼作临时路面体系支承梁的首道支撑（Cross Beam）。

6.4.3 新型盖挖法工艺技术特点

新型盖挖法的主要特点在于基于一般传统基坑上构建了一个临时路面体系，该体系承受了地面交通荷载作用，其荷载由路面盖板传递到盖板梁，再由盖板梁传递到路面体系支撑梁，即首道支撑兼横梁，再由梁传递给立柱及围护结构如连续墙等，最后传递到持力层土体中。

基于新型盖挖法的构成及其荷载传递方式，区别于以往方法，新型盖挖法工艺有其不同特点：

（1）新型路面体系考虑采用标准化、模数化，可快速装卸，方便施工，缩短了临时路面的施工时间。

（2）路面体系材料主要考虑采用型钢，增加了首次使用的临时路面投资，但可重复利用的设计概念使得其可以多次重复使用，并在最后还可以进行回收，长期而言，构建临时路面体系的投资在每一个工程中分担很少，远远低于原有盖挖法中单个工程临时路面的投资。

（3）临时路面体系的构建及拆除考虑采用分幅翻交方式，有别于原有工艺，能极大满足地面交通要求，基本上可做到不影响地面交通。

（4）临时路面体系的建立，避免了顶板逆作法中楼板分幅施工对结构的不利因素，保障了结构的完整性，有利于结构的使用性能。

（5）临时路面体系及地面交通荷载的存在，通过立柱及连续墙等竖向构件传递到持力土层中，有利于抑止基坑隆起，减小相对差异沉降。

（6）首道支撑采用钢筋混凝土与连续墙浇筑一起，有利于整个支护体系的稳定性和承载能力以及变形控制能力。

（7）临时路面体系的建立，可提供施工临时场地和施工平台，能大大降低施工场地征地数量，降低拆迁费用和征地费用。

（8）临时路面体系的建立，提供了基坑施工的屏障，能降低施工噪声，利于施工场地形象，对文明施工起到有利作用。

6.4.4 新型盖挖法施工总体流程

以上海市轨道交通 11 号线愚园路站为例，该站位于中心区三纵三横主干道中西纵的江苏路上，地面交通十分繁忙，为保障在车站建设的全过程中维持现有通行能力的要求，采用了新型盖挖法施工。新型盖挖法的总体流程见图 6-28。主要施工步骤为：施工一侧地下墙、立柱桩→架设临时路面，恢复该侧地面交通→施工另一侧地下墙、立柱桩和首道支撑→采用顺作结合局部逆作法开挖基坑直至内部结构施作完毕→拆除临时路面系统，恢复永久道路。

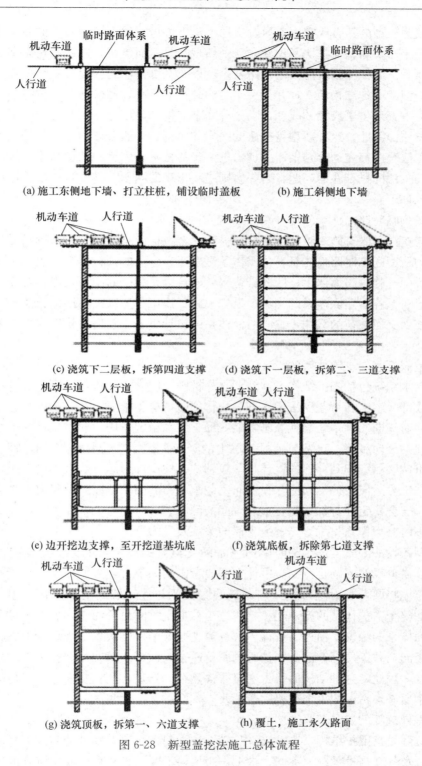

(a) 施工东侧地下墙、打立柱桩，铺设临时盖板   (b) 施工斜侧地下墙

(c) 浇筑下二层板，拆第四道支撑   (d) 浇筑下一层板，拆第二、三道支撑

(e) 边开挖边支撑，至开挖道基坑底   (f) 浇筑底板，拆除第七道支撑

(g) 浇筑顶板，拆第一、六道支撑   (h) 覆土，施工永久路面

图 6-28 新型盖挖法施工总体流程

6.4.5 新型盖挖法几个关键问题

新型盖挖法是一种基于既有施工工法（如逆作法、明挖法及国内外其他盖挖法）上提

出的一种较为新型的适合于在闹市区及交通干道下方进行地下工程施工的施工工艺。相比于既有施工工法，新型盖挖法考虑建立一个新型临时路面体系，并依此建立了一套对应的支护支承体系，来保障临时路面的稳定安全性以及基坑开挖的稳定安全性。在其支护结构上出现了新型的支护结构模式，并且由于交通载荷的存在，使得部分支护结构或支承结构的承载受力方式发生了较大的改变，在这种新型盖挖法基础上，相对应产生了一些新的施工技术或方法。因此，这种新型盖挖法的提出和应用，必然会遇到许多新的问题，或者在原来既有工法普遍存在的难题上需要提出进一步的技术处理措施。就新型盖挖法而言，有一些是传统工法同样存在的问题，有一些则是新出现的问题，其中，比较关键的几个问题或关键技术如下：

（1）新型临时路面体系的设计和施工

新型盖挖法与既有施工工法中，最明显的一个特征就是构建了一个可承受地面交通和施工载荷的稳固的临时路面体系。这个体系区别于逆作法的顶板体系，也区别于既有一些类似盖挖法中的临时路面体系。因此其构架、设计以及相应的施工技术相对而言是属于全新的一个范畴。临时路面体系的构架、设计及施工提出了与以往不同的概念和理念。作为直接承受地面交通载荷的载体，临时路面体系的设计应用是新型盖挖法应用是否成功的最为关键的技术之一。

（2）重载下竖向支承体系的设计

竖向支承系统包括围护结构、立柱、立柱桩等竖向支护结构，是深基坑开挖支护系统的重要组成部分，在新型盖挖法中该部分的作用显得更为重要。在新型盖挖法中，竖向支承系统不但对横向支承系统起到控制挠度变形、维系稳定作用，同时也承受由盖板梁或首道支撑传递的竖向载荷，这是与一般基坑中的竖向支护体系的承载方式有所不同，其中，立柱承受重载必然影响到立柱的设计与一般基坑立柱设计考虑有较大不同，围护结构连续墙以及立柱桩等竖向构件也同样存在竖向重载承载力的问题。因此，竖向支承系统的承载能力设计、安全稳定性等都是需要重点考虑的问题。

（3）临时路面体系支承梁与首道支撑的关系及受力分析

在新型盖挖法中，考虑到临时路面体系的支撑梁的设置影响到首道支撑的设置，因此，两者合设分设的问题是盖挖法设计中需要考虑的一个重要方面。就上海近几年应用情况，一般考虑将两者合设处理，采用钢筋混凝土梁与连续墙圈梁浇筑在一起。这样的设计，能增加整个支护体系的整体性，且能减小首道支撑的设置深度，有利于控制变形，也有利于路面体系的稳定。但这一设计导致首道支撑处于弯压状态，既承受上方临时路面体系传递的竖向荷载，端部亦承受围护结构所传递轴向载荷。两者荷载数量级均较大，且均为可变荷载，因此，这种结构的受力变得非常复杂，其受力性状及安全稳定性问题则是新型盖挖法中所必须考虑的一个重要问题。

（4）差异沉降的控制及对结构的影响

差异沉降是指围护结构（连续墙）与立柱桩之间、相邻立柱桩之间的差异沉降。由于围护结构以及各立柱桩承载力不同、桩土作用效果不同，必然存在差异沉降的问题。由于差异沉降的存在，相当于在横向支承构件立柱节点处施加了一个竖向强迫位移荷载，若沉降差较大时，该位移荷载对横向支承构件的内力、变形等会产生较大影响，严重时可导致横向支撑构件如首道支撑、楼板的破坏、失稳。在新型盖挖法下，由于考虑上部交通载荷，必然导致竖向支护结构差异沉降与其他一般基坑工程中的差异沉降有所不同。因此须着重考虑竖向支护系统的差异沉降问题，尤其对于首道支撑与盖板梁合设以及楼板逆作情况，必须严格控制差异沉降。

（5）支护结构稳定性

在新型盖挖法下，支护体系的荷载形式发生了较大的改变，其中，增加了竖向的地面交通荷载以及盖板上的施工荷载。由于在新型盖挖法中，考虑首道支撑与临时路面体系的支承梁合设，竖向承受的较大荷载通过立柱及围护结构（连续墙）传递到周围土体中，因此，整个支护体系的受荷形式相对于传统支护体系的受荷形式发生了较大改变。在这种新形势下，竖向支承如立柱的稳定性成为了整个体系的一个重要安全因素，对于首道支撑承受弯压荷载下的稳定性也是其中一个重要因素。

（6）节点及构造

由于新型盖挖法中支护结构由多种构件组成，如路面盖板、盖板梁、立柱、首道支撑、围护结构（连续墙）与支撑等，整个支护结构各构件之间变形内力相互协调形成一个系统作为一个整体承受上部临时路面交通载荷、施工载荷以及基坑开挖变形载荷等。在设计载荷之内，往往单个构件承载力足够，而由于构件之间的连接处相对薄弱，承载能力的降低可能导致整个系统的失稳破坏。并且由于安装以及变形的不协调使节点处存在应力集中的问题，使得该处载荷超出了材料的承载能力而导致节点破坏失稳。出于使用的考虑，部分构件如路面盖板需在自身连接以及和盖板梁连接上要做到相对稳固，不出现较大相对位移和变形，从而保证临时路面的平整度，保障路面交通的顺利进行。另外处于施工安装的考虑，需要考虑到构件安装施工的方便以及可行性。因此各构件的节点设置也是新型盖挖法设计施工中一个比较关键的问题。

6.4.6 工程案例

1. 工程概况

上海轨道交通 7 号线常熟路车站位于常熟路南端见图 6-29，与淮海中路上的 1 号线常熟路车站形成 L 形换乘。4 个出入口位于延庆路、五原路及淮海路上。周围多为商铺及多层住宅楼，其中局部距常熟路 203 号市级重点保护建筑物仅 3m 左右；二号出入口和换乘通道相接，紧邻淮海大楼，周围地下管线众多。

车站为地下三层岛式车站，车站主体为双柱三跨结构。车站结构长为 157.2m，标准段宽为 22.8m，站台宽度为 12m。顶板覆土厚度约为 4.736m，标准段基坑开挖深度约为 24.3m，端头井基坑开挖深度约为 25.9m。

车站共设 4 个出入口。其中 1 号出入口预留，2 号出入口从换乘厅直接出地面并可通过换乘通道，与地铁一号线常熟路站实现换乘。3 号出入口、中间风井和南侧风井与卫生监督所回搬重建的建筑合建。4 号出入口和北侧风井位于常熟路五原路西北角独立设置。

在车站结构的南侧，有运营中的上海轨道交通 1 号线；基坑的东侧有赛华公寓、淮海大楼，以及赛华公寓与淮海大楼之间的一幢独立别墅；在基坑的西侧有外贸局工艺品常熟路住宅楼、中波海运公司职工住宅三号楼和二号楼、上海市疾病预防控制中心三号楼等建（构）筑物，周边环境要求非常严格。

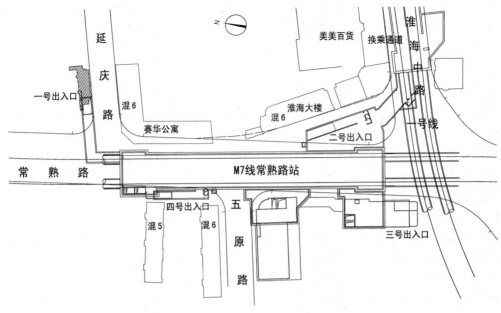

图 6-29　常熟路车站位置平面图

另有多条市政管线：基坑南侧主要有 ϕ1200 雨水管、ϕ300 和 ϕ500 煤气管；基坑北侧主要有 ϕ400 雨水管、ϕ300 上水管及 ϕ150 煤气管及通信电缆等管线。

常熟路是上海市中心的一条重要南北交通道路，为减小地铁车站施工队交通的影响和控制邻近建筑物及地下管线的沉降，车站工程采用新型盖挖法技术。

2. 常熟路地铁车站盖挖法施工流程

常熟路车站开挖施工期间须保障原有路面交通，交通组织按照"借一还一"的原则进行组织，主要分为三个阶段：

第一阶段：本阶段主要进行现状常熟路以西的围护结构及 19 轴以北 B 轴西侧的顶圈梁及首道混凝土支撑、钢盖板施工和南端头井基坑开挖和结构回筑。

第二阶段：本阶段主要进行主体基坑东侧剩余地下连续墙施工、北区段基坑开挖和结构回筑和南端头井段剩余部分结构回筑。

第三阶段：本阶段主要进行西侧 2 个出入口和两组风井施工，及剩余的换乘通道施工。

3. 水平支撑体系

水平支撑体系主要分为两个部分：

（1）首道支撑

首道支撑采用钢筋混凝土为 $800\text{mm} \times 1000\text{mm}$，兼作盖板主梁，间距为 $7 \sim 9\text{m}$。

（2）其他支撑

采用钢支撑结合楼板局部逆作的方式，钢支撑采用 ϕ609 圆钢撑，水平间距为 $2.2 \sim 3.6\text{m}$，竖向间距根据中板逆作采取换撑方式。

4. 竖向支撑体系

立柱桩采用 1000mm 钻孔灌注桩；立柱采用 H 型钢 $H458\text{mm} \times 413\text{mm} \times 30\text{mm} \times 50\text{mm}$，

纵向间距与首道支撑间距一致为 7～9m，横向标准段分为三跨两柱，立柱间距为 5.8m。钻孔灌注桩施工选用 GPS-20 型钻机，原土自然造浆护壁法钻进，钻至设计标高后进行清孔，吊放钢筋笼，放入导管后进行第二次清孔，检验钢筋笼的长度与焊接质量、孔底标高、泥浆指标等均符合设计的规范要求后，进行混凝土灌注，直至达到设计标高。钻孔中及混凝土所排出的泥浆抽入泥浆罐车运弃。

H 型钢立柱采用"后插法"施工，待钻孔灌注桩混凝土浇筑到设计标高后，将 H 型钢立柱根部插入钻孔灌注桩的混凝土中，由两台经纬仪分别在 H 型钢的 X 和 Y 轴方向定位，缓缓插入 H 型钢立柱至预定标高后，将 H 型钢立柱焊接在预先在平面位置上定好位的钢板上，待钻孔灌注桩内的混凝土达到初凝强度后割除定位钢板。

5. 临时路面系统（图 6-31）

（1）布置方式

设置盖板次梁，盖板主梁与首道支撑合设；盖板次梁沿基坑纵向（长度方向）布置，间距 3m；路面盖板长轴向与次梁垂直布置，（图 6-30）

（2）路面盖板：采用 20♯工字钢拼接盖板 3000mm×1000mm×200mm，施作钢丝网水泥混凝土面层作为防滑面层 3mm，实际板厚为 203mm；盖板与盖板之间采用预留螺栓孔用螺栓连接限位；盖板与盖板梁之间铺设废旧橡胶皮带作为减震降噪措施。

（3）盖板次梁：采用双拼 H 型钢 H488mm×300mm×18mm×11mm，沿基坑纵向布置，梁长为 7～9m，间距 3m；加工小块倒 L 型钢与首道支撑上预留小型钢板或钢筋焊接对型钢梁进行限位处理。

图 6-30　盖板、盖板次梁及首道支撑图

图 6-31　地铁常熟路站临时路面

6. 基坑开挖和结构回筑

基坑开挖和结构回筑可采用顺筑和逆筑方式进行。在钢盖板盖挖工法中，可采用长臂挖掘机或者伸缩臂挖掘机与坑内小型挖掘机的配合来进行土体挖掘及取土装车工作。这种取土方式工作效率相对较高，但其长臂挖掘机所需要的空间较大，这种取土方式一般应用在取土孔较大，开挖深度较小（开挖深度小于 18m）的情况。此时可利用钢盖板拆卸方便的特点，扩大取土孔，提高出土效率。

对于深基坑，开挖深度超过 18m 的土方，如采用履带吊挖机进行垂直土方运输。履带吊抓斗在抓土的过程中，控制抓斗方向和定位的缆风绳不可避免地会碰到钢盖板、已完成的结构板及钢支撑等障碍物，影响抓斗的定位，导致抓斗无法正常垂直挖土作业同时还会碰撞钢支撑造成安全隐患。通过运用定滑轮原理，对挖土作业设备进行改造，在结构下二层中板出土孔与基坑表面设置钢丝绳和滑轮组改变履带吊抓斗的受力方向，通过履带吊缆风绳上增设的滑轮可较好地控制抓斗沿基坑竖直方向进行挖土作业，解决了履带吊挖机在小尺寸出土孔垂直运输土方作业的难题，又避免了抓斗施工过程中对钢支撑的碰撞，确保了施工安全。

7. 施工监测

对基坑结构施工期间混凝土支撑、盖板梁及立柱的隆沉情况等进行测量，以及时和全面地反映它们的变化情况。盖挖法施工监测针对常熟路车站盖挖法的实际实施进行相关监测，主要包括：首道支撑混凝土钢筋应力量测、首道混凝土支撑竖向位移量测、盖板梁竖向位移量测、立柱隆沉量测。

思考与习题

1. 隧道、地铁施工常用的方法有哪些？
2. 盾构法有何优缺点？
3. 盾构施工主要有哪些种类？
4. 传统矿山法其优缺点有哪些？
5. 传统矿山法基本的施工工序是什么？
6. 矿山法施工的基本原则是什么？
7. 超前预加固有哪些工法？
8. 新型盖挖法的优点是什么？
9. 新型盖挖法由哪几部分组成？

参考文献

[1] 陈小雄. 隧道施工技术 [M]. 北京：人民交通出版社，2011.

[2] 王梦恕. 地下工程浅挖施工技术通论 [M]. 合肥：安徽教育出版社，2004.

[3] 王东杰. 公路隧道施工 [M]. 北京：中国电力出版社，2010.

[4] 陈馈等. 盾构施工技术 [M]. 北京：人民交通出版社，2016.

[5] 中交第一公路工程局有限公司. 公路隧道施工技术规范 [M]. 北京：人民交通出版社，2009.

[6] 陈昕. 新型盖挖法支护结构稳定性研究 [D]. 上海：同济大学. 博士论文，2009.

[7] 崔勤，徐正良. 软土地层地铁车站的新型盖挖法施工中 [J]. 国市政工程，2008，134（2）.

[8] 孙飞. 复杂地质条件浅埋暗挖地铁隧道施工地表沉降及控制技术研究 [D]. 大连：大连理工大学，硕士论文，2009.

[9] 张海波. 地铁隧道盾构施工对周围环境影响的数值模拟 [D]. 南京：河海大学，博士论文，2005.

专题七 地基处理施工技术

7.1 概 述

7.1.1 基本概念

基础直接建造在未经加固的天然土层上时，这种地基称之为天然地基。若天然地基很软弱，不能满足地基强度和形变等要求，则事先要经过人工处理后再建造基础，这种地基加固称为地基处理。欧美国家称之为地基处理，也有称地基加固。

地基处理的目的是利用换填、夯实、挤密、排水、胶结、加筋和热学等方法对地基土进行加固，用以改良地基土的工程特性。

场地（Site）：指工程建设所占有并直接使用的有限面积的土地。场地范围内及其邻近的地质环境都会直接影响着场地的稳定性。

地基（Foundation，Subgrade）：指承托建筑物基础的这一部分很小的场地。

基础（Foundation，Footing）：指建筑物向地基传递荷载的下部结构。

地基处理（Ground Treatment，Ground Improvement）：为提高地基承载力，改善其变形性能或渗透性能而采取的技术措施。

复合地基（Composite Ground，Composite Foundation）：部分土体被增强或被置换，形成由地基土和竖向增强体共同承担荷载的人工地基。

堆载预压（Preloading With Surcharge of Fill）：地基上堆加荷载使地基土固结压密的地基处理方法。

真空预压（Vacuum Preloading）：通过对覆盖于竖井地基表面的封闭薄膜内抽真空排水使地基土固结压密的地基处理方法。

注浆加固（Ground Improvement by Permeation and High Hydrofracture Grouting）：将水泥浆或其他化学浆液注入地基土层中，增强土颗粒间的联结，使土体强度提高、变形减少与渗透性降低的地基处理方法。

1. 地基存在的问题

（1）地基承载力或稳定性问题。

（2）沉降、水平位移及不均匀沉降问题。

（3）渗透问题。

（4）液化问题。

（5）特殊土的不良地质问题。

2. 地基处理的对象（图 7-1）

图 7-1　地基处理对象

3. 地基处理的目的

（1）改善土的抗剪特性，提高地基的抗剪强度，并增加其稳定性。地基的破坏属于剪切破坏，表现在：建筑物的地基承载力不够；由于偏心荷载及侧向土压力的作用使结构物失稳；由于填土或建筑物荷载，使邻近地基产生隆起；土方开挖时边坡失稳；基坑开挖时坑底隆起。地基的剪切破坏反映在地基土的抗剪强度不足。因此，可以通过提高地基土的抗剪强度来提高地基的强度和承载力。从而防止结构倒塌和边坡失稳。

（2）改善压缩特性，降低地基土的压缩性，减少地基的沉降变形。地基土的压缩性表现在建筑物的沉降和差异沉降大；由于有填土或建筑物荷载，使地基产生固结沉降；作用于建筑物基础的负摩擦力引起建筑物的沉降；大范围地基的沉降和不均匀沉降；基坑开挖引起邻近地面沉降；由于降水地基产生固结沉降。地基的压缩性反映在地基土的压缩模量指标的大小。土中的孔隙的减少，减小建筑物的沉降和不均匀沉降；减小因基坑开挖、隧道施工而引起的地面沉降；减小降水产生的固结沉降。因此，需要采取措施以提高地基土的压缩模量，借以减少地基的沉降或不均匀沉降。

（3）改善地基土的渗透特性，减少地基渗漏或加强其渗透稳定。地基土的透水性表现在堤坝等基础产生的地基渗漏；基坑开挖工程中，因土层内夹薄层粉砂或粉土而产生流砂和管涌。以上都是在地下水的运动中所出现的问题。土的透水性能主要受孔隙大小（渗透性）和排水距离的影响。可以通过减小孔隙和填充孔隙的方法来减小土的渗透性。也可以在土中植入透水性好的介质（砂石桩和排水板）来增加其渗透特性。地下水位下基坑开挖的止水；砂土液化中的排水。

（4）改善地基土的动力特性，提高地基的抗震性能。地基土的动力特性表现在地震时饱和松散粉细砂（包括部分粉土）将产生液化；由于交通荷载或打桩等原因，使邻近地基产生振动下沉。在动力荷载作用下，松散粉细砂有结构变密的趋势，从而导致孔压增长，产生液化现象。因此，可以通过增加密度、减小动剪切应力和改良排水条件三方面来防止地基液化，并改善其振动特性以提高地基的抗震性能。

（5）改善特殊土地基的不良特性，满足工程设计要求。如改善黄土的湿陷性；改善膨胀土的胀缩性；改善冻土的冻胀和融沉特性。主要是消除或减少黄土的湿陷性、膨胀土的胀缩性、冻土的冻胀和融沉性等。

4. 地基处理方法分类

地基处理的分类方法多种多样，按时间可分为临时处理和永久处理；按处理深度分为浅层处理和深层处理；按处理土性对象分为砂性土处理和黏性土处理，饱和土处理和非饱和土处理；也可按地基处理的加固机理进行分类。因为现有的地基处理方法很多，新的地基处理方法还在不断发展，要对各种地基处理方法进行精确分类是困难的。常见的分类方法主要是按照地基处理的加固机理进行分类，见图 7-2。

$$
\text{地基处理方法}\begin{cases}
\text{置换法：换土垫层法、褥垫法} \\
\text{密实法：浅层密实、深层密实} \\
\text{排水固结法：堆载预压、砂井堆载预压、真空预压、井点降水预压} \\
\text{固化法：灌浆法、喷拌法} \\
\text{加筋法：土工聚合物加筋、锚杆、树根桩}
\end{cases}
$$

图 7-2 地基处理分类

（1）置换法：是用砂、碎石、矿渣或其他合适的材料置换地基中的软弱或不良土层，夯压密实后作为基底垫层，或用上述材料填筑成一根根桩体，由桩群和桩间土组成复合地基，从而达到处理目的。常用于处理软弱地基。从经济合理考虑，开挖置换法一般适用于处理浅层地基（深度通常不超过 3m）。

置换法是一种处理软基的物理方法，其原理简单、明晰，施工技术难度小，是浅层软基处理首选的方法之一。置换法分类见图 7-3，挤淤置换法见图 7-4。

$$
\text{置换法}\atop\text{(Replacement)}\begin{cases}
\text{1. 换填垫层法(Cushion)} \\
\text{2. 挤淤置换法(Displacement)} \\
\text{3. 褥垫法(Cushion)} \\
\text{4. 振冲置换法(Vibro-replacement)} \\
\text{5. 沉管碎石桩法(Diving Casing Gravel Pile)} \\
\text{6. 强夯置换法(Dynamic Replacement)} \\
\text{7. 砂桩置换(Sand Column Replacement)} \\
\text{8. 柱锤冲扩桩法(Piles Thrusted-expanded in Column-hammer)} \\
\text{9. 石灰桩法(Lime Pile)} \\
\text{10. EPS超轻质料填土法(发泡聚苯乙烯)(Expanded Polystyrene)}
\end{cases}
$$

图 7-3 置换法分类

图 7-4 挤淤置换法

（2）密实法：是借助于机械、夯锤或爆破产生的振动和冲击使土的孔隙比减小，或在地基内打砂桩、碎石桩、土桩或灰土桩，挤密桩间土体而达到处理目的。其中主要有重锤夯实法、强夯法、振冲挤密法以及砂桩、土桩或灰土桩挤密法等，可用于处理无黏性土、杂填土、非饱和黏性土及湿陷性黄土等地基，但振冲挤密法的适用范围一般只限于砂土和黏粒含量较低的黏性土。密实法分类见图7-5。

密实法
(Compaction)

1.表层原位压实法(Surface Compaction)
2.强夯法(Dynamic Compaction)
3.冲击碾压(Impact Roller Compaction)
4.振冲密实法(Vibro-compaction)
5.挤密砂桩法(Compaction Sand-pile)
6.爆破挤密法(Blasting)
7.土桩、灰土桩法(Earth Pile,Lime Soil Pile)

图7-5 密实法分类

（3）排水固结法：是采用预压、降低地下水位、电渗等方法促使土层排水固结，以减少地基的沉降和不均匀沉降，提高承载力。主要用于处理软弱黏性土地基。排水固结法分类见图7-6。降低地下水位法见图7-7。

排水固结
(Consolidation)

1.加载预压法(Preloading)
2.超载预压法(Surcharge Preloading)
3.砂井法(普通砂井、袋装砂井、塑料排水带)(Sand Drain)(Sand drain,Sand Wick, Plastic Drain)
4.真空预压法(Vacuum Preloading)
5.真空预压与堆载联合法
6.降低地下水位法(Dewatering Method)
7.电渗排水法(Electro-Osmotic Drainage)

图7-6 排水固结法分类

图7-7 降低地下水位法

（4）固化法：是指利用水泥浆液、黏土浆液或其他化学浆液，通过灌注压入、高压喷射或机械搅拌，使浆液与土颗粒胶结起来，以改善地基土的物理和力学性质的地基处理方法，见图7-8。

目前浆液固化法中常用的方法除原来已有的灌浆法外，后面出现了高压喷射注浆法和水泥土搅拌法。前者利用高压射水切削地基土，通过注浆管喷出浆液，就地将土和浆液进行搅拌混合，后者通过特制的搅拌机械，在地基深部将黏土颗粒和水泥强制拌合，使黏土硬结成具有整体性、水稳性和足够强度的地基土。

固化法
(Chemical Stabilization)
1. 水泥土搅拌法(Cement Deep Mixing)
2. 高压喷射注浆法(Jet Grouting)
3. 夯实水泥土桩法(Rammed Soil-cement Pile)
4. 渗入性灌浆法(Permeation Grouting)
5. 劈裂灌浆法(Fracturing Grouting)
6. 挤密灌浆法(Compaction Grouting)
7. 电动化学灌浆法(Electrochemical Grouting)

图 7-8 固化法分类

（5）加筋法：是在土中埋设土工聚合物（即土工织物）或拉筋，形成加筋土或各种复合土工结构，或沿不同方向设置直径为 75～250mm 的桩，形成树根状桩群，即所谓树根桩，以减小地基沉降，提高地基承载力或增强土体稳定性，见图 7-9。土工聚合物还可起到排水、反滤和隔离作用。在地基处理中，加筋法可用于处理软弱地基。

加筋法
(Reinforcement)
1. 加筋土法(Reinforced Earth)
2. 锚固法(土锚、土钉、锚定板)(anchoring)
3. 土工合成材料(Geosynthetics)
4. 树根桩法(Root Piles)
5. 低强度混凝土桩复合桩基法
6. 钢筋混凝土桩复合桩基法

图 7-9 加筋法分类

5. 选择地基处理方法考虑的因素

（1）土的种类。

（2）土的加固深度。

（3）上部结构的要求。

（4）能提供的材料。

（5）能提供的加固机械设备。

（6）环境因素。

（7）工期要求。

（8）当地处理方法的习惯，施工队伍素质。

（9）施工技术条件和经济指标比较。

6. 地基处理的原则

地基处理是一门技术性和经验性很强的应用学科。在选择地基处理方法之前，必须认真研究上部结构和地基两方面的特点，并结合当地的经验，选择经济有效的处理方法。地基处理的几条原则如下：

（1）技术上可靠。

（2）经济上合理。

（3）施工上方便。

（4）保护环境，节约能源。

7.1.2 我国地基处理技术的发展

早在 2000 年前我国古代劳动人民就已采用了软土中夯入碎石等压密土层的夯实法；灰土和三合土的垫层法，也是我国古代传统的建筑技术之一；我国古代在沿海地区极其软弱的地基上修建海塘时，采用每年农闲时逐年填筑，即现代堆载预压法中称为分期填筑的方法，利用前期荷载使地基逐年固结，从而提高土的抗剪强度，以适应下一期荷载的施加，这就是我国古代劳动人民在软土地基上从实践中积累的宝贵经验。

1. 国内地基处理技术的发展阶段

（1）第一个阶段：20 世纪 50～60 年代。出现了第一个地基处理技术引进和开发的应用高潮。在这个阶段主要开发应用的方法包括砂垫层、砂桩、化学加固法、重锤夯实法、堆载预压法、灰土桩以及井点降低地下水位技术。

（2）第二个阶段：20 世纪 70 年代末至今。是我国地基处理技术发展的最主要阶段。碎石桩、强夯法、喷射注浆法、深层搅拌法、挤密砂桩、袋装砂井或塑料排水板的应用，以及土工织物的应用都是在 20 世纪 70 年代后期和 80 年代初期迅速发展起来的。对加固机理，适用范围的认识以及计算方法都得到了进一步完善。

2. 软基处理技术新进展

近几年来我国软基处理工程的发展特点：

（1）工程规模向着大型发展。

（2）向着深厚的软土地基发展。

（3）向着大荷载方向发展。

（4）施工向着复杂条件发展。

通过综合多种地基加固方法提高软基加固效果。排水固结法的缺点是工期较长、工后沉降较大等；复合地基的优点是工期短、工后沉降小等，另外强夯法用强大的冲击能破坏土体结构增加排水途径。多种方法联合可取长补短，充分发挥各自优势，可取得地基加固更好的效果。

7.2 换填垫层法

7.2.1 基本概念

（1）换填垫层法是将基础底面下一定深度范围内不满足地基性能要求的土层（或局部岩石），全部或部分挖出，换填上符合地基性能要求的材料，然后分层夯实作为基础的持力层。换填垫层法适用于浅层软弱地基及不均匀地基的处理。换填垫层法按其换填材料的功能不同，又分为垫层法和褥垫法，见图 7-10。

（2）垫层法又称开挖置换法、换土垫层法，简称换土法。通常指当软弱土地基

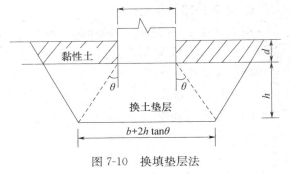

图 7-10 换填垫层法

的承载力和变形满足不了建（构）筑物的要求，而软弱土层的厚度又不很大时，将基础底面以下处理范围内的软弱土层的部分或全部挖去，然后分层换填强度较大的砂（碎石、素土、灰土、矿渣和粉煤灰）或其他性能稳定、无侵蚀性的材料，并压（夯、振）实至要求的密实度。

（3）褥垫法是将基础底面下一定深度范围内局部压缩性较低的岩石凿去，换填上压缩性较大的材料，然后分层夯实的垫层作为基础的部分持力层，使基础整个持力层的变形相互协调。褥垫法是我国近年来在处理山区不均匀的岩土地基中常采用的简便易行又较为可靠的方法。

7.2.2　基本原理

挖除浅层软弱土或不良土，分层碾压或夯实土。按回填的材料可分为砂（或砂石）垫层、碎石垫层、粉煤灰垫层、干渣垫层及土（灰土、二灰）垫层等。干渣分为分级干渣、混合干渣和原状干渣；粉煤灰分为湿排灰和调湿灰。换土垫层法可提高持力层的承载力，减少沉降量；消除或部分消除土的湿陷性和胀缩性；防止土的冻胀作用及改善土的抗液化性。常用机械碾压、平板振动和重锤夯实进行施工。

7.2.3　作用

（1）提高地基承载力。地基中的剪切破坏是从基础底面开始的，并随着基底压力的增大而逐渐向纵深发展。因此，若以强度较大的砂或其他填筑材料代替软弱土层，就可提高地基承载力，从而避免地基破坏。

（2）减少沉降量。基础下地基浅层部分的应力较大，其沉降量一般在地基总沉降中所占的比例也较大，若以密实的砂或密实填筑材料代替浅层软弱土，就可减少地基的大部分沉降量。另外，由于密实垫层对应力的扩散作用，使作用在下卧土层上的压力较小，因此也相应减少了下卧土层的沉降量。

（3）加速软弱土层的排水固结。由于砂或碎石等垫层材料的透水性大，当软弱土层受压后，垫层可作为良好的排水面，使基础下面的孔隙水压力得以迅速消散，加速垫层下软弱土层的固结，从而提高地基土强度。固结效果仅限于表层，对深部的影响并不显著。

（4）防止冻胀。由于粗颗粒垫层材料的孔隙较大，不易产生毛细管现象，因此可以防止寒冷地区土中结冰所造成的冻胀。

（5）消除地基的湿陷性和胀缩性。

7.2.4　适用范围

《建筑地基处理技术规范》中规定：垫层法适用于淤泥、淤泥质土、湿陷性黄土、素填土、杂填土地基及暗沟、暗塘等浅层软弱地基及不均匀地基的处理。常用于轻型建筑、地坪、堆料场地和道路工程等地基处理。一般适用于处理浅层软弱土层（淤泥质土、松散素填土、杂填土、浜填土以及已完成自重固结的冲填土等）与低洼区域的填筑。一般处理深度为2～3m。适用于处理浅层非饱和软弱土层、湿陷性黄土、膨胀土、季节性冻土、素填土和杂填土。当建筑物荷载不大，软弱土层厚度较小时，采用换填垫层法能取得较好的效果。垫层只解决承载力问题而无助于减少沉降。

7.2.5 施工技术

(1) 垫层施工应根据不同的换填材料选择施工机械。粉质黏土、灰土垫层宜采用平碾、振动碾或羊足碾，以及蛙式夯、柴油夯。砂石垫层等宜用振动碾。粉煤灰垫层宜采用平碾、振动碾、平板振动器或蛙式夯。矿渣垫层宜采用平板振动器或平碾，也可采用振动碾。

(2) 垫层的施工方法、分层铺填厚度以及每层压实遍数宜通过现场试验确定。除接触下卧软土层的垫层底部应根据施工机械设备及下卧层土质条件确定厚度外，其他垫层的分层铺填厚度宜为 200～300mm。为保证分层压实质量，应控制机械碾压速度。

(3) 粉质黏土和灰土垫层土料的施工含水量宜控制在 ±2% 的范围内，粉煤灰垫层的施工含水量宜控制在 ±4% 的范围内。最优含水量可通过击实试验确定，也可按当地经验选取。

(4) 当垫层底部存在古井、古墓、洞穴、旧基础或暗塘时，应根据建筑物对不均匀沉降的控制要求予以处理，并经检验合格后，方可铺填垫层。

(5) 基坑开挖时应避免坑底土层受扰动，可保留 180～220mm 厚的土层暂不挖去，待铺填垫层前再由人工挖至设计标高。严禁扰动垫层下的软弱土层，应防止软弱垫层被践踏、受冻或受水浸泡。在碎石或卵石垫层底部宜设置厚度为 150～300mm 的砂垫层或铺一层土工织物，并应防止基坑边坡塌土混入垫层中。

(6) 换填垫层施工时，应采取基坑排水措施。除砂垫层宜采用水撼法施工外，其余垫层施工均不得在浸水条件下进行。工程需要时应采取降低地下水位的措施。

(7) 垫层底面宜设在同一标高上，如深度不同，坑底土层应挖成阶梯或斜坡搭接，并按先深后浅的顺序进行垫层施工，搭接处应夯压密实。

(8) 粉质黏土、灰土垫层及粉煤灰垫层施工，应符合下列规定：

① 粉质黏土及灰土垫层分段施工时，不得在柱基、墙角及承重窗间墙下接缝。

② 垫层上下两层的缝距不得小于 500mm，且接缝处应夯压密实。

③ 灰土拌合均匀后，应当日铺填夯压；灰土夯压密实后，3d 内不得受水浸泡。

④ 粉煤灰垫层铺填后，宜当日压实，每层验收后应及时铺填上层或封层，并应禁止车辆碾压通行。

⑤ 垫层施工竣工验收合格后，应及时进行基础施工与基坑回填。

(9) 土工合成材料施工，应符合下列要求：

① 下铺地基土层顶面应平整。

② 土工合成材料铺设顺序应先纵向后横向，且应把土工合成材料张拉平整、绷紧，严禁有皱折。

③ 土工合成材料的连接宜采用搭接法、缝接法或胶接法，接缝强度不应低于原材料抗拉强度，端部应采用有效方法固定，防止筋材拉出。

④ 应避免土工合成材料暴晒或裸露，阳光暴晒时间不应大于 8h。

(10) 换填垫层法注意要点：

① 浅层（深层施工困难）。

② 换填厚度为 0.5～3.0m（太薄无用，太厚施工困难，费用高）。

③ 分层回填压实（保证质量）。

④ 验算变形。

⑤ 大面积及深厚垫层宜考虑换填材料容重大于天然土时对变形的影响（本身的影响以及对临近建筑物的影响）。

7.3 振冲法

7.3.1 基本概念

振冲法是利用振冲器边振动边水冲，使松砂地基密实，或在黏性土地基中成孔，填入碎石后形成复合地基。前者称振冲密实法，后者称振冲置换法，见图 7-11、图 7-12。

振冲密实法适用于处理砂土和粉土地基。振冲置换法适用于处理不排水剪强度不小于 20kPa 黏性土、粉土、饱和黄土和人工填土等地基。

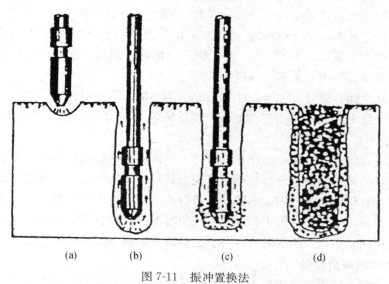

| (a) | (b) | (c) | (d) |

图 7-11 振冲置换法

图 7-12 振冲置换法现场施工图

193

7.3.2　振冲置换法

1. 基本要点

碎（砂）石桩包括碎石桩和砂桩。碎石桩施工可采用振冲法或沉管法，砂桩施工可采用沉管法。沉管法分为振动沉管成桩法和锤击沉管成桩法，锤击沉管成桩法又可分为单管法和双管法。振冲置换后形成复合地基。

地基处理范围应根据建筑物的重要性和场地条件确定，宜在基础外缘扩大（1～3）排桩。振冲碎石桩的桩间距应根据上部结构荷载大小和场地土层情况，并结合所采用的振冲器功率大小综合考虑；30kW 振冲器布桩间距可采用 1.3～2.0m；55kW 振冲器布桩间距可采用 1.4～2.5m；75kW 振冲器布桩间距可采用 1.5～3.0m。

振冲桩桩体材料可采用含泥量不大于 5％的碎石、卵石、矿渣或其他性能稳定的硬质材料，不宜使用风化易碎的石料。对 30kW 振冲器，填料粒径宜为 20～80mm；对 55kW 振冲器，填料粒径宜为 30～100mm；对 75kW 振冲器，填料粒径宜为 40～150mm。沉管桩桩体材料可用含泥量不大于 5％的碎石、卵石、角砾、圆砾、砾砂、粗砂、中砂或石屑等硬质材料，最大粒径不宜大于 50mm。

桩顶和基础之间宜铺设厚度为 300～500mm 的垫层，垫层材料宜用中砂、粗砂、级配砂石和碎石等，最大粒径不宜大于 30mm，其夯填度（夯实后的厚度与虚铺厚度的比值）不应大于 0.9。

施工前应进行成桩工艺和成桩质量试验，工艺性试桩数量不应少于 2 根。当成桩质量不能满足设计要求时，应调整设计与施工有关参数后，重新进行试验或改变设计。

施工顺序：宜从中间向外围或间隔跳打进行；当加固区附近已建有建筑物时，应从邻近建筑物一边开始，逐步向外施工；在路堤或岸坡上施工应背离岸坡和向坡顶方向进行。

施工质量控制三要素：密实电流、填料量和留振时间。振冲置换应以密实电流为主。

2. 振冲置换法质量检验

施工质量检验：可用单桩载荷试验；对桩体可采用动力触探试验检测；对桩间土可采用标准贯入、静力触探、动力触探或其他原位测试等方法进行检测，检测位置应在等边三角形或正方形的中心。

竣工验收：承载力检验应采用复合地基载荷试验。

7.3.3　振冲密实法

1. 基本要点

振冲密实法（图 7-13）是液化地基有效处理方法。对可液化地基，在基础外缘扩大宽度不应小于基底下可液化土层厚度的 1/2，且不应小于 5m。

振冲密实分为有填料振冲和无填料振冲、单点振冲、双点共振振冲（图 7-14）和三点振冲。

不加填料振冲挤密法适用于处理黏粒含量不大于 10％的中砂或粗砂地基。

施工前应进行现场工艺试验，确定不加填料振密的可行性，确定孔距、振密电流值、振冲水压力、振后砂层的物理力学指标等施工参数。30kW 振冲器振密深度不宜超过 7m，75kW 振冲器振密深度不宜超过 15m。

施工顺序：施工顺序宜从外围或两侧向中间进行，也可采用"一边向另一边"的顺序逐排成桩。

施工质量控制三要素，振冲密实应以留振时间和水量大小为主。

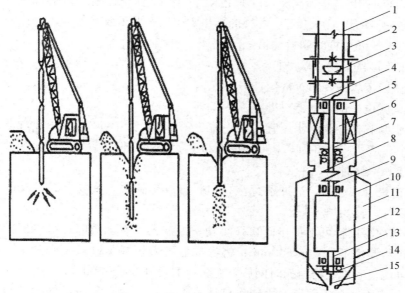

图 7-13　振冲密实法

1—水管；2—吊管；3—活节头；4—电机垫板；5—潜水电机；6—转子；7—电机轴；8—联轴节；
9—空心轴；10—壳体；11—翼体；12—偏心体；13—同心轴承；14—推力轴承；15—射水管

图 7-14　双点共振振冲

2. 振冲密实法质量检验

施工质量检验：对桩间土可采用标准贯入、静力触探、动力触探等方法检测其挤密效果，并按现行国家标准《建筑抗震设计规范》检验其是否消除液化影响。桩间土的检测位置宜在正三角形或正方形的中心。

竣工验收：承载力检验应采用载荷试验，振冲密实按处理地基载荷试验进行。

7.3.4　振冲法的施工规定

（1）振冲施工可根据设计荷载的大小、原土强度的高低、设计桩长等条件选用不同功率的振冲器。施工前应在现场进行试验，以确定水压、振密电流和留振时间等各种施工参数。

（2）升降振冲器的机械可用起重机、自行井架式施工平车或其他合适的设备。施工设备应配有电流、电压和留振时间自动信号仪表。

（3）振冲施工可按下列步骤进行：

① 清理平整施工场地，布置桩位。

② 施工机具就位，使振冲器对准桩位。

③ 启动供水泵和振冲器，水压宜为 200～600kPa，水量宜为 200～400L/min，将振冲器徐徐沉入土中，造孔速度宜为 0.5～2.0m/min，直至达到设计深度；记录振冲器经各深度的水压、电流和留振时间。

④ 造孔后边提升振冲器，边冲水直至孔口，再放至孔底，重复（2～3）次扩大孔径并使孔内泥浆变稀，开始填料制桩。

⑤ 大功率振冲器投料可不提出孔口，小功率振冲器下料困难时，可将振冲器提出孔口填料，每次填料厚度不宜大于 500mm；将振冲器沉入填料中进行振密制桩，当电流达到规定的密实电流值和规定的留振时间后，将振冲器提升 300～500mm。

⑥ 重复以上步骤，自下而上逐段制作桩体直至孔口，记录各段深度的填料量、最终电流值和留振时间。

⑦ 关闭振冲器和水泵。

（4）施工现场应事先开设泥水排放系统，或组织好运浆车辆将泥浆运至预先安排的存放地点，应设置沉淀池，重复使用上部清水。

（5）桩体施工完毕后，应将顶部预留的松散桩体挖除，铺设垫层并压实。

（6）不加填料振冲加密宜采用大功率振冲器，造孔速度宜为 8～10m/min，到达设计深度后，宜将射水量减至最小，留振至密实电流达到规定时，上提 0.5m，逐段振密直至孔口，每米振密时间约 1min。在粗砂中施工，如遇下沉困难，可在振冲器两侧增焊辅助水管，加大造孔水量，降低造孔水压。

（7）振密孔施工顺序，宜沿直线逐点逐行进行。

7.4　强夯法与强夯置换法

7.4.1　基本概念

强夯法是法国 Menard 技术公司于 1969 年首创的一种地基加固方法，又名动力固结法或动力压实法。这种方法是反复将夯锤（质量一般为 100～400kN）提到一定高度使其自由落下（落距强夯法一般为 10～40m），给地基以冲击和振动能量，从而提高地基的承载力，降低土的压缩性、改善砂土的抗液化条件、消除湿陷性黄土的湿陷性等。同时，夯击能还可提高土层的均匀强度，减小将来可能出现的差异沉降。

强夯法的特点是夯击能量特别大，锤重一般为 100～400kN，落距为 6～40m。国外最大的夯击能曾达到 50000kN·m。强夯法可用来处理各类碎石土、砂土、低饱和度的粉土与黏性土、湿陷性黄土、杂填土和素填土等地基。强夯法是在极短的时间内对地基施加一个巨大的冲击能量，加荷历时一般只有几十毫秒，这种突然释放的巨大能量，转化为各种振动波向土中传播，破坏土的结构。强夯后地基强度提高的过程可分为四个阶段：强制压缩或振密；土体液化或土结构破坏；排水固结压密；触变恢复和固结压密。所以强夯也称为动力固结，见图 7-15、图 7-16。

图 7-15　300T·m 强夯　　　　　图 7-16　强夯法——降水联合强夯

　　Smoltczyk 在第八届欧洲土力学及基础工程学术会议上的深层加固总报告中指出，强夯法只适用于塑性指数 $I_p \leqslant 10$ 的土。中华人民共和国行业标准《建筑地基处理技术规范》（JGJ 79—2012）中规定：强夯法适用于处理碎石土、砂土、低饱和度的粉土与黏性土、湿陷性黄土、素填土和杂填土等地基。

　　自 20 世纪 80 年代中我国采用强夯法处理填海地基获得成功，并在沿海地区推广应用，为我国广大沿海地区进行大规模"填海造地工程"提供了经济有效的地基处理方法和经验，并从根本上解决了建设与农业争地问题的矛盾，且具有重大的经济效益和社会效益。

　　强夯置换法是采用在夯坑内回填块石、碎石等粗颗粒材料，用夯锤夯击形成连续的强夯置换墩，见图 7-17。由于块（碎）石墩具有较高的强度，因此和周围的软土构成复合地基，其承载力和变形模量有较大的提高，而且块（碎）石墩中的空隙可为排出软土的孔隙水提供了良好的通道，从而缩短了软土的排水固结时间。强夯置换法是 20 世纪 80 年代后期开发的方法，适用于高饱和度的粉土与软塑—流塑的黏性土等地基上对变形控制要求不严的工程。强夯置换法具有加固效果显著、施工期短、施工费用低等特点。中华人民共和国行业标准《建筑地基处理技术规范》（JGJ 79—2012）中规定：强夯置换适用于高饱和度的粉土与软塑—流塑的黏性土地基上对变形要求不严格的工程。强夯置换法一般处理效果良好，个别工程因设计、施工不当，加固后会出现下沉较大或墩体与墩间土下沉不等的情况。

（a）　　　　　　　　　　　　　　　（b）

(c)

图 7-17　强夯置换法现场施工图

7.4.2　加固机理

1. 动力密实

采用强夯加固多孔隙、粗颗粒与非饱和土是基于动力密实的机理，即用冲击型动力荷载，使土体中的孔隙减小，土体变得密实，从而提高地基土强度。在采用强夯法加固多孔隙、粗颗粒与非饱和土的过程中，高能量的夯击对土的作用不同于机械碾压、振动压实和重锤夯实，巨大的夯击能量产生的冲击波和动应力在土中传播，使颗粒破碎或使颗粒产生瞬间的相对运动，从而孔隙中气泡迅速排出或压缩，孔隙体积减少，形成较密实的结构。

2. 动力固结

用强夯法处理细颗粒饱和土时，则是借助于动力固结的理论，即巨大的冲击能量在土中产生很大的应力波，破坏了土体原有的结构，使土体局部发生液化并产生许多裂隙，增加了排水通道，使孔隙水顺利逸出，待超孔隙水压力消散后，土体固结。由于软土的触变性，强度得到提高。

7.4.3　强夯法

1. 强夯法的基本要求

强夯施工前，应在施工现场有代表性的场地上进行试验性施工，确定其适用性、加固效果和施工工艺。试验区数量应根据场地复杂程度、工程规模、工程类型及施工工艺等确定。

强夯法地基处理过程中应做到动态化设计和信息化施工。

强夯法有效加固深度，梅那（Menard）公式：

$$H = \alpha \sqrt{M \times h} \qquad (7-1)$$

式中　　M——锤重，t；

　　　　h——落高，m；

　　　　α——经验系数（有效加固深度影响系数）：黏性土、砂土为 0.45～0.6；高填土为 0.6～0.8；湿陷性黄土为 0.34～0.5。

强夯的有效加固深度，应根据现场试夯或地区经验确定。在缺少试验资料或经验时，可按表 7-1 进行预估。

表 7-1 强夯的有效加固深度 (m)

单击夯击能 E (kN·m)	碎石土、砂土等粗颗粒土	粉土、粉质黏土、湿陷性黄土等细颗粒土
1000	4.0~5.0	3.0~4.0
2000	5.0~6.0	4.0~5.0
3000	6.0~7.0	5.0~6.0
4000	7.0~8.0	6.0~7.0
5000	8.0~8.5	7.0~7.5
6000	8.5~9.0	7.5~8.0
8000	9.0~9.5	8.0~8.5
10000	9.5~10.0	8.5~9.0
12000	10.0~11.0	9.0~10.0

注：强夯法的有效加固深度应从最初起夯面算起；单击夯击能 E 大于 12000kN·m 时，强夯的有效加固深度应通过试验确定。

夯击击数与遍数：

（1）一般为 4~10 击，最后两击的夯沉量不大于 50mm，夯坑周围地面不应发生过大的隆起，不因夯坑过深而起锤发生困难。

（2）遍数一般为 1~8 遍，击数与遍数构成总夯击能量。

（3）间隙时间，使夯击产生的超孔隙水压力得以消散。

当强夯施工所产生的振动对邻近建筑物或设备会产生有害影响时，应设置监测点，并采取挖隔振沟等隔振或防振措施。

2. 强夯法施工的规定

（1）强夯夯锤质量宜为 10~60t，其底面形式宜采用圆形，锤底面积宜按土的性质确定，锤底静接地压力值宜为 25~80kPa，单击夯击能高时，取高值；单击夯击能低时，取低值，对于细颗粒土宜取低值。锤的底面宜对称设置若干个上下贯通的排气孔，孔径宜为 300~400mm。

（2）强夯法施工，应按下列步骤进行：

① 清理并平整施工场地。

② 标出第一遍夯点位置，并测量场地高程。

③ 起重机就位，夯锤置于夯点位置。

④ 测量夯前锤顶高程。

⑤ 将夯锤起吊到预定高度，开启脱钩装置，夯锤脱钩自由下落，放下吊钩，测量锤顶高程；若发现因坑底倾斜而造成夯锤歪斜时，应及时将坑底整平。

⑥ 重复步骤⑤，按设计规定的夯击次数及控制标准，完成一个夯点的夯击；当夯坑过深，出现提锤困难，但无明显隆起，而尚未达到控制标准时，宜将夯坑回填至与坑顶齐平后，继续夯击。

⑦ 换夯点，重复步骤③~⑥，完成第一遍全部夯点的夯击。

⑧ 用推土机将夯坑填平，并测量场地高程。

⑨ 在规定的间隔时间后，按上述步骤逐次完成全部夯击遍数；最后采用低能量满夯，将场地表层松土夯实，并测量夯后场地高程。

3. 强夯法质量检验

施工质量检验：包括施工前检查锤重与落距等，施工过程中检查各项测试数据和施工记录。

强夯和降水联合低能级强夯处理后的地基竣工验收时，承载力检验应选用载荷试验、静力触探试验、标准贯入试验、十字板剪切试验、圆锥动力触探试验以及多道瞬态面波法等多种原位测试方法和室内土工试验进行综合检验。

7.4.4 强夯置换法

1. 强夯置换法的基本要求

强夯置换法地基处理在设计前必须通过现场试验确定其适用性和处理效果。

强夯置换施工前，应在施工现场有代表性的场地上选取一个或几个试验区，进行试夯或试验性施工。一个试验区的面积不宜小于 20m×20m，试验区数量应根据建筑场地复杂程度、建筑规模及建筑类型确定。

强夯置换法地基处理过程中应做到动态化设计和信息化施工。

强夯置换墩的深度由土质条件决定，除厚层饱和粉土外，应穿透软土层，到达较硬土层上，深度不宜超过 10m。

确定软黏性土中强夯置换地基承载力特征值时，可只考虑墩体，不考虑墩间土的作用，其承载力应通过现场单墩载荷试验确定；对饱和粉土地基，当处理后墩间土能形成 2.0m 以上厚度的硬层时，其承载力可通过现场单墩复合地基载荷试验确定。

强夯置换地基的变形宜按单墩承受的荷载，采用单墩载荷试验确定的变形模量计算加固区的地基变形，对墩下地基土的变形可按置换墩材料的压力扩散角计算传至墩下土层的附加应力，按国家标准《建筑地基基础设计规范》（GB 50007—2011）的有关规定计算确定；对饱和粉土地基，当处理后墩间土能形成 2.0m 以上厚度的硬层时，可按复合地基的有关规定计算确定。

当强夯施工所引起的振动和侧向挤压对邻近建构筑物产生有害影响时，应设置监测点，并采取挖隔振沟等隔振或防振措施。

2. 强夯置换法施工规定

（1）强夯置换夯锤底面宜采用圆形，夯锤底静接地压力值宜大于 80kPa。

（2）强夯置换施工应按下列步骤进行：

① 清理并平整施工场地，当表层土松软时，可铺设 0～2.0m 厚的砂石垫层。

② 标出夯点位置，并测量场地高程。

③ 起重机就位，夯锤置于夯点位置。

④ 测量夯前锤顶高程。

⑤ 夯击并逐击记录夯坑深度；当夯坑过深，起锤困难时应停夯，向夯坑内填料直至与坑顶齐平，记录填料数量；工序重复，直至满足设计的夯击次数及质量控制标准，完成一个墩体的夯击；当夯点周围软土挤出，影响施工时，应随时清理并宜在夯点周围铺垫碎石后，继续施工。

⑥ 按照"由内而外、隔行跳打"的原则，完成全部夯点的施工。

⑦ 推平场地，采用低能量满夯，将场地表层松土夯实，并测量夯后场地高程。

⑧ 铺设垫层，分层碾压密实。

3. 强夯置换法质量检验

施工质量检验：包括施工前检查锤重、落距等，施工过程中检查各项测试数据和施工记录；强夯置换施工中应检查夯沉深度、填料质量、填料量和置换墩长度等。

强夯置换后的地基竣工验收时，承载力检验除应采用单墩载荷试验检验外，尚应采用动力触探等有效手段探明墩体长度及密实度随深度的变化。对饱和粉土地基允许采用单墩复合地基载荷试验代替单墩载荷试验。

7.4.5　工程实例

贵阳龙洞堡机场（图 7-18）飞行区总长度为 3840m，宽度为 460m，场区挖填面平整面积约为 1766400m²，最大削方高度为 114.67m，最大填方厚度为 54m，挖填土石方工程量为 2400m³，属大面积、大块石、高填方地基，在国内外尚属罕见。设计前进行了强夯法处理大块石填筑地基试验，取得了成功，并在此基础上进行了五十多万平方米的强夯处理工程实践。强夯试验结果表明：大块石填筑地基经中等夯击能量 3000kN·m 分层夯实（图 7-19～图 7-20），达到了密实、均匀；加固后地基变形模量从夯前的 27.4MPa 增加到 58.5MPa；加固后地基承载力标准值大于 700kPa（图 7-21）。

图 7-18　贵阳龙洞堡机场地形

图 7-19　3000kN·m 强夯

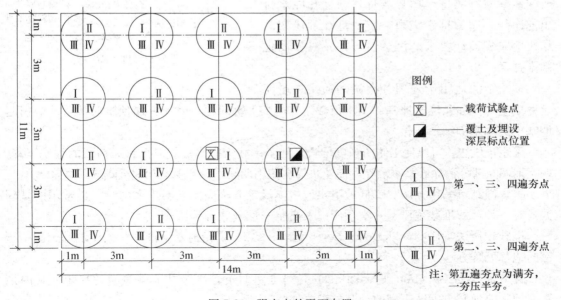

图 7-20　强夯点的平面布置

201

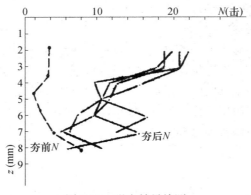

图 7-21 强夯效果检测

7.5 预压法

7.5.1 基本概念

预压法又称排水固结法，是指直接在天然地基或在设置有袋状砂井、塑料排水带等竖向排水体的地基上，利用建筑物本身重量分级逐渐加载或在建筑物建造前在场地先行加载预压，使土体中孔隙水排出，提前完成土体固结沉降，逐步增加地基强度的一种软土地基加固方法。

预压法由加压系统和排水系统两部分组成，见图 7-22。加压系统通过预先对地基施加荷载，使地基中的孔隙水产生压力差，从饱和地基中自然排出，进而使土体固结；排水系统则通过改变地基原有的排水边界条件，增加孔隙水排出的途径，缩短排水距离，使地基在预压期间尽快地完成设计要求的沉降量，并及时提高地基土强度。

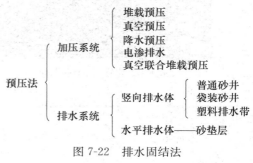

图 7-22 排水固结法

预压结法适用于处理各类淤泥质土、淤泥及冲填土等饱和黏性土地基。预压荷载是其中的关键问题，因为施加预压荷载后才能引起地基土的排水固结。

采用预压法，可以使土体的强度增长，地基承载力提高；相对于预压荷载的地基沉降，在处理期间部分消除或基本消除，使建筑物在使用期间不会产生不利的沉降或沉降差。

排水固结可采用预压、降低地下水位、电渗等方法促使土层排水固结。最常用的处理方式有三种：即堆载预压、真空预压以及真空—堆载联合预压法。

堆载预压法（Preloading with Surcharge of Fill）是指地基上堆加荷载使地基土固结压密的地基处理方法。

真空预压法（Vacuum Preloading）是指通过对覆盖于竖井地基表面的封闭薄膜内抽真空排水使地基土固结压密的地基处理方法。

7.5.2 加固机理

土在某一荷载的作用下，孔隙水逐渐排出，土体随之压缩，土体的密实度和强度随时间逐步增长，这一过程称之为土的固结过程，也可称之为孔隙水压力消散、有效应力增长的过程。

地基土的排水固结效果与它的排水边界有关，根据固结理论，黏性土固结所需的时间与排水距离的平方成正比，见图 7-23（a），这是一种典型的单向固结情况。

当土层较薄或土层厚度相对荷载宽度较小时，土中孔隙水可以由竖向渗流经上下透水层排出而使土层固结。但当软土层很厚时，一维固结所需的时间很

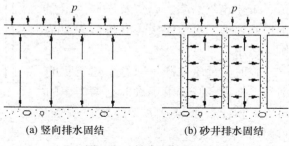

图 7-23 排水固结原理

长，为了满足工程的要求，加速土层固结，最有效的方法就是在地基中增加排水途径，见图 7-23（b），这是目前常用的由砂井（袋装砂井）或塑料排水板构成的竖向排水系统以及由砂层构成的横向排水系统，在荷载作用下促使孔隙水由水平向流入砂井，竖向流入砂垫层，从而固结时间可以大大缩小。

预压法的设计，实质上是根据上部结构荷载的大小、地基土的性质及工期要求合理安排加压系统与排水系统，使地基在预压过程中快速排水固结，缩短预压时间，从而减小建筑物在使用期间的沉降量和不均匀沉降，同时增加一部分强度，以满足逐级加荷条件下地基的稳定性。

1. 堆载预压加固机理

堆载预压（图 7-24）是指先在地基中设置砂井、塑料排水带等竖向排水体，后利用建筑物本身重量分级逐渐加载，或建筑物建造前，在场地先行加载预压，使土体中的孔隙水缓慢排出，土层逐渐固结，地基发生沉降，同时强度逐步提高的过程，见图 7-25。

(a) 堆土预压

(b) 堆水预压

图 7-24 堆载预压法

基本方法：砂井堆载预压法系在软弱地基中通过采用钢管打孔、灌砂，设置砂井作为竖向排水通道，并在砂井顶部设置砂垫层作为水平排水通道，形成排水系统；在砂垫层上

部堆载，以增加软弱土中附加应力，使土体中孔隙水在较短的时间内通过竖向砂井和水平砂垫层排出，达到加速土体固结、提高软弱地基土承载力之目的。

主要用于道路路堤、土坝、机场跑道、工业建筑油罐、码头及岸坡等工程的地基处理，对于泥炭等有机沉积地基则不适用。

临时的预压堆载一般等于建筑物的荷载，但为了减少由于次固结而产生的沉降，预压荷载也可大于建筑物荷载，称为超载预压。

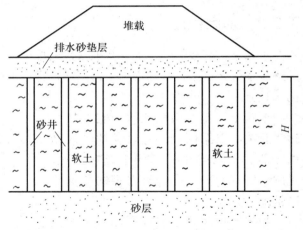

图 7-25　砂井堆载预压法

2. 真空预压加固机理

真空预压（图 7-26）指在软土地基中打设竖向排水体后，在地面铺设排水用砂垫层和抽气管线，然后在砂垫层上铺设不透气的封闭膜使其与大气隔绝，再用真空泵抽气，使排水系统维持较高的真空度，利用大气压力作为预压荷载，增加地基的有效应力，以利于土体排水固结，见图 7-27。

图 7-26　真空预压法

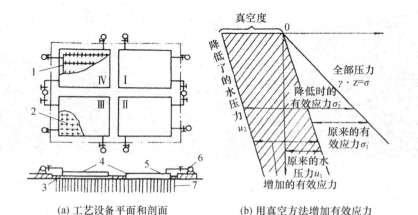

(a) 工艺设备平面和剖面　　　　(b) 用真空方法增加有效应力

图 7-27　真空预压加固机理

1—膜下管道；2—袋装砂井；3—回填沟槽；4—封闭膜；5—砂垫层；6—真空装置；7—袋装砂井

真空预压适用于能在加固区形成（包括采取措施后形成）稳定负压边界条件的均质黏性土及含薄粉砂夹层黏性土等，尤其适用于新吹填土地基的加固。对于在加固范围内有足够补给水源的透水层，而又没有采取隔断措施时，不宜采用该法。

当真空预压达不到要求的预压荷载时，可与堆载预压联合使用，其堆载预压荷载和真空预压荷载可叠加计算。

3. 降水预压加固机理

降水预压法（图 7-28）是借助于井点抽水降低地下水位，以增加土的有效自重应力，从而达到预压的目的。见图 7-29。

图 7-28　降水预压法

通过降低地下水位使土体中的孔隙水压力减小，从而增大有效应力，促进地基固结。适用于地下水位接近地面而开挖深度不大的工程，特别适用于饱和粉、细砂地基。

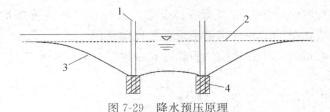

图 7-29　降水预压原理

1—抽水井管；2—抽水前水位线；3—抽水后水位降落线；4—滤水管

4. 电渗预压加固机理

电渗预压是在土中插入金属电极并通以直流电，由于直流电场作用，土中的水分从阳极流向阴极，将水在阴极排除且无补充水源的情况下，引起土层的压缩固结。电渗预压与降水预压一样，是在总应力不变的情况下，通过减小孔隙水压力来增加土的有效应力作为固结压力的，所以不需要用堆载作为预压荷载，也不会使土体发生破坏，见图 7-30。在工程上常利用它降低黏性土中的含水量或降低地下水位来提高地基承载力或边坡的稳定性。适用于饱和软黏土地基。

7.5.3　预压法的施工要点

预压处理地基必须在地表铺设排水砂垫层，其厚度应根据保证加固全过程垫层排水的有效性确定。

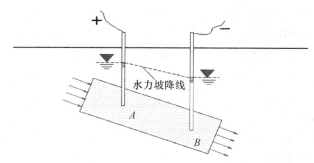

图 7-30 电渗预压加固机理

塑料排水带和袋装砂井施工时，宜配置能检测其深度的设备。

袋装砂井和塑料排水带施工所用钢管内径宜略大于两者尺寸。

对堆载预压工程，应根据设计要求分级逐渐加载。在加载过程中应每天进行竖向变形量、水平位移及孔隙水压力等项目的监测，且根据监测资料控制加载速率。竖向变形量每天不宜超过 10～15mm，水平位移每天不宜超过 4～7mm，孔隙水压力系数不宜大于 0.6，并且应根据上述监测资料综合分析、判断地基的稳定性。也可根据实际情况参照类似工程调整上述控制值。

采用真空—堆载联合预压时，先进行抽真空，当真空压力达到设计要求并稳定后再进行堆载，并继续抽真空。

真空预压施工期间应进行真空度、地面沉降、深层竖向变形与孔隙水压力等项目的监测。真空预压加固区周边有建筑物时，还应进行深层侧向位移和地表边桩位移监测。

1. 堆载预压施工

（1）塑料排水带的性能指标应符合设计要求，并应在现场妥善保护，防止阳光照射、破损或污染。破损或污染的塑料排水带不得在工程中使用。

（2）砂井的灌砂量，应按井孔的体积和砂在中密状态时的干密度计算，实际灌砂量不得小于计算值的 95%。

（3）灌入砂袋中的砂宜用干砂，并应灌制密实。

（4）塑料排水带和袋装砂井施工时，宜配置深度检测设备。

（5）塑料排水带需接长时，应采用滤膜内芯带平搭接的连接方法，搭接长度宜大于 200mm。

（6）塑料排水带施工所用套管应保证插入地基中的带子不扭曲。袋装砂井施工所用套管内径应大于砂井直径。

（7）塑料排水带和袋装砂井施工时，平面井距偏差不应大于井径，垂直度允许偏差应为 ±1.5%，深度应满足设计要求。

（8）塑料排水带和袋装砂井砂袋埋入砂垫层中的长度不应小于 500mm。

（9）堆载预压加载过程中，应满足地基承载力和稳定控制要求，并应进行竖向变形、水平位移及孔隙水压力的监测，堆载预压加载速率应满足下列要求：

① 竖井地基最大竖向形变量不应超过 15mm/d。

② 天然地基最大竖向形变量不应超过 10mm/d。

③ 堆载预压边缘处水平位移不应超过 5mm/d。

④ 根据上述观测资料综合分析、判断地基的承载力和稳定性。

2. 真空预压施工

（1）真空预压的抽气设备宜采用射流真空泵，真空泵空抽吸力不应低于 95kPa。真空泵的设置应根据地基预压面积、形状、真空泵效率和工程经验确定，每块预压区设置的真空泵不应少于两台。

（2）真空管路设置应符合下列规定：

① 真空管路的连接应密封，真空管路中应设置止回阀和截门。

② 水平向分布滤水管可采用条状、梳齿状及羽毛状等形式，滤水管布置宜形成回路。

③ 滤水管应设在砂垫层中，上覆砂层厚度宜为 100～200mm。

④ 滤水管可采用钢管或塑料管，应外包尼龙纱或土工织物等滤水材料。

（3）密封膜应符合下列规定：

① 密封膜应采用抗老化性能好、韧性好以及抗穿刺性能强的不透气材料。

② 密封膜热合时，宜采用双热合缝的平搭接，搭接宽度应大于 15mm。

③ 密封膜宜铺设三层，膜周边可采用挖沟埋膜，平铺并用黏土覆盖压边、围埝沟内及膜上覆水等方法进行密封。

（4）地基土渗透性强时，应设置黏土密封墙。黏土密封墙宜采用双排搅拌桩，搅拌桩直径不宜小于 700mm；当搅拌桩深度小于 15m 时，搭接宽度不宜小于 200mm；当搅拌桩深度大于 15m 时，搭接宽度不宜小于 300mm；搅拌桩成桩搅拌应均匀，黏土密封墙的渗透系数应满足设计要求。

3. 真空和堆载联合预压施工

（1）采用真空和堆载联合预压时，应先抽真空，当真空压力达到设计要求并稳定后，再进行堆载，并继续抽真空。

（2）堆载前，应在膜上铺设编织布或无纺布等土工编织布保护层。保护层上铺设 100～300mm 厚的砂垫层。

（3）堆载施工时可采用轻型运输工具，不得损坏密封膜。

（4）上部堆载施工时，应监测膜下真空度的变化，发现漏气应及时处理。

（5）堆载加载过程中，应满足地基稳定性设计要求，对竖向变形、边缘水平位移及孔隙水压力的监测应满足下列要求：

① 地基向加固区外的侧移速率不应大于 5mm/d。

② 地基竖向变形速率不应大于 10mm/d。

③ 根据上述观察资料综合分析、判断地基的稳定性。

7.5.4　预压法的质量检验

1. 施工质量检验

（1）竖向排水体施工质量监测：包括材料质量、允许偏差以及垂直度等；砂井或袋装砂井的砂料必须取样进行颗粒分析和渗透性试验；塑料排水带必须现场随机取样送往实验室进行纵向通水量、复合体抗拉强度、渗膜抗拉强度、渗透系数和等效直径等方面的试验。

（2）水平排水体质量检验：按施工分区进行检验单元划分，或以每 10000m² 的加固面积为一检验单元，每一检验单元的砂料检验数量应不少于 3 组。

（3）垫层的密实度检验。

（4）堆载分级荷载的高度监测。

（5）堆料的重度检验。

（6）真空预压法尚应进行膜下真空度和地下水位的量测。

2. 竣工验收检验

（1）预压后消除的竖向变形和平均固结度应满足设计要求。

（2）应对预压的地基土进行原位十字板剪切试验、静力触探试验和室内土工试验。必要时进行现场载荷试验，试验数量不应少于 3 点。

（3）对以稳定性控制的重要工程，应在预压区内选择有代表性地点预留孔位，对加载不同阶段和真空预压法在抽真空结束后进行原位十字板剪切试验、静力触探试验和取土进行室内试验。

（4）在预压期间应及时整理沉降与时间、孔隙水压力与时间、位移与时间等关系曲线，推算地基的最终变形量、不同时间的固结度和相应的变形量，分析处理效果并为确定卸载时间提供依据。

7.6 浆液固化法

7.6.1 基本概念

浆液固化法是指利用水泥浆液、黏土浆液或其他化学浆液（图 7-31），通过灌注压入、高压喷射或机械搅拌，使浆液与土颗粒胶结起来，以改善地基土的物理和力学性质的地基处理方法。

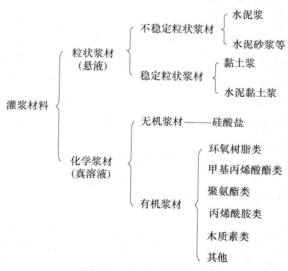

图 7-31 灌浆材料分类

目前浆液固化法中常用的方法除原来已有的灌浆法外，后面出现了高压喷射注浆法和水泥土搅拌法。前者利用高压射水切削地基土，通过注浆管喷出浆液，就地将土和浆液进行搅拌混合，后者通过特制的搅拌机械，在地基深部将黏土颗粒和水泥强制拌合，使黏土硬结成具有整体性、水稳性和足够强度的地基土。

7.6.2　灌浆法

1. 概述

灌浆法又称注浆法，是指利用液压、气压或电化学原理，通过注浆管把浆液均匀地注入地层中，浆液以填充、渗透和挤密等方式，赶走土颗粒间或岩石裂隙中的水分和空气后占据其位置，经人工控制一定时间后，浆液将原来松散的土粒或裂隙胶结成一个整体，形成一个结构新、强度大、防水性能好和化学稳定性良好的"结石体"。

灌浆法的应用始于 1802 年，法国工程师 Charles Beriguy 在 Dieppe 采用了灌注黏土和水硬石灰浆的方法修复了一座受冲刷的水闸。此后，灌浆法成为地基加固中的一种常用方法。

按浆液在土中的流动方式，可将注浆法为：渗透注浆、劈裂注浆（图 7-32）、压密注浆（图 7-33）。

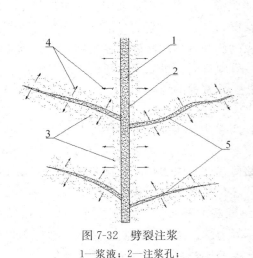

图 7-32　劈裂注浆

1—浆液；2—注浆孔；

3—渗透渗入的浆液（通过劈裂面和注浆孔边缘）；

4—浆液挤压作用；5—劈裂面

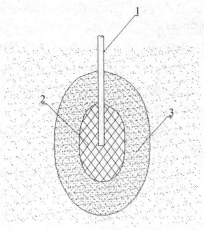

图 7-33　压密注浆

1—注浆管；2—球状浆泡；3—压密带

水泥注浆多用作提高土体的强度和变形模量；而化学注浆多用作防渗堵漏；压密注浆常用作基础托换和控制地层沉降。目前水泥—水玻璃双液浆也常常用于防渗堵漏，压密注浆也用于提高土体的强度和变形模量。

2. 加固目的

（1）增加地基的不透水性，常用于防止流砂、钢板桩渗水、坝基漏水、隧道开挖时涌水以及改善地下工程的开挖条件。

（2）截断渗透水流，增加边坡、堤岸的稳定性。常用于整治塌方、滑坡、堤岸以及蓄水结构等。

（3）提高地基承载力，减少地基的沉降和不均匀沉降。

（4）提高岩土的力学强度和变形模量，固化地基和恢复工程结构的整体性，常用于地基基础的加固和纠偏处理。

3. 应用方面

（1）坝基的加固及防渗。

（2）建筑物地基的加固。

（3）土坡稳定性加固。

（4）挡土墙后土体的加固。

（5）已有结构的加固。

（6）道路地基基础加固。

（7）地下结构的止水及加固。

（8）井巷工程中的加固及止水。

（9）动力基础的抗振加固。

（10）其他：预填骨料灌浆、后拉锚杆灌浆及钻孔灌注桩后灌浆。

4. 灌浆法施工控制要点

灌浆顺序必须根据地基土质条件（渗透系数）、现场环境、周边排水条件及注浆目的等确定，应采用先外围后内部跳孔间隔的注浆施工方式，不宜采用自注浆地带某一端单向推进的压注方式；对有地下动水流的特殊情况，应自水头高的一端开始注浆；注浆范围以外有边界约束条件时，也可采用自边界约束远侧开始顺次往近侧注浆的方式；施工场地附近存在对变形控制有较严格要求的建筑物、管线等时，可采用由建筑物或管线的近端向远端推进的施工顺序，同时必须加强对建筑物、管线等的监测。

5. 灌浆法质量控制要点

（1）灌浆工艺：塑料阀管注浆法、花管注浆法、注浆管注浆法以及低坍落度砂浆压密注浆。

（2）施工质量检验：原材料检验、注浆体强度、施工顺序、注浆孔位、注浆孔深、注浆压力以及注浆流量等，在有特殊要求时，还包括浆液初凝和终凝时间等。

（3）竣工验收检验：对于设计明确提出承载力要求的工程，应采用载荷试验进行检验；若无特殊要求时可选用标准贯入试验、静力触探试验或轻便触探试验对加固地层进行检测。对注浆效果的评定应注重注浆前后数据的比较，以综合评价注浆效果。

7.6.3 水泥土搅拌法

1. 概述

水泥土搅拌法（图 7-34）是利用水泥或石灰等材料作为固化剂，通过特制的深层搅拌机械，在地基深处就地将固化剂和地基土强制搅拌，使软土硬结成具有整体性、水稳定性和一定强度的桩体的地基处理方法。根据施工方法的不同，水泥土搅拌法分为水泥浆搅拌（以下简称湿法）和粉体喷射搅拌（以下简称干法）两种。

水泥土搅拌法最早在美国研制成功，称为 Mixed-in-Place-Pile（简称 MIP 法）。国内1977 年由冶金部建筑研究总院和交通部水运规划设计院进行了室内试验和机械研制工作，于 1978 年底制造出我国第一台 SJB-1 型双搅拌轴中心管输浆陆上型的深层搅拌机械，并由江阴市江阴振冲器厂成批生产（目前 SJB-2 型加固深度可达 18m）。1980 年初首次在上海宝山钢铁总厂由第五冶金建设公司在三座卷管设备基础的软土地基加固工程中正式开始应用并获得成功。

(a)水泥土搅拌桩机　　　　　　　　(b)水泥土搅拌桩基坑围护

图 7-34　水泥土搅拌法

此法适用于处理淤泥、淤泥质土、粉土和含水率较高且地基承载力不大于 120kPa 的黏性土等地基。当用于处理泥炭土或具有侵蚀性地下水时，宜通过试验确定其适用性，冬季施工时应注意低温影响。

粉体喷射搅拌（Dry Jet Mixing Method，简称 DJM 法）最早由瑞典人 Kjeld Paus 于 1967 年提出了使用石灰搅拌桩加固 15m 深度范围内软土地基的设想，并于 1971 年 Linden-Alimak 公司在现场制成第一根用石灰粉和软土搅拌成的桩，1974 年获得粉喷技术专利，生产出的专用机械其桩径可达 500mm，加固深度 15m。铁道部第四勘测设计院于 1983 年用 DDP-100 型汽车改装成国内第一台粉体喷射搅拌机，并使用石灰作固化剂，应用于铁路涵洞加固。1986 年开始使用水泥作为固化剂，应用于房屋建筑的软土地基加固。1987 年铁四院和上海探矿机械厂制成 GPP-5 型步履式粉体喷射搅拌机，成桩直径 500mm，加固深度 12.5m。当前国内粉体喷射搅拌机的成桩直径一般在 500～700mm 范围，深度可达 15m。

2. 水泥土搅拌法优点

（1）水泥土搅拌法由于将固化剂和原地基软土就地搅拌混合，因而最大限度地利用了原土。

（2）搅拌时无振动、无噪声和无污染，可在市区内和密集建筑群中进行施工。

（3）搅拌时不会使地基侧向挤出，所以对周围原有建筑物及地下沟管影响很小。

（4）水泥土搅拌法形成的水泥土加固体，可作为竖向承载的复合地基、基坑工程围护挡墙、基坑被动区加固、防渗帷幕、大体积水泥稳定土等，其设计灵活，可按不同地基土的性质及工程设计要求，合理选择固化剂及其配方。

（5）根据上部结构的需要，可灵活地采用柱状、壁状、格栅状和块状等加固形式。

（6）与钢筋混凝土桩基相比，可节约大量的钢材，并降低造价。

3. 适用情况

（1）作为建筑物或构筑物的地基、厂房内具有地面荷载的地坪与高填方路堤下基层等。

（2）进行大面积地基加固、以防止码头岸壁的滑动、深基坑开挖时坍塌、坑底隆起和减少软土中地下构筑物的沉降。

（3）作为地下防渗墙以阻止地下渗透水流，对桩侧或板桩背后的软土加固以增加侧向承载能力。

4. 加固机理

（1）水泥的水解和水化反应

普通硅酸盐水泥主要是由氧化钙、二氧化硅、三氧化二铝、三氧化二铁及三氧化硫等组成，由这些不同的氧化物分别组成了不同的水泥矿物：硅酸三钙、硅酸二钙、铝酸三钙、铁铝酸四钙、硫酸钙等。用水泥加固软土时，水泥颗粒表面的矿物很快与软土中的水发生水解和水化反应，生成氢氧化钙、含水硅酸钙、含水铝酸钙及含水铁酸钙等化合物。

（2）土颗粒与水泥水化物的作用

当水泥的各种水化物生成后，有的自身继续硬化，形成水泥石骨架；有的则与其周围具有一定活性的黏土颗粒发生反应。

① 离子交换和团粒化作用

黏土和水结合时就表现出一种胶体特征，如土中含量最多的氧化硅遇水后，形成硅酸胶体微粒，其表面带有钠离子 Na^+ 或钾离子 K^+，它们能和水泥水化生成的氢氧化钙中钙离子 Ca^{2+} 进行当量吸附交换，使较小的土颗粒形成较大的土团粒，从而使土体强度提高。

② 硬凝反应

随着水泥水化反应的深入，溶液中析出大量的钙离子，当其数量超过离子交换的需要量后，在碱性环境中，能使组成黏土矿物的二氧化硅及三氧化二铝的部分或大部分与钙离子进行化学反应，逐渐生成不溶于水的稳定结晶化合物，增大了水泥土的强度。

（3）碳酸化作用

水泥水化物中游离的氢氧化钙能吸收水中和空气中的二氧化碳，发生碳酸化反应，生成不溶于水的碳酸钙，这种反应也能使水泥土增加强度，但增长的速度较慢，幅度也较小。

由于搅拌机械的切削搅拌作用，实际上不可避免地会留下一些未被粉碎的大小土团。在拌入水泥后将出现水泥浆包裹土团的现象，而土团间的大孔隙基本上已被水泥颗粒填满。所以，加固后的水泥土中形成一些水泥较多的微区，而在大小土团内部则没有水泥。只有经过较长的时间，土团内的土颗粒在水泥水解产物渗透作用下，才逐渐改变其性质。因此在水泥土中不可避免地会产生强度较大和水稳性较好的水泥石区和强度较低的土块区。可见，搅拌越充分，土块被粉碎得越小，水泥分布到土中越均匀，则水泥土结构强度的离散性越小，其宏观的总体强度也越高。

5. 水泥土搅拌法的技术要点

（1）勘察：除了一般常规勘察要求外，应对土质（有机质含量、可溶盐含量以及总烧失量等）和水质（地下水的酸碱度即 pH 值、硫酸盐含量）予以特别重视。

（2）配比试验：设计前应进行拟处理土的室内水泥土配比试验。

（3）指标龄期：对竖向承载的水泥土强度宜取 90d 龄期试块的立方体抗压强度平均值；对承受水平荷载的水泥土强度宜取 28d 龄期试块的立方体抗压强度平均值。

（4）对于深厚软土的地基处理，采用水泥土桩复合地基进行加固时，建议采用以下设计思路：加固深度以沉降计算来控制；单桩承载力、复合地基承载力和置换率以有效桩长控制；有效桩长以桩身强度来控制；桩身强度以土质条件和固化剂掺量为控制。

（5）工艺性试桩：水泥土搅拌桩施工前应根据设计进行工艺性试桩，数量不得少于2根。

（6）机械性能：搅拌头翼片的枚数、宽度、与搅拌轴的垂直夹角、搅拌头的回转数、提升速度应相互匹配，钻头每转一圈的提升（或下沉）量以 1.0~1.5cm 为宜，以确保加固深度范围内土体的任何一点均能经过 20 次以上的搅拌。

（7）计量装置：水泥土搅拌桩的喷浆（粉）量和搅拌深度必须采用经国家计量部门认证的监测仪器进行自动记录。

（8）施工工艺：成桩应采用重复搅拌工艺，必须确保全桩长在喷浆（粉）后上下至少再重复搅拌一次。

6. 水泥土搅拌法的质量检验

水泥土搅拌桩的施工质量检验可采用以下方法：①成桩 7d 后浅部开挖桩头检查搅拌的均匀性，量测成桩直径。②成桩 28d 后用双管单动取样器钻取芯样作抗压强度检验和桩身标准贯入检验。③成桩 28d 后用单桩载荷试验进行检验。

竖向承载水泥土搅拌桩地基竣工验收时，承载力检验应采用复合地基载荷试验。

对相邻桩搭接要求严格的工程，可在成桩 15d 后，选取数根桩进行开挖，检查搭接情况。

基槽开挖后，应检验桩位、桩数与桩顶质量，如不符合设计要求，应采取有效补强措施。

7.6.4 高压喷射注浆法

1. 概述

高压喷射注浆法是指用高压水泥浆通过钻杆由水平方向的喷嘴喷出，形成喷射流，以此切割土体并与土拌合形成水泥土加固体的地基处理方法。

高压喷射注浆法 20 世纪 60 年代后期创始于日本。我国是继日本之后研究开发较早和应用范围较广的国家。1975 年首先在铁道部门进行单管法的试验和应用，1977 年原冶金部建筑研究总院在宝钢工程中首次应用三重管法喷射注浆获得成功，1986 年该院又开发成功高压喷射注浆的新工艺——干喷法，并取得国家专利。至今，我国已有上百项工程应用了高压喷射注浆法。

高压喷射注浆法所形成的固结体形状与喷射流移动方向有关。一般分为旋转喷射（简称旋喷）、定向喷射（简称定喷）和摆动喷射（简称摆喷）三种型式，见图 7-35。

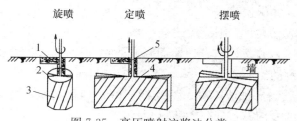

图 7-35 高压喷射注浆法分类

1—冒浆；2—射流；3—桩；4—板；5—喷射注浆管

旋喷法施工时，喷嘴一边喷射一边旋转和提升，固结体呈圆柱状。主要用于加固地基，提高地基的抗剪强度，改善地基土的变形性质，也可组成闭合的帷幕，用于截阻地下水流和治理流砂。旋喷法施工后，在地基中形成的圆柱体，简称旋喷桩。定喷法施工时，喷嘴一边喷射一边提升，喷射的方向固定不变，固结体形如板状或壁状。钻机注浆管喷头旋喷固结体高压泥浆泵浆桶水箱搅拌机水泥仓摆喷法施工时，喷嘴一边喷射一边提升，喷

213

嘴的方向呈较小的角度来回摆动，固结体形如较厚的墙板状。

定喷和摆喷两种方法通常用于基坑防渗、改善地基土的水流性质及稳定边坡等工程。

高压喷射注浆法具有施工简便、操作安全、成本低、既加固地基又防水止渗等优点，广泛应用于已有建筑和新建建筑的地基处理。

适用于处理淤泥、淤泥质土、黏性土、粉土、黄土、砂土、人工填土和碎石土等地基。地下水流速过大和已涌水的防水工程，应慎重使用。

2. 高压喷射注浆法控制要点

（1）施工前应根据设计进行工艺性试桩确定施工参数和施工工艺，数量不得少于 2 根。

（2）高压喷射注浆法根据机具设备条件可分为单管（CCP 工法）、二重管（JSG 工法）、三重管（CJP 工法）三种方法。

（3）有效处理长度：三管法最长，双管法次之，单管法最短。

（4）施工质量检验：采用开挖检查、取芯、标准贯入试验以及载荷试验或局部开挖注水试验等方法进行检验。

（5）竖向承载旋喷桩地基竣工验收时，承载力检验应采用复合地基载荷试验和单桩载荷试验。

3. 常规高压旋喷桩施工的不利影响

（1）环境污染

施工现场地面污染：通过气升作用，废弃泥浆通过钻杆周边的间隙，从地面自然排出。

土与地下水污染：无法控制喷射注浆形成的较高地内压力，水泥浆沿地层缝隙向四周无规则游走，易在较大范围内造成对地下水与深部土层的污染（例如地墙外侧接缝处施工旋喷桩时，坑内降水井内冒浆，表明水泥浆的水平游走距离大）。

（2）加固效果与可靠度差

加固深度有限：目前，常规高压旋喷桩加固深度不超过 40m。

深部土层的加固效果与可靠性差：

① 深部排泥困难：随施工深度加大，气升效果减弱。

② 喷射效率下降：无法消除超深处排泥困难，产生较高的地内压力，导致喷射效率下降；深部喷嘴堵塞，降低喷射效率。

（3）相邻地面隆起量大、影响周边建筑环境

地基内部的泥水压力偏高，是导致地面隆起的主要原因。地基内部的泥水压力偏高，易导致毗邻地下结构物的侧向变形。

地内压力偏高的原因：排泥不畅；钻孔四周的空隙被泥浆封闭，地内压力无释放途径；无控制地内压力的专用设备。

7.7 挤密桩法

7.7.1 基本概念

挤密桩法是以振动、冲击或带套管等方法成孔，然后向孔中填入砂、石、土（或灰土、二灰、水泥土）、石灰或其他材料，再加以振实而成为直径较大桩体的方法。

挤密桩属于柔性桩，挤密桩主要靠桩管打入地基时对地基土的横向挤密作用，在一定的挤密功能作用下土粒彼此移动，小颗粒填入大颗粒的孔隙，颗粒间彼此紧靠，孔隙减小，此时土的骨架作用随之增强，从而使土的压缩性减小、抗剪强度提高。由于桩身本身具有较高的承载能力和较大的变形模量，且桩体断面较大，约占松软土加固面积的20%～30%，故在黏性土地基加固时，桩体与桩周土组成复合地基，可共同承担建筑物的荷载。

7.7.2　石灰桩法

1. 概述

（1）石灰桩法（又称块灰灌入法）

石灰桩法是采用钢套管成孔，然后在孔中灌入新鲜生石灰块，或在生石灰块中掺入适量的水硬性掺合料和火山灰，一般的经验配合比为8∶2或7∶3。在拔管的同时进行振密或捣密，利用生石灰吸取桩周土体中水分进行水化反应，此时生石灰的吸水、膨胀、发热以及离子交换作用，使桩四周土体的含水量降低、孔隙比减小，使土体挤密和桩体硬化。桩和桩间土共同承受荷载，成为一种复合地基。

（2）石灰柱法（也叫粉灰搅拌法）

粉灰搅拌法是粉体喷射搅拌法的一种。所用的原材料是石灰粉，通过特制的搅拌机将石灰粉加固料与原位软土搅拌均匀，促使软土硬结，形成石灰（土）柱。

（3）石灰浆压力喷注法

石灰浆压力喷注法是压力注浆法的一种，它是采用压力将石灰浆或石灰—粉煤灰浆喷注于地基的孔隙内或预先钻好的钻孔内，使灰浆在地基土中扩散和硬凝，形成不透水的网状结构层，从而达到加固目的。此法可用于处理膨胀土，借以减少膨胀潜势和隆起；加固破坏的堤岸岸坡；整治易松动下沉的铁路路基等，此法在国内很少应用。

2. 施工

（1）成桩

① 成孔：石灰桩施工可采用洛阳铲或机械成孔。机械成孔方法分为沉管法、冲击法及螺旋钻进法。

② 填夯：成桩时可采用人工夯实、机械夯实、沉管反插、螺旋反压等工艺。填料时必须分段压（夯）实，人工夯实时，每段填料厚度不应大于400mm。管外投料或人工成孔填料时应采取措施减少地下水渗入孔内的速度，成孔后填料前应排除孔底积水。

③ 封顶：石灰桩宜留500mm以上的孔口高度，并用含水量适当的黏性土封口，封口材料必须夯实，封口标高应略高于原地面。石灰桩桩顶施工标高应高出设计桩顶标高100mm以上。

（2）施工顺序

石灰桩一般是在加固范围内施工时，先外排后内排；先周边后中间；单排桩应先施工两端后中间，并按每间隔1～2孔的施工顺序进行，不允许由一边向另一边平行推移。

如对原建筑物地基加固，其施工顺序应由外及里地进行；如临近建筑物或紧贴水源边，可先施工部分"隔断桩"将其施工区隔开；对很软的黏性土地基，应先在较大间距打石灰桩，过四个星期后再按设计间距补桩。

7.7.3 土挤密桩法和灰土挤密桩法

土挤密桩法或灰土挤密桩法是指利用横向挤压成孔设备，使桩间土得以挤密。用素土或灰土填入桩孔内分层夯实形成土桩或灰土桩，并与桩间土组成复合地基的地基处理方法。

土挤密桩法 1934 年首创于前苏联，主要用以消除黄土地基的湿陷性，至今仍为俄罗斯及东欧一些国家处理湿陷性黄土地基的主要方法。我国自 20 世纪 50 年代中期在西北黄土地区开始土挤密桩法的试验和应用，并于 20 世纪 60 年代中期在土挤密桩法的基础上试验成功灰土挤密桩法。自 20 世纪 70 年代初期以来，土挤密桩法和灰土挤密桩法逐步在陕、甘、晋和豫西等省区推广应用，取得了显著的技术经济效益。

土（或灰土）挤密桩适用于处理地下水位以上的湿陷性黄土、素填土和杂填土等地基，可处理地基的深度为 5～15m。当以消除地基土的湿陷性为主要目的时，宜选用土挤密桩法。当以提高地基土的承载力或增强水稳性为主要目的时，宜选用灰土挤密桩法。当地基土的含水量大于 24%，饱和度大于 65% 时，不宜选用土挤密桩法和灰土挤密桩法。

7.7.4 夯实水泥土桩法

夯实水泥土桩法是指将水泥和土按设计的比例拌合均匀，在孔内夯实至设计要求的密实度而形成的加固体，并与桩间土组成复合地基的处理方法。它是中国建筑科学研究院地基基础研究所与河北省建筑科学研究院在北京、河北等旧城区危改小区工程中，为了解决施工场地条件限制和满足住宅产业化的需求而开发出的一种施工周期短、造价低、施工文明、质量容易控制的地基处理方法。该技术经过大量的室内试验、原位试验和工程实践，已日臻完善。目前，夯实水泥土桩法已在北京、河北等地 1200 多项工程中应用，产生了巨大的经济效益和社会效益。

由于施工机械的限制，夯实水泥土桩法适用于处理地下水位以上的粉土、素填土、杂填土、黏性土等地基，处理深度不宜超过 10m。

7.7.5 水泥粉煤灰碎石桩法

1. 概述

水泥粉煤灰碎石桩法又称 CFG 桩法，是指由水泥、粉煤灰、石屑或砂等混合料加水拌合形成高黏结强度桩，并由桩、桩间土和褥垫层一起组成复合地基的地基处理方法。

水泥粉煤灰碎石桩法于 1988 年开始立项研究，1994 年开始推广应用，目前已在 23 个省市，1000 多项工程中使用。近年逐渐开始在高层建筑中应用。它吸取了振冲碎石桩和水泥搅拌桩的优点。①施工工艺与普通振动沉管灌注桩一样，工艺简单，与振冲碎石桩相比，无场地污染，振动影响也较小。②所用材料仅需少量水泥，便于就地取材，基础工程不会与上部结构争"三材"，这也是比水泥搅拌桩优越之处。③受力特性与水泥搅拌桩类似。

水泥粉煤灰碎石桩（CFG 桩）法适用于处理黏性土、粉土、砂土和已自重固结的素填土等地基。对淤泥质土应按地区经验或通过现场试验确定其适用性。

2. 加固机理

CFG 桩加固软弱地基，桩和桩间土一起通过褥垫层形成 CFG 桩复合地基。其加固软弱地基主要有三种作用：

① 桩体作用。

② 挤密作用。

③ 褥垫层作用。

（1）桩体作用

CFG 桩不同于碎石桩，是具有一定黏结强度的混合料。在荷载作用下 CFG 桩的压缩性明显比其周围软土小，因此基础传给复合地基的附加应力随地基的变形逐渐集中到桩体上，出现应力集中现象，复合地基的 CFG 桩起到了桩体作用。

（2）挤密作用

CFG 桩采用振动沉管法施工，由于振动和挤压作用使桩间土得到挤密。

（3）褥垫层作用

① 保证桩、土共同承担荷载。

② 减少基础底面的应力集中。

③ 调整桩土荷载分担比。

3．施工

（1）成桩

水泥粉煤灰碎石桩的施工，应根据现场条件选用下列施工工艺：

① 长螺旋钻孔灌注成桩，适用于地下水位以下的黏性土、粉土、素填土或中等密实以上的砂土。

② 长螺旋钻孔（图 7-36）、管内泵压混合料灌注成桩，适用于黏性土、粉土、砂土以及对噪声或泥浆污染要求严格的场地。

③ 振动沉管灌注成桩，适用于粉土、黏性土及素填土地基。

图 7-36　长螺旋钻孔施工

（2）施工顺序

连续施打可能造成的缺陷是桩径被挤扁或缩颈，但很少发生桩完全断开；跳打一般很少发生已打桩桩径被挤小或缩颈现象，但土质较硬时，在已打桩中间补打新桩时，已打桩可能被振断或振裂。

在软土中，桩距较大可采用隔桩跳打；在饱和的松散粉土中施打，如桩距较小，不宜采用隔桩跳打方案；满堂布桩，无论桩距大小，均不宜从四周向内推进施工。施打新桩时与已打桩间隔时间不应少于 7d。

（3）桩头处理

CFG 桩施工完毕待桩体达到一定强度（一般为 7d 左右），方可进行基槽开挖。在基槽开挖中，如果设计桩顶标高距地面不深（一般不大于 1.5m），宜考虑采用人工开挖，不仅可防止对桩体和桩间土产生不良影响，而且经济可行；如果基槽开挖较深，开挖面积大，采用人工开挖不经济，可考虑采用机械和人工联合开挖，但人工开挖留置厚度一般不宜小于 700mm；桩头凿平，并适当高出桩间 ±1～2cm。清土和截桩时，不得造成桩顶标高以下桩身断裂和扰动桩间土。

（4）褥垫铺设

褥垫层铺设宜采用静力压实法，当基础底面下桩间土含水量较小时也可采用动力夯实。夯填度（夯实后的褥垫层厚度与虚铺厚度的比值）不得大于 0.9。

7.8　加筋法简介

7.8.1　基本概念

加筋法是在土中埋设土工聚合物（即土工织物）或拉筋、受力杆件等形成加筋土或各种复合土工结构，或沿不同方向设置直径为 75～250mm 的桩，形成树根状桩群，即所谓树根桩，以减小地基沉降，提高地基承载力或增强土体稳定性。土工聚合物还可起到排水、反滤和隔离作用。在地基处理中，加筋法可用于处理软弱地基。

加筋土技术的发展与加筋材料的发展密不可分，加筋材料从早期的天然植物、帆布、金属和预制钢筋混凝土发展到土工合成材料，土工合成材料的出现被誉为岩土工程的一次革命，它以优越的性能和丰富的产品型式在工程建设中得到广泛应用，在地基处理工程中也发挥了重要的作用。20 世纪 70 年代后，土工合成材料（图 7-37）迅猛发展，被誉为继砖石、木材、钢铁和水泥后的第五大工程建筑材料，已经广泛应用于水利、建筑、公路、铁路、海港、环境、采矿和军工等领域（图 7-38、图 7-39），其种类和应用范围还在不断发展扩大。

1958 年，美国佛罗里达州将土工织物布设在海岸块石护坡下作为防冲垫层，公认为是土工合成材料用于岩土工程的开端。1963 年，法国工程师维多尔根据三轴试验结果提出了加筋土的概念及加筋土的设计理论，成为加筋土发展历史上的一个重要里程碑，标志着现代加筋土技术的兴起，从而使得加筋土技术的工程应用从经验性到具有较为系统的理论指导。1983 年国际土力学与基础工程学会成立了土工织物协会，后更名为国际土工合成材料协会，成为土工学术界重视土工合成材料的重要标志。

在我国，自 1979 年由云南煤矿设计院在田坝修建第一批加筋土挡土墙以来，加筋土技术逐步在我国得到广泛应用，并于 1998 年颁布了国家标准《土工合成材料应用技术规范》（GB 50290—2014）。现在除西藏和青海省以外，其他各省市已修建了大量的加筋土工程。

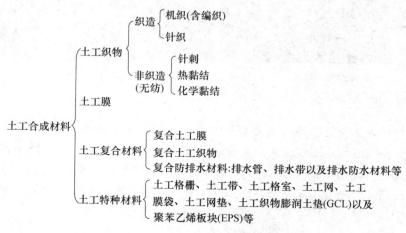

图 7-37　土工合成材料分类

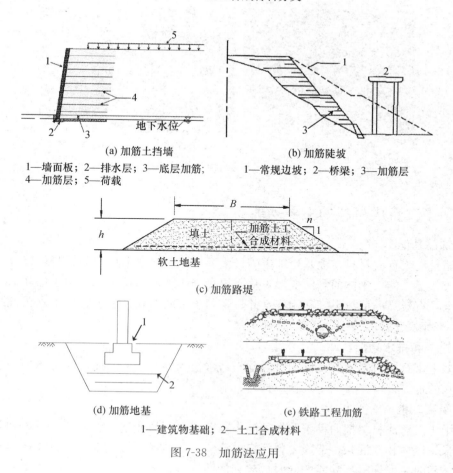

(a) 加筋土挡墙

1—墙面板；2—排水层；3—底层加筋；
4—加筋层；5—荷载

(b) 加筋陡坡

1—常规边坡；2—桥梁；3—加筋层

(c) 加筋路堤

(d) 加筋地基

(e) 铁路工程加筋

1—建筑物基础；2—土工合成材料

图 7-38　加筋法应用

(a)垃圾填埋场　　　　　　　　　　　(b)边坡护坡

图 7-39　加筋法施工图

目前，使用较为广泛的筋材绝大部分为土工织物和土工格栅（图 7-40）。土工格栅是一种以塑料（高密度聚乙烯或聚丙烯）为原料加工形成的开口的、类似格栅状的产品，具有较大的网孔，可以在一个方向或两个方向上进行定向拉伸以提高力学性能，多用于加筋。除塑料格栅外，还有编织格栅，即用众多的纤维形成纵向和横向肋条，中间有较大的开口空间。编织格栅采用的原料是聚酯，上面涂有一些保护材料，如 PVC、乳胶或沥青。此外，还有玻纤格栅，它也是一种编织格栅。

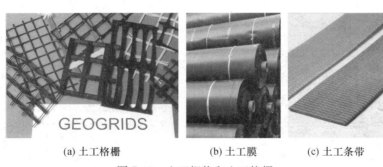

(a) 土工格栅　　　　　　(b) 土工膜　　　　　　(c) 土工条带

图 7-40　土工织物和土工格栅

7.8.2　土工合成材料的主要功能

1. 加筋功能

加筋是土工合成材料在地基处理中的最主要功能。在土中加拉筋材料可以改变土中的应力分布状况，约束土体的侧向变形，从而提高土体结构的稳定性。用于加筋的土工合成材料要求具有较高的抗拉强度和刚度，并且与填土之间的咬合力强，对于永久性结构还要求蠕变小，耐久性好。

2. 过滤和排水功能

很多土工合成材料具有良好的过滤性、透水性和导水性，因而，在土体中需要设置过滤或排水的地方都可以采用土工合成材料。

3. 隔离功能

利用土工合成材料把两种不同粒径的土、砂子、石料或把土、砂子、石料和其他结构隔离开来，以免相互混杂，造成土料污染、流失，或其他不良效果，当放置在建筑物和软弱地基之间时，发挥隔离功能的同时也起到加筋作用。

4. 防渗功能

土工合成材料如土工膜和复合土工膜，可以制成不透水的或极不透水的土工膜以及各种复合不透水的土工合成材料。这些土工合成材料可以用在各种需要防水、防气以及防有害物质的地方。

5. 防护功能

土工合成材料在防护方面的应用非常广泛，如防冲、防沙、防震、保温、植生绿化以及环境保护等。

7.8.3　加筋法处理技术

1. 土工合成材料

利用土工合成材料的高强度、韧性等力学性能，扩散土中应力，增大土体的抗拉强度，改善土体或构成加筋土以及各种复合土工结构。适用于砂土、黏性土和软土，或用作反滤、排水和隔离材料。

2. 加筋土

把抗拉能力很强的拉筋埋置在土层中，通过土颗粒和拉筋之间的摩擦力形成一个整体，用以提高土体的稳定性。适用于人工填土的路堤和挡墙结构。

3. 土层锚杆

土层锚杆是依赖于土层与锚固体之间的黏结强度来提供承载力的，它使用在一切需要将拉应力传递到稳定土体中去的工程结构，如边坡稳定、基坑围护结构的支护、地下结构抗浮、高耸结构抗倾覆等。适用于一切需要将拉应力传递到稳定土体中去的工程。

4. 土钉

土钉技术是在土体内放置一定长度和分布密度的土钉体，与土共同作用，用以弥补土体自身强度的不足。不仅提高了土体整体刚度，又弥补了土体的抗拉和抗剪强度低的弱点，显著提高了整体稳定性。适用于开挖支护和天然边坡的加固。

5. 树根桩法

在地基中沿不同方向，设置直径为 $75\sim250\text{mm}$ 的细桩，可以是竖直桩，也可以是斜桩，形成如树根状的群桩，以支撑结构物，或用以挡土，稳定边坡。适用于软弱黏性土和杂填土地基。

7.9　复合地基法简介

7.9.1　基本概念

复合地基是指天然地基在地基处理过程中部分土体得到增强，或被置换，或在天然地基中设置加筋材料，加固区是由基体（天然地基土体）和增强体两部分组成的人工地基。

如果将由碎石桩等散体材料桩形成的人工地基称为狭义复合地基，则可将包括散体材料桩、各种刚度的黏结材料桩形成的人工地基，以及各种型式的长、短桩复合地基称为广义复合地基。

根据在地基中设置增强体的方向不同，复合地基可分为竖向增强体复合地基和水平向增强体复合地基两大类，见图 7-41。

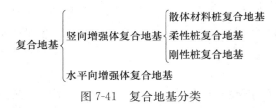

图 7-41　复合地基分类

7.9.2　作用机理

1. 桩体作用

由于复合地基中桩体的刚度较周围土体为大，在刚性基础下等量变形时，地基中应力将按材料模量进行分布。因此，桩体产生应力集中现象，大部分荷载由桩体承担，桩间土上应力相应减小。这样就使得复合地基承载力较原地基有所提高，沉降量有所减少。

2. 垫层作用

桩与桩间土复合形成的复合地基或称复合层，由于其性能优于原天然地基，它可起到类似垫层的换土、均匀地基应力和增大应力扩散角等作用。各类复合地基都有垫层作用。水平向增强体复合地基和松散材料桩复合地基垫层作用更加明显。

3. 加速固结作用

除碎石桩、砂桩具有良好的透水特性，可加速地基的固结外，水泥土类和混凝土类桩在某种程度上也可加速地基固结。

4. 挤密作用

如砂桩、土桩、石灰桩、砂石桩等在施工过程中由于振动、挤压、排土等原因，可使桩间土起到一定的密实作用。另外，石灰桩、粉体喷射搅拌桩中的生石灰、水泥粉具有吸水、放热和膨胀作用，对桩间土也有一定的挤密效果。

5. 加筋作用

各种桩土复合地基除了可提高地基的承载力外，还可用来提高土体的抗剪强度，增加土坡的抗滑能力。目前在国内的深层搅拌桩、粉体喷搅桩和砂桩等已被广泛地用于高速公路等路基或路堤的加固，这都利用了复合地基中桩体的加筋作用。

7.9.3　复合地基法处理技术

《建筑地基处理技术规范》（JGJ 79—2012）中常见的复合地基处理方法有挤密、密实法和置换法。

1. 复合地基的挤密、密实法

复合地基的挤密、密实法是以振动或冲击的方法成孔，然后在孔中填入砂、碎石、石灰以及灰土等材料，加以捣实成为桩体，桩体与土组成复合地基。一般采用打桩机或振动打桩机施工，也有用爆破成孔的。

（1）振冲挤密法

振冲挤密法一方面依靠振冲器的强力振动使饱和砂层发生液化，颗粒重新排列，孔隙比减少；另一方面依靠振冲器的水平振动力，形成垂直孔洞，在其中加入回填料，使砂层挤压密实。适用于砂性土和小于 0.005mm 的黏粒含量低于 10% 的黏性土。

（2）土（或灰土、粉煤灰加石灰）桩法

是利用打入钢套管（或振动沉管、炸药爆破）在地基中成孔，通过"挤"压作用，使地基土得到"加密"，然后在孔中分层填入素土（或灰土、粉煤灰加石灰）后夯实而成土桩（或灰土桩、二灰桩）。适用于处理地下水位以上湿陷性黄土、新近堆积黄土、素填土和杂填土。

（3）砂石桩

在松散砂土或人工填土中设置砂石桩，能对周围土体或产生挤密作用，或同时产生振密作用。可以显著提高地基强度，改善地基的整体稳定性，并减少地基沉降量。适用于处理松砂地基和杂填土地基。

（4）夯实水泥土桩

利用沉管、冲击、人工洛阳铲或螺旋钻等方法成孔，回填水泥和土的拌合料，分层夯实形成坚硬的水泥土柱体，并挤密桩间土，通过褥垫层与原地基土形成复合地基。适用于处理地下水位以上的粉土、素填土、杂填土、黏性土和淤泥质土等地基。

2. 复合地基的置换法

以砂、碎石等材料置换软土，与未加固部分形成复合地基，达到提高地基强度的目的。

（1）振冲置换法（或称碎石桩法）

碎石桩法是利用一种单向或双向振动的冲头，边喷高压水流边下沉成孔，然后边填入碎石边振实，形成碎石桩。桩体和原来的黏性土构成复合地基，以提高地基承载力和减小沉降。

（2）石灰桩法

在软弱地基中用机械成孔，填入作为固化剂的生石灰并压实形成桩体，利用生石灰的吸水、膨胀、放热作用以及土与石灰的物理化学作用，改善桩体周围土体的物理力学性质，同时桩与土形成复合地基，达到地基加固的目的。适用于软弱黏性土地基。

（3）强夯置换法

对厚度小于 6m 的软弱土层，边夯边填碎石，形成深度 3～6m、直径为 2m 左右的碎石柱体，与周围土体形成复合地基。

（4）水泥粉煤灰碎石桩（CFG 桩）

水泥粉煤灰碎石桩是在碎石桩基础上加进一些石屑、粉煤灰和少量水泥，加水拌合，用振动沉管打桩机或其他成桩机具制成的一种具有一定黏结强度的桩。桩和桩间土通过褥垫层形成复合地基。适用于填土、饱和及非饱和黏性土、砂土、粉土等地基。目前在实际工程中被大量应用。

CFG 桩法注意要点：

① 桩端有相对硬层。

② 目前处理承载力一般不大于 650kPa。

③ 褥垫层厚 10～30cm。

④ 基础薄，单桩承载力大，注意板冲切验算。

⑤ 宜布墙梁下。

⑥ 一般桩距时，桩宜长不宜密。

（5）柱锤冲扩法

柱锤冲扩法是利用直径为 200～600mm、长度为 2～6m、质量为 1～6t 的柱状锤冲扩成孔，填入碎砖三合土等材料，夯实成桩，桩和桩间土通过褥垫层形成复合地基。适用于处理杂填土、粉土、黏性土、黏性素填土以及黄土等地基。

（6）EPS 超轻质料填土法

发泡聚苯乙烯（EPS）的重量只有土的 1/50～1/100，并具有较好的强度和压缩性能，用于填土料，可有效减少作用在地基上的荷载，需要时也可置换部分地基土，以达到更好的效果。适用于软弱地基上的填方工程。

（7）水泥土搅拌法

水泥、石灰或其他材料作为固化剂的主剂，通过特别的深层搅拌机械，在地基深处就地将软土和固化剂（水泥或石灰的浆液或粉体）强制搅拌，形成坚硬的拌合柱体，与原地层共同形成复合地基。水泥土搅拌法分为水泥浆搅拌和粉体喷射搅拌两种。前者是用水泥浆和地基土搅拌，后者是用水泥粉或石灰粉和地基土搅拌。适用于淤泥、淤泥质土、粉土和含水量较高且地基承载力标准值不大于 120kPa 的黏性土地基。

（8）高压喷射注浆法

将带有特殊喷嘴的注浆管，通过钻孔置入要处理土层的预定深度，然后将水泥浆液以高压冲切土体，在喷射浆液的同时，以一定速度旋转、提升，形成水泥土圆柱体；若喷嘴提升而不旋转，则形成墙状固结体。可以提高地基承载力、减少沉降、防止砂土液化、管涌和基坑隆起。适用于淤泥、淤泥质土、黏性土、粉土、黄土、砂土及人工填土等地基。对既有建筑物可进行托换加固。

思考与习题

1. 什么是地基处理？
2. 地基处理的目的是什么？
3. 地基处理按照加固机理可分成哪几类？
4. 选择地基处理方法应考虑哪些因素？
5. 地基处理的原则是什么？
6. 换填垫层法的作用有哪些？
7. 振冲密实法和振冲置换法有何异同点？
8. 什么是强夯法与强夯置换法，其加固机理是什么？
9. 什么是预压法？预压法可分为哪几种？
10. 什么是浆液固化法？浆液固化法可分为哪几种？
11. 浆液固化法的加固目的是什么？
12. 什么是加筋法？土工合成材料有何主要功能？
13. 复合地基的作用机理是什么？

参考文献

［1］翁家杰．地下工程［M］．北京：北京煤炭工业出版社，1995．

［2］中华人民共和国住房和城乡建设部．建筑地基处理技术规范（JGJ 79—2012）［S］．北京：中国建筑工业出版社，2013．

［3］高谦，罗旭，吴顺川，韩阳．现代岩土施工技术［M］．北京：中国建材工业出版社，2006．

［4］向伟明．地下工程设计与施工［M］，北京：中国建筑工业出版社，2013．

［5］肖昭然．地理处理［M］．郑州：黄河水利出版社，2012．

专题八 岩土工程施工监测技术

8.1 概 述

8.1.1 基本概念

建筑物建造在地质构造复杂、岩土特性不均匀的地基上，在各种力的作用和自然因素的影响下，其工作性态和安全状况随时都在变化。如果出现异常，而又不被我们及时掌握这种变化的情况和性质，任其险情发展，其后果不堪设想。如果能在岩土体或工程结构上安装埋设必要的监测仪器，随时监测其工程性态，则可在发现异常时对岩土体或工程结构采取补强加固措施，防止产生灾害性破坏；或采取必要的应急处理方法，避免或减少生命和财产的损失。在建筑物建造前、施工期间以及建筑物运营时期有必要进行岩土工程性质的测试、检测和监测，能够获取更多的信息进行分析和解决可能发生的岩土工程灾害问题。因此，岩土工程的测试、检测与监测是从事岩土工程勘察、设计、施工和监理的工作者必须掌握的基本知识，同时也是从事岩土工程理论研究所必需具备的基本手段。

岩土工程测试是为了研究土体的工程特性，利用一定的仪器和技术手段对岩土体的物理力学指标进行试验和测量的技术方法和测试过程的总称。

岩土工程监测是为了研究岩土体及与岩土体相关的工程结构稳定性与安全性，采用一定的技术手段安装或埋设仪器设备，对岩土体或工程结构物的稳定性性状及变化规律进行动态测试的技术操作。

8.1.2 岩土工程施工监测的作用

随着生产的发展，岩土工程的发展日新月异，如工程结构趋向高、深、大，岩土工程测试与监测技术是从根本保证岩土工程勘察、设计、治理、监理与施工的准确性、可靠性以及经济合理性的重要手段，其作用主要体现以下几个方面：

（1）岩土工程理论分析的基础，推动岩土工程理论的形成和发展。

（2）保证岩土工程设计合理可行。通过现场监测与测试，利用现代科学技术进行分析，得到能使理论分析与实测基本一致的工程参数，保证工程设计的可靠性和经济性。

（3）是岩土工程信息化施工的保障。通过现监测随时调整施工进度、施工工序与设计参数等，为岩土工程施工安全提供保障。

（4）保证大型岩土工程长期安全运行的重要手段。通过对岩土工程在运营期间结构变形、应力、温度以及沉降等方面的长期监测，评价工程结构的稳定性，保证工程建筑物的运营安全。

8.1.3　岩土工程施工监测的内容

岩土工程施工监测，就是以工程实际为监测的对象，在工程施工过程中，对岩土土体、岩土环境以及工程地质结构等进行位移、应力、地下水等实施监测。实施现场监控需要事先在工程岩土体、周围环境中设定观测控制的点位，还应该设定一定的时间间隔。其主要监测内容包括以下几个方面：

（1）在施工过程中，对岩土受到的施工作用进行检测，并测定各项荷载力的大小，并监测在各类荷载作用下岩土的反应性状（应力应变性状）。

（2）对工程施工、运营过程中结构物进行监测（沉降、倾斜等）。

（3）在工程施工过程中一定会对周围环境等造成影响，尤其是抽水、沉水等工程施工会影响地下水、孔隙水的变化。

8.1.4　施工监测技术的发展现状

近年来，随着岩土工程施工技术的大力发展，设计、施工和监理等各部门对施工监测的重视，岩土工程施工监测技术得到了快速的发展，主要表现在以下几方面：

1. 新仪器新方法的开发

监测技术与现代科技结合，一些传统监测方法得以更新。如各种材料不同形式的收敛计、多点位移计、应力计、压力盒、远视沉降仪、各种孔压计及测斜仪等的设计与应用；高精度的全站仪和隧道断面仪等广泛应用于地下工程的变形测量，提高了监测效率，并可进行三维位移监测；光纤光栅传感器应用于岩土工程应力、应变和变形测试，提高了测试精度等。

2. 自动监测系统

实时自动监测、运程数据传输、可视化技术、地理信息系统（GIS）等目前已经在大型边坡安全监测、基坑施工、隧道施工、沉降监测等方面得到大量的应用，推动岩土测试、监测技术的发展。

3. 工程地球物理探测

利用各种物探原理（弹性波、声波、电磁波、应力波等）开发的一系列性能很强的专用仪器。如波速仪、探地雷达、TSP 地质预报系统、红外探水仪、管线探测仪以及瞬变电磁仪等，这些专用仪探测精度高、抗干扰能力强，将是岩土工程监测技术发展的一个重要方向。

4. 数据处理与反馈技术

数据处理中多种数据处理技术的应用以及岩土工程领域相应大型商用计算软件的开发，为岩土工程信息化施工和反分析研究提供了保障，推动了岩土工程施工监测信息管理、预测预报系统的发展。

5. 第三方监测和检测的推广和认可

目前许多岩土工程施工普遍引入具有资质的第三方监测和检测机构，其测试结果具有公证效力，有效地避免了施工过程中可能发生的事故。同时，测试结果和监测资料有助于确定引发工程事故的原因和责任。

8.2　测试技术基础知识

8.2.1　测试的一般知识

科技日趋发展的现代社会，人类社会已进入瞬息万变的信息时代，人们从事的各种生产和科学实验都主要依靠对信息资源的开发、获取、传输和处理。传感器处于研究对象与测控系统的接口位置，是感知、获取与检测信息的窗口。一切科学实验和生产过程，特别是自动检测和自动控制系统所获取的信息，都要通过传感器转换为容易传输与处理的电信号。

在岩土工程实践中提出监测和检测的任务是正确及时地掌握各种信息。大多数情况下是要获取被测对象信息的大小，即补测试的值大小。信息采集的主要含义就是测试、取得测试数据，在传感技术发展到一定阶段形成"测试系统"。因此，在工程中，需要有传感器与多台仪表组合在一起，才能完成信号的检测，这样便会形成测试系统，现代计算机技术的发展和信息处理技术的进步，测试系所涉及的内容才得以完善。

8.2.2　测试

测试是以确定量值为目的的一系列操作，现代信息时代的测试是将被测试值与同种性质的标准量进行比较，确定被测试值对标准量的倍数，它由下式表示：

$$x = nu \tag{8-1}$$

式中　x——被测试值；

　　　u——标准量，即测试单位；

　　　n——比值（纯数）含有测试误差。

由测试所获得的被测的量值叫测试结果。测试对果可用一定的数值表示，也可以用一条曲线或某种图形表示。但无论其表现形式如何，测试结果应包括两部分：比值和测试单位，测试结果还应包括误差部分。

被测试值和比值等都是测试过程的信息，这些信息依托于物质才能在空间和时间上进行传递。参数承载了信息而成为信号。选择其中适当的参数作为测试信号。测试过程就是传感器从被测对象获取补测试的信息，建立起测试信号，经过变换、传输以及处理，从而获得被测的量值。

8.2.3　测试系统的组成和特性

非电物理量的测试与控制技术已广泛应用于岩土施工监测中，也是量常用的测试系统。对于一个测试系统，它可能由一个或若干个功用能单元组成。一个完善的测试系统由传感器和测试仪表、变换装置、数据处理、数据显示记录等四大部分组成，但因测试的目的、要求不同，测试系统的实际组成差别很大，并非必须全部包含，可繁可简单。图 8-1 为测试系统组成框图。

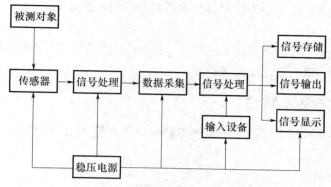

图 8-1　测试系统原理结构框图

1. 传感器

传感器与测量电路组成测试装置。它是一种以一定量的精确度把被测量转换为不确定对应关系的、便于应用的某种物理量的测量装置。即传感器是测量装置，能完成信号的获取任务；它的输入量是某一被测量；它的输出量是某物理量，这种物理量要便于传输、转换、处理与显示等；输出输入有对应关系，且应有一定的精确程度。

测试系统对传感器的要求有很多方面。

（1）准确性：传感器的输出信号必须准确地反映其输入量，即被测量的变化。因此，传感器的输出与输入关系必须是严格的单值函数关系，最好是线性关系。

（2）稳定性：传感器的输入、输出的单值函数关系最好不随时间和温度的变化而变化。

（3）灵敏度：满足工程要求。

另外，传感器在不同的岩土工程环境中要满足特殊要求，如耐腐蚀性、功耗、输出信号形式、体积和售价等。

2. 数据采集

对信号调理后的连续模拟信号进行离散化并转化成与模拟信号电压幅度相应的一系列数据信息，同时以一定的方式把这些转换数据及时传递给微处理器或信号自动存储。

3. 信号处理

信号处理模块是自动检测信表，检测系统进行数据处理和各种控制的中枢环节。现代检测仪表，检测系统中信号处理模块通常以各种型号的嵌入式微处理器，专用高速数据处理器和大规模可编程集成电路，或直接采用工业控制计算机来构建。

4. 信号显示

显示器是检测系统与人联系的主要环节之一，一般可分为：

（1）指示性显示，又称模拟式显示。

（2）数字式显示。

（3）屏幕显示。

5. 信号输出

检测系统在信号处理器计算出被测参量的瞬时值后作送显示器进行实时显示外，通常还需把测量值及时传送给监控计算机，可编程控制器（PLC）或其他智能化终端。

6. 输入设备

输入设备是操作人员和检测系统联系的另一主要环节，用于输入设置参数，下达有关命令等。最常用的输入设备是各种键盘、拨码盘与条码阅读器等。

7. 稳定电源

由于工业现场通常只提供交流 220V 的工频电源或＋24V 的直流电源，传感器和检测系统通常不经降压、稳压就无法直接使用。

8.2.4 传感器的基本特性

传感器是能感受被测量并按照一定规律转换成可用输入信号的器件或装置。即传感器有检测和转换两大功能。

1. 传感器的组成

传感器通常由敏感元件、转换元件和测试电路三部分组成，图 8-2 为传感器的组成示意图。

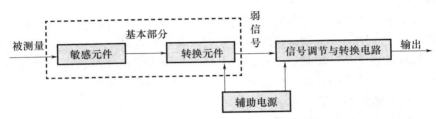

图 8-2　传感器组成、输入及输出

（1）敏感元件

敏感元件是指传感器中能直接感受或响应被测信号（非电量）的元件，即将被测量通过传感器的敏感元件转换成与被测量有确定关系的非电量或其他量。

（2）转换元件

转换元件是指传感器中能将敏感元件的感受或响应信息转换成电信号的部分，即将上述非电量转换成电参量。

（3）测试电路

测试电路的作用是将转换元件输入的电参量经过处理转换成电压、电流或频率等可测电量，即例进行显示、记录、控制和处理的部分。

2. 传感器性能优劣值判定

传感器性能优劣值判定由传感器的两个基本特性来表表征，即静态特性和动态特性。

静态特性，是指当被测量的各个值处于稳定状态时，传感器输出值与输入值之间关系的数学表达式、曲线或数表。当一个传感器制成后，可用实际特性反映它在当时使用条件下实际具有的静态特性。借助实验的方法确定传感器静态特性的过程称为静态校准。校准得到的静态特性称为校准特性。

动态特性，当被测量值随时间变化时，传感器的输出值与输入值之间关系的数学表达式、曲线或数表。

测试系统的静态特性的参数主要有灵敏度、线性度（直线度）以及回程误差（迟滞性）等。而研究动态特性时，由于实际被测量随时间变化的形式可能各种各样，通常根据正弦变化与阶跃变化两种标准输入来考虑传感器的响应特性。传感器的动态特性分析和动态标定都以这两种标准输入状态为依据。对于静态参数与动态特性方面的详细讨论可参阅有关文献。

8.2.5　常用传感器的类型和工作原理

传感器的类型很多，按不同的方式进行分类，有不同的类型。按传感器的构成分为物性型传感器和结构型传感器；按传感器的输入量（即被测参数）分为位移传感器、速度传感器、温度传感器和压力传感器等；按传感器的基本效应分为物理型传感器、化学型传感器和生物型传感器；按传感器的工作原理可以分为应变式、电容式、电感式、电压式、光电式和热电式传感器等；按传感器的能量变换关系进行分类：有源（能量控制型）和无源（能量变换型）。

下面讲述常用传感器的工作原理。

1. 差动电阻式传感器

该传感器是美国加州加利福尼亚大学卡尔逊教授在 1932 年研制成细的、又习惯称为卡尔逊式仪器。它是利用张紧在仪器内部的弹性钢丝作为传感器元件将仪器受到的物理量转变为模拟量，国外也称这种传感器为弹性钢丝式仪器。

（1）工作原理

在仪器内部采用两根特殊固定方式的钢丝作为传感元件，钢丝经过预拉受力后一根受拉，其电阻增加；另一根钢丝受压，其电阻减少。测量两根钢丝元件的电阻值，可以求得仪器的变形量。这样的结构设计，使两根钢丝元件的电阻在受变形时差动变化，目的是提高仪器对变形的灵敏度，并且使变形引起的电阻变化不影响温度的测量。

其电阻与变形之间有如下关系式：

$$\frac{\Delta R}{R} = \frac{\lambda \Delta L}{L}$$

$$(8-2)$$

式中　ΔR——钢丝电阻变化量；

R——钢丝电阻；

λ——钢丝电阻应变灵敏系数；

ΔL——钢丝变形增量；

L——钢丝长度。

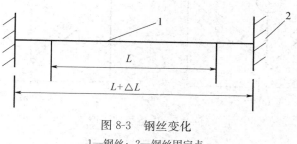

图 8-3　钢丝变化

1—钢丝；2—钢丝固定点

图 8-3 表示钢丝长度的变化和钢丝电阻变化呈线性关系，测定电阻变化式（8-2）可求得仪器承受的变形。当温度改变时，引起两根钢丝的电阻变化同方向，温度升高时，两根电阻都减少，测定两根钢丝的串联电阻，求得仪器测点位置的温度。钢丝电阻随其温度变化之间有如下近似的线性关系：

$$R_T = R_0 (1 + \alpha T)$$

$$(8-3)$$

式中　R_T——温度为 T℃的钢丝电阻；

R_0——温度为 0℃的钢丝电阻；

α——电阻温度系数，在一定范围内为常数；

T——钢丝温度。

差动电阻式传感器基于上述两个原理，利用弹性钢丝在力的作用和温度变化下的特性设计而成，把经过预拉长度相等的两根钢丝用特定方式固定在两根方形的断面的铁杆上，钢丝电阻分别 R_1 和 R_2，因为钢丝设计长度相等，R_1 和 R_2 近似相等，见图 8-4。

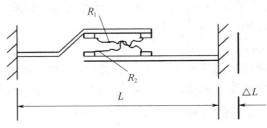

图 8-4　差动电阻式仪器原理

当仪器受到外界的拉压而变形时，两根钢丝的电阻产生差动的变化，一根钢丝受拉，其电阻增加，另一根钢丝受压，其电阻减少，两根钢丝的串联电阻不变而电阻比 R_1/R_2 发生变化，测量两根钢丝电阻的比值，就可以求得仪器的变形或应力。

（2）测试装置

差动电阻式传感器的读数装置是电阻比电桥（惠斯通型），电桥内有一可以调节的可变电阻 R，还有两上串联在一起 50Ω 固定电阻 $M/2$，其测试原理见图 8-5，将仪器接入电桥，仪器钢丝电阻 R_1 和 R_2 就和电桥中可变电阻 R，以及固定电阻 M 构成电桥电路。

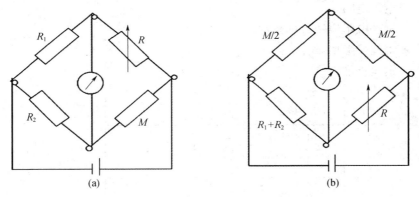

图 8-5　电桥测试原理

图 8-5（a）是测试仪器电阻比的线路，调节 R 使电桥平衡，则

$$\frac{R}{M}=\frac{R_1}{R_2} \tag{8-4}$$

式（8-4）中 $M=100Ω$，故由电桥测出 R 值是 R_1 和 R_2 之比的 100 倍，$R/100$ 即为电阻比，电桥上电阻比最小读数为 0.01%。

图 8-5（b）是测试串联电阻时，利用上述电桥接成的另一电路，调节 R 达到平衡时则

$$\frac{\dfrac{M}{2}}{R}=\frac{\dfrac{M}{2}}{R_1+R_2} \tag{8-5}$$

简化为：

$$R=（R_1+R_2） \tag{8-6}$$

此时，从可变电阻 R 读出的电阻值就是仪器的钢丝总电阻，从而求得仪器所在测点的温度。

因此，差动电阻式仪器以一组差动的电阻 R_1 和 R_2，与电阻比电桥形成桥路，从而测出电阻比和电阻值两个参数，来计算出仪器所承受的应力和测点的温度。

图 8-6 为差动式应变计的结构示意图，对于差动式电阻应变计，其应变值计算式为：

$$\varepsilon=f（Z-Z_0）+ba（R-R_0） \tag{8-7}$$

式中　Z——测试时的电阻比（R_1/R_2）；

$\quad Z_0$——初始条件下的电阻比；

$\quad R$——测试时的总电阻值（R_1+R_2）；

$\quad R_0$——初始条件下的电阻值；

$\quad f$——应变计的灵敏度；

$\quad b$——应变计的温度补偿系数；

$\quad a$——应变计的温度系数。

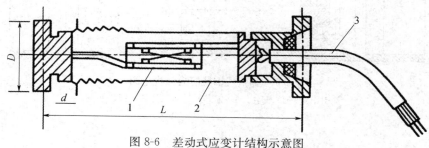

图 8-6　差动式应变计结构示意图
1—敏感元件；2—密封壳体；3—引出电缆

差动式应变计的特点是灵敏度较高、性能稳定、耐久性好。

2. 钢弦式传感器

（1）原理

钢弦式传感器的敏感元件是一根金属丝弦（高弹性弹簧钢、马氏不锈钢或钨钢），它与传感器受力部件连接固定，利用钢弦的自振频率和钢弦所受到的外加张力关系式测得各物理量。由于钢弦式传感器的结构简单可靠，其设计、制造、安装和调试都非常方便，而且在钢弦经过热处理之后其蠕变极小、零点稳定，备受业界青睐，在国内外发展较快。

钢弦式仪器根据钢弦的张紧力与谐振频率成单值函数关系设计而成。由于钢弦的自振频率取决于它的长度、钢弦材料的密度和钢弦所受的内应力，其关系式为：

$$f=\frac{1}{2L}\sqrt{\frac{\sigma}{\rho}} \tag{8-8}$$

式中　f——钢弦振动频率；

L——钢弦长度；

ρ——钢弦的材料密度；

σ——钢弦所受的张拉应力。

钢弦式传感器做成后，如压力盒。其 L、ρ 则为定值，钢弦频率只取决于钢弦上的张拉应力，而钢弦上产生的张拉应力又取决于外来压力 P，从而可建立钢弦频率与薄膜所受的压力 P 的关系式（8-9）。可以看出钢弦的张力与自振频率的平方差呈直线关系。

$$f^2 - f_0^2 = KP \qquad (8-9)$$

式中　f——压力盒受压后钢弦的频率；

　　　f_0——压力盒未受压时钢弦的频率；

　　　P——压力盒底部薄膜所受的压力；

　　　K——标定系数，与压力盒构造等有关。

（2）钢弦式传感器的种类

钢弦式传感器有钢弦式应变计、钢弦式土压力盒与钢筋应力计等。图 8-7 为钢筋应力计的构造图。

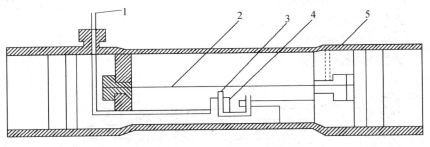

图 8-7　钢弦式钢筋应力计构造图

1—引出线；2—钢弦；3—铁芯；4—线圈；5—钢管外壳

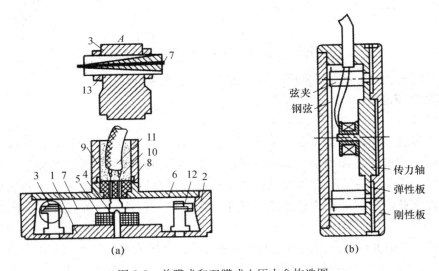

（a）　　　　　　　　　　（b）

图 8-8　单膜式和双膜式土压力盒构造图

1—承压板；2—底座；3—钢弦夹；4—铁芯；5—电磁线圈；6—封盖；7—钢弦；

8—塞；9—引线管；10—防水涂料；11—电缆；12—钢弦架；12—钢弦架；13—拉紧固定螺栓

图 8-8 为单膜式和双膜式土压力盒的构造图。土压力计在一定压力作用下，其传感面（即薄膜）向上微微鼓起，引起钢弦伸长，钢弦在未受压力时具有一定的初始频率，当拉紧以后，它的频率就会提高。作用在薄膜上的压力不同，钢弦被拉紧的程度不一样，测量得到的频率也因此发生差异。可根据测到的不同频率来推算出作用在薄膜上的压力大小，即土压力值。

图 8-9 为钢弦式位移计的构造图。

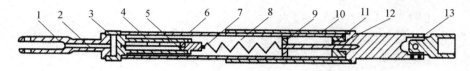

图 8-9　钢弦式位移计的构造图

1—拉杆接头；2—电缆孔；3—钢弦支架；4—电磁线圈；5—钢弦；6—防水波纹管；7—传动弹簧；
8—内保护筒；9—导向环；10—外保护筒；11—位移传动杆；12—密封圈；13—万向节（或铰）

钢弦式传感器所测定的参数主要是钢弦的自振频率，常用专用的钢弦频率计测定，也可用周期测定仪测周期，二者互为倒数。在专用频率计中加一个平方电路或程序也可直接显示频率平方。钢弦式测试系统见图 8-10。

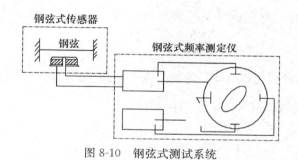

图 8-10　钢弦式测试系统

3. 电阻应变片式传感器

电阻应变式传感器（Straingauge Type Transducer）以电阻应变计为转换元件的电阻式传感器。电阻应变式传感器由弹性敏感元件、电阻应变计、补偿电阻和外壳组成。可根据具体测量要求设计成多种结构形式。弹性敏感元件受到所测量的力而产生变形，并使附着其上的电阻应变计一起变形。电阻应变计再将变形转换成电阻值的变化，从而可以测量力、压力、扭矩、位移、加速度和温度等多种物理量。

金属的电阻应变效应：金属导体（电阻丝）的电阻值随其变形（伸长或缩短）而发生变化的一种物理现象。

电阻式传感器的基本原理是将被测物理量的变化转换成电阻值的变化，再经相应的测量电路和装置显示或记录被测量值的变化。按其工作原理可分为电位器式、电阻应变式和固态压阻式传感器三种。电阻应变片传感器应用特别广泛。

电阻应变片传感器是利用金属的电阻应变片将机械构件上应变的变化转换为电阻变化传感元件。

（1）金属的电阻应变效应

金属导体在外力作用下发生机械变形时，其电阻值随着它所受机械变形（伸长或缩短）的变化而发生变化的现象，称为金属的电阻应变效应。

若一根金属丝的长度为 l，截面积为 S，电阻率为 ρ（图 8-11），其未受力时的电阻为

$$R = \frac{\rho l}{S} \qquad (8\text{-}10)$$

式中　　R——电阻值，Ω；

　　　　ρ——电阻率，$\Omega \cdot \mathrm{mm}^2/\mathrm{m}$；

　　　　l——电阻丝长度，m；

　　　　S——电阻丝截面积，mm^2。

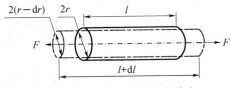

图 8-11　金属的电阻应变效应

设金属丝沿轴向方向受拉力而变形，其长度变化 $\mathrm{d}l$，截面积 S 变化 $\mathrm{d}S$，半径 r 变化 $\mathrm{d}r$，电阻率 ρ 变化为 $\mathrm{d}\rho$，因而将引起 R 变化 $\mathrm{d}R$，将式（8-10）微分可得：

$$\frac{\mathrm{d}R}{R} = \frac{\mathrm{d}l}{l} - \frac{\mathrm{d}S}{S} + \frac{\mathrm{d}\rho}{\rho} \qquad (8\text{-}11)$$

令 $\frac{\mathrm{d}l}{l} = \varepsilon$，为电阻丝轴向相对伸长即轴向应变，而 $\frac{\mathrm{d}r}{r}$ 为电阻丝径向相对伸长即同应变，两比例系数即为泊松系数 μ，负号表示方向相反。

$$\frac{\mathrm{d}r}{r} = -\mu \cdot \frac{\mathrm{d}l}{l} = -\mu\varepsilon \qquad (8\text{-}12)$$

又因为 $\frac{\mathrm{d}S}{S} = 2 \cdot \frac{\mathrm{d}r}{r}$，代入式（8-11）并经整理后得：

$$\frac{\mathrm{d}R}{R} = \left[(1+2\mu) + \frac{\mathrm{d}\rho/\rho}{\varepsilon} \right]\varepsilon \qquad (8\text{-}13)$$

$$K_0 = \frac{\mathrm{d}R/R}{\varepsilon} = (1+2\mu) + \frac{\mathrm{d}\rho/\rho}{\varepsilon} \qquad (8\text{-}14)$$

K_0 称为金属材料的应变灵敏系数，其物理意义为单位应变所引起的电阻相对变化。金属材料的应变灵敏系数受两个因素的影响：一个是受力后材料的几何尺寸的变化，即 $(1+2\mu)$；另一个是受力后材料的电阻率的变化，即 $(\mathrm{d}\rho/\rho)/\varepsilon$。对于金属材料来说，以前者为主，$K_0 = (1+2\mu)$。大量实验证明，在电阻丝拉伸的比例中，电阻的相对变化与应变是成正比的，即 K_0 为一常数，则式（8-14）表示为：

$$\frac{\mathrm{d}R}{R} = K_0 \varepsilon \qquad (8\text{-}15)$$

K_0 是依靠实验求得，通常金属电阻丝的 $K_0 = 1.7 \sim 3.6$。

（2）应变片的基本构造及测量原理

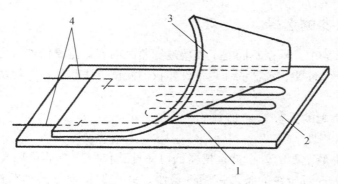

图 8-12　应变片的基本构造
1—敏感栅；2—基底；3—覆盖层；4—引出线

电阻应变片的基本构造见图 8-12。电阻应变片由敏感栅、基底、胶粘剂、引线以及盖片（覆盖层）等组成。电阻丝应变片是用直径约 0.01～0.05mm 且具有高电阻率的电阻丝制成。敏感栅是金属电阻应变片的核心，它由金电阻材料制成，粘贴在绝缘的基底上。要求对金属电阻材料应变灵敏度系数较大，且线性范围宽；电阻率大，且稳定性好；电阻温度系数小，机械强度高，耐疲劳，抗氧化，耐腐蚀，易加工，焊接性能好。常用的金属电阻材料有康铜、镍络合金、铁铬铝合金、铂及铂合金等。

引出线是将敏感栅电阻元件与测量电路相连接，一般由 0.15～0.3mm 低阻镀锡铜丝和镀锡铜丝制成，并与敏感栅两输出端焊接。要求引出线电阻率小，焊接方便和可靠，耐腐蚀。

基底的作用是固定敏感栅并使敏感栅与弹性元件绝缘。基底一般厚 0.03～0.06mm，材料有纸、胶膜与玻璃纤维等，要求有良好的绝缘性能、抗潮性能和耐热性能。覆盖层起着保护敏感栅的作用。要求覆盖层和基底抗潮湿绝缘性能好，线膨胀系数小且稳定，易于粘贴等。

电阻应变片的品种繁多，按敏感栅的形式来分，常见的有丝式电阻应变片、箔式电阻应变片和半导体应变片三种。

应变式传感器是将应变片粘贴于弹性体表面或直接将应变片粘贴于被测试件上。弹性体或试件的变形通过基底和黏结剂传递给敏感栅，其电阻值发生相应的变化，通过转换电路转换为电压或电流的变化，用显示记录仪表将其显示记录下来，这是用来直接测量应变。其测量原理见图 8-13。

图 8-13　电阻应变片测量原理框图

通过弹性敏感元件，将位移、力、力矩、加速度、压力等物理量转换为应变，则可用应变片测量上述各量，而做成各种应变式传感器。

除了差动电阻式传感器、钢弦频率式传感器和电阻应变片式传感器外，电感式传感器、电容传感器、磁电式传感、压电传感器和光纤传感器等都被用制成安全监测仪器。这些传感器的工作原理可以参考相关文献。

8.2.6 监测仪器的选择

在岩土工程监测中，根据不同的工程场地和监测内容，监测仪器（传感器）和元件的选择应从仪器的技术性能、仪器的埋设条件、仪器测读方法和仪器的经济性四个方面加以考虑。其原则如下：

1. 仪器技术性能的要求

（1）仪器的可靠性

仪器的选择中最主要的要求就是仪器的可靠性。仪器固有的可靠性是最简易、在安装的环境中最持久、对所在的条件敏感性最小、并能保持良好的运行性能。一般认为，用简单的物理定律作为测量原理的仪器，即光学仪器和机械仪器等测量结果要比电子仪器可靠，受环境影响较少。因此在监测时，应尽可能选择简单测量方法的仪器是较为可靠。

（2）仪器使用寿命

一般岩土工程监测是比较长期、连续的观测工作，要求各种仪器能从工程建设开始，直到使用期内都能正常工作。因此，对于埋设后不能置换的仪器的寿命应与工程使用年限相当，对于特殊工程或重大工程，应考虑特殊的条件要求和不可预见的因素，仪器工作寿命应超过使用年限。

（3）仪器的坚固和可维护性

仪器选型时，应考虑其耐久和坚固，仪器从现场组装直至安装运行，应不易损坏，对各种复杂环境条件下均可正常运转工作。为了保证监测工作的有效和持续，仪器选择应优先考虑比较容易标定、修复和置换的仪器，以弥补和减少由于仪器出现故障给监测工作带来的损失。

（4）仪器的精度

精度应满足监测数据的要求，选用具有足够精度的仪器是监测的必要条件。如果选用的仪器精度不足，可能使监测成果失真，甚至导致错误的结论。过高的精度也不可取，实际上它不会提供更多的信息，只会给监测工作增加麻烦和费用预算。

（5）仪器的灵敏度和量程

灵敏度和量程是互相制约的。一般对于量程大的仪器其灵敏度较低，反之，灵敏度高的仪器其量程则较小。因此，仪器的选型时应对于仪器的量程和灵敏度统一考虑。首先满足量程要求，一般是在监测变化较大的部位宜采用量程较高的仪器；反之，宜采用灵敏度较高的仪器；对于岩土体变形很难估计的工程情况，不但要高灵敏度又要有大量程的要求，保证测量的灵敏度又能使测量范围可根据需要加以调整。

2. 仪器埋设条件的要求

仪器选型时，应考虑其埋设条件。对用于同一监测目的的仪器，在其性能相同或出入不大时，应选择在现场易于埋设的仪器设备，以保证埋设质量，节约人力，提高工效。

当施工要求和埋设条件不同时，应选择不同仪器。以钻孔位移计为例，固定在孔内的锚头有：楔入式、涨壳式、压缩木式和灌浆式。楔入式和涨壳式锚头，具有埋设简单、生效快和对施工干扰小等优点，在施工阶段和在比较坚硬完整的岩体中进行监测，宜选用这种锚头。压缩木锚头具有埋设操作简单和经济的优点，但只有在地下水比较丰富或很潮湿的地段才选用。灌浆式锚头最为可靠，完整及破碎岩石条件均可使用，永久性的原位监测常选用这种锚头。但灌浆式锚头的埋设操作比较复杂，且浆液固化需要时间，不能立即生效，对施工干扰大，不适合施工过程中的监测。

3. 仪器测读方式的要求

测读方式也是仪器选型中需要考虑的一个因素。岩土体的监测，往往是多个监测项目子系统所组成的统一的监测系统。有些项目的监测仪器布设较多，每次设置的工作量很大，野外任务十分艰巨。因此，在实际工作中，为提高一个工程的测读工作效率与加快数据处理进度，选择工作简便易行、快速有效和测读方法尽可能一致的仪器设备十分必要。有些工程测点，人员到达受到限制，在该种情况下可采用能够远距离观测的仪器。

对于能与其他监测网联网的监测，如水库大坝坝基边坡监测时，坝基与大坝监测系统可联网监测，仪器选型时应根据监测系统统一的测读方式选择仪器，以便数据通讯、数据共享和形成统一的数据库。

4. 仪器选择的经济性要求

在选择仪器时，进行经济比较，在保证技术使用要求时，仪器购置、损耗及其埋设费用最为经济，同时，在运用中能达到预期效果。仪器的可靠性是保证实现监测工作预期目的的必要条件，但提高仪器的可靠性，要增加很多的辅助费用。另外，选用足够精度的仪器，是保证监测工作质量的前提。但过高的精度，实际上不会提供更多的信息，还会导致费用的增加。

岩土工程测试的研制在我们已有很大的发展。近年研制的大量国产监测仪器，已在岩土工程监测中已使用，实践证明这些仪器性能稳定且经济。

8.2.7 监测仪器的适用范围及使用条件

1. 变形观测仪器

对建筑物和地基的变形观测包括表面位移观测和内部位移观测。目的是观测是水平位移和垂直位移，掌握变化规律，研究有无裂缝、滑坡、滑动和倾覆的趋势。

表面位移观测一般包括两大类：

用经纬仪、水准仪、电子测距仪或激光准直仪，根据起测基点的高程和位置来测量建筑物表面标点、高程和位置的变化。

在建筑物内、外表面安装或埋设一些仪器来观测是结构物各部位间的位移，包括接缝或裂缝的位移测量。内部安装的位移测量仪器要在结构物在整个寿命期内使用。因此，这些仪器必须具有良好的长期稳定性，有较强的抗侵蚀能力，适应恶劣工作环境的能力强、耐久性好、易于安装、操作简单，记录仪表直接易掌握，而且能长距离传输。常用的内部位移观测仪器有位移计、测缝计、倾斜仪、沉降仪、垂直坐标仪、引张线仪、多点变位计和应变计等。

2. 压力（应力）观测仪器

工程建筑物的压力（应力）观测包括：混凝土应力观测、压力观测、孔隙压力观测、坝体及坝基渗透压力观测、钢筋应力观测、岩体应力（地应力）及岩土工程的荷载或集中力的观测等。

对于混凝土建筑物应力分布，是通过观测应变计的应变计算得来的。为了校核应变计的计算成果，有时通过埋设应力计来测量基础的垂直应力与之比较，当然这种应力计只能测量压应力。

土压力的观测对研究土体内各点应力状态的变化是非常重要的。观测的仪器有：边界式土压力计和埋入土压力计两类。土压力测得的土压力均为总压力，要求得土体有效应力，在埋设土压力计的同时，应埋设孔隙压力计。

孔隙压力计又叫渗压计，在土石坝和各种土工结构物中埋设渗压计，可以了解土体孔隙压力分布和消散的过程。在坝基和坝肩观测孔隙压力，对测定通过坝体接缝或裂缝，坝基和坝肩岩石内的节理、裂缝或层面所产生的渗漏，以及校核抗滑稳定和渗透稳定也是至关重要的。在高层建筑的地基、高边坡、大型洞室以及帷幕灌浆等工程中，埋设孔隙压力观测仪器也是必不可少的。渗压计用于混凝土坝基扬压力观测时，也称扬压力计。

3. 其他观测仪器

岩土工程动态观测主要是观测由于震动和爆破等外界因素引起的岩土体和结构的振动和冲击。通过振动速度、加速度、位移、动应变应力、动土压力、动水压力和动孔隙水压力观测，确定振动波衰减速度，峰值速度和冲击压力。动态观测使用的传感器有：速度计、加速度计、动水压力计和动孔隙水压力计。岩土工程的动态观测，还包括使用声波速度和地震波速度测试手段测岩体波速来确定岩体松动范围和动态力学参数。

8.3 沉降位移监测方法

随着工用民用建筑业的发展，各种复杂且大型的工程建筑物日益增多，改变了地面原有的状态，并且对于建筑物的地基施加了一定的压力，引起地基及周围地层的变形。为了保证建筑物的正常使用寿命和建筑物的安全性，并为以后勘察设计施工提供可靠的资料及相应沉降参数，与建筑物相关的沉降观测的必要性和重要性更显重要。现行规范也规定，高层建筑物、高耸建筑物、重要古建筑物及连续生产设施基础、动力设备基础、滑坡监测等均要进行沉降观测。特别是高层建筑物施工过程中，应用沉降监测加强过程监控，合理指导施工工序，预防施工中产生不必要的不均匀沉降，避免因施工过程中出现建筑物主体结构的破坏和产生影响结构使用功能的裂缝，造成巨大的经济损失。

沉降变形监测是多种测量技术的综合，是监测评估建筑物安全的重要手段之一，是利用测量与专用仪器和方法对变形体的变形现象进行监视观测的工作。在建筑岩土工程施工和使用期限内，对建筑基坑及周边环境实施检查、监控工作。

在工业民用建筑中要进行基础的沉降与建筑物本身的变形观测。就基础而言，观测内容是建筑物的均匀沉降和不均匀沉降；对于建筑物本身来说，则主要是观测倾斜与裂缝。对于高层和高耸建筑物，还应对其动态变形进行观测。对于工业企业、科学试验设施和军事设施中的各种工艺设备、导轨等，其主要观测内容是水平移和垂直位移。在水工建筑物中，对于土坝其观测内容主要为水平位移、垂直位移、渗透及裂缝。边坡开挖、基坑开挖导致土中应力释放，可能会引起边坡土体和基坑周围土体的变形，过量的变形将引起边坡稳定性问题、基坑邻近建筑物和地下管线的正常使用，甚至导致边坡破坏或者基坑工程问题。因此，必须在边坡或基坑施工期间对其进行支护和变形监测，根据监测数据及时调整开挖速度和开挖位置，采取合理的施工措施，保证工程正常进行。

因此沉降变形监测内容主要包括：地面、邻近建筑物、地下管线和深层土体沉降监测（垂直位移监测），以及建筑物、支护结构由于开挖产生的裂缝、倾斜监测，支护结构、土体、地下管线水平位移监测。

8.3.1　沉降监测的基本原理

沉降监测属于垂直位移观测。对于地面、基坑围护墙顶、坑内立柱、地下管线、建筑物、水工建筑的防汛墙、高架立柱、地铁隧道等构筑物都需要垂直位移监测。主要采用精密水准测量，为此应建立高精度的水准测量控制网。具体做法是：在建筑物的外围布设一条闭合水准环形路线，再由水准路线中的固定点测定各测点的高程，这样每隔一定周期进行一次精密水准测量，用严密平差的方法对测量的外业成果进行严密平差，求出各水准点和沉降监测点的高程最或然值。某一沉降监测点的沉降量即为首次监测求得的高程与该次复测后求得的高程之差。在特殊情况或视监测需求，也可布设附合水准路线（道路、桥梁工程，边坡工程），也可采用支水准路线。沉降监测的基本原理如下：

通过定期测定沉降监测点相对于基准点的高差，求得监测点各周期的高程；不同周期、相同监测点的高程之差，即该点的沉降值，即沉降量。通过沉降量还可以求出沉降差、沉降速度、基础倾斜、局部倾斜、相对弯曲和构件倾斜等。

假设某建筑物上有一沉降监测点 1 在初始周期，第 $i-1$ 周期、第 i 周期的高差分别为 $h^{[1]}$、$h^{[i-1]}$、$h^{[i]}$，即可求出相应周期的高程为：

$$H_1^{[1]}=H_A+h^{[1]}, \ H_1^{[i-1]}=H_A+h^{[i-1]}, \ H_1^i=H_A+h^{[i]} \tag{8-16}$$

从而可得目标点 1 第 i 周期相对于第 $i-1$ 周期的本次沉降量为：

$$S^{i,i-1}=H_1^i-H_1^{[i-1]} \tag{8-17}$$

目标点 1 第 i 周期相对于初始周期的累计沉降量为：

$$S^i=H_1^{[i]}-H_1^1 \tag{8-18}$$

其中，当 S 计算结果数值的符号为负号时，表示下沉；为正号时，表示上升。

若已知该点第 i 周期相对于初始周期总的观测时间为 Δt，则沉降速度为

$$v=\frac{S^i}{\Delta t} \tag{8-19}$$

现假设有 m、n 两个沉降观测点，它们在第 i 周期的累计沉降量分别为 S_m^i、S_n^i，则第 i 周期 m、n 两点间的沉降差 Δs 为：

$$\Delta s=S_m^i-S_n^i \tag{8-20}$$

8.3.2　沉降监测控制网的布设以及沉降监测

1. 基准点设置

基准点设置以保证其稳定可靠为原则，以基坑工程为例进行说明。在基坑四周适当的位置必须埋设 3 个沉降监测基准点，该点必须设置在建筑物基坑开挖影响范围外，至少大于 5 倍基坑开挖深度，基准点应埋设在基岩或原状土层上，也可设置在沉降稳定的建筑物或构筑物基础上。当土层较厚时，可采用下水井式混凝土基准点。当受条件限制时，也可在变形区用钻孔穿过土层和风化岩层，在基岩里埋设深层钢管基准点，见图 8-14。基准点的选择也需考虑到测量和通视的便利，避免转站引起导致的误差。

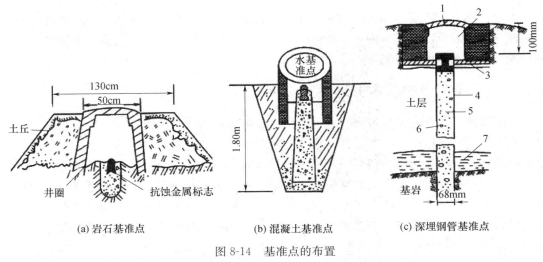

(a) 岩石基准点　　(b) 混凝土基准点　　(c) 深埋钢管基准点

图 8-14　基准点的布置

1—井盖；2—防护井；3—标志；4—钢管 5—水泥砂浆；6—排浆孔；7—风化岩石

2. 控制网的布设

沉降监测控制网由沉降监测水准基点和沉降观测点构成。为沉降监测所布设水准点是监测建筑物地基变形的基准，为此在布设时必须考虑下列因素。

（1）对于建筑物较少测区，宜将控制点连同观测点按单一层次布设，对于建筑物较多且分散的测区，宜按两个层次布网，即由控制点组成控制网，观测点与所联测的控制点组成扩展网。

根据监测精度的要求，沉降监测控制网应布设成网形最合理、测点数最小的监测环路，见图 8-15（a）；也可布设成闭合水准路线，见图 8-15（b）所示；或布设成附合水准路线，见图 8-15（c）；地形复杂时还可布设支水准路线，见图 8-15（d）。

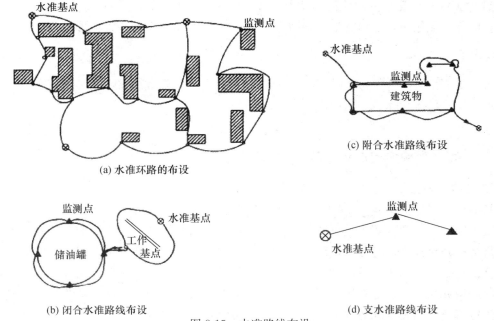

(a) 水准环路的布设

(b) 闭合水准路线布设

(c) 附合水准路线布设

(d) 支水准路线布设

图 8-15　水准路线布设

（2）在整个水准网里应有 4 个埋设足够深的水准基点，其余的可埋设为地下水准点或墙上水准点。施测时可选择一些稳定性较好的沉降点作为水准路线基点与水准网统一监测和平差。由于施测时不可能将所有的沉降点纳入水准路线内，故大部分沉降点只能采用中视法测定，而水准转点则会影响成果精度，所以选择一些沉降点作为水准转点极为重要。

（3）水准点应视现场情况，设置在较明显而且通视良好、保证安全的地方，并且要便于进行联测。

（4）水准点应设在拟监测的建筑物之间距离一般为 20～40m，一般工业与民用建筑物应不小于 15m，较大型并略有振动的工业建筑物应不小于 25m，高层建筑物应不小于 30m。

（5）监测单独的建筑物时，至少布设 3 个水准点，以便互相检核判断水准基点高程有无变动。对占地面积大于 5000m² 或高层建筑物，则应适当增加水准点的个数。

（6）当设置水准点片有基岩露出时，可以用水泥砂浆直接将水准点浇筑在岩层中。一般水准点应埋设在冻土线以下 0.5m 处，墙上水准点应埋在永久性建筑物上，离开地面高度约 0.5m。

（7）各类水准点应避开交通干道、地下管线、仓库堆栈、水源地、河岸、松软填土、滑坡地段、机器振动区以及其他能使标石、标志遭受腐蚀和破坏的地点。

3. 邻近建筑沉降监测

邻近建筑物变形监测点布设的位置和数量应根据基坑开挖有可能影响到的范围和程度，同时考虑建筑物本身的结构特点和重要性综合确定。与建筑物的永久沉降观测相比，基坑引起相邻房屋沉降的现场监测具有测点数量，监测频度高（通常每天 1 次），监测周期较短（一般为数月）等特点。相对而言，监测精度要求比永久观测略低，但需根据邻近建筑物的种类和用途分别对待。

监测点的设置的数量和位置应根据建筑体结构形式、工程地质条件与沉降规律等因素综合考虑，尽量将其设置在监测建筑物具有代表性的部分，以便能够全面反映监测建筑物的沉降，同时，监测点的设置应便于监测和不易遭到破坏。

监测点一般布设在下列点处：

（1）建筑物的角点、中心及沿周边每隔 6～12m 设一测点；圆形、多边形的构筑物宜沿横轴线对称布点。

（2）基础类型、埋深和荷载明显不同处，沉降缝处，新老建筑物连接处两侧伸缩缝任意一侧。

（3）工业厂房各轴线的独立柱基上。

（4）箱形基础底板除四角外宜在中部设点。

（5）基础下有暗浜或地基局部加固处。

（6）重型设备基础和动力基础的四角。

建筑物监测通常有以下几种标志构造形式：

（1）设备基础监测点：一般利用铆钉和钢筋来制作。标志形式有垫板式、弯钩式、燕尾式、U 字式，尺寸和形状见图 8-16。

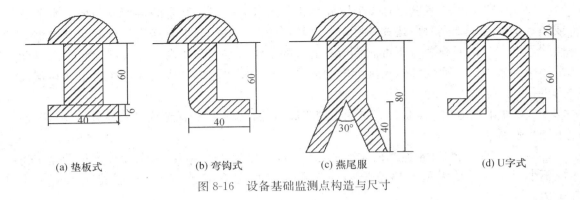

图 8-16　设备基础监测点构造与尺寸

（2）柱基础监测点：对于钢筋混凝土柱是在标高±0.000 以上 10～50cm 处凿洞，将弯钩形监测标志水平向插入，或作角铁呈 60°角斜向插入，再以 1:2 水泥砂浆填充，见图 8-17。

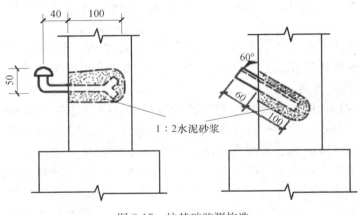

图 8-17　柱基础监测构造

（3）钢柱监测标志：用铆钉或钢筋焊在钢柱上，见图 8-18、图 8-19。

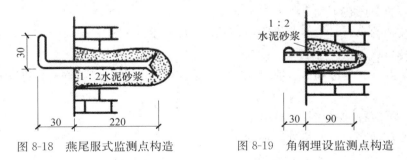

图 8-18　燕尾服式监测点构造　　　图 8-19　角钢埋设监测点构造

4. 地表沉降监测

地面沉降观测，即测定地面高程随时间变化的工作。造成地面高程变化的原因很多，抽取地下水、开采天然气或其他矿藏会引起地面下沉；在膨胀土地区地面高程会随土中含水量的变化而变化；受地壳运动的影响地面高程也会发生变化。局部地区地面在短期内发生较大升降，对房屋、地下管道、道路、桥梁和水坝等有破坏作用，城市和工业区地面的持续下沉甚至会危及整个城市或工业区的安全。

地表沉降观测可以定量地了解地面的升降。监测方法主要采用精密水准测量（二等水准精度），进行地表沉降观测，要在测区内选定适量的水准点作为地面观测点，并埋设标志，同时在沉降范围外的稳定处设置适量的基准点。为了缩短基准点到观测点的距离以减少观测点的高程误差，也可把基准点设在沉降范围内，但必须设法使基准点的高程不受地表沉降的影响，例如采用深埋钢管标，它是把钢管底部锚固在基岩上，外面用套管保护；或埋设双金属标，即用膨胀系数不同的两根金属芯管放在同一根套管中，根据两芯管顶端由温度变化而引起的高差变化，推算出每根芯管顶端由温度变化引起的高程改正数。在一个测区内至少要设置 3 个基准点，以便通过联测验证其稳定性。从基准点出发用水准测量方法测定各观测点的高程。水准线路常分两级敷设：首级水准线路用精密水准测量（见高程测量）方法施测，构成网形，并附合在基准点上。然后在首级点之间用稍低的精度设低一级的水准线路，用以测定其他观测点的高程。不同日期两次测得同一观测点的高程之差，即代表地面高程在这两次观测期间的变化。为便于分析，常把同一时期内各点沉降量标记在地形图上，并勾绘出等沉降曲线；对一些有代表性的观测点，则常绘制沉降量同时间的关系曲线。有了地表沉降观测的大量资料，就可以用数理统计方法分析沉降规律，预计沉降的发展趋势，分析沉降同影响因素之间的关系。

5. 地下管线沉降监测

在明确地下管线图、地下管线的各种情况（类型、结构、走向、材质及大小等各组成）的基础上，查明与建筑物基坑之间距离。听取相关主管部门的意见，根据管线的重要性及对变形的敏感要求进行设置监测点。

一般情况下上水管承接式接头应按 2～3 个节段设置 1 个监测点，管线越长，在相同位移下产生的变形和附加弯矩就越小，因而测点间可适当增大，弯头和十字形接头处对变形比较敏感，测点间距适当加密。

监测点宜布置在管线的节点、转角点和变形曲率较大的部位，监测平面间距宜为 15～25m，并宜延伸至基坑外 20m。上水、煤气及暖气等压力管线宜设置直接监测点。直接监测点应设置在管线上，也可以利用阀门开关、抽气孔以及检查井等管线设备作为监测点。在无法埋设直接监测点的部位，可利用埋设套管法设置监测点，也可采用模拟式测点将监测点置在靠近管线埋深部位的土体中。

监测点设置之前，要收集建筑物基坑周围地下管线和建筑物的位置和状况，以利于对建筑物基坑周围环境的保护。

6. 土体分层沉降监测

土体分层沉降是指离地面不同深度处土层内的沉降或隆起，通常采用分层沉降仪量测（图 8-20）。常用的分层沉降仪由磁铁环、保护管、探测头及指示器等组成。一般情况下，每层土体里应设置一个磁铁环，在基坑土体发生变形的过程中，土层和磁铁环同步下沉或回弹，设在顶部的指示器指示应变的大小，从量测的应变值可得到磁铁环的位移值，最终得到地层的沉降、回弹情况。

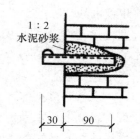

图 8-20 分层沉降仪示意图
1—磁铁环；2—保护管；3—探测头；
4—钢尺；5—指示器

分层沉降仪安装时，需先在土里钻孔，再将磁铁环埋入孔中预先设置的位置，并在孔中注入由膨润土、细砂与水泥等按比例制成的砂浆将分层沉降测管与孔壁之间的空隙填实。

8.3.3 水平位移监测

1. 水平位移监测点的布置

在建筑物水平位移监测时，不可能对建筑物的每一点都进行观测，而是只观测一些代表性的点，这些点称为变形点或观测点。变形点要与建筑物联接、固定在一起，以保证它与建筑物一起变化。为使点位明显、固定，保证每次所观测的点位相同，也要设置观测标志。

水平位移的变形点的布设，视建筑物的结构、观测方法和变形方向而异。产生水平位移的原因很多，主要有地震、岩土体滑动、侧向的土压力和水压力、水流冲击等。其中有些对位移方向的影响是已知的。但有些对方向的影响是不知道的，相应的对变形点的布设要求也不一样。但变形点的位置必须具有变形的代表性，必须与建筑物固连，而且要与基准点或工作基点通视。

工业民用建筑物观测点位置应选择在墙角、柱基及裂隙两边等处；地下管线应选在端点、转角点中间部位；护坡工程应按待测坡面成排布点；测定深层侧向位移的点位与数量，应按工程需要确定。

2. 水平位移监测

水平位移监测包括位于特殊地区的建筑物地基基础水平位移，受高层建筑物基础施工影响的建筑物及工程设施水平位移，挡土墙、大面积堆载等工程中所需的地基土深层侧向位移。即水平位移监测一般包括地面与地下管线水平位移和深层水平位移监测。应测定在规定平面位置上随时间变化的位移量和位移速度。

地表水平位移

地表水平位移一般包括挡墙顶面、地表面及地下管线等水平位移。水平位移通常采用经纬仪及觇牌，或带有读数尺的觇牌测量。

水平位移的观测方法很多，常用的方法有视准线法、小角度法、前方交会法、三角测量法、导线法以及引张线法等，应根据条件选用适当的方法。

①视准线法

对于直线形延伸建筑物，为以观测横向位移，可用视准线法。地表观测站中偏距的观测也可用视准线法。

视准线法是沿建筑物边（如基坑边）设置一条视准线，并在视准线的两端埋设两个永久工作的基点 A、B，沿边线按照需要设置若干测点（1、2、3），可在基坑角点部位或建筑物角点部位设置临时基点（C、D），定期观测这排点偏离固定方向的距离，并加以比较，即可求出这些测点的水平位移量，用基点 A、B 测量临时基点 C、D 的水平位移，用此结果可对各测点的水平位移值进行校正，见图 8-21。

视准线法按其使用的工具和作业方法不同又可分为活动觇牌法和测小角法。

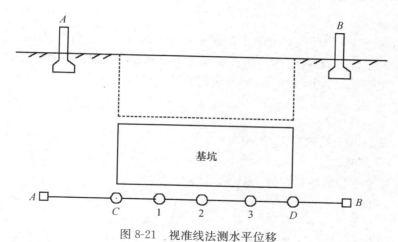

图 8-21　视准线法测水平位移

A、B—设置基点；C、D—临时基点；1、2、3—位移监测点

②活动觇牌法

活动觇牌法是在一个端点 A 上置经纬仪，在另一个端点 B 上设置固定觇标，见图 8-22，在每一个测点上安置活动觇标，见图 8-23。用经纬仪先后视固定觇标、定向，然后观测每个测点上的活动觇标，在活动觇标的读数设备上读取读数，即可得到变形点相对于固定方向的偏离值。不同周期所得偏移量的变化，即为该变形点的水平位移量。

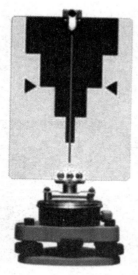

图 8-22　固定觇标

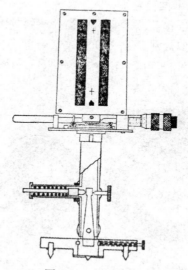

图 8-23　活动觇标

每个测点应测照三次，观测的顺序是由近到远，再由远至近往返进行。测点观测结束后，再应对准另一端点 B，检查在观测过程中仪器是否有移动，如果发现照准线移动，则重新观测。在 A 端点上观测结束后，应将仪器移至 B 点，重新进行以上各项观测。第一次观测值与以后观测所得读数之差，即为该变形点的水平位移值。

③小角度法

该方法适用于观测点零乱，并且不在同一直线上的情况下进行观测。测小角法（也称测微器法）是利用精密经纬仪（如 DJ_1）精确地测出基准线与测站到观测点 P_i 视线之间的微小夹角 α_i，见图 8-24，并按式（8-21）进行计算偏离值。

$$\Delta_i = \frac{\alpha_i}{\rho} \cdot S_i \tag{8-21}$$

式中　S_i——端点 A 至观测点 P_i 的距离；

　　　　ρ——$\rho = 206265''$；

　　　　α_i——基准线与测站到观测点视线之间的夹角，°。

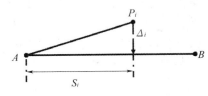

图 8-24　测小角原理

视准线法是基坑水平位移监测最常用的方法，其优点是精度较高，直观性强，操作简单，确定位移量迅速。当位移量较小时，可使用活动觇牌法时行监测，当位移量增大，超出觇标活动范围时，可使用小角法监测。

该法的缺点是只能测出垂直于视准线方向的位移分量，难以确切地测出位移方向，要较准确地测位移方向，可采用前方交会法等方法测量，可参考土木工程测量相关文献。

3. 深层水平位移监测

深层水平位移监测通常采用钻孔测斜仪测定，当被测土体产生变形时，测斜管轴线产生挠度，用测斜仪测量测斜管轴线与铅垂线之间夹角的变化量，从而获得土体内部各点的水平位移。图 8-25（a）为垂直测斜仪，图 8-25（b）为滑动式测斜仪，图 8-25（c）为 PVC 测斜管。

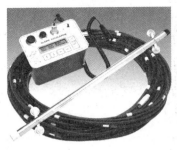

(a) 垂直测斜仪　　　　　　　(b) 滑动式测斜仪　　　　　　　(c) PVC测斜管

图 8-25　测斜仪

（1）监测设备

深层水平位移的测量仪为测斜仪，分为固定式和活动式两种；按与垂线夹角监测范围不同又分为垂直向测斜仪和水平向测斜仪；按传感器型式分为滑动电阻式、电阻应变式、振弦式及伺服加速度计式四种。

测斜仪主要有测头、测读仪、电缆和测斜管四部分组成。

（2）测斜仪基本原理

将测斜仪划分成若干段，由测斜仪测量不同测段上测头轴线与铅垂线之间的倾角，进而计算各测段位置的水平位移，见图8-26。

由测斜仪测得第 i 测段的应变差 $\Delta\varepsilon_i$，换算得该测段的测斜管倾角 θ_i，则可求出该测段的水平位移 δ_i。

$$\delta_i = l_i \sin\theta_i = l_i f \Delta\varepsilon_i \tag{8-22}$$

（3）测斜管的埋设（图8-27）

测斜管的埋设有两种方式：一种是绑扎预埋式埋设；另一种是钻孔后埋设。

绑扎埋设主要用于桩墙体深层挠曲监测，埋设在钢筋笼上，随钢筋笼一起至孔槽内，并将其浇筑在混凝土中，随结构的加高同时接长测斜管。浇筑之前应封好管底底盖，并在测斜管内注满清水，防止测斜管在浇筑混凝土时浮起和水泥浆渗入管内。

钻孔埋设首先在土层中预钻孔，孔径略大于所选用测斜管的外径，然后将测斜管封好底盖逐节组装，逐节放入钻孔内，并同时在测斜管内注满清水，直接放到预定的标高为止。随后在测斜管与钻孔之间空隙内回填细砂，或水泥和黏土拌合的材料固定测斜管，配合比取决于土层的物理力学性质。

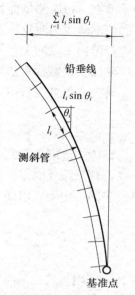

图8-26　测斜仪工作原理示意图

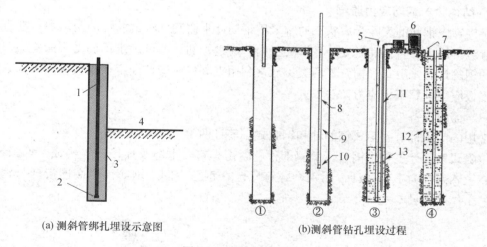

(a) 测斜管绑扎埋设示意图　　(b) 测斜管钻孔埋设过程

图8-27　测斜管的埋设

1—测斜管绑扎在钢筋笼上；2—测斜管底密封；3—围护墙（桩）；4—开挖面；5—清水；6—搅拌机及灌浆泵；7—地面保护盖；8—测斜管；9—连接头；10—底盖；11—注浆管；12—水泥膨润土；13—浆液

（4）监测方法

①基准点设定。基准点可设在测斜管的管顶或管底。若测斜管管底进入基岩或较深的稳定土层时，则以管底作为基准点。对于测斜管底部未进入基岩或埋置较浅时，可以管顶

作为基准点，每次测量前须用经纬仪或其他手段确定基准点的坐标。

②将电缆线与测读仪连接，测头的感应方向对准水平位移方向的导槽，自基准点管顶或管底逐段向下或向上，每50cm或100cm测出测斜管的倾角。

③测读仪读数稳定后，提升电缆线至欲测位置，每次应保证同一位置上进行测读。

④将测头提升至管口，旋转180°，再按上述步骤进行测量，以消除滑斜仪本身固有的误差。

（5）监测与资料整理

根据施工进度，将测斜仪探头沿管内导槽放在测斜管内，根据测读仪测得的应变读数，求得各测段处的水平位移，并绘制水平位移随深度的分布曲线，可将不同时间的监测结果绘于同一图中，以便于分析水平位移发展趋势。

8.4　应力应变监测

岩土工程和其他混凝土建筑物的应力、应变分布情况，工程上一般通过安装埋设应变计和应力计用于监测建筑物的应变和应力变化，因而应变计、应力计是安全监测的重要手段之一。从使用环境看，应变计或应力计使用相当广泛，即适用于长期埋设在水工建筑物或其他建筑物内部，也可以埋设在基岩、浆砌块石结构或模型试件内。

8.4.1　应力监测

岩土工程中应力监测包括两部分：一部分为结构物内钢筋的应力监测；另一部分为土压力的监测。

1. 结构物内钢筋应力监测

结构物内钢筋的实际受力状态通常采用钢筋计来监测。将钢筋计的两端焊接在直径相同的待测钢筋上，直接埋设安装在混凝土内，通过钢筋计即可确定钢筋受到的应力。国内常用的钢筋计有差阻式和钢弦式两类。通常利用夹具将应变计固定在钢结构的表面，通过测量钢板应变推算钢板应力。

（1）监测设备

常用的应力计有差阻式钢筋计和钢弦式钢筋计两类。

差阻式钢筋计主要由钢套、敏感部件、紧定螺钉、电缆及连接杆等构成，见图8-28。其中，敏感部件为小应变计，用六个螺钉固定在钢套中间。钢筋计两端连接杆与钢套焊接。其工作原理见本章第2节。

图8-28　差阻式钢筋计

1—连接杆；2—连接钢套；3—敏感部件；4—电缆接头；5—电缆；6—连接杆

弦式钢筋计主要由钢套、连接杆、弦式敏感部件及激振电磁线圈等组成，其中，钢筋计的敏感部件为一振弦式应变计见图 8-29。

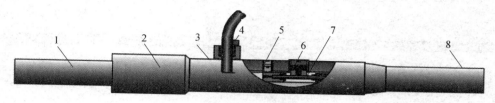

图 8-29　弦式钢筋计

1—连接杆；2—钢套；3—热敏电阻；4—电缆；5—紧定螺钉；6—线圈；7—弦式敏感件；8—连接杆

弦式钢筋计的敏感部件为一振弦式应变计。将钢筋计与所要测量的钢筋采用焊接或螺纹方式连接在一起，当钢筋所受的应力发生变化时，振弦式应变计输出的信号频率发生变化。电磁线圈激拨振弦并测量其振动频率，频率信号经电缆传输至读数装置或数据采集系统，再经换算即可得到钢筋应力的变化。同时由钢筋计中的热敏电阻可同步测出埋设点的温度值。

埋设在混凝土建筑物内或其他结构物中的钢筋计，受到的是应力和温度的双重作用，因此钢筋计一般计算公式为：

$$\sigma = k\ (F - F_0)\ + b\ (T - T_0) \tag{8-23}$$

式中　σ——被测结构物钢筋所受的应力值，MPa；

　　　k——钢筋计的最小读数，MPa/kHz^2；

　　　F——实时测量的钢筋计输出值，kHz^2；

　　　F_0——钢筋计的基准值。

（2）钢筋计安装

钢筋计主要有两种安装方式：一是与结构钢筋连接安装于钢筋网上浇注于混凝土构件中；二是与锚杆连接作为锚杆应力计埋设在基岩或边坡钻孔中。

两种类型的钢筋计现场安装要求基本相同，下面以差阻式钢筋计为例，说明钢筋计几种典型的安装方式。

1）安装在结构钢筋上。按钢筋直径选配相应的钢筋计，如果规格不符合，应选择尽量接近于结构钢筋直径的钢筋计，例如：钢筋直径为 $\phi 35mm$，可使用 ZR-36 或 ZR-32 的钢筋计，此时仪器的最小读数应进行修正。如直径差异过大，则应考虑改变配筋设计。在安装前必须对已率定好的钢筋计逐一进行检测，确认仪器是正常的，并同时检查接长电缆的芯线电阻与绝缘度等应达到规定的技术条件，此时才可以按设计要求将钢筋计接长电缆，做好仪器编号和存档工作。钢筋计总长约 $60 \sim 80cm$，需按设计要求同结构钢筋连接，其焊接加长工作可在钢筋加工厂预先做好（也可在现场埋设时电焊连接方式），通常可采用以下几种方法：

①对焊

一般直径小于 $\phi 28mm$ 的仪器可采用对焊机对焊，此法焊接速度很快，可不必做降温冷却工作，焊接强度完全符合要求。对于直径大于 $\phi 28mm$ 的钢筋，不宜采用对焊焊接。

焊接时应将钢筋与钢筋计中心线对正，之后采用对接法把仪器两端的连接杆分别与钢筋焊接在一起，见图8-30。

图 8-30　钢筋与钢筋计对焊连接
1—接长钢筋；2—对焊；3—钢筋计；4—电缆；5—对焊；6—接长钢筋

②熔槽焊

将仪器与焊接钢筋两端头部削斜坡成 $45°\sim60°$ 角，见图8-31。用略大于钢筋直径的角钢，长为30cm，摆正仪器与钢筋在同一中心线上，不得有弯斜现象，焊接应用优质焊条，焊层应均匀，焊一层即用小锤打去焊渣，这样层层焊接到略高出为止。

为了避免焊接时温升过高而损伤仪器，焊接时，仪器要包上湿棉纱并不断浇上冷水，焊接过程中仪器测出的温度应低于 $60℃$。为防止仪器温度过高，可以用"停停焊焊"的办法，焊接处不得洒水冷却，以免焊层变硬脆。

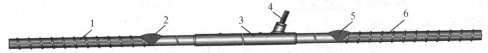

图 8-31　钢筋与钢筋计熔槽焊连接
1—接长钢筋；2—槽焊；3—钢筋计；4—电缆；5—槽焊；6—接长钢筋

③绑条焊

采用绑条焊接时，为确保钢筋计沿轴心受力，不仅要求钢筋与钢筋计连接杆应沿中心线对正，而且要求采用对称的双绑条焊接，绑条的截面积应为结构钢筋的1.5倍，绑条与结构钢筋和连接杆的搭接长度均应为5倍钢筋直径，并应采用双面焊，见图8-32。

同样，为了避免焊接时温升过高而损伤仪器，焊接时，仪器要包上湿棉纱并不断浇上冷水，焊接过程中仪器测出的温度应低于 $60℃$。为防止仪器温度过高，可以用"停停焊焊"的办法，焊接处不得洒水冷却，以免焊层变硬脆。绑条焊处断面较大，为减少附加应力的干扰，宜涂沥青，包扎麻布，使之与混凝土脱开。

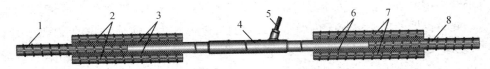

图 8-32　钢筋与钢筋计绑条焊连接
1—接长钢筋；2—绑条钢筋；3—绑条焊；4—钢筋计；5—电缆；6—绑条焊；7—绑条钢筋；8—接长钢筋

④螺纹连接

采用螺纹连接的接长钢筋计可减少现场焊接工作量和施工干扰，要求钢筋计的连接杆和结构钢筋的连接头均应加工成相同直径的阳螺纹，并配以带阴螺纹的套管，可在现场直接安装，见图8-33。

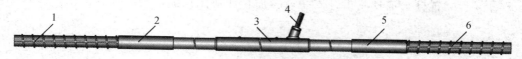

图 8-33　钢筋与钢筋计螺纹连接

1—接长钢筋；2—螺纹连接套管；3—钢筋计；4—电缆；5—螺纹连接套管；6—接长钢筋

2）安装在锚杆上。钢筋计用于测量锚杆应力时，又称为锚杆应力计。根据设计要求，可以在锚杆的一处或多处安装钢筋计。在锚杆上安装钢筋计的方法和要求与在结构钢筋上相似，接有钢筋计的锚杆应力计通常安装在岩体的钻孔中。

①钻孔灌浆安装锚杆应力计

锚杆应力计的现场埋设可采用两种方法，当钻孔直径较大、无需快速接续下一道工序（如钢丝网喷锚），可采用水泥灌浆封孔。将接好锚杆应力计的锚杆、灌浆管、排气管一起插入钻孔中，经测量确认仪器工作正常，理顺电缆，封堵孔口，进行灌浆。一般水泥砂浆配合比宜为 $1:1 \sim 1:2$，水灰比为 $0.38 \sim 0.40$。灌浆时，应在设计规定的压力下进行，灌至孔内停止吸浆时，持续 10min，即可结束。砂浆固化后，测其初始值。电缆引至观测站，按设计要求定期监测，见图 8-34。

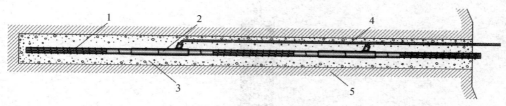

图 8-34　钻孔灌浆安装锚杆应力计

1—锚杆；2—锚杆应力计；3—水泥浆；4—电缆；5—岩体

当钻孔孔径较小、且有后续工序连续作业时，可采用锚固剂填充，使之快速凝结，并与岩体固结为一个整体，形成后续工序的撑点。

采用钻孔内灌浆或填充时，可以在一根锚杆的一处或多处安装锚杆应力计，实现沿锚杆不同深度的多点监测。

②钻孔不灌浆安装锚杆应力计

根据设计要求，可以在锚杆的端部设置锚头，填以 $40 \sim 50cm$ 水泥砂浆予以锚固，在孔口设置锚板，并用螺栓拧紧。此种安装方法宜在锚固上设置一个锚杆应力计，其测值将反映锚杆控制范围内的岩体的平均受力状态，见图 8-35。

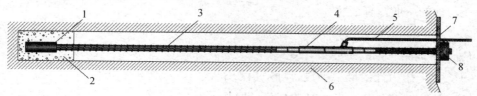

图 8-35　钻孔不灌浆安装锚杆应力计

1—锚头；2—水泥砂浆；3—锚杆；4—锚杆应力计；5—电缆；6—岩体；7—锚板；8—螺帽

对于预应力锚杆，锚杆测力计安装就位后，加荷张拉前，应准确测得初始值和环境温度。

观测锚杆应在与其有影响的其他工作锚杆张拉之前进行张拉加荷，如无特别要求，张拉程序一般应与工作锚杆的张拉程序相同。对于分级加荷张拉时，一般对每级荷载测读一次。张拉荷载稳定后，应及时测定锁定荷载。

2. 土压力监测

土体中出现的应力可以分为由土体自重及基坑开挖后土体中应力重分布引起的土中应力和基坑支护结构周围的土体传递给挡土结构物的接触应力。土压力监测就是测定作用在挡土结构物上的土压力大小及其变化速度，以便判定土体的稳定性，控制施工速度。

（1）监测设备

土压力监测通常采用在量测位置上埋设土压力传感器进行。土压力传感器工程上称之为土压力盒，常用的土压力盒有差阻式和振弦式。在现场监测中，为了保证量测的稳定可靠，多采用振弦式。本节主要介绍振弦式土压力盒。

振弦式界面土压力计主要由三部分构成：由上下板组成的压力感应部件，振弦式压力传感器及引出电缆密封部件，见图 8-36。

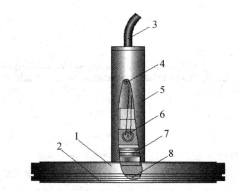

图 8-36　振弦式压力计
1—背板；2—下板；3—电缆；4—热敏电阻；5—外壳；
6—感应组件；7—主体组件；8—液压油

振弦式界面土压力计背板埋设于刚性结构物（如混凝土等）上，其感应板与结构物表面齐平，以便充分感应作用于结构物接触面的土体的压力。土体的压力通过仪器的下板变形将压力传给弦式压力传感器，即可测出土压力值。测量仪器内的热敏电阻可同步测出埋设点的温度值。

土压力计的一般计算公式为：

$$P_m = k \times (F - F_0) + b \times (T - T_0) \tag{8-24}$$

式中　P_m——被测对象的土压力，kPa。

　　　k——土压力计的最小读数，kPa/kHz^2；

　　　F——实时测量的土压力计输出值，kHz^2；

　　　F_0——土压力计的基准值；

　　　b——土压力计的温度修正系数，kPa/℃；

T——温度的实时测量值，℃；

T_0——温度的基准值。

（2）土压力盒的选用

土压力量测前，应选择合适的土压力盒，对于长期量测静态土压力时，一般都采用振弦式土压力盒，土压力盒的量程应比预计压力大 2～4 倍，应避免超量程使用。土压力盒具有较好的密封防水性能，导线采用双芯带屏蔽的橡胶电缆，导线长度可根据实际长度确定，且中间不允许有接头。

（3）土压力盒的布置

土压力盒的布置原则以测定代表性位置处的土反力分布规律为目标，在反力变化较大的区域布置得较密，反力变化不大的区域布置较稀，用有限的压力盒测得尽量多的有用数据，通常将测点布设在有代表性的结构断面上和土层中。如布置在希望能解释特定现象的位置；理论计算不能得到准确解答的位置；土压力变化较大明显的位置。

（4）土压力盒埋设方法

1）钻孔法。土中土压力盒埋设通常采用钻孔法，是通过钻孔和特制的安装架将土压力计埋入土体内，具体步骤如下：

①先将土压力盒固定在安装架内。

②钻孔到设计深度以上 0.5～1.0m；放入带土压力盒的安装架，逐段连接安装架，土压力盒导线通过安装架引到地面。然后通过安装架将土压力盒送到设计标高。

2）挂布法。地下连续墙侧土压力埋设常采用挂布法。取 1/3～1/2 的槽段宽度的布帘，在预定土压力盒的布置位置缝制放置土压力盒的口袋，将土压力盒放入口袋后封口固定，见图 8-37。具体步骤如下：

①先用帆布制作一幅挂布，在挂布上缝有安放土压力盒的布袋，布袋位置按设计深度确定。

②将挂布绑在钢筋笼外侧，并将带有压力囊的土压力盒放入布袋内，压力囊朝外，导线固定在挂布上引至围护结构顶部。

③放置土压力计的挂布随钢筋笼一起吊入槽（孔）内。

④混凝土浇筑时，挂布将受到流态混凝土侧向推力而与槽壁土体紧密接触。

图 8-37　挂布法土压力盒埋设

（5）监测与资料整理

土压力盒埋设好后，根据施工进度，采用土压力盒的读数换算出土压力盒所受的压力，并绘制土压力变化过程曲线及随深度的分布曲线。

8.4.2 应变监测

应变监测从工作原理上分，国内工程最常用的应变计有差动电阻式应变计和钢弦式应变计两种。

1. 监测设备

（1）差动电阻式应变计

差动电阻式应变计结构。差动电阻式系列应变计主要由电阻感应组件、外壳及引出电缆密封室三个主要部分构成，下图为250mm标距应变计的结构示意图见图8-38。

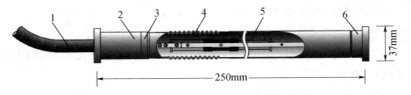

图8-38　250mm标距差阻式应变计结构示意图
1—电缆；2—接线套筒；3—接线座；4—波纹套管；5—电阻感应组件；6—上接座

图中电阻感应组件主要由两根专门的差动变化的电阻钢丝与相关的安装件组成。弹性波纹管分别与接线座、上接座锡焊在一起。止水密封部分由接座套筒及相应的止水密封部件组成。仪器中充有变压器油，以防止电阻钢丝生锈，同时在钢丝通电发热时吸收热量，使测值稳定。仪器波纹管的外表面包裹一层布带，使仪器与周围混凝土相脱开。

差动电阻式应电计工作原理。差阻式应变计埋设于混凝土内，混凝土的变形将通过凸缘盘引起仪器内电阻感应组件发生相对位移，从而使其组件上的两根电阻丝电阻值发生变化，其中一根 R_1 减小（增大），另一根 R_2 增大（减小），相应电阻比发生变化，通过电阻比指示仪测量其电阻比变化而得到混凝土的应变变化量。应变计可同时测量电阻值的变化，经换算即为混凝土的温度测值。

差阻式应变计的电阻变化与应变和温度的关系如下：

$$\varepsilon = f\Delta Z + b\Delta t \tag{8-25}$$

式中　ε——应变量，10^{-6}；

f——应变计最小读数，$10^{-6}/0.01\%$；

b——应变计的温度修正系数，$10^{-6}/℃$；

ΔZ——电阻比相对于基准值的变化量，拉伸为正，压缩为负；

Δt——温度相对于基准值的变化量，温度升高为正，降低为负，℃。

根据不同要求和不同的使用环境，选用不同型号的差阻式应变计，它们有多种型号。

（2）钢弦式应变计

钢弦式应变计结构。钢弦式应变计由两个带O型密封圈的端块、保护管以及管内振弦感应组件等组成，振弦感应组件主要由张紧钢丝及激振线圈与相关的安装件构成。150mm标距应变计的结构示意图，见图8-39。

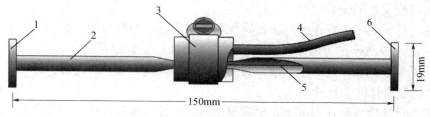

图 8-39　150mm 标距振弦式应变计结构示意图

1—左端座；2—保护套；3—激振拾振线圈；4—电缆；5—钢弦；6—右端座

钢弦式应变计工作原理。钢弦式应变计埋设于混凝土内，混凝土的变形将通过仪器端块引起仪器内钢弦变形，使钢弦发生应力变化，从而改变钢弦的振动频率。测量时利用电磁线圈激拨钢弦并量测其振动频率，频率信号经电缆传输至频率读数装置或数据采集系统，再经换算即可得到混凝土的应变变化量。同时由应变计中的热敏电阻可同步测出埋设点的温度值。

埋设在混凝土建筑物内的应变计，受到的是变形和温度的双重作用，因此应变计一般计算式为：

$$\varepsilon = k \times (F - F_0) + b \times (T - T_0) \tag{8-26}$$

式中　ε——被测混凝土的应变量，10^{-6}；

k——应变计的最小读数，$10^{-6} / kHz^2$；

F——实时测量的应变计输出值，kHz^2；

F_0——应变计的基准值；

b——应变计的温度修正系数，$10^{-6}/℃$；

T——温度的实时测量值，$℃$；

T_0——温度的基准值。

2. 应变计布置

应变计的使用场合很多，可以埋设在混凝土内部，也可安装在结构物表面，其工作情况及施工条件也不尽相同，所以埋设安装方法也不一样，一般有以下几种安装方式：

（1）用扎带（或铅丝）和铁棒绑扎定位在钢筋网（或锚索）上。

（2）直接插入现浇混凝土中或在已浇混凝土上用支座支杆预装定位后浇入混凝土中。

（3）预先浇筑在相同材料的混凝土块中，凿毛后埋入建筑物现浇混凝土内。

（4）埋设在混凝土或岩石试块内。

（5）作为基岩应变计埋设在槽坑内。

（6）在浆砌块石结构中埋设在块石钻孔内。

通常，埋设在混凝土中的应变计需配套埋设无应力计，但埋设在岩体中的应变计则无须埋设无应力计。无应力计是装设于无应力计筒内的应变计，埋设在相同环境的应变计（组）旁（约 1m），用于扣除应变计的非应力应变，也可用于研究混凝土的自身体积变形等材料特性。

3. 应变计埋设方法

下面主要叙述差阻式应变计的埋设方法，钢弦式应变计的埋设方法与此类似。

（1）单向应变计的安装埋设

单向应变计安装埋设可在混凝土振捣或碾压后，在埋设部位挖槽埋设，并用相同混凝土（剔除粒径大于8cm的骨料）人工回填，人工捣实。埋设仪器的角度误差应不超过1°，位置误差应不超过2cm。仪器埋好后，其部位应做明显标记，并留人看护。

（2）两向应变计的安装埋设

两向应变计的埋设可在混凝土振捣或碾压后，在埋设部位挖槽埋设，并用相同混凝土（剔除粒径大于8cm的骨料）人工回填，人工捣实。两应变计应保持相互垂直，相距8～10cm。埋设仪器的角度误差应不超过1°，位置误差应不超过2cm。两应变计组成的平面应与结构面平行或垂直。仪器埋好后，其部位应做明显标记，并留人看护。

见图8-40，条石中埋设应变计。

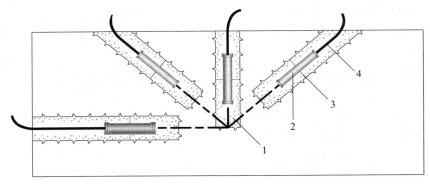

图 8-40　条石中埋设应变计
1—水泥砂浆；2—应变计；3—隔离橡皮；4—电缆

4. 监测与资料整理

应变计盒埋设好后，根据施工进度和观测要求，测得应变计读书数，换算出应变值，结合应力测试绘制应力应变曲线，以及应变随深度的分布曲线图。

8.5　孔隙水压监测方法

孔隙水压监测在控制打桩引起的地表隆起、基坑开挖或沉井下沉导致地表沉降方面起到十分重要的作用，其原因在于饱和软黏土受荷后首先产生的孔隙水压力增高或降低，随后土颗粒的固结变形。静态孔隙水压力监测相当于水位监测。潜水层的静态孔隙水压力测出的是孔隙水压力计上方的水头压力，可以通过换算计算出水位高度。在微承压水和承压水层，孔隙水压力计可以直接测出水的压力。孔隙水压力变化是土层运动的前兆，掌握这一规律，就能及时采取措施避免不必要的损失。

孔隙水压测试一般常用孔隙水压力计，可分为水管式、钢弦式、电阻式和气动式等多种类型，见图8-41。钢弦式结构牢固，长期稳定性好，不受埋设深度的影响，施工干扰小，埋设和操作简单，监测数据可靠，是较为理想的孔隙水压力计。本节主要介绍钢弦式孔隙水压力计。

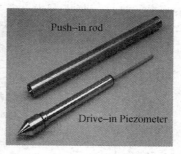

图 8-41　孔隙水压力计

1. 监测设备

钢弦式孔隙水压压力计由测头和电缆组成。

钢弦式测头主要由透水石和压力传感器组成。透水石材料一般用氧化硅或不锈金属粉末制成，采用圆锥形透水石以利于钻孔埋设。钢弦式传感器由不锈钢承压膜、钢弦、支架、壳体和信号传输电缆组成。见图 8-42，其构造是将一根钢弦的一端固定于承压膜中心处，另一端固定于支架上，钢弦中段旁边安装一电磁圈，用以激振和感应频率信号，张拉的钢弦在一定的应力条件下，其自振频率随之发生变化。土孔隙中的有压水通过透水石，作用于承压膜上，使其产生挠曲变化而引起钢弦的应力发生变化，钢弦的自振频率也相应发生变化。由钢弦自振频率的变化，可测知孔隙水压力的变化。

电缆通常采用氯丁橡胶护套，或聚氯乙烯护套二芯屏蔽电缆。电缆要能承受一定的拉力，以免因地基沉降而被拉断，要能防水绝缘。

2. 基本原理

土体中有压孔隙水通过测头透水石汇集到承压腔，作用于压力薄膜上，压力薄膜受力产生挠曲变形，引起装在薄膜上的钢弦应力变化，随之引起钢弦自振频率的改变，用频率仪测定钢弦的频率大小，孔隙水压力与钢弦频率间有如下关系：

$$u = k (f_i^2 - f_0^2) \tag{8-27}$$

式中　u——孔隙水压力；kPa；

　　　k——孔隙水压力计标定系数其数值与承压膜和钢弦的尺寸及材料性质有关，kPa/Hz²；

　　　f_i——测对受压后的频率，Hz；

　　　f_0——测头零压力（大气压）下初始频率，Hz。

3. 孔隙水压力计埋设方法

孔隙水压力计埋设前应首选将透水石放入纯净水中煮沸 2h，以排除其孔隙内气泡和油污，煮沸后的透水石需浸泡在冷开水中，测头埋设前，应量测孔隙水压力计在大气中测量初始频率，然后将透水石装在测头上，在埋设时应测头置于水的塑料袋中连接于钻杆中，避免与大气接触。

现场埋设方法有钻孔埋设法和压入埋设法。

（1）钻孔埋设法

在埋设地点采用钻机钻孔，达到要求的深度或标高后，先在孔底填入部分干净的砂，然后将探头放入，再在探头周围填砂，最后采用膨胀性黏土或干燥黏土球将钻孔上部封好，使得探头测得的是该标高土层的孔隙水压力。图 8-43 为孔隙水压力探头在土中埋设的情况，其技术关键在于保证探头周围填砂渗水流畅，其次是断绝钻孔上部水的向下渗漏。原则上一个钻孔只能埋设一个探头，但为了节省钻孔费用，也有在同一钻孔中埋设多个设于不同标高处的孔隙水压力探头，在这种情况下，需要采用干土球或膨胀黏土将各个探头进行严格相互隔离，否则达不到测定各土层孔隙水压力变化的作用。

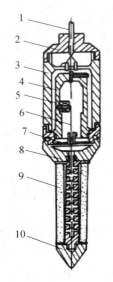

图 8-42　钢弦式孔隙水压力计

1—屏蔽电缆；2—盖帽；3—壳体；4—支架；
5—线圈；6—钢弦；7—承压膜；
8—底盖；9—透水体；10—锥头

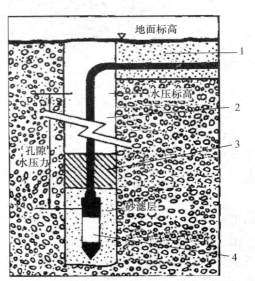

图 8-43　埋设土中孔隙水压力探头

1—沟槽回填砂；2—注浆；3—膨胀性黏土或
干燥黏土球；4—孔隙水压力探头

（2）压入埋设法

若地基土质较软，可将测头缓缓压入土中的要求深度，或先成孔至预埋深度以上 1.0m 左右，然后将测头向下压入至埋设预埋深度，钻孔用膨胀性黏土密封。采用压入埋设法，土体局部仍有扰动，引起的超孔隙水压力较大，也影响需测的孔隙水压力值的精度。

4. 监测与数据整理

孔隙水压力监测规定一定的周期，通过孔隙水压力计测得频率读数，根据频率读数换算孔隙水压力值以及孔隙水压力变化量，绘制出孔隙水压力随时间的变化图和随深度的分布曲线。

8.6　地下水位监测方法

地下水监测主要用来观测地下水位及其变化。对于基坑工程地下水位监测包括坑内、坑外水位监测。通过坑内水位观测可以检验降水方案的实际效果，如降水速率和降水深度。通过坑外水位观测可以了解坑内降水对周围地下水位影响和影响程度，防止基坑工程施工中坑外水土流失。

1. 监测设备

地下水位监测可采用钢尺或钢尺水位计监测。钢尺水位计测量系统由三部分组成：水位管，其为地下埋入材料部分；钢尺水位计，地表测试仪器，由探头、钢尺电缆、接收系统、绕线架等部分组成（图 8-44）；管口水准测量，由水准仪、标尺、脚架以及尺垫等组成。

(a) 钢尺水位计　　　　　　　　　　　　　(b) 地下水观测井

图 8-44　钢尺水位计与地下水观测井

2. 工作原理

在已埋设好的水管中放入水位计测头，当测头接触到水位时启动讯响器，此时，读取测量钢尺与管顶的距离（绝对高程），根据管顶高程即可计算地下水位的高程。水位管内水面应以绝对高程表示，计算式如下：

$$D_s = H_s - h_s \qquad (8\text{-}28)$$

式中　D_s——水位管内水位的绝对高程，m；

H_s——水位管口绝对高程，m；

h_s——水位管内水面距管口的距离，m。

对于本次水位的变化，其计算式为：

$$\Delta h_s^i = D_s^i - D_s^{i-1} \qquad (8\text{-}29)$$

累积水位变化为：

$$\Delta h_s = D_s^i - D_s^0 \qquad (8\text{-}30)$$

式中　D_s^i——第 i 次水位绝对高程，m；

D_s^{i-1}——第 $(i-1)$ 次水位绝对高程，m；

D_s^0——水位初始绝对高程，m；

Δh_s——累计水位差，m。

对于地下水位比较高的水位观测井，也可用干的钢尺直接插入水位观测井，记录湿迹与管顶的距离，根据管顶高程即可计算地下水位的高程，钢尺长度需大于地下水位与孔口的距离。

3. 水位管构造与埋设

监测用水位管由 PVC 工程塑料制成，包括主管和连接管，连接管套于两节主管接头处，起着连接固定的作用。在 PVC 管上打数排小孔做成花管，开孔直径 5mm 左右，间距 50cm，梅花形布置。花管长度根据测试土层厚度确定，一般花管长度不应小于 2m，花管外面包裹无纺土工布，起过滤作用。图 8-45 为水位管，图 8-46 为沈阳观象台地下水位自动监测仪。

图 8-45　水位管

图 8-46　沈阳观象台地下水位自动监测仪

水位管埋设方法：用钻机钻孔到要求的深度后，在孔内放入管底加盖的水位管。套管与孔壁间用干净细砂填实，然后用清水冲洗孔底，以防泥浆堵塞测孔，保证水路畅通，测管高出地面约 200mm，管顶加盖，不让雨水进入，并做好观测井保护装置。

4. 监测与数据整理

地下水位监测根据工程施工要求和地下水位监测要求，按一定周期进行监测，通过监测获得地下水位动态变化以及累积变化，绘制地下水位时程曲线（图 8-47）及地下水位随监测孔变化分布图。

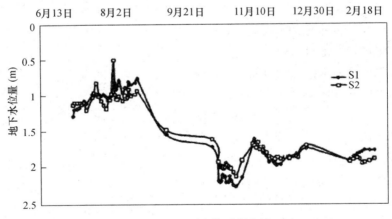

图 8-47　地下水位时程曲线

思考与习题

1. 简述岩土工程监测的作用。

2. 传感器的基本特性有哪些？

3. 位移监测包括哪些？分别可以用哪些方法？

4. 为什么要进行应力应变监测？

5. 如何设置邻近建筑沉降监测点？

6. 水平位移监测的方法有哪些？有何特点？

7. 简述钢弦式孔隙水压力计的原理。

参考文献

［1］王伯雄．测试技术基础［M］．北京：清华大学出版社，2012．

［2］王建东．现代监测技术的发展现状与展望［J］．测绘科学，2007．

［3］中华人民共和国建设部．建筑变形测量规范（JGJ 8—2007）［S］．北京：中国建筑工业出版社，2007．

［4］李金生．工程变形监测［M］．武汉：武汉大学出版社，2013．

［5］伊晓东，李保平．变形监测技术及应用［M］．郑州：黄河水利出版社，2007．

［6］邓晖，刘玉珠．土木工程测量［M］．广州：华南理工大学出版社，2015．

［7］夏才初，李永盛．地下工程测试理论与监测技术［M］．上海：同济大学出版社，1999．

［8］郑俊，赵红旺，朵兴茂．应力-应变测试方法综述［J］．汽车科技，2008．

［9］中华人民共和国交通部．水运工程汇编［M］．北京：人民文学出版社，2004．

［10］张功新，莫海鸿，董志良．孔隙水压力测试和分析中存在的问题与对策［J］．岩石力学与工程学报，2006（25）：3535-3538．

［11］中华人民共和国水利部．地下水监测规程（SL/T 183—96）［S］．北京：中国水利水电出版社，1996．

专题九 岩土工程施工检测技术

9.1 概 述

岩土工程施工检测应包括施工前为设计提供依据的试验检测、施工过程的质量检验以及施工后为验收提供依据的工程检测。

人工地基承载力检测应符合下列规定：

（1）换填、预压、压实、挤密、强夯及注浆等方法处理后的地基应进行土（岩）地基载荷试验。

（2）水泥土搅拌桩、砂石桩、旋喷桩、夯实水泥土桩、水泥粉煤灰碎石桩、混凝土桩、树根桩、灰土桩以及柱锤冲扩桩等经一定方法处理后的地基应进行复合地基载荷试验。

（3）水泥土搅拌桩、旋喷桩、夯实水泥土桩、水泥粉煤灰碎石桩、混凝土桩以及树根桩等有黏结强度的增强体应进行竖向增强体载荷试验。

（4）强夯置换墩地基，应根据不同的加固情况，选择单墩竖向增强体载荷试验或单墩复合地基载荷试验。

天然地基岩土性状、地基处理均匀性及增强体施工质量检测，可根据各种检测方法的特点和适用范围，考虑地质条件及施工质量可靠性、使用要求等因素，应选择标准贯入试验、静力触探试验、圆锥动力触探试验、十字板剪切试验、扁铲侧胀试验以及多道瞬态面波试验等一种或多种的方法进行检测，检测结果结合静载荷试验成果进行评价。

水泥土搅拌桩、旋喷桩、夯实水泥土桩的桩长、桩身强度和均匀性，判定或鉴别桩底持力层岩土性状检测，可选择水泥土钻芯法。有黏结强度、截面规则的水泥粉煤灰碎石桩、混凝土桩等桩身强度为 8MPa 以上的竖向增强体的完整性检测可选择低应变法试验。

人工地基检测应在竖向增强体满足龄期要求及地基施工后周围土体达到休止稳定后进行，并应符合下列规定：

（1）稳定时间对黏性土地基不宜少于 28d，对粉土地基不宜少于 14d，其他地基不应少于 7d。

（2）有黏结强度增强体的复合地基承载力检测宜在施工结束 28d 后进行。

（3）当设计对龄期有明确要求时，应满足设计要求。

9.1.1 基本概念

1. 静载试验（Static Load Testing）

静载试验是对结构或构件逐级施加静态荷载，观测其相对变形的试验方法。静载试验包括单桩竖向抗压静载试验、单桩竖向抗拔静载试验、单桩水平静载试验、支护锚杆和土钉试验、基础锚杆抗拔试验、浅层平板试验、深层平板试验以及基岩载荷试验等具体方法的统称，相对变形则是竖向沉降、桩顶上拔量和水平位移等的统称。

2. 标准贯入试验 (Standard Penetration Test, SPT)

标准贯入试验是用质量为 63.5kg 的穿心锤，以 76cm 的落距，将标准规格的贯入器，自钻孔底部预打 15cm，记录再打入 30cm 的锤击数，从而判定土的力学特性的一种原位试验方法。

3. 圆锥动力触探试验 (Dynamic Penetration Test, DPT)

圆锥动力触探试验是指用一定质量的重锤，以一定高度的自由落距，将标准规格的圆锥形探头贯入土中，根据打入土中一定距离所需的锤击数，从而判定土的力学特性的一种原位试验方法。

4. 静力触探 (Cone Penetration Test, CPT)

静力触探是通过静力将标准圆锥形探头匀速压入土中，根据测定触探头的贯入阻力，判定土的力学特性的一种原位试验方法。

5. 岩基载荷试验 (Rock Foundation Loading Test)

岩基载荷试验是在岩石地基的表面逐级施加竖向压力，测量岩石地基的表面随时间产生的沉降，以确定岩石地基的竖向抗压承载力的试验方法。

6. 平板载荷试验 (Plate Loading Test)

平板载荷试验是在天然地基、处理土地基、复合地基的表面逐级施加竖向压力，测量天然地基、处理土地基、复合地基的表面随时间产生的沉降，以确定天然地基、处理土地基、复合地基的竖向抗压承载力的试验方法。

7. 低应变法 (Low Strain Integrity Testing)

低应变法是采用低能量瞬态激振方式在桩顶激振，实测桩顶部的速度时程曲线，通过波动理论分析或频域分析，对桩身完整性进行判定的检测方法。

8. 高应变法 (High Strain Dynamic Testing)

高应变法是用重锤冲击桩顶，实测基桩上部的速度和力时程曲线，通过波动理论分析，对单桩竖向抗压承载力和桩身完整性进行判定的检测方法。

9. 声波透射法 (Cross Hole Sonic Logging)

声波透射法是在预埋声测管之间发射并接收声波，通过实测声波在混凝土介质中传播的声时、频率和波幅衰减等声学参数的相对变化，对桩身完整性进行判定的检测方法。

10. 钻芯法 (Core Drilling Method)

钻芯法是采用单动双管钻具钻取桩身混凝土和桩底岩土芯样以检测桩长、桩身缺陷及其位置、桩底沉渣厚度以及桩身混凝土的强度、密实性和连续性，判定或鉴别桩底持力层岩土性状、判定桩身完整性类别的检测方法。钻芯法也可用于地下连续墙和复合地基竖向增强体等的检测。

11. 单桩静载试验 (Static Loading Test)

单桩静载试验是在桩顶部逐级施加竖向压力、竖向上拔力或水平推力，观测桩顶部随时间产生的沉降、上拔位移或水平位移，以确定相应的单桩竖向抗压承载力、单桩竖向抗拔承载力和单桩水平承载力的试验方法。

12. 桩身内力测试（Measuring of Internal Load in Pile）

桩身内力测试是通过桩身应变、位移的测试，计算荷载作用下桩侧阻力、桩端阻力或桩身弯矩的试验方法。

13. 桩身完整性（Pile Integrity）

桩身完整性是反映桩身截面尺寸相对变化、桩身材料密实性和连续性的综合定性指标。

14. 桩身缺陷（Pile Defects）

桩身缺陷是使桩身完整性恶化，在一定程度上引起桩身结构强度和耐久性降低的桩身断裂、裂缝、缩颈、夹泥（杂物）、空洞、蜂窝、松散等现象的统称。

15. 单桩承载力（Pile Bearing Capacity）

单桩承载力是指桩基础中单桩在不同使用状态下所能承受的荷载。

16. 十字板剪切试验

十字板剪切试验是将十字形翼板插入软土按一定速率旋转，测出土破坏时的抵抗扭矩，求软土抗剪强度的原位试验方法。

17. 扁铲侧胀试验

扁铲侧胀试验是将扁铲形探头贯入土中，用气压使扁铲侧面的圆形钢膜向孔壁扩张，根据压力与变形关系，测定土的模量及其他有关工程特性指标的原位试验方法。

19. 多道瞬态面波试验

多道瞬态面波试验是采用多个通道的仪器，同时记录震源锤击地面形成的完整面波（特指瑞利波）记录，利用瑞利波在层状介质中的几何频散特性，通过反演分析频散曲线获取地基瑞利波速度来评价地基的波速、密实性及连续性等的原位试验方法。

9.1.2 桩基检测

（1）基桩检测的内容包括单桩承载力和桩身完整性。

（2）确定单桩竖向抗压承载力可选择单桩竖向抗压静载试验和高应变检测；确定单桩竖向抗拔承载力、单桩水平承载力分别采用单桩竖向抗拔静载试验和单桩水平静载试验；判定桩身完整性可选择钻芯法、声波透射法、高应变法和低应变法等。

（3）承载力试验前应采用低应变法检测被测桩的桩身完整性。

为设计提供承载力数据的大直径灌注桩在成孔后灌注混凝土前宜提供孔径、孔深、沉渣厚度及垂直度的实测数据。为设计提供抗拔承载力数据的灌注桩施工时应进行成孔检测。对有接头的预制桩，应验算接头强度。

（4）从成桩到开始试验的间歇时间应符合下列规定：

1）当采用静载试验和高应变法时：混凝土灌注桩的混凝土龄期达到 28d 或预留立方体试块强度达到设计强度。预制桩（含钢桩）在施工成桩后，对于砂土，不应少于 7d；对于粉土，不应少于 10d；对于非饱和黏性土，不应少于 15d；对于饱和黏性土，不应少于 25d；对于桩端持力层为遇水易软化的风化岩层，不应少于 25d。

注：对于泥浆护壁灌注桩，宜适当延长时间。

2）当采用声波透射法或低应变法时，受检桩桩身混凝土强度不得低于设计强度等级的 70% 或预留立方体试块强度不得小于 15MPa。

3）当采用钻芯法时，受检桩的混凝土龄期达到 28d 或预留立方体试块强度达到设计强度。

（5）确定混凝土灌注桩单桩竖向抗压承载力时，应符合下列规定：

1）符合下列条件之一时，应采用静载试验：

①地基基础设计等级为甲级和地质条件较为复杂的乙级的。

②施工前已进行单桩静载试验，但施工过程变更施工工艺参数或施工质量出现异常。

③场地地质条件复杂的。

④新桩型或采用新工艺施工的。

⑤设计单位认为必须通过静载试验确定单桩竖向抗压承载力的工程或具体桩位。

⑥桩身有明显缺陷，对桩身结构承载力有影响，难以确定其影响程度。

2）对已进行为设计提供依据静载荷试验的桩基工程，且具有相同施工工艺、相近地质条件的高应变与静载荷试验比对资料，可采用高应变法。

3）采用静载试验时，抽检数量不应少于同条件下总桩数的 1%，且不得少于 3 根；当总桩数在 50 根以内时，不得少于 2 根；采用高应变法时，抽检数量不应少于同条件下总桩数的 5%，且不得少于 10 根。对地基基础设计等级为甲级和地质条件较为复杂的乙级桩基工程，应适当增加抽检比例。

（6）桩身完整性的检测结果应给出每根受检桩的桩身完整性类别。

桩身完整性分类应符合表 9-1 的规定。

表 9-1　桩身完整性分类表

桩身完整性类别	分类原则
Ⅰ类桩	桩身完整
Ⅱ类桩	桩身有轻微缺陷，不会影响桩身结构承载力的正常发挥
Ⅲ类桩	桩身有明显缺陷，对桩身结构承载力有影响
Ⅳ类桩	桩身存在严重缺陷

注：1. Ⅰ、Ⅱ类桩的桩身质量应满足或基本满足设计要求。

2. 对Ⅲ类桩，应采取其他方法进一步确定桩身缺陷对桩身结构承载力的影响程度。

3. Ⅳ类桩应进行工程处理。

9.1.3　地基检测

（1）地基检测包括地基承载力、形变参数和评价岩土性状、地基施工质量。

（2）确定土（岩）层承载力和变形特性应选择浅层平板载荷试验、深层平板载荷试验和岩基载荷试验；评价岩土性状、地基均质性及施工质量可选用标准贯入试验、圆锥动力触探试验、静力触探试验、钻芯法等。

（3）处理土地基和复合地基（参见南京地基基础规范"名词"），从施工结束到开始试验的间歇时间应符合设计规定。

（4）地基检测按照先简后繁、先粗后细、先面后点的原则，合理选择两种或两种以上方法。

（5）天然岩基检测，可采用钻芯法，抽检数量不得少于 6 个孔，钻孔深度应满足设计要求，每孔芯样截取一组三个芯样试件。地基特性复杂时应增加抽检孔数。当岩石芯样无法制作成芯样试件时，应进行岩基载荷试验。对强风化岩、全风化岩宜采用平板载荷试验，试验点数不应少于3点。

（6）天然土地基、处理土地基检测，可采用平板载荷试验，抽检数量为每单位工程不应少于3点，1000m²以上的工程，每100m²不少于1个点，3000m²以上的工程，每300m²不少于1个点，每一独立基础下至少有1点，基槽每20延米应有1点。

（7）复合地基（含增强体）及强夯置换墩的承载力检测，应采用平板载荷试验，抽检数量分别为总增强体数的1%，且均不得少于3处。对增强体承载力有要求的，还应采用单桩竖向抗压载荷试验对复合地基中的增强体进行检测。

复合地基的竖向增强体施工质量检测，应采用钻芯法、标准贯入试验、圆锥动力触探试验等方法，抽检数量应为总增强体数的2%，且不得少于3根；采用低应变法或钻芯法对水泥粉煤灰碎石桩进行桩身完整性检测时，抽检数量不应少于总桩数的5%，且不得少于10根。

9.2 静载试验检测技术

9.2.1 概述

1. 静载试验类型（图9-1）

静载试验是包括单桩竖向抗压静载试验、单桩竖向抗拔静载试验、单桩水平静载试验、支护锚杆和土钉试验、基础锚杆抗拔试验、浅层平板试验、深层平板试验以及基岩载荷试验等具体方法在内的统称，相对变形则是竖向沉降、桩顶上拔量和水平位移等的统称。

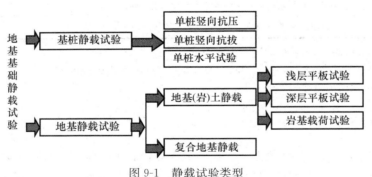

图9-1 静载试验类型

2. 静载试验主要目的

（1）为工程提供承载力的设计依据。

（2）为基桩工程的施工质量进行检验和评定提供依据。

（3）为基桩施工选择最佳工艺参数。

（4）或为本地区采用的新桩型与提出承载力的设计依据。

基桩静载试验的地位：是目前进行承载力和变形特性评价的最可靠的方法，也是其他方法（如基桩高应变法）与之进行比对的标准。

3. 静载试验原理

利用堆载或锚桩等反力装置，由千斤顶施力于单桩、复合地基或天然地基，并记录被测对象的位移变化，由获得的力与位移曲线（Q-S），或位移时间曲线（S-$\lg t$）等资料，按照国家行业标准可确定：

（1）单桩、复合地基或天然地基等极限承载力。

（2）对工程桩的承载力进行抽样检验和评价。

（3）实测桩身摩阻力和桩端阻力（研究性试验）。

适用范围：单桩竖向抗压静载荷试验、单桩水平静载荷试验、单桩竖向抗拔静载荷试验、地基处理的静载荷试验、天然地基的平板竖向静载荷试验等。

9.2.2 桩基静载试验

桩基静载试验包括单桩竖向抗压静载试验、单桩竖向抗拔静荷载试验、单桩水平静载试验；桩基静载试验可确定桩的承载力，可为设计提供依据，也可以为工程验收提供依据，是获得桩轴向抗压、抗拔以及横向承载力的最基本、最可靠的方法。我国建筑工程中常用的桩基静载试验方法是维持荷载法。又可分为慢速维持荷载法和快速维持荷载法。

1. 基本原理

（1）竖向受压荷载作用下的单桩工作机理

单桩竖向抗压静载试验，就是采用接近于竖向抗压桩实际工作条件的试验方法。荷载作用于桩顶，桩顶产生位移（沉降），可得到单根试桩 Q-S 曲线，还可获得每级荷载下桩顶沉降随时间的变化曲线 S-$\lg t$，当桩身中埋设量测元件（传感器、位移杆）时，还可以直接测得桩侧各土层的极限摩阻力和端承力（成本较高，主要用于大型、重点工程和科研试验）。

单桩竖向抗压极限承载力是指桩在竖向荷载作用下到达破坏状态前或出现不适于继续承载的变形所对应的最大荷载，二个因素决定：桩本身的材料强度和地基土强度。

在竖向受压荷载作用下，桩土体系荷载的传递过程：

①在初始受荷阶段，桩顶位移小，荷载由桩上侧表面的土阻力承担，以剪应力形式传递给桩周土体，桩身应力和应变随深度递减。

②随着荷载的增大，桩顶位移加大，桩侧摩阻力由上至下逐步被发挥出来。

③在达到极限值后，继续增加的荷载则全部由桩端土阻力承担。随着桩端持力层的压缩和塑性挤出，桩顶位移增长速度加大，在桩端阻力达到极限值后，位移迅速增大而破坏，此时桩所承受的荷载就是桩的极限承载力。

1）侧阻影响分析

①桩周岩土层性状的影响：黏性土为 5～10mm，砂类土为 10～20mm。

②成桩效应：饱和土中的成桩效应大于非饱和土的，群桩的大于单桩的。

③桩材和桩的几何外形。

④桩入土深度：作用在桩身的水平有效应力成比例增大。按照土力学理论，桩的侧摩阻力也应逐渐增大；但实验表明，在均质土中，当桩的入土超过一定深度后，桩侧摩阻力不再随深度的增加而变大，而是趋于定值，该深度被称为侧摩阻力的临界深度。

⑤时间效应：对于在饱和黏性土中施工的挤土桩，在施工过程中对土的扰动会产生超孔隙水压力，它会使桩侧向有效应力降低，导致在桩形成的初期侧摩阻力偏小；随时间的增长，超孔隙水压力逐渐沿径向消散，扰动区土的强度慢慢得到恢复，桩侧摩阻力得到提高。

2）端阻影响分析

①桩端阻力的发挥也需要一定的位移量。

②持力层的选择对提高承载力、减少沉降量至关重要。

③桩端进入持力层的深度，一般认为，桩端进入持力层越深，端阻力越大；但大量实验表明，超过一定深度后，端阻力基本恒定。

④关于端阻的尺寸效应问题，一般认为随桩尺寸的增大，桩端阻力的极限值变小。

⑤端阻力的破坏模式分为三种，主要由桩端土层和桩端上覆土层性质确定。

a. 整体剪切破坏：当桩端土层密实度好、上覆土层较松软，桩又不太长时。

b. 局部剪切破坏：当上覆土层密实度好时。

c. 冲入剪切破坏：当桩端密实度差或处在中高压缩性状态，或者桩端存在软弱下卧层时。

实际上，侧阻和端阻的发挥和分布是相互作用、相互制约。

（2）竖向拉拔荷载作用下的单桩工作机理

抗拔计算公式现状：

理论计算公式是先假定不同的桩基破坏模式，然后以土的抗剪强度及侧压力系数等参数来进行承载力计算。

经验公式则以试桩实测资料为基础，建立起桩的抗拔侧阻力与抗压侧阻力之间的关系和抗拔破坏模式。

1）破坏模式、极限状态

在上拔荷载作用下，初始阶段，上拔阻力主要由浅部土层提供，桩身的拉应力主要分布在桩的上部，随着桩身上拔位移量的增加，桩身应力逐渐向下扩展，桩的中、下部的上拔土阻力逐渐发挥。当桩端位移量超过某一数值（通常为 6~10mm）时，就可以认为整个桩身的土层抗拔阻力达到极限，其后抗拔阻力就会下降。此时，如果继续增加上拔荷载，就会产生破坏。竖向抗拔荷载作用下单桩的破坏形态见图 9-2。

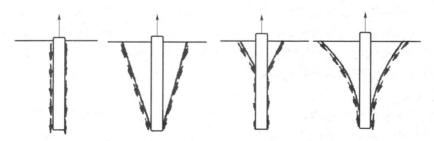

图 9-2 竖向抗拔荷载作用下单桩的破坏形态

桩的抗拔承载力：由桩侧阻力、桩身重力组成，桩端真空吸引力一般不予考虑。

桩周阻力的大小，受桩土界面的几何特征、土层的物理力学特性等较多因素的影响；但黏性土中的抗拔桩在长期荷载作用下，随上拔量的增大，会出现应变软化的现象，即抗拔荷载达到峰值后会下降，而最终趋于定值。

短期效应：如送电线路杆塔基础由风荷载产生的拉拔荷载。

长期荷载：船闸、船坞、地下油罐基础以及地下车库的抗拔桩基。

为提高抗拔桩的竖向抗拔力，可以考虑改变桩身截面形式。

桩身材料强度（包括桩在承台中的嵌固强度）也是影响桩抗拔承载力的因素之一。

2）影响单桩竖向抗拔承载力的主要因素

①桩周围土体：桩周土的性质、土的抗剪强度、侧压力系数和土的应力历史。

②桩自身因素：桩侧表面的粗糙程度、桩截面形状、桩长、桩的刚度和桩材的泊松比。曾有试验证明，粗糙侧表面桩的抗拔极限承载力是光滑表面桩的 1.7 倍。

③施工因素：施工过程中桩周土体的扰动、打入桩中的残余应力、桩身完整性、桩的倾斜角度。

④休止时间：从成桩到开始试验之间的休止时间长短对单桩竖向抗拔承载力影响是明显的；另外，桩顶的加载方式、荷载维持时间、加载卸载过程等对单桩竖向抗拔承载力也有影响。

（3）水平荷载作用下的单桩工作机理

1）单桩水平静载试验目的

单桩水平静载试验采用接近于水平受荷桩实际工作条件的试验方法达到下列目的：

①确定试桩承载能力

试桩的水平承载力可直接由水平荷载和水平位移曲线判定，也可根据实测桩身应变来判定。确定单桩水平临界荷载和极限荷载，推定土抗力参数，或对工程桩的水平承载力进行检验和评价。

②确定试桩在各级荷载下弯矩分布规律

当桩身埋设有量测元件时，可以较精确求得各级水平荷载作用下桩身弯矩的分布情况，从而为检验桩身强度，推求不同深度弹性地基系数提供依据。

③确定弹性地基系数。

④推求实际地基反力系数。

2）桩顶实际工作条件

桩顶自由状态（桩顶自由的单桩，见图 9-3）；

桩顶受约束：（自由转动、桩顶受垂直荷载作用）。

桩所受的水平荷载部分由桩本身承担，大部分是通过桩传给桩侧土体，其工作性能主要体现在桩与土的相互作用上，即当桩产生水平变位时，促使桩周土也产生相应的变形，产生的土抗力会阻止桩变形的进一步发展。

3）受荷传递

在桩受荷初期，由靠近地面的土提供土抗力，土的变形处在弹性阶段；随着荷载增大，桩形变量增加，表层土出现塑性屈服，土

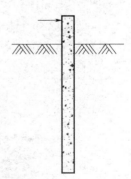

图 9-3　桩顶自由状态

抗力逐渐由深部土层提供；随着变形量的进一步加大，土体塑性区自上而下逐渐开展扩大，最大弯矩断面下移，当桩本身的截面抗力无法承担外部荷载产生的弯矩或桩侧土强度遭到破坏，使土失去稳定时，桩土体系便处于破坏状态。

4）破坏机理

桩土相对刚度的不同，桩土体系的破坏机理及工作状态分为两类：

①刚性短桩：桩的抗弯刚度比地基土刚度大很多，在水平力作用下，桩身像刚体一样绕桩上某点转动或平移而破坏；此类桩的水平承载力由桩周土的强度控制。

②弹性长桩：桩的抗弯刚度与土刚度相比较具柔性，在水平力作用下，桩身发生挠曲变形，桩下段嵌固于土中不能转动；此类桩的水平承载力由桩身材料的抗弯强度和桩周土的抗力控制。

对于钢筋混凝土弹性长桩，因其抗拉强度低于轴心抗压强度，所以在水平荷载作用下，桩身的挠曲变形将导致桩身截面受拉侧开裂，然后渐趋破坏；当设计采用这种桩作为水平承载桩时，除考虑上部结构对位移限值的要求外，还应根据结构构件的裂缝控制等级，考虑桩身截面开裂的问题；

但对抗弯性能好的钢筋混凝土预制桩和钢桩，因其可忍受较大的挠曲变形而不至于截面受拉开裂，设计时主要考虑上部结构水平位移允许值的问题。

5）影响桩水平承载力的因素：截面刚度、材料强度、桩侧土质条件、桩的入土深度以及桩顶约束条件。

工程中通过静载试验直接获得水平承载力的方法因试验桩与工程桩边界条件的差别，结果很难完全反应工程桩实际工作情况；此时可通过静载试验测得桩周土的地基反力特性，即地基土水平抗力系数（它反映了桩在不同深度处桩侧土抗力和水平位移的关系，可视为土的固有特性），为设计部门确定土抗力大小进而计算单桩水平承载力提供依据。

水平静载试验一般按设计要求的水平位移允许值控制加载，为设计提供依据的试验桩宜加载至桩顶出现较大的水平位移或桩身结构破坏。

2. 试验的主要测试装置

静载试验由加载反力装置、荷载测量装置、变形测量装置三部分组成：

（1）加载反力装置

加载反力装置组成：加载稳压设备与反力装置。

目的：是保证提供足够的反力通过加载设备将荷载传到桩的预定部位。

1）加载设备（图9-4）

试验加载无论是竖向抗压、抗拔或水平推力均宜采用油压千斤顶加载。千斤顶分单油路和双油路。

图9-4　加载设备图

当采用两台及两台以上千斤顶加载时应并联同步工作。为此，采用的千斤顶型号、规格应相同，同时须保证在进行竖向承载力试验时千斤顶的合力中心应与桩轴线重合，在进行水平承载力试验时作用力合力应水平通过桩身轴线。

2）反力装置

①单桩竖向抗压静载试验：锚桩横梁反力装置（图9-5）、堆重平台反力装置（图9-6）、锚桩堆重联合反力装置、地锚反力装置（图9-7）。实景见图9-8～图9-10。

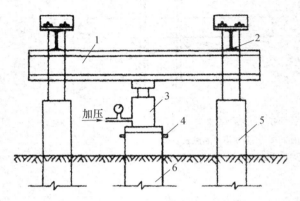

图9-5　锚桩横梁反力装置示意图

1—主梁；2—次梁；3—千斤顶；4—沉降观测点；

5—锚桩（4根）；6—试桩

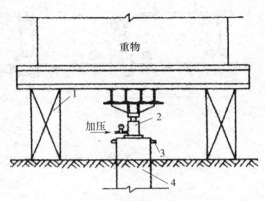

图9-6　堆重平台反力装置示意图

1—支墩；2—千斤顶；3—沉降观测点；4—试桩

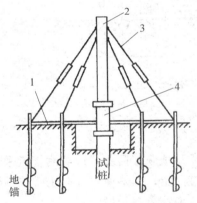

图9-7　伞形地锚反力装置示意图

1—横梁；2—立柱；3—拉杆；4—千斤顶

图9-8　伞形地锚反力装置实景图

图9-9　锚桩横梁反力装置实景图

图9-10　堆重平台反力装置实景图

273

②单桩竖向抗拔静载试验：可采用反力桩（或工程桩）或天然地基提供支座反力，见图 9-11。

③单桩水平静载试验：水平推力的反力可由相邻桩或专门设置的反力结构提供，见图 9-12。

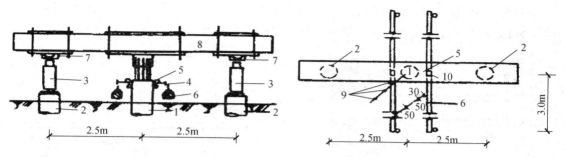

图 9-11　单桩竖向抗拔静载试验

1—试桩；2—锚桩；3—液压千斤顶；4—表座；5—测微表；6—基准；

7—球铰；8—反力梁；9—地面变形测点；10—薄铁板

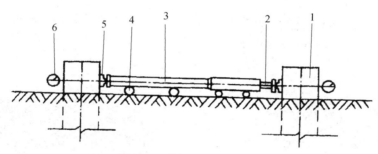

图 9-12　单桩水平静载试验

1—桩；2—千斤顶；3—传力杆；4—滚轴；5—球支座；6—百分表

（2）荷载测量装置

静载试验均采用千斤顶与油泵相连的形式，由千斤顶施加荷载。荷载测量可采用两种形式：一是通过用放置在千斤顶上的荷重传感器直接测定；二是通过并联于千斤顶油路的压力表或压力传感器测定油压，根据千斤顶率定曲线换算荷载，见图 9-13。

图 9-13　荷载测量仪器

用荷重传感器测力，不需考虑千斤顶活塞摩擦对出力的影响；

用油压表（或压力传感器）间接测量荷载需对千斤顶出力进行率定，受千斤顶活塞摩擦的影响，不能简单地根据油压乘活塞面积计算荷载，同型号千斤顶在保养正常状态下，相同油压时的出力相对误差约为 $1\%\sim2\%$，非正常时可高达 5%。

不论采用哪一类千斤顶，油路的"单向阀"（又称止油阀）应安装在压力表和油泵之间，不能安装在千斤顶和压力表之间，否则压力表无法监控千斤顶的实际油压值。

采用自动化静载试验设备进行试验，采用荷重传感器测量荷重或采用压力传感器测定油压，实现加卸荷与稳压自动化控制。量值溯源，不仅应对压力传感器进行校准，而且还应对千斤顶进行校准，或者对压力传感器和千斤顶整个测力系统进行校准。

精密压力表使用环境温度为 $20℃\pm3℃$，空气相对湿度不大于 80%，当环境温度太低或太高时应考虑温度修正。压力表准确度等级应优于或等于 0.4 级（即压力表的示值误差不大于 0.4%）。油压表的量程主要有 $25MPa$、$40MPa$、$60MPa$ 与 $100MPa$，应根据实际使用要求，合理选择油压表。

荷重传感器：要求传感器的测量误差不应大于 1%。

千斤顶校准一般从其量程的 20% 或 30% 开始，根据 $5\sim8$ 个点的校准结果给出率定曲线（或校准方程）。选择千斤顶时，最大试验荷载对应的千斤顶出力宜为千斤顶量程的 $20\%\sim80\%$。

当采用两台及两台以上千斤顶加载时，为了避免受检桩偏心受荷，千斤顶型号、规格应相同且应并联同步工作。

（3）变形测量装置

变形测量装置包括基准梁、基准桩和百分表或位移传感器。

1）基准梁

要有足够的刚度（工字钢作基准梁，高跨比不宜小于 $1/40$；必要时可将两根基准梁连接或者焊接成网架结构）基准梁越长，越容易受外界因素的影响，有时这种影响较难采取有效措施来预防，见图 9-14。

图 9-14　基准梁

基准梁的一端应固定在基准桩上，另一端应简支于基准桩上，以减少温度变化引起的基准梁挠曲变形。

防护措施：在满足规范规定的条件下，基准梁不宜过长，并应采取有效遮挡措施，以减少温度变化和刮风下雨、振动及其他外界因素的影响，尤其在昼夜温差较大且白天有阳光照射时更应注意。一般情况下，温度对沉降的影响约为 1~2mm。

2）基准桩

GB 50007—2011 要求试桩、锚桩（压重平台支墩边）和基准桩之间的中心距离大于 4 倍试桩和锚桩的设计直径且大于 2.0m。《建筑地基检测技术规范》（JGJ 340—2015）规定桩体、压重平台支墩边和基准桩之间的中心距离应符合表 9-2 的规定。

表 9-2　桩体、压重平台支墩边和基准桩之间的中心距离

桩体中心与压重平台支墩边	桩体中心与基准桩中心	基准桩中心与压重平台支墩边
≥4D 且>2.0m	≥3D 且>2.0m	≥4D 且>2.0m

注：1. D 为增强体直径，m；

2. 对于强夯置换墩或大型荷载板，可采用逐级加载试验，不用反力装置。

①位置：沉降测定平面宜在桩顶 200mm 以下位置，最好不小于 0.5 倍桩径，测点应牢固地固定于桩身，即不得在承压板上或千斤顶上设置沉降观测点，避免因承压板变形导致沉降观测数据失实。

②数量：直径或边宽大于 500mm 的桩，应在其两个方向对称安置 4 个百分表或位移传感器，直径或边宽小于等于 500mm 的桩可对称安置 2 个百分表或位移传感器。

③精度与量程：变形测量宜采用位移传感器或大量程百分表，对于机械式大量程（50mm）百分表，《大量程百分表检定规程》（JJG 379—2009）规定的 1 级标准为：全程示值误差和回程误差分别不超过 $40\mu m$ 和 $8\mu m$，相当于满量程测量误差不大于 0.1%。因此《建筑基桩检测技术规范》（JGJ 106—2014）要求变形测量误差不大于 0.1%FS，分辨力优于或等于 0.01mm。常用的百分表量程有 50mm、30mm 和 10mm，量程越大、周期检定合格率越低，但变形测量使用的百分表量程过小，可能造成频繁调表，影响测量精度，见图 9-15。

图 9-15　百分表和位移传感器

3. 现场检测技术

（1）单桩竖向抗压静载试验

1）两种典型的试验装置

①堆载试验装置，见图 9-16、图 9-17。

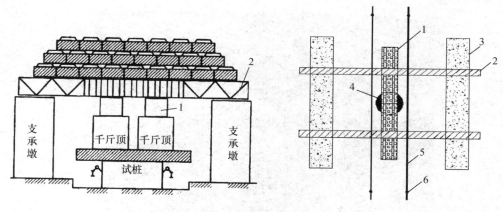

图 9-16 堆载试验装置示意图

1—主梁；2—次梁；3—支墩；4—试验桩；5—基准梁；6—基准桩

图 9-17 堆载试验现场图

②锚桩试验装置示意图见图 9-18、图 9-19。

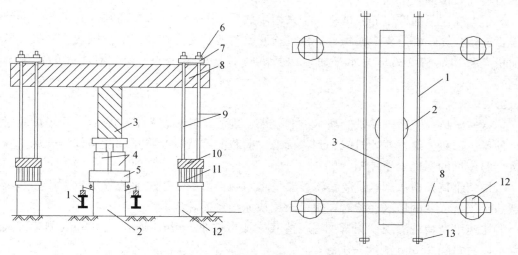

图 9-18 锚桩试验装置示意图

1—基准梁；2—试桩；3—主梁；4—千斤顶；5—承压板；6—垫块；7—枕头；8—次梁；
9—拉杆；10—锚笼；11—锚桩主筋；12—锚桩；13—基准桩

图 9-19　锚桩试验现场图

2）控制要求

①试桩桩顶处理：试桩桩顶平面保持平整，并具有足够的强度。

②试验的沉降测量系统的安装距离：（试桩、支墩边或锚桩、基准桩）是否符合相应标准的要求，在有关标准中无具体要求的以 JGJ 106—2014 为准，并对基准梁给予应有的保护。

③试验荷载（堆载反力平台），荷载应一次堆上，保持荷载的平衡，确保荷载重心穿过试桩中心，荷载总量不得少于预定最大加载的 1.2 倍（支墩的荷载在无相应连接措施情况下不应计入总荷载量）。

对于锚桩反力平台，应验算锚桩提供的有效反力（验算钢筋截面、焊接强度、试验装置的偏心及单桩抗拔承载力）大于最大加载的 1.2 倍。

④加载测力装置中，千斤顶的出力中心应与桩中心重叠，与主梁的受力中心重叠，确保反力能高效传递到桩顶。

对于大吨位竖向抗压静载试验，当采用堆载反力平台时，现场尚须对支墩部位的地基土强度进行验算，确定支墩面积，确保试验开始时地基受力在允许的范围内，同时应考虑大面积支墩和地基受高应力水平时，地基沉降对基准系统的影响，有相应的措施予以控制。

3）现场试验

①慢速维持荷载法现场试验技术控制要求：现场试验装置安装完成后，现场试验时主要是预压、加载分级、测读时间、判稳标准、荷载的维持以及终止加载条件。现场试验时应按试验依据的标准给予控制。

②快速维持荷载法现场试验技术控制要求：施工后的工程桩验收检测宜采用慢速维持荷载法。当有成熟的地区经验时，也可采用快速维持荷载法。

③快速维持荷载法现场测量：每级荷载施加后按第 5min、15min、30min 测读桩顶沉降量，以后每隔 15min 测读一次。

④试桩沉降相对稳定标准：加载时每级荷载维持时间不少于 1h，最后 15min 时间间隔的桩顶沉降增量小于相邻 15min 时间间隔的桩顶沉降增量。

⑤当桩顶沉降速率达到相对稳定标准时，再施加下一级荷载。

卸载时，每级荷载维持 15min，按第 5min、15min 测读桩顶沉降量；卸载至零后，应测读桩顶残余沉降量，维持时间为 2h，测读时间为第 5min、10min、15min、30min，以后每隔 30min 测读一次。

4）记录要求

单桩竖向抗压静载试验，记录的信息应至少反映以下内容：

①检测目的：确定单桩竖向抗压极限承载力，判定竖向抗压承载力是否满足设计要求，通过桩身内力及变形测试、测定桩侧以及桩端阻力，验证高应变法的单桩竖向抗压承载力检测结果。

②检测依据的技术标准和方法：试验依据何种技术标准进行，采用什么方法（慢速维持荷载法、快速维持荷载法以及等速率加载法等）。

③试验桩的特性和状态：试验桩型、尺寸、休止时间或养护时间，试验桩顶标高与设计要求是否一致等。

④试验桩的处理情况：试验桩顶如何处理、锚桩如何处理及如何连接、用天然地基作为支墩支承面地基强度是否满足要求。

⑤使用的仪器设备名称、技术指标以及检定/校准状况。

⑥现场测试系统的安装情况：包括反力装置、荷载测量装置以及沉降测量装置，需有实际的现场信息来说明各系统的安装能够满足相应技术标准的要求。

⑦现场试验中的观测数据（指仪器、仪表的示值）中间计算数据（如各级沉降量的计算，用以现场判稳）和异常情况说明（补载、地基受力后是否正常、使用锚桩反力平台时，锚桩受力后是否开裂、锚桩上拔量）

⑧试验时的环境条件：天气条件、现场振动情况等。由于应变式或钢弦式测力计存在温度补偿问题。

5）现场试验的几个问题

①试验结果的正确应用

对静载试验资料分析中有一些情况值得注意，就单桩竖向承载力而言，有这样两种情况值得注意：一种是经过静载试验后桩的承载力提高了，承载力不合格的桩经过静载荷试验后，该桩竖向承载力提高了，可能满足设计要求。例如桩底有沉渣，静载试验将沉渣压实，桩端阻力能正常发挥；预制桩沉桩时因挤土效应而使桩上浮，静载试验消除了上浮现象；基桩沉降偏大，但压力能稳定等。当然，按规范确定该桩极限承载力不满足设计要求（这个承载力代表的是这一类桩的承载力），但可能不需要对该桩本身进行工程处理。另一种情况是经过静载试验后桩的承载力明显降低了，原本承载力略低于设计要求的桩，例如静载试验第九级或第十级加载时发生桩身破坏或持力层夹层破坏，千斤顶油压值降到很低，按照规范，虽然这根桩极限承载力可以定得很高（这个承载力代表的是这一类桩的承载力），经过设计复核可能满足使用要求，但该桩本身几乎成为废桩。

②支墩下沉，压重平台压到千斤顶的现象

采用压重平台反力装置时，试验前压重全部由支承墩承受，若地基承载力不够，支承墩可能产生较大的下沉，严重时会造成试验前压重平台压到千斤顶的现象，桩已承受了竖向抗压荷载，而桩的沉降未及时记录。在这种情况下继续试验，那么，前几级荷载对应的桩顶沉降量非常小，原始记录实际上是不真实的记录，会影响试验结果的判断。

③边堆载边试验

为了避免主梁压实千斤顶，或避免支承墩下地基土可能破坏而导致安全事故等，采用边堆载边试验，只要桩的试验荷载满足规范要求——每级荷载在维持过程中的变化幅度不得超过分级荷载的±10%，应该说试验结果是可靠的。在实际操作中应注意两个问题，一是试验过程中继续吊装的荷载一部分由支承墩承担，一部分由受检桩来承担，桩顶实际荷载可能大于本级要求的维持荷载值，若超过规范规定的10%时，应适当卸荷，以保证每级荷载在维持过程中的变化幅度不得超过分级荷载的±10%；二是根据吊装速度，控制试验开始的时间，一般应在堆载量大于应堆载量的50%后开始试验，确保试验过程中桩顶的堆载量不小于试验荷载的120%。

④偏心问题

试验过程中应观察并分析桩偏心受力状态，偏心受力主要由以下几个因素引起，一是制作的桩帽轴心与原桩身轴线严重不重合，二是支墩下的地基土不均匀变形，三是用于锚桩的钢筋预留量不匹配，锚桩之间承受的荷载不同步，四是采用多个千斤顶，千斤顶实际合力中心与桩身轴线严重偏离。桩是否存在偏心受力，可以通过四个对称安装的百分表或位移传感器的测量数据分析获得。到底允许偏心受力多大而不影响试验结果，要结果工程实践经验确定，显然，不同桩径、不同配筋情况，不同桩型、不同桩身设计强度、甚至不同地质条件，抵抗偏心力矩的能力是不同的。一般说来，四个不同测点的沉降差，不宜大于 3~5mm，偏心弯矩抵抗能力强的桩，不应大于 10mm。

⑤安全问题

安全问题必须引起我们足够的重视。除了前面介绍的边堆载边试验存在安全隐患外，我国大部分地区采用堆载法，常用堆重重物为砂包或混凝土块，采用砂包配重的试验架多为散架，整体稳定性较差，也存在许多安全隐患。除尽可能地将砂袋重叠稳妥摆放外，高度不宜超过 5m，混凝土块高度不宜超过 8m，如果桩周地表土承载力较低，要随时注意堆重重物倾斜，尤其是下雨天。采用锚桩法时，除对桩的抗拔承载力严格验算外，还应对锚筋进行力学试验，使用时留有足够的安全储备，即使存在少许不均匀受力，钢筋也不会断裂。采用人工读数，必须保证进出通道畅通。应确立试验区范围，并悬挂警告标志。

⑥系统检查

在所有试验设备安装完毕之后，应进行一次系统检查。其方法是对试桩施加一较小的荷载进行预压，其目的是消除整个量测系统和被检桩本身由于制造、安装、桩头处理等人为因素造成的间隙而引起的非桩身沉降；排除千斤顶和管路中之空气；检查管路接头、阀门等是否漏油等。如一切正常，卸载至零，待百分表显示的读数稳定后，并记录百分表读数，即可开始进行正式加载。

（2）单桩竖向抗拔静载试验

1）两种典型的试验装置（图9-20）

主要设备：由主梁、次梁（适用时）、反力桩或反力支承墩等反力装置，千斤顶、油泵加载装置，压力表、压力传感器或荷重传感器等荷载测量装置，百分表或位移传感器等位移测量装置组成，见图9-21。

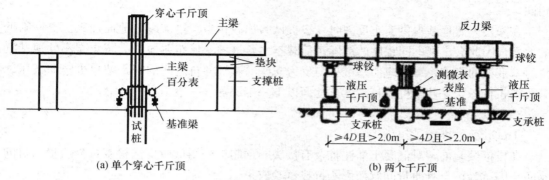

| (a) 单个穿心千斤顶 | (b) 两个千斤顶 |

图 9-20 单桩竖向抗拔试验装置示意图

图 9-21 单桩竖向抗拔试验装置现场图

2）控制要求

①荷载测量

抗拔试验反力装置宜采用反力桩（或工程桩）提供支座反力，也可根据现场情况采用天然地基提供支座反力；反力架系统应具有不小于 1.2 倍的安全系数。

采用反力桩（或工程桩）提供支座反力时，反力桩顶面应平整并具有一定的强度，为保证反力梁的稳定性，应注意反力桩顶面直径（或边长）不宜小于反力梁的梁宽，否则，应加垫钢板以确保试验设备安装稳定性。

采用天然地基提供反力时，两边支座处的地基强度应相近，且两边支座与地面的接触面积宜相同，施加于地基的压应力不宜超过地基承载力特征值的 1.5 倍，避免加载过程中两边沉降不均造成试桩偏心受拉，反力梁的支点重心应与支座中心重合。

加载装置采用油压千斤顶，千斤顶的安装有两种方式：

a. 一种是千斤顶放在试桩的上方、主梁的上面。

b. 另一种是将两个千斤顶分别放在反力桩或支承墩的上面、主梁的下面，千斤顶顶主梁。

②荷载测量

同竖向抗压试验。

③上拔量测量

a. 安装位置：桩顶上拔量测量平面必须在桩顶或桩身位置，安装在桩顶时应尽可能远离主筋，严禁在混凝土桩的受拉钢筋上设置位移观测点，避免因钢筋变形导致上拔量观测数据失实。

b. 测量系统：试桩、反力支座和基准桩之间的中心距离的规定与单桩抗压静载试验相同。

在采用天然地基提供支座反力时，拔桩试验加载相当于给支座处地面加载。支座附近的地面也因此会出现不同程度的沉降。荷载越大，这种变形越明显。为防止支座处地基沉降对基准梁的影响，一是应使基准桩与反力支座、试桩各自之间的间距按单桩竖向抗压试验要求执行，二是基准桩需打入试坑地面以下一定深度（一般不小于 1m）。

3）现场试验

①试验前的准备工作

在拔桩试验前，对混凝土灌注桩及有接头的预制桩采用低应变法检查桩身质量，目的是防止因试验桩自身质量问题而影响抗拔试验成果。

对抗拔试验的钻孔灌注桩在浇筑混凝土前进行成孔质量检测，目的是查明桩身有无明显扩径现象或出现扩大头，因这类桩的抗拔承载力缺乏代表性，特别是扩大头桩及桩身中下部有明显扩径的桩，其抗拔极限承载力远远高于长度和桩径相同的非扩径桩，且相同荷载下的上拔量也有明显差别。

对有接头的 PHC、PTC 和 PC 管桩应进行接头抗拉强度验算。对电焊接头的管桩除验算其主筋强度外，还要考虑主筋墩头的折减系数以及管节端板偏心受拉时的强度及稳定性。墩头折减系数可按有关规范取 0.92，而端板强度的验算则比较复杂，可按经验取一个较为安全的系数。

②试验方法

单桩竖向抗拔静载试验宜采用慢速维持荷载法。需要时，也可采用多循环加、卸载方法。

慢速维持荷载法可按下面要求进行：

A. 加卸载分级

加载应分级进行，采用逐级等量加载；分级荷载宜为最大加载量或预估极限承载力的 1/10，其中第一级可取分级荷载的 2 倍。终止试验后开始卸载，卸载应分级进行，每级卸载量取加载时分级荷载的 2 倍，逐级等量卸载。

加、卸载时应使荷载传递均匀、连续且无冲击，每级荷载在维持过程中的变化幅度不得超过分级荷载的 10%。

B. 桩顶上拔量的测量

加载时，每级荷载施加后按第 5min、15min、30min、45min、60min 测读桩顶沉降量，以后每隔 30min 测读一次。卸载时，每级荷载维持 1h，按第 5min、15min、30min、60min 测读桩顶沉降量；卸载至零后，应测读桩顶残余沉降量，维持时间为 3h，测读时间为第 5min、10min、15min、30min，以后每隔 30min 测读一次。

试验时应注意观察桩身混凝土开裂情况。

C. 变形相对稳定标准

在每级荷载作用下，桩顶的沉降量在每小时内不超过 0.1mm，并连续出现两次，可视为稳定（由 1.5h 内的沉降观测值计算）。当桩顶上拔速率达到相对稳定标准时，再施加下一级荷载。

D. 终止加载条件

当出现下列情况之一时，可终止加载：

a. 在某级荷载作用下，桩顶上拔量大于前一级上拔荷载作用下的上拔量 5 倍。

b. 按桩顶上拔量控制，当累计桩顶上拔量超过 100mm 时。

c. 按钢筋抗拉强度控制，钢筋应力达到钢筋强度标准值的 0.9 倍。

d. 对于验收抽样检测的工程桩，达到设计要求的最大上拔荷载值。

如果在较小荷载下出现某级荷载的桩顶上拔量大于前一级荷载下的 5 倍时，应综合分析原因。若是试验桩，必要时可继续加载，当桩身混凝土出现多条环向裂缝后，其桩顶位移会出现小的突变，而此时并非达到桩侧土的极限抗拔力。

4）记录要求

试验资料的收集与记录可参照竖向抗压静载试验的有关规定执行。

（3）单桩水平静载试验

1）试验装置

试验装置与仪器设备见图 9-22。

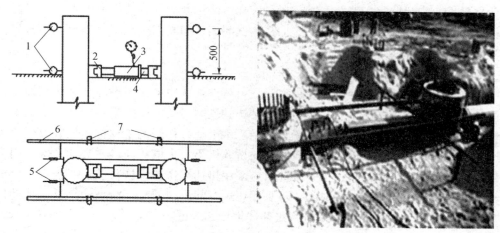

图 9-22 单桩水平静载试验装置

1—百分表；2—球铰；3—千斤顶；4—垫块；5—百分表；6—基准梁；7—基准桩

2）控制要求

①加载与反力装置

水平推力加载装置宜采用油压千斤顶（卧式），加载能力不得小于最大试验荷载的 1.2 倍。

水平力作用点宜与实际工程的桩基承台底面标高一致，如果高于承台底标高，试验时在相对承台底面处会产生附加弯矩，会影响测试结果，也不利于将试验成果根据桩顶的约束予以修正。千斤顶与试桩接触处需安置一球形支座，使水平作用力方向始终水平和通过桩身轴线，不随桩的倾斜和扭转而改变，同时可以保证千斤顶对试桩的施力点位置在试验过程中保持不变。

试验时，为防止力作用点受局部挤压破坏，千斤顶与试桩的接触处宜适当补强。

②量测装置

固定位移计的基准点宜设置在试验影响范围之外（影响区见图 9-23），与作用力方向垂直且与位移方向相反的试桩侧面，基准点与试桩净距不小于 1 倍桩径。在陆上试桩可用入土 1.5m 的钢钎或型钢作为基准点，在港口码头工程设置基准点时，因水深较大，可采用专门设置的桩作为基准点，同组试桩的基准点一般不少于 2 个。搁置在基准点上的基准梁要有一定的刚度，以减少晃动，整个基准装置系统应保持相对独立。为减少温度对测量的影响，基准梁应采取简支的形式，顶上有篷布遮阳。

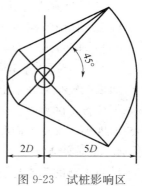

图 9-23 试桩影响区
D—桩径或桩宽

③桩身应力测量

传感器的平面布置要求：各测试断面的测量传感器应沿受力方向对称布置在远离中性轴的受拉和受压主筋上，埋设传感器的纵剖面与受力方向之间的夹角不得大于 10°，以保证各测试断面的应力最大值及相应弯矩的量测精度（桩身弯矩并不能直接测到，只能通过桩身应变值进行推算）。

④传感器的竖向布置要求

对承受水平荷载的中长桩，浅层土对限制桩的变形起到重要作用，而弯矩在此范围里变化也最大，为找出最大弯矩及其位置，应加密测试断面。相关规定中规定，在地面下 10 倍桩径（桩宽）的主要受力部分，应加密测试断面，但断面间距不宜超过 1 倍桩径；超过此深度，测试断面间距可适当加大。

3）现场试验

单桩水平静载试验宜根据工程桩实际受力特性，选用单向多循环加载法或慢速维持荷载法。单向多循环加载法主要是模拟实际结构的受力形式，但由于结构物承受的实际荷载异常复杂，很难达到预期目的。对于长期承受水平荷载作用的工程桩，加载方式宜采用慢速维持荷载法。对需测量桩身应力或应变的试验桩不宜采取单向多循环加载法，因为它会对桩身内力的测试带来不稳定因素，此时应采用慢速或快速维持荷载法。水平试验桩通常以结构破坏为主，为缩短试验时间，可采用更短时间的快速维持荷载法，例如《港口工程桩基规范》（JTS 167-4-2012）规定每级荷载维持 20min。

①加卸载方式和水平位移测量

单向多循环加载法的分级荷载应小于预估水平极限承载力或最大试验荷载的 1/10，每级荷载施加后，恒载 4min 后可测读水平位移，然后卸载为零，停 2min 测读残余水平位移。至此完成一个加卸载循环，如此循环 5 次，完成一级荷载的位移观测。试验不得中间停顿。

慢速维持荷载法的加卸载分级、试验方法及稳定标准应按"单桩竖向抗压静载试验"一章的相关规定进行。测量桩身应力或应变时，测试数据的测读宜与水平位移测量同步。

②终止加载条件

当出现下列情况之一时，可终止加载：

a. 桩身折断。对长桩和中长桩，水平承载力作用下的破坏特征是桩身弯曲破坏，即桩发生折断，此时试验自然终止。

b. 水平位移超过 30～40mm（软土取 40mm）。

c. 水平位移达到设计要求的水平位移允许值。本条主要针对水平承载力验收检测。

4. 检测结果分析与评价

（1）单桩竖向抗压静载试验

1）原始资料的整理

确定单桩竖向抗压承载力时，检测数据的整理首先应列出各级荷载下的沉降量总表，绘出荷载与沉降（Q-S）、沉降与时间对数（S-lg$t$）关系曲线，有时还应绘出 lg$Q$-S 等其他辅助曲线。同一工程的一批试桩曲线，应按相同的沉降纵坐标比例绘制，满刻度沉降值不宜小于 40mm，使结果直观，便于比较。

当进行桩身应力、应变和桩底反力测定时，应整理出有关数据的记录表，并按规范《建筑基桩检测技术规范》（JGJ 106—2014）附录 A 绘制桩身轴力分布图、计算不同土层的分层侧阻力和端阻力值。

2）结果的判定

①单桩竖向抗压极限承载力 q_c 的确定

单桩竖向抗压极限承载力值是针对某试桩而言的，可按下列方法综合分析确定：

a. 据沉降随荷载的变化特征确定：对于陡降型 Q-S 曲线，取其发生明显陡降的起始点（第二拐点）对应的荷载值。当 Q-S 曲线的第二拐点不够明显时，可将 Q-S 曲线转换为 lg$Q$-S 曲线，使第二拐点突显出来。

b. 根据沉降随时间的变化特征确定基桩竖向极限承载力：取 S-lg$t$ 曲线尾部出现明显向下弯曲的前一级荷载。

c. 根据沉降量确定单桩竖向极限承载力：对于缓变型 Q-S 曲线，可取桩顶沉降量 $S=$ 40mm 所对应的荷载值。当桩长大于 40m 时，宜考虑桩身的弹性压缩量；对于直径大于和等于 800mm 的桩，可取 $S=0.05D$（D 为桩端直径）所对应的荷载值。

d. 按上述方法判断有困难时，《建筑地基基础设计规范》（GB 50007—2011）提出可结合其他辅助分析方法综合判定。对桩基沉降有特殊要求者，应根据具体情况选取。

e. 当按上述 a.～d. 条判定单桩竖向抗压承载力未达到极限时，单桩竖向抗压极限承载力应取最大试验荷载值。

②单桩竖向抗压极限承载力特征值统计值的确定

a. 参加统计的试桩结果，当满足其极差不超过平均值的 30％时，取其平均值为单桩竖向抗压极限承载力。

b. 当极差超过平均值的 30％时，应分析极差过大的原因，结合工程具体情况综合确定，必要时可增加试桩数量。

c. 对桩数为 3 根或 3 根以下的柱下承台，或工程桩抽检数量少于 3 根时，应取低值。

需要强调的是统计样本的代表性，即能否反映单项工程的实际情况，故需要排除一些偶然或非正常因素引起的数据偏差，确保数据是"同一条件"（同一地质条件、同一桩型规格、同一施工条件）下的结果。

如当一批受检桩中有一根桩承载力过低，若恰好不是偶然原因造成，则该验收批一旦被接受，就会增加使用方的风险。因此规定极差超过平均值的 30％时，首先应分析、查明原因，并结合工程实际综合确定。例如一组 5 根试桩的承载力值依次为 800kN、950kN、1000kN、1100kN 以及 1150kN，平均值为 1000kN，单桩承载力最低值和最高值的极差为 350kN，超过平均值的 30％，则不得将最低值 800kN 去掉将后面 4 个值取平均，或将最低和最高值都去掉取中间 3 个值的平均值。应查明是否出现桩的质量问题或场地条件变异。若低值承载力出现的原因并非偶然的施工质量造成，则应依次去掉高值后取平均，直至满足极差不超过 30％的条件。此外，对桩数小于或等于 3 根的柱下承台，或试桩数量仅为 2 根时，应采用低值，以确保安全。对于仅通过少量试桩无法判明极差大的原因时，可增加试桩数量。

③单桩竖向抗压承载力特征值的确定

单位工程同一条件下的单桩竖向抗压承级力特征值，应按单桩竖向抗压极限承载力统计值的一半取值。

（2）单桩抗拔静载试验

1）原始资料的整理

应绘制上拔荷载 U 与桩顶上拔量 δ 之间的关系曲线（U-δ）和 δ 与时间 t 之间的关系曲线（δ-lg$t$）曲线。当上述两种曲线难以判别时，也可以辅以 δ-lg$U$ 曲线或 lg$U$-lgδ 曲线。

当进行抗拔摩阻力测试时，应有传感器类型、安装位置、轴力计算方法，各级荷载下桩身轴力变化曲线，各土层中的抗拔极限摩阻力。

2）结果的判定

①抗拔极限承载力

单桩抗拔极限承载力可按下列方法综合判定：

a. 根据上拔量随荷载变化的特征确定：对于陡变形 U-δ 曲线，取陡升起始点对应的荷载值。

b. 根据上拔量随时间变化的特征确定：取 δ-lg$t$ 曲线斜率明显变陡或尾部显著弯曲的前一级荷载值。

c. 当在某级荷载下抗拔钢筋断裂时，取其前一级荷载值。

d. 未出现上述三种情况，工程桩验收检测时，混凝土桩抗拔承载力可能受抗裂或钢筋强度制约，而土的抗拔阻力尚未发挥到极限，一般取最大荷载或取上拔量控制值对应的荷载作为极限荷载，不能轻易外推。

②单桩竖向抗拔极限承载力统计值

单桩竖向抗拔极限承载力统计值的确定同单桩竖向抗压静载试验部分。

③单桩竖向抗拔承载力特征值

单位工程同一条件下的单桩竖向抗拔承载力特征值按单桩竖向抗拔极限承载力统计值的一半取值。

当工程桩不允许带裂缝工作时，取桩身开裂的前一级荷载作为单桩竖向抗拔承载力特征值，并与按极限荷载一半取值确定的承载力特征值相比取小值。

（3）单桩水平试验

1）原始资料的整理

检测数据应按下列要求整理：

①采用单向多循环加载法时绘制试验成果曲线：

a. 水平力-时间-作用点位移（H-t-Y_0）关系曲线（图 9-24）。

b. 水平力-位移梯度（H-$\Delta Y_0/\Delta H$）关系曲线。

②采用慢速维持荷载法时绘制试验成果曲线：

a. 水平力-力作用点位移（H-Y_0）关系曲线。

b. 水平力-位移梯度（H-$\Delta Y_0/\Delta H$）关系曲线。

c. 力作用点位移-时间对数（Y_0-lg$t$）关系曲线。

d. 水平力-力作用点位移双对数（lg$H$-lgY_0）关系曲线。

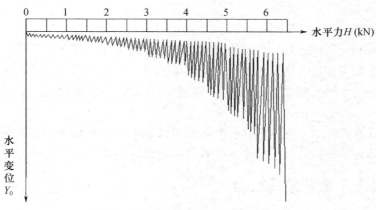

图 9-24　单向多循环加载法（H-t-Y_0）

③采用单向单循环恒速加载法时绘制成果曲线：

a. 水平力-作用点位移（H-Y_0）关系曲线。

b. 水平力-位移双对数（$\lg H$-$\lg Y_0$）关系曲线。

④绘制水平力、水平力作用点水平位移-地基土水平抗力系数的比例系数的关系曲线（H-m、Y_0-m）。

⑤对埋设有测量桩身应力或应变传感器时，尚应绘制下列曲线，并列表给出下列数据：

a. 水平力作用下桩身弯矩分布图。

b. 水平力-最大弯矩钢筋拉应力（H-σ_s）曲线。

2）水平临界荷载的确定

单桩水平临界荷载 H_{cr} 可按下列方法综合确定：

①取单向多循环加载法时的 H-t-Y_0 曲线或慢速维持荷载法时的 H-Y_0 曲线出现拐点的前一级水平荷载值。

②取 H-$\Delta Y_0/\Delta H$ 曲线或 $\lg H/\lg Y_0$ 曲线上第一拐点对应的水平荷载值。

③取 H-σ_s 曲线的第一拐点对应的水平荷载值。

对于混凝土长桩或中长桩，随着水平荷载的增加，桩侧土体的塑性区自上而下逐渐开展扩大，最大弯矩断面下移，最后形成桩身结构的破坏。所测水平临界荷载 H_{cr} 为桩身产生开裂前所对应的水平荷载。因为只有混凝土桩才会产生开裂，故只有混凝土桩才有临界荷载。

3）水平极限承载力综合确定

单桩水平极限承载力可根据下列方法综合确定：

①取单向多循环加载法时的 H-t-Y_0 曲线产生明显陡降的前一级、或慢速维持荷载法时的 H-Y_0 曲线明显陡降的起始点对应的水平荷载值。

②取慢速维持荷载法时的 Y_0-$\lg t$ 曲线尾部出现明显弯曲的前一级水平荷载值。

③取 H-$\Delta Y_0/\Delta H$ 曲线或 $\lg H$-$\lg Y_0$ 曲线上第二拐点对应的水平荷载值。

④取桩身折断或钢筋屈服时的前一级水平荷载值。

4）单桩水平极限承载力和水平临界荷载统计值的确定

单桩水平极限承载力和水平临界荷载统计值的确定：参加统计的试桩，当满足其极差不超过平均值的30％时，可取其平均值为单桩水平极限承载力统计值或单桩水平临界荷载统计值。

5）结果的判定

单位工程在同一条件下的单桩水平承载力特征值的确定应符合下列规定：

①当水平承载力按桩身强度控制时，取水平临界荷载统计值为水平承载力特征值。

②当桩受长期水平荷载作用且桩不允许开裂时，取水平临界荷载统计值的 0.8 倍作为单桩水平承载力特征值。

③当按设计要求的水平允许位移控制，取设计要求的水平允许位移所对应的水平荷载为单桩水平承载力特征值，但应满足有关规范抗裂设计的要求。

9.2.3　土（岩）地基载荷试验

土（岩）地基载荷试验分为浅层平板载荷试验、深层平板载荷试验和岩基载荷试验。浅层平板载荷试验适用于确定浅层地基土、破碎、极破碎岩石地基的承载力和变形参数；深层平板载荷试验适用于确定深层地基土和大直径桩的桩端土的承载力和变形参数，深层平板载荷试验的试验深度不应小于 5m；岩基载荷试验适用于确定完整、较完整、较破碎岩石地基的承载力和变形参数。

土（岩）地基载荷试验适用于检测天然土质地基、岩石地基及采用换填、预压、压实、挤密、强夯与注浆处理后的人工地基的承压板下应力影响范围内的承载力和变形参数。

工程验收检测的平板载荷试验最大加载量不应小于设计承载力特征值的 2 倍，岩石地基载荷试验最大加载量不应小于设计承载力特征值的 3 倍；为设计提供依据的载荷试验应加载至极限状态。土（岩）地基载荷试验的加载方式应采用慢速维持荷载法。

土（岩）地基载荷试验的检测数量应符合下列规定：

（1）单位工程检测数量为每 500m² 不应少于 1 点，且总点数不应少于 3 点。

（2）复杂场地或重要建筑地基应增加检测数量。

1. 地基受竖向荷载的变形特性

（1）建筑物地基中两种作用应力

建筑物地基中的两种作用力，一种是土体自重作用下的应力（自重应力），另一种是建筑物荷载作用下地基土中超过自重应力的那一部分应力增量称之附加应力。

通常地基土在自重应力作用下的变形已经完成，建筑物荷载作用所引起的附加应力是地基土产生新的变形的根源，见图 9-25。

基础底面下地基土中附加应力分布随深度具有非线性扩散性质。

条形基础：$H=1.5B$ 时，$P_i=0.5P_0$，主要受力层 $3B$。

独立基础：$H=0.5B$ 时，$P_i=0.5P_0$，主要受力层 $1.5\sim2.0B$。

地基浅层平板载荷试验往往只反映了建筑物下浅层地基的变形特性。当地基的主要受力层由性质相差悬殊的多层土组成时，宜分层进行载荷试验或用不同面积的载荷板在同一试验深度进行。也可以补充其他原位测试手段，如轻便触探、标贯试验以及静力触探等，对建筑场地的变形特征作出综合判定。

（2）地基受竖向荷载作用变形的三个阶段（图 9-26）

1）直线变形阶段（压密阶段）：地基土的变形是由于土的孔隙体积的减小即压密所引起。

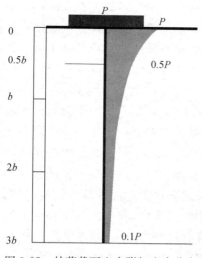  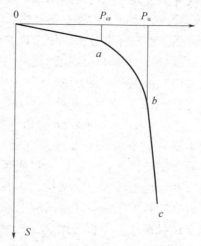

图 9-25　外荷载下土中附加应力分布　　　图 9-26　地基在竖向荷载作用下变形三个阶段

2）局部剪切阶段：压板下地基土在发生压密的同时，压板两侧基础边缘处的应力首先达到极限平衡，土体产生剪切而发生塑性变形区，并随荷载的增加，塑形变形区范围逐渐扩大，下沉量显著增大。

3）完全破坏阶段：压板连续急剧下沉，即地基土中的塑性变形区不断扩大。

在软弱地基土中，基础的竖向位移产生沿基础周边的竖向剪切，使基础不断向下刺入。在压缩性较小的密实砂土或黏性土地基中，由于塑性区的不断扩大而形成连续滑动面，土从载荷压板下挤出来，形成隆起的土堆，此时地基完全破坏，即基础压板丧失稳定。地基形变的三个阶段是难以明确划分的，只有对砂土和密实的黏性土地基比较典型。

为了使地基载荷试验的结果能较好地描绘出地基土的变形特征，试验前应施加预压荷载，预压荷载（包括设备重量）应等于卸去压板以上土的自重，其相应的沉降量不计。加荷等级可分为 8～12 级，以后每级荷载增量，对较坚硬的土（硬塑或可塑黏性土）不超过 25～50kPa，对于松软的土（软塑或流塑状态的淤泥或淤泥质土），不超过 10～25kPa。地基载荷试验施加的总荷载不应少于设计荷载值的 2 倍，或应尽量接近土的极限荷载。

2. 现场检测技术

（1）试验目的

1）地基土浅层平板载荷试验，用于确定浅部地基土层承压板下应力主要影响范围内的承载力和变形特性。

2）深层平板载荷试验，用于确定深部地基土层及大直径桩桩端土层在承压板下应力主要影响范围内的承载力和变形特性。

3）岩基载荷试验适用于确定完整、较完整、较破碎岩基作为天然地基或桩基础持力层时的承载力。

（2）试验点位置选择

天然地基载荷试验点应布置在有代表性的地点和基础底面标高处，且布置在技术钻孔附近。当场地地质成因单一、土质分布均匀时，试验点离技术钻孔距离不宜超过 10m，反之不应超过 5m，也不宜小于 2m。试验点位置的严格控制，目的使载荷试验反映的承压板影响范围内地基土的性状与实际基础下地基土的性状基本一致。当然，在实际操作时，要真正做到试验点处地基土的性状能真实反映建筑场地地基土的性状是比较困难的，只能通过对现场地质条件的详细分析，使选择的检测点能代表建筑场地地基土的基本性状，并通过一定测试数量控制，以达到检测结果尽可能具有代表性。

（3）浅层平板载荷试验方法

1）试验采用正方形或圆形刚性承压板，直径不小于 $0.25m^2$（浅层平板载荷试验承压板面积不应小于 $0.25m^2$，换填垫层和压实地基承压板面积不应小于 $1.0m^2$，强夯地基承压板面积不应小于 $2.0m^2$），板底高程应与基础底面标高相同。为使地基载荷试验的压板真正处在无埋深条件下，试坑长度和宽度应大于载荷板相应尺寸的 3 倍。试验土层顶面应保持水平，并保持土层的原状结构和天然湿度。开挖试坑时应避免对基土结构产生扰动，为此，只有到安装承压板前才将试验土层面以上预留的 $20\sim30cm$ 厚的原土清除。为使压板和地基土接触良好，压板与地基土的接触面处宜采用 $10\sim20mm$ 厚度的中、粗砂层找平，其厚度不超过 $20mm$。对流塑状黏性土、松散砂层，在压板周围应铺设 $20\sim30cm$ 保护层，以防止试压过程中对试验土层的扰动。当加载反力装置为压重平台反力装置时，承压板、压重平台支墩和基准桩之间的净距应符合表 9-3 规定。

表 9-3　承压板、压重平台支墩和基准桩之间的净距

承压板与基准桩	承压板与压重平台支墩	基准桩与压重平台支墩
$>b$ 且 $>2.0m$	$>b$ 且 $>B$ 且 $>2.0m$	$>1.5B$ 且 $>2.0m$

注：b 为承压板边宽或直径（m），B 为支墩宽度（m）。

2）加荷装置通常采用三种形式

①直接堆重荷载平台：由刚性承压板、立柱、堆重平台组成。荷重块可根据荷载分级在堆重平台上每次均匀对称堆放。量测仪表每年应送国家法定计量单位检定，并出具合格证书；试验装置应有遮挡设施，严禁日光直射基准梁。荷载量测精度应达到最大加压荷载的 1%。

②压重平台反力装置：由刚性承压板、压重平台反力架以及千斤顶等组成。根据设计要求将相当于最大加载值 1.2 倍的荷载在试验前一次施加。试验加载压力通常由油压千斤顶控制。

③地锚系统反力装置：由刚性承载系统组成。

3）加荷等级不少于 8 级，最大加载量不应少于设计荷载值的 2 倍。第一级可取 2 倍加载量，以后逐级等量加载。每级荷载在其维持过程中，应保持数值的稳定。《建筑地基基础设计规范》（GB 50007—2011）提倡的加荷方法是慢速维持载法。采用重物直接加载时，要注意重物的对称均匀、平稳堆放。每次荷载施加后第一小时内按间隔 $10min$、$10min$、$10min$、$15min$、$15min$ 进行测读，以后每隔 $0.5h$ 测读一次，直至沉降稳定。

4）稳定标准：当连续 $2h$ 内每小时的沉降量不超过 $0.1mm$ 时，则认为已趋稳定，可加下一级荷载。

5）为了确定地基的极限承载力，应加载至地基破坏，或出现下列条件之一时，可终止加载：

① 承压板周围的土明显出现侧向挤出。

② 沉降量急骤增大，荷载-沉降（p-s）曲线出现陡降段。

③ 在某级荷载下 24h 内沉降速率不能达到稳定。

④ 沉降量与承压板的宽度或直径之比大于或等于 0.10。

《建筑地基基础设计规范》（GB 50007—2011）规定，沉降量与承压板的宽度或直径之比应大于或等于 0.06，即可终止试验。

（4）深层平板载荷试验方法

直径 0.8m 的刚性承压板，紧靠压板周边外侧的土层高度不少于 80cm。

1）加荷等级可按预估极限承载力的 1/10～1/15 分级施加。

2）每级荷载后的观测时间间隔、稳定标准同浅层平板载荷试验。

3）当出现下列情况之一时，可终止加载：

① 沉降量急骤增大，荷载-沉降（p-s）曲线上有可判定极限承载力的陡降段，且沉降量超过 0.04d（d 为承压板直径）。

② 在某级荷载下，24h 内沉降速率不能达到稳定标准。

③ 本级沉降量大于前一级沉降量的 5 倍。

④ 当持力层土层坚硬，沉降量很小时，最大加载量不小于设计荷载的 2 倍。

（5）岩基载荷试验方法

直径 0.3m 的刚性承压板，传力柱。

1）测量系统的初始稳定读数观测：加压前，每隔 10min 读数一次，连续三次读数不变可开始试验。

2）加载方式：单循环加载，荷载逐级递增直至破坏，然后分级卸载。

3）加载分级：第一级加载值为预估设计荷载的 1/5，以后每级为 1/10。

4）沉降量测读：加载后立即读数，以后每 10min 读数一次。

5）稳定标准：连续三次读数之差均不大于 0.01mm。

6）终止加载条件：当出现下列现象之一时，即可终止加载。

① 沉降量读数不断变化，在 24h 内，沉降速率有增大趋势。

② 压力加不上或勉强加上而不能保持稳定。

③ 若由于加载能力限制，荷载也应增加到不少于设计要求（设计荷载）的两倍。

7）卸载观测：每级卸载为加载时的 2 倍，如为奇数，第一级可为 3 倍。每级卸载后，隔 10min 测读一次，测读三次后可卸下一级荷载。全部卸载后，当测读到 0.5h 回弹量小于 0.01mm 时，则认为稳定。

9.2.4 处理地基及复合地基载荷试验

复合地基载荷试验适用于水泥土搅拌桩、砂石桩、旋喷桩、夯实水泥土桩、水泥粉煤灰碎石桩、混凝土桩、树根桩、灰土桩、柱锤冲扩桩及强夯置换墩等竖向增强体和周边地基土组成的复合地基的单桩复合地基和多桩复合地基载荷试验，用于测定承压板下应力影响范围内的复合地基的承载力特征值。当存在多层软弱地基时，应考虑到载荷板应力影响范围，选择大承压板多桩复合地基试验并结合其他检测方法进行。

复合地基载荷试验承压板底面标高应与设计要求标高相一致。工程验收检测载荷试验最大加载量不应小于设计承载力特征值的 2 倍，为设计提供依据的载荷试验应加载至复合地基达到破坏状态。单位工程复合地基载荷试验可根据所采用的处理方法及地基土层情况，选择多桩复合地基载荷试验或单桩复合地基载荷试验。复合地基载荷试验的加载方式应采用慢速维持荷载法。

1. 复合地基受竖向荷载的变形特性

复合地基（图 9-27）在刚性基础下的变形特性比较复杂，随桩体与土体的相对刚度（如桩体材料性质、桩土应力比、面积置换率等因素）的变化而变化。

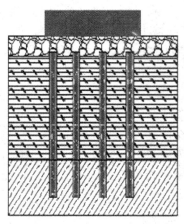

图 9-27　复合地基示意图

根据桩体材料性质，可将复合地基分为：

散体材料桩复合地基：有碎石桩（振冲、挤密、干振）复合地基、碴土桩及砂桩复合地基、强夯置换墩体复合地基以及柱锤冲扩桩复合地基等。

一般黏结强度桩复合地基：有灰土桩复合地基、石灰桩复合地基、土挤密桩复合地基、水泥土桩（深层搅拌桩、粉喷桩）复合地基以及夯实水泥土桩复合地基等。

高黏结强度桩复合地基：有 CFG（水泥、粉煤灰和碎石）桩复合地基、素混凝土桩复合地基及碎石压力灌浆桩（树根桩）复合地基等。

（1）复合地基的变形特征

复合地基承载力大小，取决于桩体刚度与桩周土体刚度间的匹配关系。荷载施加初期，土承担的荷载大于桩承担的荷载。随着荷载的增加，应力逐渐向桩体转移，桩间土承担的荷载比例逐渐减少，桩承担的荷载比例逐渐增大。当桩和土承担的荷载各占 50％ 之后，在桩身强度满足的条件下，随着桩长的增加，桩承担的荷载势必愈来愈大于桩间土承担的荷载。同样，当竖向荷载达到一定的量值后，在恒定的荷载作用下，桩承担荷载比（δ_p）随桩长增加、桩距减小、土体强度降低、褥垫层厚度减小而增大。

（2）充分发挥桩土共同作用的措施

为了充分发挥复合地基中桩土的共同作用，桩体强度和桩长应根据桩周土体的强度作适当调整，使桩土应力比处于相对合理。对于一般黏结强度桩复合地基，桩与桩间土并非同时会达到极限荷载。

一般桩体到达极限荷载后，上部桩体（2～5）d 被压碎。对于双轴水泥搅拌桩，复合地基中桩的最大轴力在 3m 以内，而单桩受荷时的最大轴力在 5.0m 以内。适当提高桩顶下（5～8）d 范围内的桩体强度。

在碎石桩复合地基中，当桩长 $L > 2.5B$ 时，再增加桩长对提高复合地基承载能力作用不大。石灰桩模量高于碎石桩，荷载传递深度大于碎石桩，但由于桩身强度不高，随桩长的增加端阻力发挥越来越小。CFG 桩由于桩体强度较高，能全长发挥侧阻力，桩长较短时端阻力也能得到较好地发挥。

通过调节褥垫层的厚度、桩体强度及桩长，以控制桩土荷载分担比，充分发挥桩周土体的承载作用。

（3）复合地基设计中涉及的主要参数

1）桩土应力比 n：复合地基竖向荷载中，作用于桩顶应力与作用于桩间土应力之比称为桩土应力比。复合地基中桩土应力比不是常数。通常柔性桩的桩土应力比 n 不大于 10，刚性桩的桩土应力比 n 为 $15 \sim 40$。

2）面积置换率 m：复合地基中桩体所占据的面积与桩土总面积之比称为平均面积置换率。

$$面积置换率（m）= \frac{处理单元中桩面积}{桩面积 + 土面积} = \frac{处理单元中桩面积}{处理单元面积}$$

3）等效影响圆直径 d_e：指复合地基中与加固单元体（一根桩及桩周加固土体）面积相等的圆面积的直径，是确定复合地基载荷试验承压板面积的重要参数，见图 9-28。

4）复合地基中置换率 m 的计算

$$m = \frac{A_桩}{A_桩 + A_土} = \frac{A_桩}{A} \tag{9-1}$$

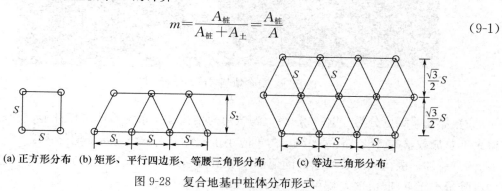

(a) 正方形分布　(b) 矩形、平行四边形、等腰三角形分布　(c) 等边三角形分布

图 9-28 复合地基中桩体分布形式

独立基础下的复合地基，通常作单桩复合地基载荷试验，试验承压板为圆形或方形，压板面积 $A = \frac{F}{n}$（F 为基础面积，n 为基础下桩数）。

2. 现场检测技术

（1）复合地基载荷试验（图 9-29）

1）适用于单桩复合地基静载荷试验和多桩复合地基静载荷试验。

2）复合地基静载荷试验用于测定承压板下应力主要影响范围内复合土层的承载力。复合地基静载荷试验承压板应具有足够刚度。单桩复合地基静载荷试验的承压板可用圆形或方形，面积为一根桩承担的处理面积；多桩复合地基静载荷试验的承压板可用方形或矩形，其尺寸按实际桩数所承担的处理面积确定。单桩复合地基静载荷试验桩的中心（或形心）应与承压板中心保持一致，并与荷载作用点相重合。

3）试验应在桩顶设计标高进行。承压板底面以下宜铺设粗砂或中砂垫层，垫层厚度可取 $100 \sim 150 \mathrm{mm}$。如采用设计的垫层厚度进行试验，试验承压板的厚度对独立基础和条形基础应采用基础的设计宽度，对大型基础试验有困难时应考虑承压板尺寸和垫层厚度对试验结果的影响。垫层施工的夯填度应满足设计要求。

4）试验标高处的试坑宽度和长度不应小于承压板尺寸的 3 倍。基准梁及加荷平台支点（或锚桩）宜设在试坑以外，且与承压板边的净距不应小于 2m。

5）试验前应采取防水和排水措施，防止试验场地地基土含水量变化或地基土扰动，影响试验结果。

图 9-29　复合地基载荷试验现场图

6）加载等级可分为（8～12）级。测试前为校核试验系统整体工作性能，预压荷载不得大于总加载量的 5%。最大加载压力不应小于设计要求承载力特征值的 2 倍。

7）每加一级荷载前后均应各读记承压板沉降量一次，以后每 0.5h 读记一次。当 1h 内沉降量小于 0.1mm 时，即可加下一级荷载。

8）当出现下列现象之一时可终止试验：

①沉降急剧增大，土被挤出或承压板周围出现明显的隆起。

②承压板的累计沉降量已大于其宽度或直径 6%。

③当达不到极限荷载，而最大加载压力已大于设计要求压力值的 2 倍。

9）卸载级数可为加载级数的一半，等量进行，每卸一级，间隔 0.5h，读记回弹量，待卸完全部荷载后间隔 3h 读记总回弹量。

10）复合地基承载力特征值的确定应符合下列规定：

①当压力-沉降曲线上极限荷载能确定，而其值不小于对应比例界限的 2 倍时，可取比例界限；当其值小于对应比例界限的 2 倍时，可取极限荷载的一半；

②当压力-沉降曲线是平缓的光滑曲线时，可按相对变形值确定，并应符合下列规定：

a. 对沉管砂石桩、振冲碎石桩和柱锤冲扩桩复合地基，可取 s/b 或 s/d 等于 0.01 所对应的压力。

b. 对灰土挤密桩、土挤密桩复合地基，可取 s/b 或 s/d 等于 0.008 所对应的压力。

c. 对水泥粉煤灰碎石桩或夯实水泥土桩复合地基，对以卵石、圆砾、密实粗中砂为主的地基，可取 s/b 或 s/d 等于 0.008 所对应的压力；对以黏性土、粉土为主的地基，可取 s/b 或 s/d 等于 0.01 所对应的压力。

d. 对水泥土搅拌桩或旋喷桩复合地基，可取 s/b 或 s/d 等于 0.006～0.008 所对应的压力；桩身强度大于 1.0MPa 且桩身质量均匀时可取高值。

e. 对有经验的地区，可按当地经验确定相对变形值，但原地基土为高压缩性土层时，相对变形值的最大值不应大于 0.015。

f. 复合地基荷载试验，当采用边长或直径大于 2m 的承压板进行试验时，b 或 d 按 2m 计。

g. 按相对变形值确定的承载力特征值不应大于最大加载压力的一半。

注：s 为静载荷试验承压板的沉降量；b 和 d 分别为承压板宽度和直径。

11）试验点的数量不应少于 3 点，当满足其极差不超过平均值的 30% 时，可取其平均值为复合地基承载力特征值。当极差超过平均值的 30% 时，应分析离差过大的原因，需要时应增加试验数量，并结合工程具体情况确定复合地基承载力特征值。工程验收时应视建筑物结构、基础形式综合评价，对于桩数少于 5 根的独立基础或桩数少于 3 排的条形基础，复合地基承载力特征值应取最低值确定。

（2）处理地基载荷试验

处理地基分两种情况：一种是处理范围和深度都较大，已超过主要持力层深度，这类处理地基可视作均质地基，其承载特性类似于承载力较高的天然地基。另一种处理地基的受力特性相当于上硬（处理深度内）下软（软弱下卧层）的双层地基。

一般在建筑物基础下，处理地基的加固层深度是有限的，基础下的受压层深度往往超过上部处理土层的厚度。

1）适用于确定换填垫层、预压地基、压实地基、夯实地基和注浆加固等处理后地基承压板应力主要影响范围内土层的承载力和变形参数。

2）平板静载荷试验采用的压板面积应按需检验土层的厚度确定，且不应小于 1.0m²，对夯实地基，不宜小于 2.0m²。

3）试验基坑宽度不应小于承压板宽度或直径的 3 倍。应保持试验土层的原状结构和天然湿度。宜在拟试压表面用粗砂或中砂层找平，其厚度不超过 20mm。基准梁及加荷平台支点（或锚桩）宜设在试坑以外，且与承压板边的净距不应小于 2m。

4）加荷分级不应少于 8 级。最大加载量不应小于设计要求的 2 倍。

5）每级加载后，按间隔 10min、10min、10min、15min、15min，以后为每隔 0.5h 测读一次沉降量，当在连续 2h 内，每小时的沉降量小于 0.1mm 时，则认为已趋稳定，可加下一级荷载。

6）当出现下列情况之一时，即可终止加载，当满足前三种情况之一时，其对应的前一级荷载定为极限荷载：

①承压板周围的土明显地侧向挤出。

②沉降 s 急剧增大，压力-沉降曲线出现陡降段。

③在某一级荷载下，24h 内沉降速率不能达到稳定标准。

④承压板的累计沉降量已大于其宽度或直径的 6%。

7）处理后的地基承载力特征值确定应符合下列规定：

①当压力-沉降曲线上有比例界限时，取该比例界限所对应的荷载值。

②当极限荷载小于对应比例界限的荷载值的 2 倍时，取极限荷载值的一半。

③当不能按上述两款要求确定时，可取 $s/b=0.01$ 所对应的荷载，但其值不应大于最大加载量的一半。承压板的宽度或直径大于 2m 时，按 2m 计算。

注：s 为静载荷试验承压板的沉降量；b 为承压板宽度。

8）同一土层参加统计的试验点不应少于 3 点，各试验实测值的极差不超过其平均值的 30％时，取该平均值作为处理地基的承载力特征值。当极差超过平均值的 30％时，应分析极差过大的原因，需要时应增加试验数量并结合工程具体情况确定处理后地基的承载力特征值。

9.3 岩土工程原位测试技术

9.3.1 概述

原位测试（In-Situ Testing）：在岩土体原有的位置上，在保持岩土的天然结构、天然含水量以及天然应力状态条件下测定岩土性质称为原位测试。

1. 原位测试优缺点

（1）优点

1）不需经过钻探取样，直接测定岩土力学性质，更能真实反映岩土的天然结构及天然应力状态下的特性。

2）原位测试所涉及的土尺寸较室内试验样品要大得多，因而更能反映土的宏观结构（如裂隙等）对土的性质的影响，比土样具代表性。

3）可重复进行验证，缩短试验周期。

（2）缺点

难以控制测试中的边界条件，如测试周围土层的排水条件和应力条件。

2. 原位试验的应用

（1）土层土类划分。

（2）求天然地基承载力。

（3）测定土的物理力学性质指标。

（4）在桩基勘察中的应用。

（5）评价砂土和粉土的地震液化。

（6）求解土的固结系数、渗透系数及不排水抗剪强度等。

（7）检验压实填土的质量及强夯效果。

（8）进行浅基础的沉降计算。

9.3.2 圆锥动力触探试验

1. 概述

圆锥动力触探试验（DPT）是用标准质量的重锤，以一定高度的自由落距，将标准规格的圆锥形探头贯入土中，根据打入土中一定距离所需的锤击数，判定土的力学特性，具有勘探和测试双重功能。适用于检测地基土或加固土增强体的均匀性，判定地基处理效果。

圆锥动力触探试验根据锤击能量分为轻型、重型和超重型三种（图 9-30、图 9-31）。

（1）轻型动力触探适用于浅部的填土、砂土、粉土、黏性土等原状岩土以及采用粉质黏土、灰土、粉煤灰、砂土的垫层和水泥土搅拌桩、单液硅化法加固地基。

（2）重型动力触探适用于砂土、中密以下的碎石土、极软岩等原状岩土以及采用矿渣、砂石的垫层和强夯处理地基、不加填料振冲处理砂土地基、碎石桩振冲法、砂石桩、石灰桩、冲扩桩、单液硅化法加固地基。

超重型动力触探适用于密实和很密的碎石土、软岩、极软岩等原状岩土以及强夯处理地基、不加填料振冲处理砂土地基、砂石桩、石灰桩。

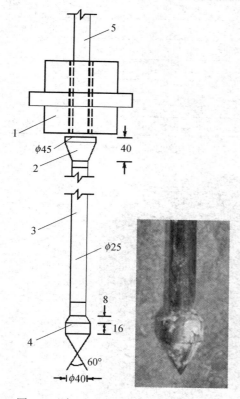

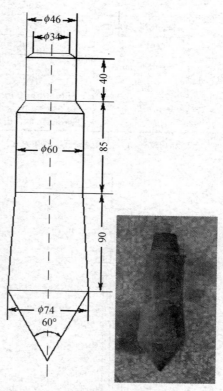

图 9-30　轻型动力触探仪（单位：mm）
1—穿心锤；2—钢砧与锤垫；3—触探杆；
4—圆锥探头；5—导向杆

图 9-31　重型、超重型动力触探探头（单位：mm）

测试原理：

当规定一定的贯入深度 h，采用一定规格（规定的探头截面、圆锥角、重量）的落锤和规定的落距，那么锤击数 N 的大小就直接反映了动贯入阻力 R_d 的大小，即直接反映被贯入土层的密实程度和力学性质。因此，实践中常采用贯入土层一定深度的锤击数作为圆锥动力触探的试验指标。

圆锥动力触探测试的优点：

①设备简单，坚固耐用。

②操作及测试方法容易。

③适用性广。

④快速，经济，能连续测试土层。

⑤有些动力触探，可同时取样，观察描述。

⑥经验丰富，使用广泛。

2. 仪器设备

圆锥动力触探仪由穿心锤、圆锥触探头和触探杆（包括锤座和导向杆）组成（图 9-32）。

圆锥动力触探试验设备的规格如表 9-4 所列。

表 9-4　圆锥动力触探试验设备规格

类型		轻型	重型	超重型
落锤	锤的质量（kg）	10	63.5	120
	落距（cm）	50	76	100
探头	直径（mm）	40	74	74
	锥角（o）	60	60	60
探杆直径（mm）		25	42，50	50~60
指标		贯入 30cm 的锤击数 $N10$	贯入 10cm 的锤击数 $N63.5$	贯入 10cm 的锤击数 $N120$

注：重型和超重型动力触探探头直径的最大允许磨损尺寸为 2mm；探头尖端的最大允许磨损尺寸为 5mm。

图 9-32　圆锥动力触探试验

1—导杆；2—穿心锤；3—锤座；4—探杆；5—探头

3. 现场检测程序

（1）轻型动力触探

1）先用轻便钻具钻至试验土层标高以上 0.3m 处，然后对土层进行连续触探。

2) 试验时，穿心锤落距为 0.50 ± 0.02m，记录每打入 0.30m 所需的锤击数。

3) 如想取样，则需把触探杆拔出，换钻头进行取样。

4) 用于触探深度小于 4m 的土层。

（2）重型、超重型动力触探

1) 试验前将触探架安装平稳，使触探保持垂直地进行。垂直度的最大偏差不得超过 2%。

2) 贯入时应使穿心锤自由落下。地面上的触探杆的高度不宜过高，以免倾斜与摆动太大。

3) 锤击速率宜为每分钟 15～30 击。

4) 及时记录每贯入 0.10m 所需的锤击数。

5) 对于一般砂、圆砾和卵石，触探深度不宜超过 12～15m；超过该深度时，需考虑触探杆的侧壁摩阻的影响。

6) 每贯入 0.1m 所需锤击数连续三次超过 50 击时，应停止试验。

4. 技术要求

（1）为确保恒定的锤击能量，应采用固定落距的自动落锤装置。

（2）锤击时应保持探杆的垂直，锤击过程应防止锤击偏心、探杆歪斜和探杆侧向晃动。

因此，要求探杆连接后的最初 5m 最大偏斜度不应超过 1%，大于 5m 后的最大偏斜度不应超过 2%。每贯入 1m，应将探杆转一圈半，使触探能保持垂直贯入，并减少探杆的侧阻力。贯入深度超过 10m 后，每贯入 0.2m 即旋转一次。

（3）每一触探孔应连续贯入，只是在接探杆时才允许停顿。

（4）对轻、重型圆锥动力触探 N_{10}、$N_{63.5}$ 正常范围是 3～50 击，对超重型 N_{120} 的正常范围是 3～40 击。

当击数超过正常范围，如遇软黏土层，可记录每击的贯入度；如遇硬土层，可记录一定击数下的贯入度。

（5）当 $N_{10} > 50$，即可停止试验；当 $N_{63.5} > 50$，可停止试验改用超重型试验。

（6）我国一般采用贯入锤击速率为 15～30 击/min。

（7）贯入深度的一般限制：

对轻型，一般应小于 4m，主要用于测试并提供浅基础的地基承载力参数；检验建筑物地基的夯实程度；检验建筑物机槽开挖后，基底以下是否存在软弱下卧层等。

对重型小于 12～15m，超重型小于 20m，超过此深度应考虑侧壁摩阻力的影响。主要用于查明地层在垂直方向和水平方向上的均匀程度。

5. 检测数据分析与评价

（1）对于每个检测孔，动力触探试验的结果应绘制动力触探锤击数与试验深度关系曲线关系图表，见图 9-33。

（2）各检测孔的动力触探锤击数代表值，应根据不同深度的动力触探锤击数采用平均值法计算得到。

（3）单位工程同一土层的动力触探锤击数，可用各检测孔的同一土层的动力触探锤击数，用厚度加权平均法计算得出该层贯入指标平均值和变异系数。统计时，应剔除临界深度以内的数值、超前和滞后影响范围内的异常值及个别指标的异常值。

根据动力触探锤击数沿深度的分布趋势，结合相关资料和地区经验，划分土层和判定土类。

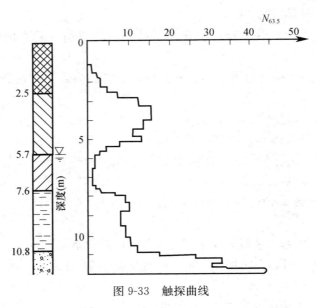

图 9-33　触探曲线

9.3.3　标准贯入试验

1. 概述

标准贯入试验（Standard Penetration Test，SPT）是一种在现场用 63.5kg 的穿心锤，以 76cm 的落距自由落下，将一定规格的带有小型取土筒的标准贯入器打入土中，记录打入 30cm 的锤击数（即标准贯入击数 N），并以此评价土的工程性质的原位试验。其试验原理与动力触探试验十分相似。适用土层：砂性土、黏性土，不适用于碎石类土及岩层。

标准贯入试验 SPT 与动力触探在贯入器上的差别，决定了标准贯入试验 SPT 的基本原理的独特性，标准贯入试验 SPT 在贯入过程中，整个贯入器对端部和周围土体将产生挤压和剪切作用，标准贯入试验 SPT 的贯入器是空心的，在冲击力作用下，将有一部分土挤入贯入器，其工作状态和边界条件十分复杂。

标准贯入试验优点：操作简单、使用方便，地层适用性较广。

标准贯入试验缺点：试验数据离散性较大，精度较低，对于饱和软黏土，远不及十字板剪切试验及静力触探等方法精度高。

标准贯入试验成果可运用于评定地基承载力，评定土的密实状态，评定土的强度指标，评定土的变形指标，估算单桩极限承载力。

2. 仪器设备

标准贯入试验设备（图 9-34）规格应符合表 9-5 的规定。

表 9-5 标准贯入试验设备规格

落锤		锤的质量（kg）	63.5
		落距（cm）	76
贯入器	对开管	长度（mm）	＞500
		外径（mm）	51
		内径（mm）	35
	管靴	长度（mm）	50～76
		刃口角度（o）	18～20
		刃口单刃厚度（mm）	1.6
钻杆		直径（mm）	42
		相对弯曲	＜1/1000

注：穿心锤导向杆应平直，保持润滑，相对弯曲小于 1/1000。

3. 现场检测（图 9-35）

（1）贯入前先用钻具钻至试验土层标高以上 15cm 处，清除残土。清孔时应避免试验土层受到扰动。当在地下水位以下的土层进行试验时，应使孔内水位高于地下水位，以免出现涌砂和坍孔。必要时应下套管或用泥浆护壁。

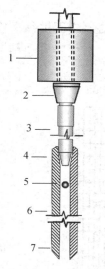

图 9-34 标准贯入试验设备组成示意图　　　　　图 9-35 标准贯入试验

1—穿心锤；2—锤垫；3—触探杆；4—贯入器头；

5—出水孔；6—贯入器身；7—贯入器靴

（2）贯入前应拧紧钻杆接头，将贯入器放入孔内，避免冲击孔底，注意保持贯入器、钻杆、导向杆联接后的垂直度。孔口宜加导向器，以保证穿心锤中心施力。

（3）采用自动落锤法，将贯入器以每分钟 15～30 击打入土中 15cm 后，开始记录每贯入 10cm 的锤击数，累计 30cm 的锤击数为标准贯入击数 N，并记录贯入深度与试验情况。若遇密实土层，贯入 30cm 锤击数超过 50 击时，不应强行贯入，记录 50 击的贯入深度。

（4）旋转钻杆，然后提出贯入器，取贯入器中的土样进行鉴别、描述、记录，并量测其长度。将需要保存的土样仔细包装、编号，以备试验之用。

（5）进行下一深度的贯入试验，直到所需深度。

（6）各检测孔检测前应测量孔口标高，检测后应测量孔内地下水位。

4. 技术要求

（1）仔细清除孔底残土到试验标高，换用标准贯入器，并量得深度尺寸。

（2）须保持孔内水位高出地下水位一定高度，以免塌孔，保持孔底土处于平衡状态，不使孔底发生涌砂变松，影响 N 值。

（3）当下套管时，要防止套管下过头，否则在管内做试验会使 N 值偏大。

（4）钻孔直径不宜过大，以免加大锤击时探杆的晃动；钻孔直径过大时，可减少 N 值至 50%，建议钻孔直径上限为 100mm，以免影响 N 值。

（5）标贯试验不宜在含有碎石的土层中进行，只宜用于黏性土、粉土和砂土中，以免损坏标贯器的管靴刃口。

5. 检测数据分析与评价

（1）用式（9-2）换算相应于贯入 30cm 的锤击数 N：

$$N = 30 \times \frac{50}{\Delta S} \tag{9-2}$$

式中　ΔS——50 击时的贯入深度，cm。

注：根据用途及相应规范确定是否需要对 N 值进行修正。

（2）对于天然土地基和处理土地基，标准贯入试验结果应提供每个检测孔的锤击数（N）及土层分类与贯入深度（H）关系曲线，见图 9-36。对于复合地基增强体应提供每各检测孔的锤击数（N）与贯入深度（H）关系曲线。

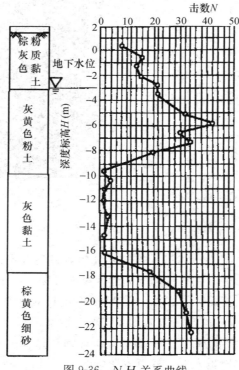

图 9-36　$N\text{-}H$ 关系曲线

（3）各检测孔的标准贯入锤击数代表值，应根据不同深度的标准贯入锤击数采用平均值法计算得到。

（4）单位工程同一土层的标准贯入锤击数，可用各检测孔的同一土层的标准贯入锤击数，用厚度加权平均法计算得出该层贯入指标平均值和变异系数。统计时，应剔除异常值。

（5）砂土、粉土、一般黏性土和花岗岩残积土的工程特性可根据标准贯入试验各层锤击数的平均值，结合当地经验综合评价。

（6）处理土地基的地基处理效果可根据检测孔的标准贯入锤击数代表值、同一土层的标准贯入锤击数平均值做出相应评价：

①非碎石土换土垫层（粉质黏土、灰土、粉煤灰和砂垫层）的施工质量（密实度、均匀性）。

②强夯处理、预压处理、不加料振冲加密处理、注浆处理等处理地基的均匀性；有条件时，可结合处理前的相关数据评价地基处理有效深度。

（7）复合地基增强体的施工质量可根据单桩检测孔的标准贯入锤击数代表值作出相应评价，评价内容可包括桩身强度和均匀性。

9.3.4　静力触探试验

1. 概述

静力触探试验（Static Cone Penetration Test）指通过一定的机械装置，将某种规格的金属探头用静力压入土层中，同时用传感器或直接量测仪表测试土层对触探头的贯入阻力，以此来判断、分析、确定地基土的物理力学性质。

静力触探试验适用于黏性土、粉土和砂土，主要用于划分土层、估算地基土的物理力学指标参数、评定地基土的承载力、估算单桩承载力及判定砂土地基的液化等级等。

2. 静力触探机理

由于触探机理的复杂性，还没有统一的认识，目前只能建立经验公式，目前主要近似理论分为三大类：

（1）承载力理论分析，适用于临界深度以上、无压缩性土层的贯入情况。

（2）孔穴扩张理论分析，适用于压缩性土层。

（3）稳定贯入流体理论分析，适用于饱和软黏土。

当圆锥头贯入土体中，土体既有压缩，又有剪切，既有挤密，又有剪胀，既有固结，又有塑滑。因此所测到的贯入阻力，是这些力学机理错综复杂地交织在一起的综合力学反应，CPT 指标叫"比贯入阻力"（Specific Penetration Resistance）。任何单一的力学模型都无法描述这种过程。CPT 的应用是实验土力学（Experimental Soil Mechanics）的课题，而不是理论土力学课题（王锺琦，2008）。

3. 仪器设备

静力触探试验的设备分贯入设备、探头和量测记录仪器。贯入设备分为加压装置和反力装置。加压装置的作用是将探头压入土层中，按加压方式可分为以下几种：手摇式轻型静力触探；齿轮机械式静力触探；全液压传动静力触探（分单缸和双缸两种）。反力装置有三种形式：地锚、重物和触探车辆自重。静力触探探头有单桥探头和双桥探头两种。（图 9-37）。

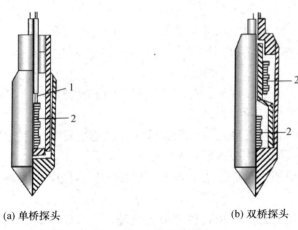

(a) 单桥探头   (b) 双桥探头

图 9-37　静力触探探头

1—电缆；2—传感器

单桥探头只能测定一个触探指标——比贯入阻力 $p_s = \dfrac{P}{A}$。双桥探头可同时测出锥尖阻力 $q_c = \dfrac{Q_c}{A}$ 和侧摩阻力 $f_a = \dfrac{P_f}{F}$。探头圆锥锥底截面积应采用 10cm^2 或 15cm^2，单桥侧壁高度应分别采用 57mm 或 70mm，双桥侧壁面积应采用 $150 \sim 300\text{cm}^2$，锥尖锥角应为 $60°$。

4. 现场检测（图 9-38）

（1）备用触探杆总长度应大于测试孔深度 2.0m。测试用电缆按触探杆连接顺序一次穿齐。

（2）设置的反力设施提供的反力应大于预估的最大贯入阻力，使静力触探试验能达到预定深度。

（3）触探过程中，探头应匀速垂直压入土中，贯入速率为 $1.2 \pm 0.3\text{m/min}$；加接探杆时，丝扣应上满，卸探杆时，不得转动下面的探杆，防止探头电缆压断、拉脱或扭曲。

图 9-38　静力触探试验

（4）出现下列情况之一时，应终止贯入，并立即起拔：

①孔深已达到任务书要求。

②反力失效或主机已超负荷。

③探杆明显弯曲，有断杆危险。

（5）静力触探试验对应各类地基处理方法的开始时间和检测频率见表9-6。

表 9-6　静力触探试验开始时间和检测频率表

地基处理方法	检测开始时间	检测频率
采用粉质黏土、灰土、粉煤灰、砂石的垫层	垫层完成施工后 3～5d 之间	每 16m² 设一分层检测点，且不少于 6 点
石灰桩	成桩后 7～10d 之间	不少于施工总桩数的 2%，且不少于 6 根
单液硅化法加固地基	灌注完毕后 10～15d 之间	每 16m² 设一分层检测点，且不少于 6 点

5. 检测数据分析与判定

（1）触探完毕，应对实测原始资料进行零漂校正，深度修正，曲线行状修正等工作。

（2）对于每个检测孔，静力触探试验的结果应绘制各种贯入曲线，如 p_s-z 曲线、q_c-z 曲线、f_s-z 曲线、R_f-z 曲线等。

（3）各检测孔的静力触探指标（p_s 或 q_c 和 f_s）代表值，应根据不同深度的静力触探指标采用平均值法计算得到。

（4）单位工程同一土层的静力触探指标，可用各检测孔的同一土层的静力触探指标，用厚度加权平均法计算得出该层贯入指标平均值和变异系数。统计时应剔除个别异常值。

根据静力触探指标沿深度的分布趋势，结合相关资料和地区经验，划分土层和判定土类。

（5）原状地基土的岩土性状可根据单位工程各检测孔的静力触探指标代表值、同一土层的静力触探指标平均值和变异系数进行评价。处理地基土的处理效果可根据处理前后的检测结果对比进行评价。

9.3.5　十字板剪切试验

1. 概述

十字板剪切试验（Vane Shear Test）是一种通过对插入地基土中的规定形状和尺寸的十字板头施加扭矩，使十字板头在土体中等速扭转形成圆柱状破坏面，通过换算、评定地基土不排水抗剪强度的现场试验。

该试验所测得的抗剪强度值，相当于试验深度处天然土层在原位压力下固结的不排水抗剪强度，由于十字板剪切试验不需要采取土样，避免了土样扰动及天然应力状态的改变，是一种有效的现场测试方法。十字板剪切试验主要用于测定饱水软黏土的不排水抗剪强度。

十字板剪切试验 VST 优缺点：

（1）优点：

①不用取样，特别是对难以取样的灵敏度高的黏性土，可以在现场对基本上处于天然

应力状态下的土层进行扭剪。所求软土抗剪强度指标比其他方法都可靠。

②野外测试设备轻便，操作容易。

③测试速度较快，效率高，成果整理简单。

（2）缺点：

仅适用于江河湖海的沿岸地带的软土，适应范围有限，对硬塑黏性土和含有砾石杂物的土不宜采用，否则会损伤十字板头。

适用土性：被沿海软土地区广泛使用，适用于灵敏度 $S_t \leqslant 10$、固结系数 $c_v \leqslant 100 \mathrm{m}^2/\mathrm{a}$ 的均质饱和软黏土。

2. 仪器设备

十字板剪切试验可分为机械式和电测式，主要设备由十字板头、记录仪、探杆与贯入设备等组成。（图 9-39）

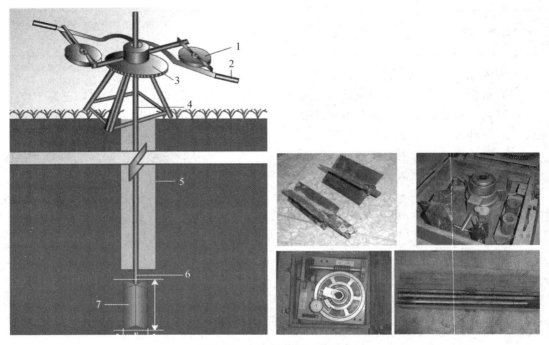

图 9-39　十字板剪切试验设备
1—压力环；2—扭转柄；3—刻度盘；4—回转杆；5—孔壁；6—十字板轴杆；7—十字板

3. 现场检测（图 9-40）

（1）平整场地，安装机架，并固定。

（2）把板头压至测试深度。

（3）卡住钻杆，并调零。

（4）转动手柄，旋转钻杆，使板头产生扭矩（每 10s 使摇柄转动一圈，每转动一圈测记应变读数一次）。

（5）测量扭矩直至峰值出现。

（6）松动钻杆。

（7）完全扰动测试土体，重复（2）～（5）的步骤测量扰动土的剪切强度。

图 9-40　十字板剪切试验

4. 技术要求

（1）十字板板头形状宜为矩形，径高比 1：2，板厚宜为 2～3m。

（2）十字板头插入孔底的深度不应小于钻孔或套管直径的 3～5 倍。

（3）十字板插入至试验深度后，至少应静止 2～3min，方可开始试验。

（4）施加扭转力矩时，扭转剪切速率宜采用（1°～2°）/10s，并应在测得峰值强度后继续测记 1min。

（5）在峰值强度或稳定值测试完后，顺扭转方向连续转动 6 圈后，测定重塑土的不排水抗剪强度。

5. 检测数据分析与判定

土的灵敏度可按式（9-3）计算：

$$S_t = \frac{C_u}{C_u'} \tag{9-3}$$

式中　S_t——土的灵敏度。

对于每个检测孔，应计算不同测试深度的地基土的不排水剪切强度、重塑土强度和灵敏度，并绘制地基土的不排水抗剪强度、重塑土强度和灵敏度与深度的关系图表。需要时可绘制不同测试深度的抗剪强度与扭转角度的关系图表。

每个检测孔的不排水抗剪强度、重塑土强度和灵敏度的代表值应取根据不同深度的十字板剪切试验结果的平均值。参加统计的试验点不应少于 3 点，当其极差不超过平均值的 30% 时，取其平均值作为代表值；当极差超过平均值的 30% 时，应分析原因，结合工程实际判别，可增加试验点数量。

软土地基的固结情况及加固效果可根据地基土的不排水抗剪强度、灵敏度及其变化进行评价。

初步判定地基土承载力特征值时，可按式（9-4）进行估算：

$$f_{ak} = 2C_u + \gamma h \tag{9-4}$$

式中　f_{ak}——地基承载力特征值，kPa；

　　　γ——土的天然重度，kN/m³；

　　　h——基础埋置深度，m，当 $h > 3.0$m 时，宜根据经验进行折减。

9.4 基桩完整性检测技术

9.4.1 概述

基桩检测解决的主要问题有承载力（包含变形特性）和完整性（均匀性）。基桩检测主要方法见表 9-7。

表 9-7 基桩检测主要方法

检测内容	检测方法	说明
承载力	静载试验	适用于所有型式的建筑桩基
	高应变试验	适用于基桩、刚性桩
完整性（均匀性）	低应变（反射波法）	适用于基桩
	声波透射法	适用于成孔灌注桩、地下连续墙
	钻芯法	可测定桩长、沉渣厚度
	高应变法	适用于基桩

检测基桩完整性的方法一般可分为有损检测方法，如钻取桩身混凝土芯样，在桩身中钻一或多个孔，然后进行单孔或跨孔的声波测量；这类方法成本高，且试验周期长。另一类的无损检测方法，如声脉冲反射波法，稳态和瞬态机械阻抗法，高应变应力波法等。一般来说，凡是在桩身中引起小的变形的动力检测方法统称为低应变法；而在桩身中引起大应变的方法称为高应变法。目前国内基桩完整性检测主要方法有低应变法、高应变法、声波透射法和钻芯法。低应变和高应变两类又称为桩基动测技术。桩的动测技术与传统的静载荷试桩相比，具有检测速度快、费用低及设备轻便等优点。

低应变反射波法（瞬态动力法）和声波透射法是目前基桩质量检测中，应用最为广泛的两种检测方法。尤其以低应变反射波法应用更为普遍。由于低应变反射波法在检测前和检测时无需对桩做复杂的处理，只需将桩头处理平整即可检测；它以经济、快速、适于普查而深受建设方、施工方欢迎。相比之下，声波透射法需要预埋声测管，给建设方增加了检测费用，给施工方增加了施工埋管的麻烦，特别是因管材质量差、或安装质量不合要求，造成堵管现象时有发生，影响了声波透射法检测；因堵管不能进行声波透射法检测的，应该采用钻芯法检测。钻芯法检测费用高，检测周期长，工程单位不愿采用，常以低应变反射波法取而代之。

9.4.2 低应变（反射波）法

低应变反射波法检测主要用于检测混凝土桩的桩身完整性，是一项综合定性分析的检测技术。本方法适用于检测混凝土桩的桩身完整性，判定桩身缺陷的程度及位置。

低应变反射波法优点是准备简便、操作简单、检测快速，能省时快捷地确定桩身完整性、缺陷类型及大致位置。但也存在对小缺陷灵敏度不高，无法检测桩底沉渣，不能提供单桩承载力，不能全面、准确反映桩身缺陷的具体范围和桩底情况的局限性，且该方法仅适用于桩长小于 40m 的基桩检测，受桩长和桩径的限制较多。

1. 检测原理

利用应力波在桩中传播时，当桩身的波阻抗发生变化会产生反射的原理，通过分析反射波的幅值、相位、到达时间，得出桩缺陷的大小、性质及位置等信息，最终对桩基的完整性给予评价。

引起反射波的原因有桩底、截面发生变化、夹泥、离析、混凝土质量变化与土层变化。

（1）低应变所能检测到的现象，见图 9-41。

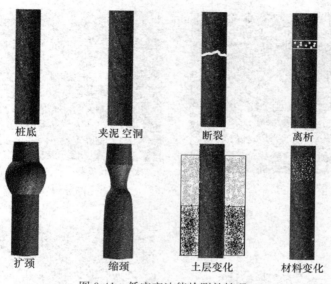

图 9-41 低应变法能检测的情况

（2）低应变不能检测到的现象，见图 9-42。

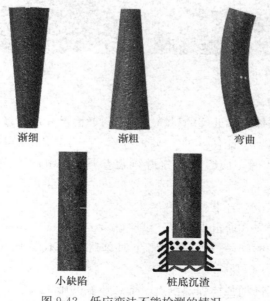

图 9-42 低应变法不能检测的情况

2. 仪器设备

低应变法检测仪器的主要技术性能指标应符合现行行业标准《基桩动测仪》（JG/T 3055—1999）的有关规定，且应具有信号采集、滤波、放大、显示、储存和处理分析功能。

低应变法激振设备宜根据增强体的类型、长度及检测目的，选择不同大小、长度、质量的力锤、力棒和不同材质的锤头，以获得所需的激振频带和冲击能量。瞬态激振设备应包括能激发宽脉冲和窄脉冲的力锤和锤垫；力锤可装有力传感器。见图 9-43～图 9-45。

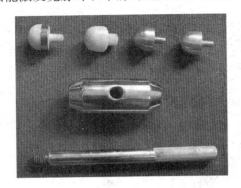

图 9-43　组合手锤

(a) 速度传感器　　　(b) 加速度传感器

图 9-44　传感器

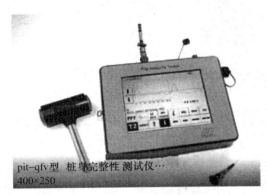

pit-qfv型　桩身完整性 测试仪…
400×250

图 9-45　低应变动测仪器

图 9-46　低应变现场检测

3. 现场检测（图 9-46）

（1）受检竖向增强体顶部处理的材质、强度、截面尺寸应与增强体主体基本等同；受检桩混凝土强度至少达到设计强度的 70%，且不小于 15MPa。当增强体的侧面与基础的混凝土垫层浇筑成一体时，应断开连接并确保垫层不影响检测结果的情况下方可进行检测。

（2）测试参数设定应符合下列规定：

①增益应结合激振方式通过现场对比试验确定。

②时域信号分析的时间段长度应在 2L/c 时刻后延续不少于 5ms；频域信号分析的频率范围上限不应小于 2000Hz。

③设定长度应为竖向增强体顶部测点至增强体底的施工长度。

④竖向增强体波速可根据当地同类型增强体的测试值初步设定。

⑤采样时间间隔或采样频率应根据增强体长度、波速和频率分辨率合理选择。

⑥传感器的灵敏度系数应按计量检定结果设定。

（3）测量传感器安装和激振操作应符合下列规定：

①传感器安装应与增强体顶面垂直；用耦合剂黏结时，应有足够的黏结强度。

②实心桩锤击点在增强体顶部中心，传感器安装点与增强体中心的距离宜为增强体半径的2/3并不应小于10cm；空心桩的激振点与测量传感器安装位置宜在同一水平面上，且与桩中心连线形成的夹角宜为90°，激振点和测量传感器安装位置宜为桩壁厚的1/2处。见图9-47。

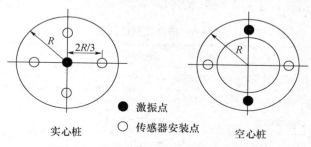

实心桩　● 激振点　○ 传感器安装点　空心桩

图9-47　传感器安装点、激振点布置示意

③锤击方向应沿增强体轴线方向。

④瞬态激振应根据增强体长度、强度、缺陷所在位置的深浅，选择合适重量、材质的激振设备，宜用宽脉冲获取增强体的底部或深部缺陷反射信号，宜用窄脉冲获取增强体的上部缺陷反射信号。

（4）信号采集和筛选应符合下列规定：

①应根据竖向增强体直径大小，在其表面均匀布置2～3个检测点；每个检测点记录的有效信号数不宜少于3个。

②检测时应随时检查采集信号的质量，确保实测信号能反映增强体完整性特征。

③信号不应失真和产生零漂，信号幅值不应超过测量系统的量程。

④对于同一根检测增强体，不同检测点及多次实测时域信号一致性较差，应分析原因，增加检测点数量。

4. 检测数据分析与判定

（1）竖向增强体波速平均值的确定应符合下列规定：

当竖向增强体长度已知、底部反射信号明确时（图9-48），应在地质条件、设计类型、施工工艺相同的竖向增强体中，选取不少于5根完整性为Ⅰ类的竖向增强体计算波速值及其平均值。

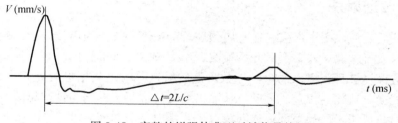

图9-48　完整的增强体典型时域信号特征

311

（2）桩身缺陷位置应按下列公式计算：

$$x = \frac{1}{2000} \cdot \Delta t_x \cdot c \qquad (9.5)$$

式中　x——桩身缺陷至传感器安装点的距离，m；

　　　Δt_x——速度波第一峰与缺陷反射波峰间的时间差，ms；

　　　c——受检桩的桩身波速，无法确定时用 cm 值替代，ms。

（3）桩身完整性类别应结合缺陷出现的深度、实测信号衰减特性以及设计桩型、成桩工艺、地质条件、施工情况，按表 9-8 所列实测时域信号特征进行综合分析判定，见图 9-49。

表 9-8　桩身完整性判定

类别	时域信号特征
Ⅰ	$2L/c$ 时刻前无缺陷反射波；有桩底反射波
Ⅱ	$2L/c$ 时刻前出现轻微缺陷反射波
Ⅲ	有明显缺陷反射波，其他特征介于Ⅱ类和Ⅳ类之间
Ⅳ	$2L/c$ 时刻前出现严重缺陷反射波或周期性反射波； 或因桩身浅部严重缺陷使波形呈现低频大振幅衰减振动； 无桩底反射波

注：1. 对同一场地、地质条件相近、桩型和成桩工艺相同的基桩，因桩端部分桩身阻抗与持力层阻抗相匹配导致的实测信号无桩底反射波时，可参照本场地同条件下有桩底反射波的其他桩实测信号判定桩身完整性类别。

　　2. 因软土地区的超长桩（长径比很大或桩周土约束很大、应力波衰减很快）或桩身阻抗与持力层阻抗匹配良好或桩身截面多变、渐变或预制桩接头缝隙影响等因素导致实测信号无桩底反射波时，应以实测信号中 $2L/c$ 时刻前的特征为重点，识别设定桩长范围是否存在缺陷，并结合经验参照本场地和本地区的相似情况综合分析判定。

　　3. 灌注桩中出现对设计条件有利的扩径，不应判定为缺陷。

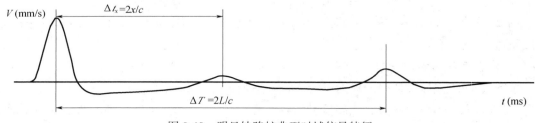

图 9-49　明显缺陷桩典型时域信号特征

9.4.3　声波透射法

基桩成孔后，灌混凝土之前，在桩内预埋若干根声测管作为声波发射和接收换能器的通道，在桩身混凝土灌注若干天后开始检测，用声波检测仪沿桩的纵轴方向以一定的间距逐点检测声波穿过桩身各截面的声学参数，然后对这些检测数据进行处理，分析和判断，以确定桩身混凝土缺陷的位置、程度，从而推断桩身混凝土的完整性，见图 9-50。

声波透射法适用于已预埋两根或两根以上声测管、且桩径不小于 0.6m 的混凝土灌注桩桩身完整性检测及混凝土地下连续墙的墙身完整性检测，判定桩身及墙身缺陷的位置、范围和程度。声波透射法广泛采用于桥梁基桩检测，高层建筑的大型、特大型灌注桩的检测。

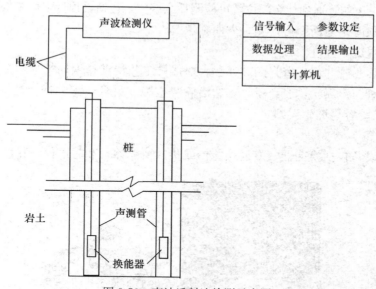

图 9-50　声波透射法检测示意图

1. 检测原理

桩身混凝土结构是一个多孔浆及侵粗骨料组成的多相体系，当一定频带宽的超声脉冲在结构中传播时，将会产生一系列现象。所有这些信息可以由声传播速度和接收信号强度、波形来表征它所反映的被测材料的粘弹力学特性及缺陷的性质。因此，采用适应的超声检测方法，可用来评价桩基的质量、浇筑均匀性、缺陷的范围及性质等，见图 9-51。

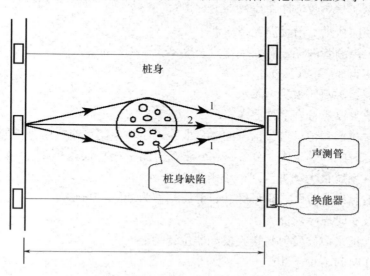

图 9-51　超声探测缺陷原理

2. 特点

超声法检测灌注桩混凝土质量是近 20 多年逐渐发起来的一种检测方法。它具有以下优点：

313

①检测细致，结果准确可靠。

②不受桩长桩径限制。

③无盲区，声测管埋到什么部位就可检测什么部位，包括桩顶低强区和桩底沉渣厚度。

④毋须桩顶露出地面即可检测，方便施工。

⑤可估算混凝土强度。

但需预埋声测管并保证管封闭和通畅，对成桩工艺特别是钢筋笼吊装要求较高，也要求浇注时声测管与混凝土耦合严密，不留沿管径空隙。另外，声波透射法对基桩浅部0～7m范围内的缺陷容易产生误判。

3. 仪器设备

超声检测设备包括换能器（发射换能器或接收换能器）和超声仪，见图9-52。

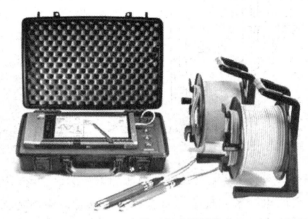

图 9-52 声波透射法检测设备

（1）声波发射与接收换能器应符合下列规定：

①圆柱状径向振动，沿径向无指向性。

②外径小于声测管内径，有效工作段长度不大于150mm。

③谐振频率为30～60kHz。

④水密性满足1MPa水压不渗水。

（2）声波检测仪应符合下列要求：

①具有实时显示和记录接收信号的时程曲线以及频率测量或频谱分析的功能。

②最小采样时间间隔不大于0.5μs，声波幅值测量相对误差小于5%，系统频带宽度为5～200kHz，系统最大动态范围不小于100dB。

③声波发射脉冲为阶跃或矩形脉冲，电压幅值为200～1000V。

④具有首波实时显示功能。

⑤具有自动记录声波发射与接收换能器位置功能。

⑥连续工作时间不少于4h。

4. 声测管埋设

（1）混凝土灌注桩桩身完整性检测时，声测管应沿钢筋笼内侧呈对称形状布置，见图9-53。按正北方向顺时针旋转依次编号，声测管埋设数量应符合下列要求：

①$D \leqslant 800$mm，不少于2根管。

②800mm<D<1600mm，不少于 3 根管。

③1600mm<D≤2500mm，不少于 4 根管。

当桩径 D 大于 2500mm 时宜增加预埋声测管数量。

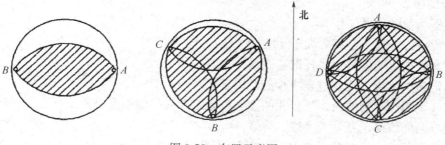

图 9-53 布置示意图

（2）地下连续墙的墙身完整性检测时，每个槽段声测管埋设数量不应少于 4 根，见图 9-54，声测管间距不宜大于 1.2m，且声测管应布置在钢筋笼内侧。

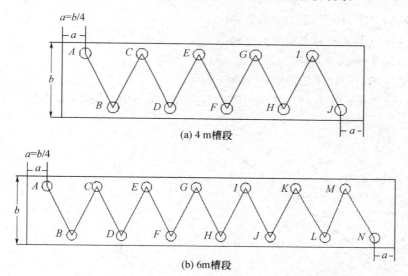

图 9-54 地下连续墙声测管布置示意图

（3）声测管的联结（图 9-55）

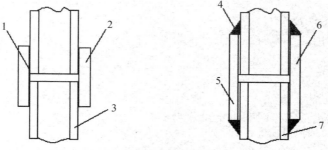

图 9-55 声测管的联结方法

1—螺纹；2—螺纹套筒；3—声测管；4—焊接；5、6—套筒；7—声测管

315

①有足够的强度和刚度，保证声测管不致因受力而弯折、脱开。

②有足够的水密性，在较高的静水压力下，不漏浆。

③接口内壁保持平整通畅，不应有焊渣、毛刺等凸出物，以免妨碍接头的上下移动。

5. 现场检测

（1）检测前的准备工作

①被检桩的混凝土龄期应大于 14d。

②声测管内应灌满清水，且保证通畅。

③标定超声波检测仪发射至接收的系统延迟时间 t_0。

④准确量测声测管的内、外径和两相邻声测管外壁间的距离，量测精度为 ±1mm。

⑤检查换能器扶正器是否完好、合适。

⑥取芯孔的垂直度误差不应大于 0.5%，检测前应进行孔内清洗。

（2）标定系统延迟时间 t_0 及声时修正 t'。t_0 为电延迟＋换能器壁声延迟，t' 为水层＋管壁传播时间。

1）回归法：标定 t_0

①将仪器内"零声时"手工设置为零。

②发、收换能器置于清水中的同一高度。

③净间距从 400mm 开始逐次加大。

④定幅测量不同间距下的声时，不少于 5 点。

⑤分别以纵、横轴表示间距和声时作图（图 9-56），声时横轴上的截距即为 t_0。

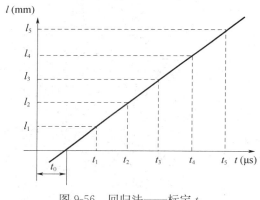

图 9-56　回归法——标定 t_0

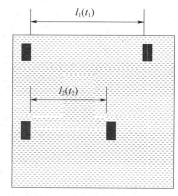

图 9-57　长短测距法——标定 t_0

2）长短测距法：标定 t_0（图 9-57）

操作时将仪器内"零声时"手工设置为零。

$$\frac{l_1}{t_1-t_0}=\frac{l_2}{t_2-t_0} \longrightarrow t_0=\frac{l_1 t_2 - l_2 t_1}{l_1 - l_2}$$

3）换能器相靠法：标定 t_0（图 9-58）

操作时将仪器内"零声时"手工设置为零。

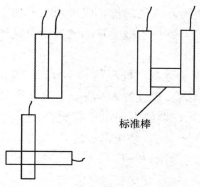

图 9-58 换能器相靠法——标定 t_0

4）t_0 扣除方法

分析时扣除：保持仪器内零声时设置不变（与标定时相同），在数据分析时将 t_0 扣除。

机内扣除：将仪器内"零声时"手工设置为标定得到的 t_0，这样，数据分析时不需再扣除 t_0。

注意：①t_0 应为正值，但也有仪器是负值。

②初学者不要轻易做自动"调零"操作。

③当仪器和换能器一定时，t_0 不变。

5）声时修正

声时修正值可以在分析时扣除，也可以机内扣除。如要机内扣除，需在正式测量前，将仪器"零声时"设置为 t_0+t'，分析时不需再扣除 t'，见图 9-59。

$$t_w = \frac{d-d'}{v_w}, \ v_w = 1.483 \text{km/s}; \ t_t = \frac{D-d'}{v_t}, \ v_t = 5.800 \text{km/s}$$

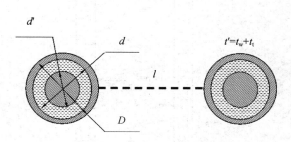

图 9-59 t' 声时修正示意图

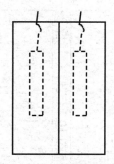

图 9-60 换能器摆放示意图

6）t_0 及 t' 同时标定的方法

①将仪器内"零声时"手工设置为零。

②标定用的声测管与所测声测管尺寸相同。

③换能器在水中应居中、平行，见图 9-60。

（3）现场测试要求

①测点间距不宜大于 250mm。发射与接收换能器应以相同标高同步升降，其累计相对高差不应大于 20mm，并随时校正。

②在对同一根桩的检测过程中，声波发射电压应保持不变。

③对于声时值和波幅值出现异常的部位，应采用水平加密、等差同步或扇形扫描等方法进行细测，结合波形分析确定桩身混凝土缺陷的位置及其严重程度。

（4）仪器调试

将换能器放入所要测量的通道内（桩底信号不强时，应将换能器上提一定高度），设置仪器各项参数，采样时间间隔一般设置为 $0.4\mu s$，大直径桩可适当增加，发射电压小桩设为 500V，大桩设为 1000V，仪器的发射电压在整个测试过程中不能改变。将接收波形调至适当位置，调整波幅至合适大小，见图 9-61。

（5）缺陷处声学参数特征，见图 9-62。

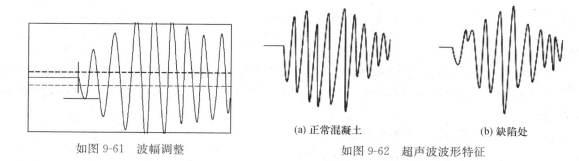

如图 9-61　波幅调整

（a）正常混凝土　　　　　（b）缺陷处

如图 9-62　超声波波形特征

（6）正常测量

将发射与接收声波换能器通过深度标志分别置于两个声测管道中。平测时，发射与接收声波换能器始终保持相同深度，见图 9-63（a）；斜测时，发射与接收声波换能器始终保持固定高差，见图 9-63（b），且两个换能器中点连线的水平夹角不应大于 30°。

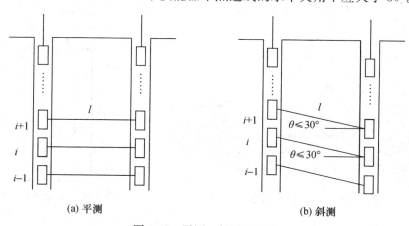

（a）平测　　　　　　　　　　　（b）斜测

图 9-63　平测、斜测示意图

6. 检测数据分析与判定

（1）当因声测管倾斜导致声速数据有规律地偏高或偏低变化时，应先对管距进行合理修正，然后对数据进行统计分析。当实测数据明显有规律地偏离正常值而又无法进行合理修正，检测数据不得作为评价桩身（槽段）完整性的依据。

（2）因声测管严重倾斜扭曲，而不能对测距进行有效修正时，不应提供声波透射法检测结果。

（3）桩（墙）身缺陷的空间分布范围可根据以下情况判定：

①桩（墙）身同一深度上各检测剖面桩（墙）身缺陷的分布。

②复测的结果。

9.4.4　钻芯法

1. 概述

采用岩芯钻探技术和施工工艺，在桩身上沿长度方向钻取混凝土芯样及桩端岩土芯样，通过对芯样的观察和测试，用以评价成桩质量的检测方法称为钻孔取芯法，简称钻芯法。

（1）检测内容

1）验证桩身完整性，如桩身混凝土胶结状况。有无气孔、松散或断桩等。

2）检测桩身混凝土强度是否符合设计要求。

3）桩底沉渣是否符合设计或规范的要求。

4）桩底持力层的岩土性状（强度）和厚度是否符合设计或规范要求。

5）施工记录桩长是否真实。

（2）检测目的

检测灌注桩桩长、桩身混凝土强度、桩底沉渣厚度，判定或鉴别桩端岩土性状，判定桩身完整性类别

（3）钻进取样方法

钢粒钻进、硬质合金钻进和金刚石钻进；钢粒钻进与硬质合金钻进因存在芯样直径小、易破碎、磨损大等缺点不适用于基桩钻芯法检测。

金刚石钻头切削刀细、破碎岩石平稳、钻具孔壁间隙小、破碎孔底环状面积小，且由于金刚石较硬、研磨性较强，高速钻进时，芯样受钻具磨损时间短，容易获得比较真实的芯样，应采用。

2. 检测设备

钻芯法检测设备包括岩芯钻机、锯切机、磨平机、补平器及压力机，见图9-64。

(a) 岩芯钻机　　　　　　　　　(b) 钻头

图 9-64　钻芯法检测设备

要求如下：

（1）钻取芯样宜采用液压操纵的钻机，采用单动双管钻具钻取芯样。

（2）现场应配有水平尺、钢卷尺和皮尺，测斜仪与测深尺，记录本和照相器材。

（3）钻取的芯样应配有芯样箱、标签和封样材料。

（4）锯切芯样试件用的锯切机应具有冷却系统和牢固夹紧芯样的装置，配套使用的金刚石圆锯片应有足够刚度。

3. 现场检测

（1）检测桩强度

1）进行桩身混凝土强度检测的受检桩的成桩龄期应达到 28d 或预留同条件养护试块强度达到设计要求，桩身完整性与桩长检测的受检桩，混凝土强度宜达到 C15 以上，但应在检测报告中注明。

2）受检水泥搅拌桩的成桩龄期宜达到设计龄期。龄期小于 28d 的桩，所测强度值不宜换算为 28d 龄期强度值，直接采用实测强度值进行桩体质量判定。当实测强度值不满足要求，可在 28d 龄期时进行复测。

（2）钻芯孔数和钻孔位置

1）对于混凝土桩，桩径小于 1.2m 的桩钻 1～2 孔，桩径为 1.2～1.6m 的桩钻 2 孔，桩径大于 1.6m 的桩钻 3 孔。

2）当钻芯孔为一个时，宜在距桩中心 10～15cm 的位置开孔；当钻芯孔为两个或两个以上时，开孔位置宜在距桩中心 $0.15～0.25D$ 内均匀对称布置。

3）对桩端持力层的钻探，每根受检桩不应少于 1 孔，且钻探深度应满足设计要求。

4）当采用钻芯法进行验证检测时，钻芯位置应尽可能定在能钻到其他检测方法判定缺陷的位置。

5）水泥土搅拌桩一般钻 1 个孔，检测孔布置在偏离中心 100mm 左右。

6）对水泥搅拌桩的钻进深度应超过施工桩长 0.5m。

（3）钻进取芯

钻进回次进尺长度，在胶结良好的混凝土层，宜控制在 1.5m；胶结不良层、断桩层、缩径部位等的回次进尺宜控制在 0.5m 左右；开孔钻进，桩底持力层面以上 1.0m 以内及持力层钻进，回次进尺以不超过 1.0m 为宜。

（4）补孔

当单桩质量评价满足设计要求时，应采用 0.5～1.0MPa 压力，从钻芯孔孔底往上用水泥浆回灌封闭；终孔后下入钻杆，向钻孔内泵入清水，将孔内岩粉、桩底沉渣冲洗干净，排出孔外；洗孔后用钻杆向孔内泵压配制好的水泥净浆，将孔内清水压出孔外；孔口返出水泥浆后，逐渐减少孔内钻杆数，继续向孔内压浆，充满全孔后起拔套管。否则应封存钻芯孔，留待处理。

4. 芯样试件截取与加工

（1）当桩长为 10～30m 时，每孔截取 3 组芯样；当桩长小于 10m 时，可取 2 组，当桩长大于 30m 时，不少于 4 组。

（2）上部芯样位置距桩顶设计标高不宜大于 1 倍桩径或 1m，下部芯样位置距桩底不宜大于 1 倍桩径或 1m，中间芯样宜等间距截取。

（3）缺陷位置能取样时，应截取一组芯样进行抗压试验。

（4）当同一基桩的钻芯孔数大于一个，其中一孔在某深度存在缺陷时，应在其他孔的该深度处截取芯样进行抗压试验。

（5）锯切后的芯样试件，当试件不能满足平整度及垂直度要求时，应选用以下方法进行端面加工：

①在磨平机上磨平，见图 9-65。

②用水泥砂浆（或水泥净浆）或硫黄胶泥等材料在专用补平装置上补平。水泥砂浆（或水泥净浆）补平厚度不宜大于 5mm，硫黄胶泥补平厚度不宜大于 1.5mm。

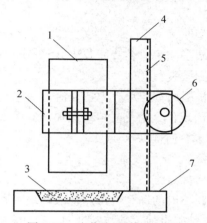

图 9-65　硫黄胶泥补平示意图

1—芯样；2—夹具；3—硫黄液体；4—立柱；5—齿条；6—手轮；7—底盘

5. 检测数据分析与判定

（1）芯样试件抗压强度代表值应按一组三块试件强度值的平均值确定。同一受检桩同一深度部位有两组或两组以上芯样试件抗压强度代表值时，取其平均值为该桩该深度处芯样试件抗压强度代表值。

（2）受检桩中不同深度位置的芯样试件抗压强度代表值中的最小值为该桩芯样试件抗压强度代表值。

9.4.5　高应变动测法

适用于检测基桩的竖向抗压承载力和桩身完整性。

1. 高应变动力试桩的基本原理

用重锤冲击桩顶，使桩土产生足够的相对位移，以充分激发桩周土阻力和桩端支承力，通过安装在桩顶以下桩身两侧的力和加速度传感器接收桩的应力波信号，应用应力波理论分析处理力和速度时程曲线，从而判定桩的承载力和评价桩身质量完整性。

CASE 法和 CAPWAP 法是目前最常用的两种高应变动力试桩方法。它们的现场测试方法和测试系统完全相同，通过重锤冲击桩头，产生沿桩身向下传播的应力波和一定的桩土位移，利用对称安装于桩顶两侧的加速度计和特制工具式应变计记录冲击波作用下的加速度与应变，并通过长线电缆传输给桩基动测仪；然后采用不同软件求得相应承载力和基桩质量完整性指数。CASE 法由于分析较为简单，可在现场提交，高应变动力试桩现场测试示意图结果，因而也称波动方程实时分析法；而拟合法因要进行大量拟合反演运算，一般只能在室内进行。

2. 高应变动测法检测目的

判定单桩竖向承载力是否满足设计要求；检测桩身缺陷及位置，判定桩身完整性；分析桩侧和桩端阻力。

高应变动力试桩请详见有关书籍。

思考与习题

1. 静载试验包括哪些类型？
2. 静载试验慢速维持荷载法和快速维持荷载法有何不同？
3. 静载试验主要有哪些测试装置？
4. 静载试验如何确定单桩竖向抗压承载力特征值？
5. 深层平板载荷试验当出现什么情况时可终止加载？
6. 岩土工程原位测试技术有何优缺点？
7. 原位试验有哪些应用？
8. 圆锥动力触探测试有何优点？
9. 什么是静力触探试验？不同的探头会得到什么结果？
10. 什么是十字板剪切试验？有何优缺点？
11. 低应变反射波法现场检测测量传感器安装和激振操作有何规定？
12. 声波透射法声测管埋设有哪些规定？
13. 系统延迟时间 t_0 有哪些标定方法？
14. 钻芯法检测内容有哪些？
15. 钻芯法检测芯样试件如何截取与加工？

参考文献

[1] 江苏省建设工程质量监督总站. 建筑地基基础检测规程（DGJ32/TJ 142—2012）[S]. 南京：江苏省住房与城乡建设厅，2012.

[2] 中华人民共和国住房和城乡建设部. 建筑地基检测技术规范（JGJ 340—2015）[S]. 北京：中国建筑工业出版社，2015.

[3] 高谦，罗旭，吴顺川，韩阳. 现代岩土施工技术 [M]. 北京：中国建材工业出版社，2006.

[4] 向伟明. 地下工程设计与施工 [M]. 北京：中国建筑工业出版社，2013.

[5] 郭正兴等. 土木工程施工 [M]. 南京：东南大学出版社，2012.

[6] 中华人民共和国住房和城乡建设部. 建筑基桩检测技术规范（JGJ 106—2014）[J]. 北京：中国建筑工业出版社，2014.